Matthias Kroß

Klarheit als Selbstzweck

Matthias Kroß

Klarheit als Selbstzweck

Wittgenstein über Philosophie, Religion, Ethik und Gewißheit

Akademie Verlag

Lektorat: Helmar Kreysig

Die Deutsche Bibliothek – CIP-Einheitsaufnahme

Kroß, Matthias:
Klarheit als Selbstzweck : Wittgenstein über Philosophie, Religion, Ethik und Gewissheit / Matthias Kross. – Berlin : Akad. Verl., 1993
ISBN 3-05-002436-4

Der Akademie Verlag ist ein Unternehmen der VCH-Verlagsgruppe.

Gedruckt auf chlorfrei gebleichtem Papier.
Das eingesetzte Papier entspricht der amerikanischen Norm ANSI Z.39.48 – 1984 bzw. der europäischen Norm ISO TC 46.

Druck: GAM Media GmbH, Berlin
Bindung: Verlagsbuchbinderei D. Mikolai, Berlin

Printed in the Federal Republic of Germany

Inhaltsverzeichnis

Vorwort

Trotz der Vielzahl an Werkwürdigungen und Spezialuntersuchungen[1] geht von Wittgensteins Person und Schriften nach wie vor die Faszination des Fremdartigen und Noch-zu-Erkundenden aus[2]. Dies liegt sicher nicht nur an dem von einigen mit Bewunderung, von anderen mit Despekt vermerkten Umstand, daß Wittgensteins Werk das »Verlangen nach klarem Verständnis erregt und sich ihm zugleich widersetzt«, wie Georg Henrik von Wright formuliert[3]. Es ist vor allem Wittgensteins philosophisch gewonnenes und zugleich philosophiekritisch gerichtetes Plädoyer für Vielfalt und sein Eintreten gegen das Bestreben nach Ursprungserkenntnis, es ist seine Zurückweisung von philosophischer »Theorie« und sein Eintreten für die Offenheit gegenüber der unüberschaubaren Fülle der Erscheinungen des »Lebens«, wie es in der Spätphilosophie heißt, die in der gegenwärtigen Diskussion über den Ausgang der »Moderne« eine erneute Faszination ausüben. Wittgenstein ist ein Philosoph der Zeichen, und den Philosophen der »Differenz« oder der unendlichen Semiose, die sich von der Episteme zurückzieht und das Zirkulieren der Zeichen auf der Ebene der Zeichen analysiert, wird Wittgenstein als ein zeitgemäßer Denker erscheinen, zumindest aber als ein Vor-Denker[4]. Auch glauben einige Vertreter der sich selbst als »veritabel«[5] oder »achtenswert«[6] apostrophierenden Postmoderne Wittgenstein als Gewährsmann heranziehen zu können[7]. Zeitgemäß erscheint Wittgenstein zudem als ein Anwalt des kulturkritischen und epistemischen Relativismus, der in der postanalytischen Philosophie seit den Arbeiten von Peter Winch[8], Richard Rorty[9] und Thomas Kuhn[10] - um nur einige wenige anzuführen - zum wichtigen Thema avanciert ist. Zeitgemäß erscheint Wittgenstein auch dem philosophischen Skeptizismus, seit Saul Kripke das bekannte »Privatsprachenargument« des späten Wittgenstein als ein »skeptisches Argument« gegen jeden Versuch philosophischer Sprachuntersuchung interpretiert hat[11]. Und zeitgemäß erscheint Wittgenstein schließlich - wenn auch ex negativo - den Anwälten der Letztbegründung insbesondere der Apel-Schule[12], indem er die Tradition der europäischen Philosophie durch destruktive Metaphysikkritik unterläuft und mit seinem Plädoyer für die Anerkennung der Vielfalt von Lebenserscheinungen und gegen die Möglichkeit sinnvoller philosophischer Theorie das philosophische Defizit einer Zeit auf den Punkt bringt, das Letztbegründung gerade zu beseitigen angetreten ist[13]. Als Negativ-Folie für ein symptomatisch-verfehlendes Denken dient Wittgenstein auch dem kritischen Rationalismus, wenn auch unter dem Vorzeichen, daß Wittgenstein in unkritischer Fortsetzung europäischer Philosophietradition sich gegen die Idee der kritischen Rationalität ausspreche[14].

Diese keineswegs erschöpfende Aufstellung über philosophische Richtungen, die von Wittgensteins Denken positiv oder negativ stark beeinflußt werden, mag als Beleg für den ersten Teil der Bemerkung von Wrights gelten. Die Vielfalt der Interpretationsmöglichkeiten der Wittgensteinschen Philosophie ist aber zugleich ein Indikator für die »Widersetzlichkeit« dieser Philosophie, auf die von Wright ebenfalls hinweist. Kaum ein philosophischer Autor des zwanzigsten Jahrhunderts läßt sich in so geringem Maße wie Wittgenstein einer philosophischen Tradition oder einer philosophischen Schule zuordnen, zu der er sich bekannt hätte; kaum ein anderer setzt dem eindeutigen Verständnis seines Denkens so viele Barrieren entgegen wie Wittgenstein. Dies gilt nicht nur hinsichtlich der Aufnahme Wittgensteins durch andere philosophische Richtungen, sondern trifft auch auf die Wittgensteinexegese zu. Obwohl Wittgenstein das Schicksal der meisten bedeutenden Philosophen ereilte, Gründer einer Schule geworden zu sein, ist die Spannbreite der Interpretationen selbst in der sogenannten »Wittgenstein-Gemeinde« außerordentlich groß. Das Motto, das Wittgenstein seinen *Philosophischen Untersuchungen* voranzustellen gedachte: »Sie wären überrascht«[15], darf als durchaus berechtigt gelten, wenn man die Vielzahl konträrer Interpretationen der Texte Wittgensteins bedenkt, die bis heute neue, unerwartete Aspekte seines Denkens gehoben haben.

Das Motto »Sie wären überrascht« erscheint allerdings selbst überraschend, wenn man bedenkt, daß Wittgenstein von einem philosophischen Werk vor allem Klarheit fordert. Im Traktat heißt es, daß »[d]as Resultat der Philosophie« in dem »Klarwerden von Sätzen« und »Gedanken«[16] bestehe. In den *Philosophischen Untersuchungen* lautet der entsprechende Gedanke: »[...] die Klarheit, die wir anstreben, ist [...] eine vollkommene«[17].

Das Hauptanliegen der hier vorgenommenen Interpretation Wittgensteinscher Texte besteht darin, das Motiv der Klarheit als Leitmotiv der Wittgensteinschen Philosophie herauszustellen und es gerade angesichts der bestehenden Unklarheit darüber, was philosophische Klarheit für Wittgenstein bedeutet, einer genaueren Untersuchung zu unterziehen. Das wesentliche Ziel vorliegender Arbeit ist also, einen Beitrag zur Aufklärung des von Wittgenstein selbst formulierten philosophischen Programms *Klarheit als Selbstzweck*[18] zu leisten. In der Formulierung und teilweisen Ausarbeitung dieses Programms ist Wittgensteins Originalität zu suchen, die das Epigonentum ebenso hervorruft wie es sich der »Schulbildung« widersetzt.

Zum Gegenstand dieser Klärungsarbeit werden Themen der Philosophie Wittgensteins gewählt, die in der bisherigen Wittgenstein-Literatur eher am Rande behandelt wurden, obwohl ihnen Wittgenstein selbst einen zentralen Stellenwert für sein Denken zusprach. Hierzu zählt nicht nur das philosophische Programm *Klarheit als Selbstzweck* selbst. Hierzu zählen Wittgensteins Bemerkungen über Religion und Ethik ebenso wie seine Bemerkungen zum Begriff des »Lebens«, den Wittgenstein im Zusammenhang seiner Studien über »Gewißheit« umkreist und der, zwar als Bestandteil des Terminus »Lebensform« häufig in der einschlägigen Literatur benutzt, bisher aber kaum zum Gegenstand einer klärenden Betrachtung erhoben wurde. Der Klärungsbedarf in bezug auf diese Themen ist besonders groß, und deshalb ist jedem von ihnen ein eigenes Kapitel gewidmet[19].

Zum Programm *Klarheit als Selbstzweck* gehört nicht nur die sachliche Klärung philosophischer Schwierigkeiten. Ebenso wichtig ist die Klarheit der Darstellung. Wittgenstein hat auf diese Klarheit großen Wert gelegt, ja häufig seine eigene Unfähigkeit beklagt, den eigenen Anspruch auf eben diese Klarheit einzulösen. Diese Klage erscheint berechtigt, wenn als Maßstab für die Klarheit des Denkens die Verständlichkeit der Darstellung für den Leser angesetzt wird. Diesem Maßstab können die Texte Wittgensteins sicherlich nicht genügen. Sie formulieren stilistisch wie in ihrer »Textur« - ihrem Gewebe - den Maßstab der *Klarheit als Selbstzweck*, unterwerfen sich nicht dem Anspruch, für den Leser leicht zugänglich zu sein. Denn das Programm der *Klarheit als Selbstzweck* führt Wittgenstein zu einer Darstellungsweise, die systematische Darbietung von Gedankenketten zugunsten der lockeren Vernetzung unterschiedlicher Gedankengänge verläßt. Deshalb scheint jeder Versuch, eine »geschlossene« Darstellung oder Interpretation solcher Gedanken, die sich zu einem System rundet, vorlegen zu wollen, an der Widerständigkeit der Quellentexte scheitern zu müssen[20]. Die von Wittgenstein bevorzugte Form des Textierens - vor allem der Aphorismus, das Fragment und die Sentenz - gewährt literarischen Darstellungsmitteln Eingang in das Philosophieren, die weder auf die fachphilosophische Terminologie noch auf die sachlich-methodischen Anforderungen an eine philosophische Theorie Rücksicht nehmen, ihr im Gegenteil oftmals programmatisch entgegensteuern. Wittgenstein versucht also bereits durch die Besonderheit seiner Darstellungsweise klarzumachen, daß er sich nicht dem traditionellen philosophischen Diskurs verpflichtet sieht, sondern diesen selbst in Frage stellt. Aus diesem Grunde können die von diesem Diskurs gemachten Vorgaben für eine angemessene Darstellung keine Verbindlichkeit beanspruchen. Gerade weil Wittgensteins Projekt einen philosophischen Grenzgang an die Ränder des Denk- und Sagbaren darstellt, liegt in dem bereits in der Darstellung angelegten, vom Autor programmierten Scheitern jeden Versuchs, seine aphoristischen philosophischen Ausfahrten im sicheren Hafen einer systematischen Theorie glücklich enden zu lassen, eine erste Bestätigung für das Programm *Klarheit als Selbstzweck*[21]. In der von den Texten Wittgensteins aufgezwungenen Distanz zum Interpreten, welche die Vorläufigkeit der Interpretation anzuerkennen nötigt, ja in der nicht auszuschließenden Möglichkeit ihres generellen Scheiterns[22] liegt zugleich die Faszination der Texte Wittgensteins begründet - nicht zuletzt auch für die Gegner seiner Denkweise[23]. Ein weiteres wichtiges Darstellungsmittel Wittgensteins besteht in der häufigen Verwendung von Beispielen und Beispielkettungen, die Wittgenstein jedoch nicht als Exempel verstanden wissen möchte, sondern deren Interpretation oftmals dem Leser überlassen bleibt. Auch die Beispielverwendung besonders des späten Wittgenstein sperrt sich gegen den Versuch der systematischen Festlegung der Gedankengänge und birgt programmatisch die Gefahr des Scheiterns des Interpreten. Angesichts der geradezu methodischen Bedeutung für das Programm *Klarheit als Selbstzweck*, die das Beispiel für den späten Wittgenstein besitzt, wird die Rolle des Beispiels in vorliegender Arbeit eingehend untersucht.

Gottfried Gabriel hat betont, daß die von Wittgenstein gewählte Darstellungsform des Aphoristischen nicht nur wesentlich für die Spätphilosophie, sondern bereits im Traktat zu beobachten ist, und daß ein angemessenes Verständnis der Frühschrift Wittgensteins nur unter Berücksichtigung ihres aphoristischen Charakters möglich erscheint[24]. Diese These soll im ersten Kapitel vorliegender Arbeit gestützt werden. Viele der Interpretationsschwierigkeiten, die der oft dunkle Sachgehalt des Traktates aufwirft, können überwunden werden, wenn der Text und die Textur des Traktates aus der Perspektive betrachtet werden, daß sie eine Aphorismensammlung darstellen. Daß es gerade der Aphorismus vermag, Paradoxien, Brüche, Lücken und unvermittelte Wendungen des Gedankenganges, den Witz und das intellektuelle Überraschungsmoment als zur dargestellten »Sache« gehörig erscheinen zu lassen, steht außer Zweifel[25]. Und die aphoristische Darstellungsweise des Traktates kann nur um den Preis außer acht gelassen werden, die Dimension des Wittgensteinschen Programms *Klarheit als Selbstzweck* für die Frühphilosophie zu verkennen und den Traktat als ein klassisch-philosophisches Werk zu lesen[26]. Dem Programm *Klarheit als Selbstzweck* als Grundlage auch für die Darstellungsweise Wittgensteins ist das erste Kapitel vorliegender Arbeit gewidmet.

Aus der Programmatik der *Klarheit als Selbstzweck* ergibt sich für Wittgenstein eine gegenüber der Tradition gewandelte Aufgabenstellung für die philosophische Untersuchung, die sich auf diese Tradition wohl beruft und auch von ihr herkommt, jedoch versucht, ihre Grenzen zu reflektieren und auf diese Weise eine neue Perspektive der Betrachtung zu gewinnen. Aus diesen Grenzgängen der philosophischen Reflexion ergibt sich bei Wittgenstein eine eigenartige Ambivalenz und Unschärfe der Begrifflichkeit, die zum Entstehen von Mißverständnissen seiner Gedanken beiträgt. Heinz Brunner hat Wittgensteins Verfahren, denselben Begriff für sein eigenes wie das von ihm kritisierte Verfahren traditioneller Philosophie zu verwenden, als »Neusemantisierung« bezeichnet[27]. Da diese »Neusemantisierung« von Wittgenstein selbst in seinem Begriffsgebrauch meist nicht ausgewiesen wird, erscheint der Ausdruck »verdeckte Neusemantisierung« treffender[28]. Ihr Sinn besteht darin, sowohl das Instrumentarium zur Kritik an der Tradition, ja zur Destruktion überkommener Vorstellungen bereitzustellen, zugleich aber den Sinn dieser Tradition freizulegen und sich selbst in ihren Sinnhorizont einzuordnen. So ist die Klärung philosophischer Probleme für das Programm *Klarheit als Selbstzweck* immer auch Klärung des Sinns dieser Klärungen. Aus diesem Grunde bezeichnet Wittgenstein die von ihm angestrebte Klarheit als *Selbstzweck*. Sein Denken verlangt auch über sich selbst Klarheit und Durchsichtigkeit. Wenn Wittgenstein z.B. im Traktat (wie auch in der Spätphilosophie) apodiktisch das »Ende« von Philosophie verkündet, so stellt er doch klar, daß unter »Philosophie« hier das Modell der *Philosophie als Lehre* und nicht das Modell der *Philosophie als Tätigkeit* zu verstehen ist[29]. Im Vorwort zum Traktat hingegen fehlt, wie an anderen Stellen des Textes auch, freilich eine solche Differenzierung. Ohne Frage möchte Wittgenstein das Modell *Philosophie als Lehre* destruieren, also zu einem Ende bringen, doch es ist ebenso offensichtlich, daß er dabei den philosophischen Habitus beibehält, der diesem kritisierten Modell zugrunde liegt[30].

Als einer von wenigen Autoren hat der humanistische Philosoph José Ferrater Mora bereits kurz nach Wittgensteins Tod 1951 den destruktiven Grundzug in Wittgensteins Philosophieren klar herausgestellt und zugleich erkannt, daß auch die Destruktion noch die Tradition fortsetzt, die der Destruktion anheimfällt[31], indem er Wittgenstein mit Sokrates vergleicht, ihn gar zu einem »Anti-Sokrates« erhebt. Wie dieser entwickelt Wittgenstein eine neue philosophische Sprache, stellt eine neue Art Fragen, erprobt eine neue Methode der Untersuchung und beharrt vor allem auf dem Vorrang der Frage vor der Antwort[32], auch wenn er das sokratische Programm des wahrheitsgeleiteten Philosophierens zu destruieren trachtet[33].

Das Programm *Klarheit als Selbstzweck* zum Leitmotiv der Wittgensteinschen Reflexionen zu erheben bedeutet, das Werk Wittgensteins als eine, wenn auch nicht »geschlossene«, weil a-systematische, aber in ihrer Entwicklung doch stringente Einheit zu betrachten und nicht, wie z.B. Eike von Savigny und viele andere Interpreten mit ihm, davon auszugehen, daß Wittgenstein »zwei grundverschiedene Philosophien entwickelt«[34] habe. Die Gründe, die zur Zurückweisung einer solchen Annahme zwingen, werden in den einzelnen Kapiteln vorliegender Arbeit erörtert. Es soll nicht in Abrede gestellt werden, daß zwischen der sogenannten »Philosophie I« und der »Philosophie II«[35] Unterschiede bestehen. Doch erscheinen diese sinnvoll diskutierbar allein unter der Voraussetzung, daß in beiden Ansätzen dasselbe Modell von Philosophie vertreten wird[36]. Die in der Sekundärliteratur zu Wittgenstein immer noch häufige Beschränkung der Untersuchung auf entweder die Früh- oder die Spätphilosophie trägt indirekt dazu bei, die Vorstellung von zwei voneinander zu trennenden »Denkansätzen« bei Wittgenstein fortzusetzen[37].

Mit der zunehmenden Aufnahme Wittgensteinscher Gedanken in den philosophischen »Alltag« hat sich das Interesse vieler Wittgenstein-Interpreten von der Erörterung der grundlegenden Einsichten auf die philologische Filigranarbeit der angemessenen Textrekonstruktionen vor allem der posthum edierten Arbeiten verlagert. Die hier vorgelegte Darstellung wendet sich erneut den Grundgedanken Wittgensteins zu, die immer noch weitergehender Klärung bedürfen. Zu diesem Zweck genügt es, das bisher edierte Textkorpus, wenn auch mit Bedenken gegen die Editionspraxis[38], in der vorliegenden Form zum Bezugspunkt der Ausführungen zu nehmen[39].

1 Darstellung und Selbstdarstellung

1.1 Text und Textur[1]

Im Vorwort zum Traktat schreibt Wittgenstein: »Was sich überhaupt sagen läßt, läßt sich klar sagen«, doch gesteht er seinem Freund Bertrand Russell bereits vor der Veröffentlichung des Buches, daß es »kurz« und »dunkel« sei[2]. In der Tat hat wohl kaum ein philosophisches Werk des zwanzigsten Jahrhunderts so viel Irritation ausgelöst und kontroverse Deutungen erfahren wie die *Logisch-philosophische Abhandlung*. Wohl darf der Traktat als ein »abgeschlossenes« und durchgearbeitetes Werk gelten - nicht zuletzt darum, weil Wittgenstein selbst ihn als »vollendet« bezeichnet[3] und zur Veröffentlichung freigegeben hat. Doch spürt Wittgenstein, wie er in einem Brief an Ludwig von Ficker bekennt, daß die Folge der Haupt- und Untersätze des Textes dem Leser zunächst als ein »unverständlicher Wust«[4] erscheinen muß.

Zwar versucht er durch die Vorschaltung eines dezimalnumerischen Gerüsts für seine Sätze dem Buch den Anschein einer wohldurchdachten oder gar systematischen Gliederung zu geben, doch lassen sich trotz dieses Ordnungsschemas in der Verkettung der Gedanken Brüche, Überschneidungen, Wiederholungen und unvermittelte Wendungen nicht übersehen. Angesichts des Selbstanspruches, den Wittgenstein im Traktat erhebt, daß sich klar sagen lassen müsse, was sich überhaupt sagen lasse, wirkt die »Dunkelheit« des Textes befremdlich. Wie ist dieser Eindruck, den der aufmerksame Leser gewinnt und dem sich selbst der Autor des Traktates nicht entziehen konnte, zu erklären? Sollte der Traktat weit weniger, als es sein um Strenge der Gedankenführung und Systematik der Darstellung bemühter textueller Aufbau vermuten läßt, einen »geschlossenen« Text darstellen? Und wenn er diese Geschlossenheit vermissen läßt, rückte er damit nicht näher an die Textsammlungen der Spätphilosophie heran, als es Wittgensteins Selbstkritik im ersten Teil der *Philosophischen Untersuchungen*[5] vermuten ließe?

Aus dem knappen Vorwort des Traktats vermag der Leser nur geringen Aufschluß über die Eigentümlichkeiten der Textkomposition des Werkes zu gewinnen. Erst in den Vorwörtern und Vorwortentwürfen für die Arbeiten der »Philosophie II« hat sich Wittgenstein explizit über die Spezifik seiner Darstellungstechniken geäußert und seine Gründe dafür angegeben.

Im Vorwort von 1945 zu den *Philosophischen Untersuchungen* bekennt er dem Leser zunächst seine auch im Traktat zu spürenden Bemühungen, ein in sich geschlossenes, übersichtliches und klares philosophisches Gedankengebäude zu errichten: »Wesentlich [...] schien es mir, daß [...] die Gedanken von einem Gegenstand zum anderen in einer natürlichen und lückenlosen Folge fortschreiten sollten.«[6]

Doch räumt er unmittelbar darauf sein Scheitern ein:

> Nach manchen mißglückten Versuchen, meine Ergebnisse zu einem [...] Ganzen zusammenzuschweißen, sah ich ein, daß mir dies nie gelingen würde. Daß das beste, was ich schreiben konnte, immer nur philosophische Bemerkungen bleiben würden; daß meine Gedanken bald erlahmten, wenn ich versuchte, sie, gegen ihre natürliche Neigung, in *einer* Richtung weiterzuzwingen.

Ähnlich wie in den Briefen aus der Entstehungszeit des Traktates macht der Verfasser zunächst seine persönliche Unfähigkeit dafür verantwortlich, daß seine Gedanken bald »erlahmten«, wenn er sie zu einem geordneten System fügen wollte; doch wird bald klar, daß es für den Autor die »Natur der Untersuchung« selbst es verhindert - wenn auch nicht die ihres *Gegenstandes*, dieser bleibt im Vorwort außer Betracht -, die Darstellung zu einem »Ganzen« sich runden zu lassen:

> Die Natur der Untersuchung [...] nämlich zwingt uns, ein weites Gedankengebiet, kreuz und quer, nach allen Richtungen hin zu durchreisen. - Die philosophischen Bemerkungen dieses Buches sind gleichsam eine Menge von Landschaftsskizzen, die auf diesen langen und verwickelten Fahrten entstanden sind. Die gleichen Punkte [...] wurden stets von neuem von verschiedenen Richtungen her berührt und immer neue Bilder entworfen. Eine Unzahl dieser waren verzeichnet [...]. Und wenn man diese ausschied, blieb eine Anzahl halbwegser übrig, die nun so angeordnet, oftmals beschnitten werden mußten, daß sie dem Betrachter ein Bild der Landschaft geben konnten. - So ist also dieses Buch eigentlich nur ein Album.

Ein »Album« enthält neben Gelungenem und Wichtigem gleichwertig Momentaufnahmen, Schnappschüsse, zufällige, ja zum Teil sogar entstellende oder verwackelte Bilder. Ihm liegt kein striktes oder systematisches Organisationsprinzip zugrunde; es ist rhapsodisch geordnet, vereinigt heterogene Themen in lokkerem Verbund. Der Autor eines Albums hält keinen geschlossenen Diskurs, präsentiert keine hierarchisch gegliederte Systematik.

Warum hat Wittgenstein trotz seines Unbehagens an seiner »punktualisierenden« bzw. *fragmentarisierenden* Darstellungsweise[7] die Absicht, die *Philosophischen Untersuchungen* zu veröffentlichen? Seine ebenfalls im Vorwort gegebene Auskunft, zahlreiche Entstellungen seiner Gedanken durch andere ließen ihn das Wagnis einer Publizierung eingehen, enthält angesichts der Strenge, mit der er seine eigenen Arbeiten prüfte, einige Plausibilität[8]. Doch wichtiger noch erscheint die Äußerung, daß die »Natur der Untersuchung«, die aus einem stets wiederholten Umkreisen von »Punkten« besteht, auch bei Fortführung der Arbeit kaum einen besseren, geschweige denn umfassenderen Aufschluß über die Natur des *Untersuchungsgegenstandes*, der durchmessenen »Landschaft«, erbracht hätte. Offensichtlich ist das Bild der »Landschaft«, das den Gegenstand des Buches ausmacht, gar nicht als Ganzes zu erfassen. Trotz »lange[r] und verwickelte[r]« (Aus)Fahrten, so Wittgenstein, ist es unmöglich, ein »Ganzes« aus den Reiseeindrücken herauszudestillieren - dieses Ganze erschiene gewaltsam »zusammengeschweißt«[9].

Vor dem Hintergrund dieser Äußerungen gewinnt Wittgensteins Erklärung, daß die *Philosophischen Untersuchungen* »nur durch den Gegensatz und auf dem Hintergrund meiner älteren Denkweise [gemeint ist der Traktat, M.K.] ihre rechte Bedeutung erhalten könnten«, ein besonderes Gewicht. Wittgenstein verzichtet im folgenden zwar darauf, diese Äußerung zu präzisieren. Die Rede ist lediglich von »schweren Irrtümern«, die er »in jenem ersten Buche niedergelegt« habe.

Worin diese »Irrtümer« bestehen, kann zunächst dahingestellt bleiben. An dieser Stelle ist die Frage wichtig, worin die Gemeinsamkeiten beider Texte bestehen, so daß der Traktat trotz seiner »schweren Irrtümer« überhaupt den »Hintergrund« für die Erkenntnis der »rechten Bedeutung« der *Philosophischen Untersuchungen* abgeben kann. Es ist also zu untersuchen, inwieweit zwischen dem Traktat und den *Philosophischen Untersuchungen* kompositorische Ähnlichkeiten und Übereinstimmungen bestehen, so daß die Unterschiede zwischen beiden Texten überhaupt hervortreten können. Sollte eine solche Ähnlichkeit bzw. Parallelität aufzufinden sein, könnte zum einen gefolgert werden, daß zwischen dem Früh- und Spätwerk Wittgensteins eine tiefgreifende Kontinuität besteht. Zum anderen wäre die Folgerung unvermeidlich, daß auch die *Logisch-philosophische Abhandlung* - entgegen dem Prima-facie-Eindruck - nicht als jene systematisch-»geschlossene«, abstrakt-logische Abhandlung zu lesen ist, die sich, wie zuweilen in der philosophischen Kommentarliteratur geäußert wird, als eine Gründungsurkunde des Positivismus empfohlen hat[10]. Die Gedankenbewegung des Traktates folgt in weiten Teilen kaum einer kontrolliert aufgebauten, fachphilosophisch gesicherten Argumentationsstrategie, sondern gewährt auch literarisch-aphoristischen Figuren bzw. dem Fragment Einlaß in die Darstellung[11].

Für eine solche Annahme spricht nicht nur der Stil des Traktates, sondern vor allem eine inhaltliche Erwägung. Wittgensteins eigenen Angaben zufolge kreist der Traktat - in immer neuen Ansätzen - um eine philosophische Zentralfrage: dem Problem der Möglichkeit einer philosophischen Ethik. Anläßlich der Übersendung seines Manuskriptes an den Brenner-Verleger Ludwig von Ficker schreibt er 1919 eine Art Lektüreanweisung für den Traktat:

> Sie werden es [= das Buch, M.K.] nicht verstehen; der Stoff wird Ihnen ganz fremd erscheinen. In Wirklichkeit ist er Ihnen nicht fremd, denn der Sinn des Buches ist ein Ethischer. Ich wollte einmal in das Vorwort einen Satz geben, der [...] Ihnen vielleicht ein Schlüssel sein wird: Ich wollte nämlich schreiben, mein Werk bestehe aus zwei Teilen: aus dem, der hier vorliegt, und aus alledem, was ich *nicht* geschrieben habe. Und gerade dieser zweite Teil ist der Wichtige. Es wird nämlich das Ethische durch mein Buch gleichsam von Innen her begrenzt [...]. Ich würde Ihnen nun empfehlen das *Vorwort* und den *Schluß* zu lesen, da diese den Sinn am Unmittelbarsten zum Ausdruck bringen.[12]

Leider ist diese Leseanweisung nicht in die Editionen des Traktats aufgenommen worden - sie hätte die Diskussion um das Werk wohl von dem Mißverständnis der Systematizität freihalten und die Interpretation auf das für Wittgenstein wichtige Anliegen bringen können[13]. Denn gerade der ebenso berühmte wie umstrittene Schluß, der Satz 7 des Traktates («Wovon man nicht sprechen kann, davon muß man schweigen«) problematisiert das Verhältnis der Sprache zu dem, »wovon« sie zu sprechen versucht, und das Vorwort gibt eine Bekräftigung dieses Satzes: »[W]ovon man nicht reden kann, darüber muß man schweigen«. Freilich läßt das Wort »müssen« in diesem Satz unterschiedliche Interpretationen zu.

Folgt man den sprachlogischen Untersuchungen Hares[14], so ließe sich dieses »müssen« als Element eines praktischen Syllogismus mit einer präskriptiven Konklusion deuten (etwa: »aus den Sätzen 1 bis 6 *muß* der Gehalt von Satz 7 gefolgert werden«). Diese Interpretation setzt allerdings voraus, daß der Traktat als Textgefüge *Argumente*, Ober- und Untersätze liefert, die einen logischen Schluß zu ziehen erlauben. Vor allem die logisch-analytische Wittgenstein-Rezeption stützt sich auf diese Deutungsmöglichkeit. Daneben ist weiterhin auch die Deutung des »müssen« als hypothetischer Imperativ[15] möglich (etwa in der Form: »Derjenige, der keine unsinnigen Sätze äußern will, *muß*, um dieses Ziel zu erreichen, schweigen«). Dieses »müssen« könnte man als ein »pädagogisches« Müssen bezeichnen: Der Leser soll das im Text Gesagte so auffassen können, daß er Klarheit über die Grenze des Sagbaren erlangt, indem er aus dem Text Einsichten gewinnt. Diese Deutung ist in der neueren Wittgenstein-Literatur verbreitet[16]. Und schließlich gestattet die Wortverwendung des »müssen« in Satz 7 auch die Deutung als *sprachethischer Imperativ*, der insofern als absolut zu bezeichnen ist, als er weder der Ableitung noch der diskursiven Explikation fähig ist.

Alle drei Deutungen erscheinen unter Berücksichtigung des Gesamttextes möglich. Doch verweist bereits die Vielfalt der Deutungsmöglichkeiten darauf, daß der Text selbst keine Entscheidung zugunsten einer Interpretation bereitstellt. Aus diesem Grunde kommt Wittgensteins eigener Lektüreanweisung eine besondere Bedeutung zu, und diese zwingt dazu, die letztgenannte Deutung als die angemessene zu betrachten. Nimmt man, Wittgensteins Brief an von Ficker folgend, die wichtigsten auf Ethik hinweisende Passagen des Vorworts hinzu -

> [d]as Buch behandelt die philosophischen Probleme und zeigt [...], daß die Fragestellung dieser Probleme auf dem Mißverständnis der Logik unserer Sprache beruht. Man könnte den ganzen Sinn des Buches etwa in die Worte fassen: Was sich überhaupt sagen läßt, läßt sich klar sagen; und wovon man nicht reden kann, darüber muß man schweigen.
> Das Buch will also dem Denken eine Grenze ziehen, oder vielmehr - nicht dem Denken, sondern dem Ausdruck der Gedanken [...].
> Die Grenze wird also nur in der Sprache gezogen werden können, und was jenseits der Grenze liegt, wird einfach Unsinn sein. [...]
> Die Wahrheit der hier mitgeteilten Gedanken [scheint mir] unantastbar und definitiv. Ich bin also der Meinung, die [philosophischen] Probleme im wesentlichen gelöst zu haben. Und wenn ich mich hierin nicht irre, so besteht nun der Wert dieser Arbeit [...] darin, daß sie zeigt, wie wenig damit getan ist, daß diese Probleme gelöst sind.[17]

- ergibt sich als »Hintergrundperspektive« für die Traktatlektüre die Annahme, daß Wittgenstein den Traktat in seiner Gesamtheit auf das Moment des Ethischen *ausgerichtet* wissen will, das sich zugleich ebenso im Bereich des »klar Sagbaren« manifestiert, wie es sich an der Grenze des Textes zeigt. Die Untersuchung der Grenze zwischen dem Sagbaren und dem Unsinnigen ist zugleich die Angabe der Grenze zwischen dem im und durch den Text Aussagbaren und dem, was der Text nur zeigen kann. Die Untersuchung der Logik der Sprache koinzidiert mit einem dieser Untersuchung zugrunde liegenden ethischen Impuls, der die Textualität des Traktates bestimmt und die Anordnung seiner Sätze wesentlich bestimmt. Wenn man davon ausgehen muß, daß das »Ethische« den textuellen Gravitationspunkt des Traktates darstellt, dann erscheinen seine einzelnen Sätze alles andere denn als Glieder einer Argumentationskette, sondern als Variationen des *einen* Themas (nämlich des Problems der Ethik), das unter verschiedenen Gesichtspunkten paraphrasiert wird[18].

Aus der Voraussetzung, daß dem Vorwort und, wie später zu zeigen sein wird, dem Schlußsatz des Traktates implizit die Auffassung zugrunde liegt, daß das Ethische und die Logik koinzidieren, lassen sich die textualen Eigentümlichkeiten des Traktates, insbesondere der durch die dezimalnumerische Anordnung der Sätze hervorgerufene Eindruck der Systematizität und zugleich der aphoristische Charakter der einzelnen Sätze sowie der Anschein ihrer parataktischen und isolierten Stellung zueinander erklären.

Die Koinzidenz von Logik und Ethik vermag auch zu erklären, wieso Wittgenstein seine Abhandlung als zugleich »systematisch«, »philosophisch und literarisch« bezeichnen konnte, ohne hierin einen Gegensatz oder gar einen Widerspruch zu erblicken[19]. Daß »System«, »Philosophie« und »Literatur« zusammenfallen, ergibt sich für Wittgenstein aus einem Umstand, der im Vorwort deutlich ausgesprochen wird. Wenn Philosophie als »Grenzgang« (an die Grenze der Erkenntnis, der Sprache, des Denkens) verstanden wird, so stellt sich die Frage nach den Kriterien, mit denen das Erreichen der Grenze konstatiert werden kann. Da die Festsetzung von Kriterien für das Erreichen der Grenze stets abhängig ist von der Reichweite der eingesetzten Instrumente, mit deren Hilfe die Grenze erreicht wird, wird jede Grenzziehung entweder relativ oder zirkulär. Dies bedeutet, daß jeder philosophische Versuch, einen »Grenzgang« zu unternehmen, in einem infiniten Begründungsregreß enden muß, also nicht zu leisten vermag, was er zu leisten vorgibt.

Dies gilt a fortiori für das System der Logik, dessen Geltung bereits vorausgesetzt werden muß, um seine Reichweite bzw. seine Grenzen bestimmen zu können. Die Konsequenz, die Wittgenstein aus dieser Überlegung zieht, ist eindeutig: Die Geltung eines philosophischen Systems kann nicht selbst wiederum philosophisch begründet sein, die Reichweite von Logik nicht logisch ermittelt werden. Der im Traktat unternommene Versuch, die Geltung von Philosophie und die Reichweite von Logik zu bestimmen, muß, soll er erfolgreich sein, sich von der Befangenheit in philosophischem Systemdenken und der Verbindlichkeit von Logik lösen. Gefordert ist eine über Philosophie und Logik hinausweisende Instanz. Wittgenstein erblickt diese Instanz in der Sprache, in der sowohl Philosophie und Logik ausgetragen werden wie auch über die Reichweite von Philosophie und Logik kriteriell entschieden werden kann.

Wenn die Sprache als eine der Philosophie und Logik vorgeordnete Instanz zu begreifen ist, dann kann auch die herkömmlich akzeptierte Struktur philosophischer und logischer Rede für die Darstellung nicht mehr verbindlich sein. Vielmehr muß in der Darstellung die Begrenztheit von Philosophie und Logik selbst zum *Ausdruck*, d.h. in Sprache zur Sprache kommen. Der Traktat als Gang an die Grenze der Sagbarkeit ist daher zugleich eine sowohl logisch-philosophische Abhandlung als zugleich auch eine Abhandlung *über* Philosophie und Logik[20], die bereits in ihrer Darstellung den traditionellen Geltungsanspruch von Philosophie und Logik suspendiert. Seine Sätze sind deshalb zugleich philosophisch *und* literarisch.

Sicherlich verleiht diese Doppelstruktur des Textes dem Traktat etwas Changierendes und erschwert seine Interpretation. So stehen z.B. laut Wittgensteins Vorwort durchaus philosophische Probleme zur Debatte, namentlich solche, die sich aus den Arbeiten Freges und Russells ergeben, die er im Vorwort ausdrücklich erwähnt. Zugleich aber macht Wittgenstein deutlich, daß seine Lösung philosophischer Probleme nur in ihrer Auf-Lösung bestehen kann und daß er die Fragestellungen von Philosophie zu überwinden, Philosophie also letztlich zu *destruieren* trachtet.

Diese Ambivalenz des Traktates zeigt sich vor allem, wenn man die so klar anmutende Dezimalnomenklatur des Textes näher untersucht. Sie suggeriert auf den ersten Blick eine strikt durchgehaltene Texthierarchie, die sich aus der Aneinanderreihung des Sätze des Textes nicht ergeben würde - der Text besteht fast ausnahmslos aus thetischen Sätzen, und dies hat offensichtlich Wittgenstein im Sinn, wenn er an von Ficker schreibt, daß seine Sätze ohne das Zahlengerüst »ein unverständlicher Wust«[21] seien. Doch gelingt es Wittgenstein mit dem Zählungssystem, seine Sätze in eine überzeugende Ordnung zu bringen?

Wittgenstein gibt folgende Anweisung für die Interpretation des Zahlengefüges:

> Die Dezimalzahlen als Nummern der einzelnen Sätze deuten das logische Gewicht der Sätze an, den Nachdruck, der auf ihnen in meiner Darstellung liegt. Die Sätze n.1, n.2, n.3, etc., sind Bemerkungen zum Satz No.n; die Sätze n.m1, n.m2, etc. Bemerkungen zum Satze No n.m; und so weiter.[22]

Ohne Frage stellt diese Lektüreanweisung an den Leser besondere Anforderungen, indem sie die den konventionellen Lesegewohnheiten entsprechende, geradlinig fortschreitende Aneignung des Textes nicht begünstigt. Den Leser, der entsprechend den Konventionen die wichtigsten Passagen zuerst lesen möchte, zwingt Wittgenstein zum ständigen Springen im Text. Denn der nach dem Hauptsatz nächstwichtige Satz n.m steht in manchen Fällen (etwa Satz 4.n, 5.n) oft erst einige Seiten später. Bei konventioneller Lesetechnik verknüpft der Leser hingegen, folgt er Wittgensteins Gliederungsprinzip, den logisch gewichtigsten Satz mit den logisch am wenigsten »nachdrücklichen«, wie Wittgenstein schreibt. Fraglos ist diese Art der Hierarchisierung des Textes eine elegante Lösung des Darstellungsproblems. Doch gibt diese Lösung dem Leser immer wieder neue Rätsel auf. Wie soll er verstehen, daß für die Programmatik des Traktates gewichtige Themen wie etwa die Destruktion von Philosophie in numerisch nachrangigen Sätzen wie 4.003f. oder 4.111f. wie versteckt erscheinen?

Und offenkundig hat sich Wittgenstein selbst nicht an sein eigenes Ordnungsschema gehalten, wenn er z.B. den so gewichtigen Satz, sein *Grundgedanke* bestehe darin, »daß sich die *Logik* der Tatsachen nicht vertreten läßt« in dem wenig »nachdrücklichen« Satz 4.0312 situiert, oder in 5.551 schreibt: »Unser *Grundsatz* ist, daß jede Frage, die sich überhaupt durch die Logik entscheiden läßt, sich ohne weiteres entscheiden lassen muß.«[23] Diese Beispiele machen deutlich, daß Wittgenstein die logisch gewichtigen Sätze gar nicht dezimalnumerisch korrekt als Obersätze verwendet und daß die »Bemerkungen«, die in den nachgeordneten Sätzen ausgedrückt werden, keineswegs als Konklusionen aus diesen Hauptsätzen zu bezeichnen sind, sondern sich gegenüber ihrer numerischen Zuordnung verselbständigen. Gegen die von Wittgenstein suggerierte logische Stringenz spricht auch, daß der Leser, um die Gedankenführung des Traktates zu verstehen, häufig gezwungen ist, die betreffenden Passagen sowohl von oben nach unten wie von unten nach oben zu lesen[24], etwa die Erläuterungen zu Satz 2, in denen die Bildtheorie entfaltet wird. Wichtiger noch erscheint der Umstand, daß Wittgenstein es unterläßt, überhaupt eine Leseanweisung für die Gewichtung der 7 Kardinalsätze des Traktates anzugeben. Daher bleibt unklar, ob sie überhaupt gewichtet werden sollen (oder können) oder ob nicht allein ihre Reihenfolge ihr logisches Gewicht anzeigen soll. Wäre dem so, müßte Satz 7 weniger Gewicht tragen als Satz 1 - eine offenbar widersinnige Annahme, so daß der Schluß naheliegt, daß Wittgenstein für diese Sätze kein Ordnungsschema hat angeben wollen oder können. Verständlich erscheint allein die Schlußstellung von Satz 7, der wegen seines Gehaltes keiner weiteren »Bemerkung« fähig ist und nach dem der Text sinnvoll nicht mehr fortzusetzen ist. Vollends dementiert sich Wittgensteins Ordnungsschema, wenn er - übrigens wiederum in einem nachrangigen Satz - die für den Traktat überaus grundlegende Feststellung mitteilt, daß »[a]lle Sätze der Logik [...] gleichberechtigt [sind], es gibt unter ihnen nicht wesentliche Grundgesetze und abgeleitete Sätze«[25] - ein Satz, der sich später in einem anderen Kontext so liest: »Alle Sätze sind gleichwertig«[26] -, denn durch ihn wird jeder Versuch einer Texthierarchisierung eingestandenermaßen ad absurdum geführt.

Solche Sätze wie »alle Sätze sind gleichwertig« und »alle Sätze der Logik sind gleichberechtigt« machen die Annahme unabweisbar, daß sich der Traktat als Textkorpus letztlich jeder logisch abzuleitenden und auf diese Weise zu rechtfertigen Rang- und Reihenfolge entzieht. Da die Geltung und die Grenze der Logik selbst zur Debatte steht, ist es nur konsequent, daß der Traktat keine *Darstellungslogik* voraussetzt und auch selber keine solche Logik entwerfen kann. Das von Wittgenstein aufgestellte Gleichwertigkeitspostulat der Sätze, das auch für die Sätze des Traktates gelten muß, führt unausweichlich dazu, die

Darstellungsnester, die um jeden Hauptsatz herum gebaut sind, als »Erläuterungen«[27] der jeweils angeschlagenen Leitthemen zu lesen. Das Kompositionsprinzip des Traktates ist insgesamt kaum als systematisch und als nur wenig stringent zu bezeichnen. Der Text besticht vor allem durch seine ästhetischen Momente, hierin einem komplexen Musikstück mit zahllosen Variationen ähnlich. Es ist diese Musikalität der Textkomposition, die den Traktat mit der Philosophie der Spätzeit verbindet. Auch für den Traktat gilt also der Satz aus dem Vorwort zu den *Philosophischen Untersuchungen*: »Die gleichen Punkte [...] wurden stets von neuem von verschiedenen Richtungen her berührt und immer neue Bilder entworfen«. Die dezimalnumerische Gliederung des Traktates gestattet es wohl, diese »Punkte« zu lokalisieren und die Spur der verschiedenen Betrachtungsrichtungen zu verfolgen. Sie gestattet es aber ebenso wenig wie der kompositorische Aufbau spätphilosophischen Arbeiten, innerhalb des Textes »fortzuschreiten« und auf neue Wahrheiten zu hoffen. Die Sätze des Traktates spiegeln sich ebenso in sich wie die Eintragungen aus der Spätzeit; sie konstitutieren einen internen Verweisungszusammenhang, der sich jeder zugreifenden Interpretation ebenso hartnäckig entzieht wie er sie doch eben dadurch immer wieder herausfordert.

Das Moment der textualen Ausrichtung des Traktates auf »Punkte« bzw. Aspekte immer wieder desselben Themas muß sich, wenn man das »Gleichwertigkeitspostulat« für seine Sätze ernst nimmt, vor allem in den Hauptsätzen wiederfinden. Wie die Collagen der Spätphilosophie wird man auch in ihnen gerade keine hierarchisierte Aufeinanderfolge der Sätze aufzufinden vermögen - sie stellen ebenso wie die Leitmotive der Spätphilosophie Zentren von Variationen dar. Wohl wollen es tief verwurzelte Leseerwartungen und Darstellungsgewohnheiten in der Philosophie, daß sich das »Ordinale« des Dargestellten in seiner »kardinalen« Anordnung widerspiegelt, so daß der erste Satz als ein Obersatz gegenüber den folgenden erscheint, doch werden solche Gewohnheiten von Wittgensteins Komposition gerade nicht gedeckt - die Aufeinanderfolge der Sätze 1 bis 7 ließe sich ohne Schaden austauschen und gleichsam zu einer neuen Melodie zusammenstellen. Wie der Quintenzirkel der Musik an jeder beliebigen Stelle begonnen werden und in beiderlei Richtung verfolgt werden kann, weil er ein *differentielles* Ordnungssystem darstellt, das nur auf der einen Voraussetzung aufbaut, daß es Harmoniegesetze gibt, so könnten auch die Sätze 1 bis 7 etwa von Satz 7 beginnend rückwärts gelesen werden; man könnte ebenso gut bei einem der anderen Sätze beginnen, bis Satz 7 fortlaufend lesen und Satz 1 an Satz 7 anschließen oder zwischen den Sätzen springen.

Es wäre jedoch ein Mißverständnis anzunehmen, daß Wittgensteins Anordnung der Hauptsätze willkürlich ist. Wichtig ist allerdings zu erkennen, daß der

Grund für die Aufeinanderfolge nach dem hier erhobenen Befund gerade nicht in einer Sachlogik der im Traktat gebotenen Ansichten zu suchen ist, denn eine solche Sachlogik könnte sich nur aus der Logik der Sachen ergeben. Ob es eine solche »Logik der Sache« überhaupt gibt, steht im Traktat aber gerade zur Debatte. Überblickt man die Hauptsätze, so kommen in ihrer Reihenfolge Ontologie, Metaphysik, Erkenntnistheorie und Religion/Ethik zur Sprache - also alle großen Themen der abendländischen Philosophie. Sicherlich rückt Wittgenstein mit dieser Abfolge seiner Hauptsätze seinen Text in die Tradition des abendländischen Denkens ein. Doch im Unterschied zu dieser Tradition erhebt seine Darstellung nicht den Anspruch, durch die Erörterung dieser Themen ein System zu errichten; sie ist allenfalls insofern systematisch, als sie darauf abzweckt, daß jedes philosophische Systemdenken an der logischen Unmöglichkeit, die Grenzen dieses Systems ohne Überschreitung dieser Grenzen angeben zu können, scheitern muß. Der Traktat soll die Idee des »philosophischen Systems« ad absurdum führen, und diese Intention des Verfassers drückt sich bereits in der nicht-systematischen und d.h. auf dem Gebiet der Philosophie: nicht-hierarchischen Darstellung seiner Gedanken aus. Freilich zwingt dieses Unternehmen zur Anpassung der thematischen Abfolge an die Traditionen des abendländischen Philosophierens. Wittgenstein muß sich, wenn er die Probleme der Philosophie »endgültig« lösen will, mit den traditionellen philosophischen Hauptthemen auseinandersetzen und das Risiko in Kauf nehmen, daß sein Text im Sinne der traditionellen Philosophie gedeutet wird (also, wie Wittgenstein schreibt, von *niemandem* verstanden wird) und sein eigentlicher, nämlich ethischer Impetus unbegriffen bleibt.

Zum Beleg dafür zwei Beispiele. So eröffnet der Traktat mit einem Hauptsatz über die »Welt« (»Die Welt ist alles, was der Fall ist«), der das Thema der Ontologie ins Spiel bringt. Erst durch die weiteren Erläuterungen wird klar, daß dieser Satz gerade nicht als ein ontologisches Fundament für die später explizierte Bildtheorie gedacht ist. Wie textuell »spätere« Sätze zeigen[28], ist Satz 1 sinnvoll nur als ein »Bild« *nicht* der *ontologischen* Struktur der Welt zu denken, sondern als eine Äußerung über *das logische Bild der Welt.*

Ähnlich ambivalent ist das bekannte Leiter-Bild in Satz 6.54. Seine Plazierung am Ende des Textes wird im »konventionellen« Leser den Eindruck erwecken, als ob mit dem Durchgang durch den Text ein Erkenntnisaufstieg wie über eine Leiter verbunden ist, so daß erst am Schluß des Textes die Leiter wegzuwerfen ist und der Schlußsatz 7 des Textes zugleich einen logischen Schluß aus seinen Vordersätzen darstellt. Doch auch hier zeigt eine genauere Untersuchung, daß Wittgenstein in Kauf nimmt, nicht verstanden zu werden. Zwei Gründe sprechen für eine andere Interpretation: Erstens geht aus Satz 6.54

nicht hervor, daß das Leiterbild auf die Reihenfolge der Hauptsätze anzuwenden ist. Wenn Wittgenstein schreibt, der Leser erkenne »am Ende« die Unsinnigkeit seiner Sätze, muß dies keineswegs »am Schluß« (des Textes) heißen, sondern wird besser mit »schließlich« wiederzugeben sein (nämlich genau an dem Zeitpunkt, in dem er diese Sätze, jeden von ihnen, richtig »versteht«, wie Wittgenstein in Satz 6.54 ebenfalls schreibt). Unter dieser Voraussetzung kann jeder einzelne Satz des Traktates diese Leiter-Funktion übernehmen. Wittgenstein schreibt ganz in diesem Sinne: »[Der, welcher mich versteht,] muß diese Sätze überwinden, dann sieht er die Welt richtig«. Gemeint ist hier jeder *einzelne* dieser Sätze, der zu überwinden ist, nicht nur das *Ensemble* der Sätze - andernfalls wäre es unmöglich, durch die Einsicht in die Unsinnigkeit z.B. von Satz 1 bis 4 bereits die richtige »Weltsicht« erreicht zu haben. Das aber ist offensichtlich absurd. Zweitens betont Wittgenstein bereits im Vorwort, daß der Traktat kein »Lehrbuch« sei. Daraus folgt unter anderem, daß er den Traktat nicht als eine gleichsam *pädagogische* Abhandlung versteht. Im Traktat sollen keine Erkenntnisfortschritte vermittelt, sondern verschiedene philosophische Themen erläutert werden. Seine Aufgabe besteht laut Vorwort in der *Klarstellung* von Gedanken, die der Leser schon einmal selbst gedacht hat. Solche Klarstellungen werden einen Leser kaum belehren können, dem die traktarianischen Gedanken fremd sind. Er wird auch durch die »Leiter« des Textes nicht zur »richtigen« Weltsicht gelangen.

Diese Beispiele zeigen, daß die weitgehend der philosophischen Tradition folgende Allokation der Hauptsätze des Traktates die Interpretation des Gehalts dieser Sätze im Sinne dieser Tradition begünstigt - ebenso wie die numerische Gliederung des Textes die textuale Hierarchie seiner Sätze suggeriert[29]. Sie verdeutlichen aber zugleich, daß eine solche systematische Interpretation auf unüberwindliche Hindernisse stößt, die sich wiederum aus der Anordnung des Textes selbst ergeben.

Daß die Reihung der Sätze im Traktat keiner strikt durchgehaltenen Darstellungssystematik folgt, sondern eher als eine Sammlung philosophischer Erläuterungen zu den grundlegenden Problemfeldern des abendländischen Denkens erscheint, erklärt sich letztlich aus der Ausrichtung des Textes auf ein jenseits des Textes zu verortendes Moment, das innerhalb des Textes sowohl präsent wie abwesend ist, indem es lediglich bedeutet werden kann. Im Vorwort des Traktates wird dieses Moment als die Grenze des Ausdrückbaren, des Sagbaren und des sprachlichen Sinns bestimmt. Damit ist ein zentrifugaler Grundzug des Textes vorgegeben, der es von vornherein verhindert, daß sich der Text in eine hierarchische Ordnung bringen läßt. Das Gegenteil anzunehmen hieße zu unterstellen, daß einige seiner Sätze weiter von dieser Grenze entfernt wären als andere. Doch kann dies nicht sein, denn bereits das Vorwort verortet die Scheidelinie des Textes zwischen dem sinnvoll Sagbaren und dem Unsinn bzw. zwischen dem überhaupt und klar Sagbaren und dem Unsagbaren bzw. dem Schweigen. Das Vorwort schließt jede Abstufung zwischen dem mehr oder weniger sinnvoll, besser oder schlechter, mehr oder weniger klar Sagbaren aus. Für die Komposition des Traktates folgt daraus: Gleichgültig, um welchen Aspekt (»Hauptsatz«) sich der Text dreht, alle Sätze teilen dieses Moment der Ausrichtung auf die Grenze und sind in bezug auf diese Grenze als gleichgewichtig zu betrachten. Wittgenstein überträgt das Postulat von der *logischen Gleichgewichtigkeit* seiner Sätze auf die textuelle Gleichgewichtigkeit und d.h. Nicht-Hierarchisierbarkeit der Sätze des Traktates.

Mit einiger Berechtigung kann man daher den Traktat stilistisch als eine Sammlung von Aphorismen bezeichnen[30]. Ein wesentliches Charakteristikum von Aphorismen besteht darin, daß sie über sich hinausweisend auf etwas hindeuten, das sie nicht auszusprechen vermögen, aber dennoch bedeuten können, indem sie es *zeigen*. Wittgenstein betont sowohl in einem Brief an von Ficker, in einem Brief an Russell[31] wie auch in Vorwort und Satz 7 des Traktates diese Ausrichtung des Textes auf ein ihn transzendierendes Moment, das er einmal als das Ungesagte (Unsagbare), ein andermal als das Ethische bezeichnet. Auch wenn sich aus Textarchitektonik nicht entnehmen läßt, was unter dem »Ethischen« zu verstehen ist, so ist doch offenkundig, daß es mit der aphoristischen Anlage des Textes und seiner Ausrichtung auf das Ungesagte-weil-Unsagbare in Verbindung zu bringen ist. Und in der Tat kommt die ethische Intention des Traktates gerade in der jedes System sprengenden Darstellung zum Ausdruck. Die Gründe für die Wahl dieser Darstellung lassen sich nicht wiederum in Worte fassen oder philosophisch begründen, sondern nur in der aphoristischen Form der Darstellung *zeigen*. Der Traktat stellt weder eine ethische Lehre vor, noch gestattet er, daß aus ihm eine solche Lehre oder Theorie abgeleitet werden kann: Der Traktat *ist* Ethik[32]. Und dieser Tatbestand kommt in dem textualen Moment der Asystematizität und aphoristische Struktur klar zum Ausdruck[33].

Ausgehend von diesem sich aus der Untersuchung von Aufbau und Textualität des Traktates ergebenden Befund wird auch begreifbar, warum Wittgenstein den ethischen, »zweiten Teil« seines Buches, der für ihn »der Wichtige« ist, nicht geschrieben hat bzw. auch gar nicht schreiben konnte. Die Ethik muß bereits im »ersten Teil« vollständig enthalten sein und zum Ausdruck kommen. Wäre sie nicht vollständig enthalten und ließe sie sich auf eine andere Art zum Ausdruck bringen, bräche das Programm des Traktates in sich zusammen. So aber sind für Wittgenstein bereits Aufbau und Gestalt der Abhandlung der

Spiegel des Ethischen: Daß er auf diese Weise die »philosophischen Probleme« löst und die Frage nach dem Ethischen beantwortet, *ist bereits Ausdruck seiner Ethik.*

Diese These bestätigt auch die Tatsache, daß Wittgenstein den Traktat nicht als ein wissenschaftliches Werk verstanden wissen will. Zwar besteht das Projekt der Abhandlung in der »endgültigen Lösung philosophischer Probleme«[34]. Doch bleibt im dunkeln, was genau unter »Philosophie« und ihren »Problemen« zu verstehen ist, und auch an keiner Stelle des Textes findet der Leser Präzisierungen[35], die ihm zumindest die ungefähre Zuordnung des Autors zu einer philosophischen Richtung gestatteten[36]. Er muß vielmehr den Eindruck gewinnen, als ob Wittgenstein an einer genaueren Bestimmung überhaupt nicht interessiert ist[37]. Aus dem geistesgeschichtlichen Kontext und den Anspielungen im Text wird zumindest so viel ersichtlich, daß die Theorien Freges und Russells den Hintergrund für die Abfassung des Traktates abgeben. Russell und Frege werden im Vorwort ausdrücklich erwähnt. Doch geht Wittgenstein im Traktat selbst eher kursorisch und keinesfalls systematisch auf sie ein: Er verdankt ihnen »Anregungen«, wie es im Vorwort heißt, »sieht« hin und wieder in ihre Theorien »hinüber«[38], benutzt aber die beiden Autoren vor allem als Folie, um seine eigenen Ansichten herauszustreichen. Die Unschärfe seiner Begriffswahl hat Wittgenstein offensichtlich nicht als einen Mangel empfunden - im Gegenteil. Russells Einleitung zum Traktat[39] rief Wittgensteins Empörung hervor[40]: Russell habe den eigentlichen Zweck des Textes verkannt[41] und daher die daraus sich ergebende Darstellungsweise nicht angemessen zu würdigen verstanden[42].

Während Russell im wesentlichen nichts anderes tat, als den wissenschaftlichen Gehalt und damit den sachlichen Beitrag des Traktates zur Lösung fachinterner Probleme der herkömmlichen Philosophie wohlwollend darzustellen[43], interessiert Wittgenstein Philosophie in einem ganz anderen Sinne. Für ihn ist Philosophie intellektueller Ausdruck der Haltung zur Welt oder besser: Ausdruck einer ethischen Einstellung zur Welt und zu den wichtigen Fragen des Lebens. Der von Frege und Russell gleichermaßen beobachtete und beklagte Verzicht auf »Argumentation« stört ihn keineswegs[44]. Wittgenstein insistiert mit seiner begrifflichen Unschärfe und der Wahl des Aphorismus als wesentlichem Stilmittel darauf, daß vor Präzisierung der möglichen Diskussionsgegenstände von Philosophie zunächst zu klären ist, inwieweit die Philosophie, so wie Wittgenstein sie vorfindet, überhaupt ein taugliches Mittel darstellt, sinnvolle Fragen zu stellen und zu beantworten[45]. Da sich diese Frage jedoch nicht mit sachlichen oder philosophischen Mitteln ohne Präjudizierung des Philosophie-Begriffes beantworten läßt, erscheint es Wittgenstein unerläßlich, zunächst den

Status des Philosophierens selbst zu thematisieren. Und die Entscheidung über diesen Status, die über die Fragen wie auch die Antworten der Philosophie in einem entscheidet, kann für ihn nicht selbst wieder eine philosophische Frage, sondern wird Ausdruck einer ethischen Haltung sein, nämlich der ethischen Einstellung zur Welt.

Daß Philosophieren eine Haltung anzeigt und gerade nicht durch die »Logik« der Sachfragen bestimmt wird, macht auch die von McGuinness beobachtete, für den Traktat typische »plötzliche Wendung des Gedankenganges« innerhalb seiner »Thesen« deutlich, »durch die jene Thesen selbst außer Kraft gesetzt werden«[46]. Solche Wendungen, die den herkömmlichen Anspruch an Philosophie ad absurdum führen, haben für Wittgenstein eine *mäeutische Funktion*[47]. Sie sollen schaglichtartig die Vorgängigkeit der Haltung zur Philosophie vor einer durch diese Haltung bedingten Logik der Gegenstände dieser Philosophie thematisieren[48]. Was unter sachlicher Stringenz und Systematik der Gedankenführung oder Darstellung in der Philosophie zu verstehen ist, ergibt sich erst nach der Entscheidung über die Frage, welchen Status Philosophie besitzt. Es sei nochmals an die Passage des Vorwortes zum Traktat erinnert, daß mit der endgültigen Lösung der Probleme der Philosophie offenbar werde, wie wenig mit einer solchen Lösung erreicht sei. Ein ähnlicher Gedankengang (und zugleich ein Beleg für den Leseeindruck McGuinness') besteht in Wittgensteins Feststellung, daß nach Beantwortung aller »*möglichen* wissenschaftlichen Fragen [...] unsere Lebensprobleme noch gar nicht berührt sind. Freilich bleibt dann keine Frage mehr; und eben dies ist die Antwort«[49]. Die Feststellung, daß keine Frage mehr bleibe und daß darin die Antwort bestehe, ist eine *philosophische*, keine wissenschaftliche »Antwort«, aber nicht die Antwort einer Philosophie, die sich als »wissenschaftlich« versteht. Die Philosophie, die diese Antwort gibt, gibt keine »Antwort«, sondern vertritt die *Haltung*, daß hier keine sinnvolle Frage gestellt wurde. Dazu paßt auch der Satz: »Die Tatsachen gehören alle zur Aufgabe, nicht zur Lösung«[50], sowie dieFeststellung: »Die Lösung des Problems des Lebens merkt man am Verschwinden dieses Problems«[51]: Ist eine andere Einstellung oder Haltung erreicht, wird das »Problem« gegenstandslos. Die Frage, der das Problem zugrunde lag, gibt es nicht mehr.

Bezeichnend ist zudem Wittgensteins häufige Berufung auf das »Gefühl«, das für ihn ein wichtiges Kriterium zur Beurteilung *logischer* Fragen und der Angemessenheit von Antworten darstellt:

4.12 Der Satz kann die gesamte Wirklichkeit darstellen, aber kann nicht darstellen, was er mit der Wirklichkeit gemein haben muß, um sie darstellen zu können - die logische Form [...].

4.121 Der Satz *zeigt* die logische Form der Wirklichkeit.

4.1212 Was gezeigt werden *kann, kann* nicht gesagt werden.

4.1213 Jetzt verstehen wir auch unser Gefühl: daß wir im Besitze einer richtigen logischen Auffassung seien, wenn nur einmal alles in unserer Zeichensprache stimmt.

Dieser Rekurs auf das »Gefühl« mag dem Leser subjektiv und in einer Abhandlung über Logik nachgerade deplaziert erscheinen. Für Wittgenstein aber ist es Ausdruck der »Stimmigkeit«; es zeigt an, daß treffend über etwas gesprochen wird. Das Gefühl wird auch an einer Schlüsselstelle des Traktates, in der es um die »richtige Methode der Philosophie« geht, ins Spiel gebracht:

6.53 Die richtige Methode der Philosophie wäre eigentlich die: Nichts zu sagen, als was sich sagen läßt, also Sätze der Naturwissenschaft [...], und dann immer, wenn ein anderer etwas Metaphysisches sagen wollte, ihm nachzuweisen, daß er gewissen Zeichen in seinen Sätzen keine Bedeutung gegeben hat. Diese Methode wäre für den anderen unbefriedigend - er hätte nicht das Gefühl, daß wir ihn Philosophie lehrten - aber *sie* wäre die einzig streng richtige.

Wichtig ist außer der Hervorhebung des Gefühls als eines Beurteilungskriteriums hier die Wahl des Irrealis statt des sachlich eher gebotenen Indikativs in dem Teilsatz »wäre die einzig richtige«. Durch ihn wird die Härte der methodischen Anweisung Wittgensteins scheinbar abgeschwächt, die Instanz des Gefühls für die Bewertung philosophischer Fragen freilich um so mehr anerkannt. Nicht die logische Stringenz von Argumenten, die Systematik ihrer Darstellung und auch nicht die Fundierung von Philosophie in der ontologischen Struktur von Welt vermögen dieses Gefühl zu erzeugen; es ist vielmehr bereits für den Wittgenstein des Traktates jenes Gefühl, jene Stimmigkeit der Haltung gegenüber der Welt, die - gleichgültig, ob sie in wissenschaftlichem Sinne als konsistent bzw. systematisch fundiert gelten mag - über die Geltung von Philosophie entscheidet. Der Wahrheitsanspruch von Philosophie läßt sich schon für den frühen Wittgenstein nicht mehr aus der systematischen Erschließung eines Begründungszusammenhangs herleiten. Das Denkmodell der Systemphilosophie wird von ihm verabschiedet - an die Stelle der *Wahrheit als Selbstzweck* tritt das Programm *Klarheit als Selbstzweck*: »Was sich überhaupt sagen läßt, läßt sich klar sagen«.

Die Untersuchung einiger textueller Strukturmerkmale des Traktates offenbart insgesamt, daß zwischen der Frühschrift und der im Vorwort zu den *Philosophischen Untersuchungen* beschriebenen Asystematizität der Spätphilosophie Kontinuität erkennbar ist. Auch der Traktat besitzt eine ausfächernde Textgestalt; seine dezimalnumerische Ordnung ist weniger stringent und zwingend als Wittgensteins Interpretationsschlüssel für die Zahlenkolonnen vermuten läßt. Bei näherer Betrachtung muten viele Ordnungs- und Textelemente des Traktates wie ein Vorgriff auf jene Punktualisierung und Pluralisierung der Betrachtung an, die Wittgenstein im Vorwort von 1945 als Hauptmerkmal der »Landschaftsskizzen« seiner Spätphilosophie beschrieben hat. Sie gestatten es, den Traktat als Propädeutik der Spätschriften zu lesen und Wittgensteins Philosophie als Einheit aufzufassen. In der Frühschrift wird der Systemanspruch von Philosophie destruiert. In der »Philosophie II« werden die Konsequenzen dieser Destruktion expliziert und wird ein neues Modell von Philosophie entworfen.

Die Wiederaufnahme des Philosophierens nach Jahren des Schweigens sowie der Umstand, daß Wittgenstein überzeugt war, daß sein Spätwerk nur »auf dem Hintergrund« der »älteren Denkweise« seine »rechte Beleuchtung erhält«[52], können im Lichte der hier vorgetragenen Interpretation der Textualität des Traktates so verstanden werden, daß die *Philosophischen Untersuchungen* die folgerichtige Umsetzung des traktarianischen Programms darstellen. Die »schwere[n] Irrtümer«, deren sich Wittgenstein später in bezug auf den Traktat bezichtigt, bleiben von dieser Feststellung freilich unberührt.

1.2 Distanzierungen

Wittgensteins Philosophieren stand weitgehend abseits von und in kritischer Distanz zu fachinternen Auseinandersetzungen der zeitgenössischen Philosophie. Die punktualisierende Darstellungsweise des Traktates und die Albumblätter der Spätzeit entsprachen sicherlich nicht den Erwartungen, die das Fachpublikum an ein philosophisches Werk stellte. Diese Distanzierung des Autors vom Leser wird vor allem für die Zeit der »Philosophie II« konstatiert[53]. Wittgenstein war sich ihrer deutlich bewußt und wollte sie als Kritik am philosophischen Betrieb verstanden wissen, dem er persönlich abgeneigt war, und die ihn schließlich zur Aufgabe des Moore-Lehrstuhls in Cambridge bewog[54]. Doch kommt die Kluft zwischen Autor und Leser nicht nur in den Spätschriften zum Ausdruck, sondern ist bereits im Vorwort des Traktates spürbar. Schon in den einleitenden Bemerkungen wird die Möglichkeit philosophisch-apophantischer Rede in kritischer Absicht zurückgenommen und damit das traditionelle Autor/Leser-Verhältnis destruiert: Dem Publikum werden keinerlei Verständnishilfen geboten[55]. Die lapidaren Sätze hinterlassen beim Leser ebenso sehr den Eindruck einer gedrängten Verlautbarung wie die Textsätze des Traktates:

> Dieses Buch wird vielleicht nur der verstehen, der die Gedanken, die darin ausgedrückt sind - oder doch ähnliche Gedanken - schon selbst einmal gedacht hat. - Es ist also kein Lehrbuch. Sein Zweck wäre erreicht, wenn es einem, der es mit Verständnis liest, Vergnügen bereitete.

Wittgenstein wendet sich an *seinesgleichen* und nicht an eine breite Öffentlichkeit, deren Vorverständnis in bezug auf Themenstellung und Textpräsentation vorausgesetzt werden könnte. Sein »idealer Leser« ist der Geistesverwandte, bei dem Verständnis bereits vorauszusetzen ist und der keiner Belehrung bedarf, mit einem Wort: derjenige, der Grundhaltung und Weltsicht des Autors teilt. Wittgensteins Schreibabsicht muß daher als gänzlich nicht-pädagogisch bezeichnet werden. Sein Text soll, folgt man dem Vorwort, niemanden überzeugen, der nicht bereits überzeugt ist; die in ihm vorgetragenen Gedanken sollen keine neuen Wahrheiten verkünden, sondern lediglich bestehende klarstellen. So ergeben die apodiktisch formulierten Sätze des Vorworts eine paradoxe Distanzierung des Autors vom Leser, die darin besteht, daß sie vom distanzierten Leser nicht wird überwunden werden können, während der verständige Leser sie von sich aus immer schon überwunden hat. Dem Verständigen nämlich wird das »Vergnügen« der Bestätigung des bereits von ihm selbst Gedachten geboten, dem unverständigen Leser werden keine Hilfen zuteil, die bereits als philosophisches Programm beschriebene terminologische Unschärfe des Traktates zu überwinden und die notwendige Klarheit zu erzielen.

Doch wäre es verfehlt, daraus auf Arroganz des Autors oder Mißachtung des Lesers zu schließen. Beabsichtigt ist vielmehr eine unausgesprochene, negative Rechtfertigung für die Veröffentlichung der im Text vorgetragenen Gedanken: Sie können sich nur durch den verständigen Lektüreakt des Lesers rechtfertigen, indem dieser ihre Stimmigkeit erfaßt und ihr Sinn sich ihm offenbart. Nur derjenige, der imstande ist, im Akt der Lektüre die Textur des Traktates zu konstruieren bzw. zu rekonstruieren, wird beim Lesen das von Wittgenstein versprochene Vergnügen empfinden. Ohne Frage trägt eine solche Situierung des Textes in den Kontext der Lektüre ein ästhetisches Moment, das diesseits aller Brillanz des Stils, des Arrangements der einzelnen Gedankenbausteine und der darstellerischen Fähigkeiten des Autors darin zum Ausdruck gelangt, daß der Leser in diejenige »Gestimmtheit« versetzt und in ihm jenes »Gefühl« hervorgerufen wird, das den Schreiber zur Abfassung seines Textes bestimmte. Das ästhetische Moment des Traktates hat bereits Gottlob Frege bemerkt, wenn er an Wittgenstein schreibt:

> Was Sie mir über den Zweck Ihres Buches schreiben, ist mir befremdlich. Danach kann er nur erreicht werden, wenn Andere die darin ausgedrückten Gedanken schon gedacht haben. Die Freude beim Lesen Ihres Buches kann also nicht durch den schon bekannten Inhalt, sondern nur durch die Form erreicht werden, in der sich etwa die Eigenart des Verfassers ausprägt. Dadurch wird das Buch eher eine künstlerische als eine wissenschaftliche Leistung; das, was darin gesagt wird, tritt zurück hinter das, wie es gesagt wird.[56]

Der Text des Traktates könnte zur Bestätigung dieses Eindrucks herangezogen werden, etwa wenn er in seinem vorletzten Satz inhaltlich weitgehend dementiert wird: »[D]er, welcher mich versteht, [...] muß diese Sätze überwinden, dann sieht er die Welt richtig.«[57]

Freges Einwand gegen den Traktat erscheint durchaus berechtigt: Der, welcher das Buch versteht, bedarf seiner nicht, und der, der es nicht versteht, wird aus der Lektüre kein »Vergnügen« ziehen. Wittgensteins Rechtfertigung für die Veröffentlichung seines Werkes gründet in den Tat nicht auf fachphilosophischen Erwägungen, sondern leitet sich aus dem im Vorwort verkündeten Programm der philosophischen *Klarheit als Selbstzweck* her. Wittgenstein reklamiert für sich, dieses Programm in mustergültiger und beispielgebender Weise umzusetzen; in einem Brief an Ludwig von Ficker erhebt er die »Erstrangigkeit« seines Buches zu dessen wesentlichem Beurteilungsmaßstab[58]. Diese »Erstrangigkeit« muß sich keineswegs im Urteil des Lesepublikums spiegeln; wie das Programm der *Klarheit als Selbstzweck* begründet sie sich aus sich selbst.

Eine weitere Rechtfertigung für die Veröffentlichung findet Wittgenstein in der Notwendigkeit, am traditonellen Philosophieren Kritik üben. Diese Rechtfertigung ist im Traktat nur implizit erkennbar; sie manifestiert sich insbesondere in Wittgensteins Kritik an »der« Philosophie, auf die später einzugehen sein wird. In den Vorworten zu seinen Spätschriften wird diese Kritik zur Kulturkritik konkretisiert und als Wendung gegen die moderne Zivilisation, gegen die Rationalität der westlich-abendländischen Wissenschaften greifbar. So heißt es 1930 zunächst analog zum Traktat-Vorwort, daß sein Buch für »solche« geschrieben sei, »die seinem Geist freundlich gegenüberstehen«. Er fügt dann erläuternd hinzu: »Dieser Geist ist ein anderer als der des großen Stromes der europäischen und amerikanischen Zivilisation, in dem wir alle stehen.«[59] Und das Vorwort zu den *Philosophischen Untersuchungen* stellt die abendländische Gesellschaft in die Entgegensetzung von »hell« und »finster«:

> Ich übergebe [meine Bemerkungen] mit zweifelhaften Gefühlen der Öffentlichkeit. Daß es dieser Arbeit in ihrer Dürftigkeit und der Finsternis dieser Zeit beschieden sei sollte, Licht in ein oder das andere Gehirn zu werfen, ist nicht unmöglich; aber freilich nicht wahrscheinlich.
> Ich möchte nicht mit einer Schrift Andern das Denken ersparen. Sondern, wenn es möglich wäre, jemand zu eigenen Gedank»en anregen.[60]

Mit den Formulierungen »Licht [...] zu werfen« und »Andern das Denken« nicht »ersparen« zu wollen verwendet Wittgenstein die Pathosformeln der Aufklärung, doch wendet er sie gegen die »Finsternis« einer *aufgeklärten* Zeit. Mit dem Ausdruck »Finsternis der Zeit« soll nämlich mehr umschrieben werden als nur die »Finsternis« des Faschismus und der Kriegsverheerungen - wie man angesichts des Entstehungsdatums des Vorworts (1945) vermuten könnte. Denn in einer Notiz in den *Vermischten Bemerkungen* (wahrscheinlich aus demselben Jahr) heißt es: »Man kann vernünftigerweise nicht einmal auf Hitler eine Wut haben«.[61] Zweifel an einer die Aufklärung aufklärenden Wirkung seines Buches resultieren aus einer pessimistischen Gesamtdiagnose der Kulturentwicklung im Zeitalter der modernen Wissenschaft, die den düsteren Prognosen Spenglers kaum nachstehen. Der Vorwortentwurf zu den *Philosophischen Bemerkungen* gibt darüber genaueren Aufschluß. Wittgenstein beurteilt dort die »Zeit« als Periode der »Unkultur«, in der die »Künste verschwinden«. Insbesondere die Fortschrittsgläubigkeit - einer der Grundpfeiler der westlichen Zivilisation seit der Aufklärung -, die sich in dem Vertrauen auf die instrumentelle Vernunft äußert, erscheint ihm in besonderem Maße für den Kulturverfall verantwortlich:

> Unsere Zivilisation ist durch das Wort »Fortschritt« charakterisiert. Der Fortschritt ist ihre Form, nicht eine ihrer Eigenschaften, daß sie fortschreitet. Sie ist typisch aufbauend. Ihre Tätigkeit ist es, ein immer komplizierteres Gebilde zu konstruieren. Und auch die Klarheit dient doch nur wieder diesem Zweck und ist nicht Selbstzweck.[62]

Das Hauptcharakteristikum der modernen Rationalität, die er für die »Finsternis« der Zeit verantwortlich macht, besteht laut Wittgensteins Befund also vor allem in ihrer heteronomischen Ausrichtung auf den »Fortschritt«. Was ist unter »Fortschritt« zu verstehen? Wittgenstein bezeichnet das Programm der modernen Rationalität als »aufbauend«. Das »immer kompliziertere Gebilde«, das aufgebaut wird, ist für ihn eine Konstruktion, also eine sich der Technik verdankende Leistung, die, eben weil sie heteronom motiviert ist, kein Genügen an sich selbst finden, keinen »Selbstzweck« (Autonomie) konstituieren kann. Der »Geist« der »anglo-amerikanischen«[63] Zivilisation, die Idee vom »Fortschritt« mittels technischer Beherrschung ist für Wittgenstein deshalb ein Denken der Vereinnahmung, einer Strategie der Ausweitung, der Überbietung und der hemmungslosen Steigerung der Zweckrationalität[64]. Kein Wunder, daß er gerade *nicht* für den »westlichen Wissenschaftler« schreibt, der diesen Geist repräsentiert:

> Ob ich von dem typischen westlichen Wissenschaftler verstanden oder geschätzt werde, ist mir gleichgültig, weil er den Geist, in dem ich schreibe, doch nicht versteht [...]. Mein Ziel ist [...] ein anderes als das der Wissenschaftler, und meine Denkbewegung von der ihrigen verschieden.

Die Verschiedenheit der »Denkbewegung« und damit die Distanz zur Rationalität der westlichen Wissenschaft kommt vor allem darin zum Ausdruck, daß Wittgenstein dem heteronomen Denken das bereits im Traktat angesprochene Ziel der *Klarheit als Selbstzweck* gegenüberstellt: »Mir dagegen ist die Klarheit, die Durchsichtigkeit, Selbstzweck. Es interessiert mich nicht, ein Gebäude aufzuführen, sondern die Grundlagen der möglichen Gebäude durchsichtig vor mir zu haben.«[65] Trotz solcher Distanzierungen tritt Wittgenstein mit dem Streben nach *Klarheit als Selbstzweck* keineswegs aus dem Horizont des abendländischen Philosophierens heraus. Er teilt mit den Philosophen vor ihm das Bestreben, Klarheit über die Grundlagen des Denkens und seiner Beziehung zur Welt zu erlangen. Dieses Bestreben ist ja auch bereits im Traktat deutlich zu spüren. In den Vorworten zur Spätphilosophie verteidigt er gerade die Notwendigkeit solchen Fragens gegen das funktionalistische Modell der zweckrationalen Wissenschaften und ihrer philosophischen Grundlegungen. Mit dem Programm der *Klarheit als Selbstzweck* bekennt er sich zu dem philosophischen *Habitus* der anschauenden Betrachtung als nicht auf Zwecke, sondern auf sich selbst ausgerichtete Weise der Weltsicht. Im Vorwort zum Traktat findet sich dieser Habitus, wenn auch implizit, in der These, daß mit der Lösung sachlicher philosophischer Probleme nicht viel gewonnen sei, um klarzustellen, daß die Frage des Eintrags der Auseinandersetzung mit Philosophie bereits falsch gestellt ist. Im Text des Traktates begegnet er im Staunen über die Existenz der Welt und der sich auf sie beziehenden Logik. Im Vorwort zu den *Philosophischen Bemerkungen* erscheint er dann apotheotisch gesteigert - Gott wird als die causa sui, als der Inbegriff der *Klarheit als Selbstzweck* bestimmt: Für Wittgenstein bedeutet der Umstand, dort nicht schreiben zu dürfen, er habe sein Buch »zur höheren Ehre Gottes« verfaßt, deshalb eine »Schurkerei«, weil der dominante »Geist« des wissenschaftlichen Zeitalters eine solche nicht-zweckgerichtete Untersuchung unverständlich erscheinen lassen müsse. Die kritische Wendung gegen diese Haltung ist unüberhörbar: »Ich möchte sagen, *dieses Buch sei zur Ehre Gottes geschrieben*, aber das wäre heute eine Schurkerei, d.h. es würde nicht richtig verstanden werden«.

Die Opposition gegen die rationalistische Wissenschaft als dem wichtigsten und wirkungsvollsten, und deshalb verhängnisvoll fehlgreifenden Instrument der Lebensbewältigung in der modernen Welt speist sich bei Wittgenstein in erster Linie aus der Überzeugung, in einem tieferen Sinne zur *Kultur* des Abendlandes und zu ihrem seines Erachtens allerdings verschütteten Wertesystemen zu gehören:

> Die Kultur ist gleichsam eine große Organisation, die jedem, der zu ihr gehört, seinen Platz anweist, an dem er im Geist des Ganzen arbeiten kann, und seine Kraft kann mit großem Recht an seinem Erfolg im Sinne des Ganzen gemessen werden [...]. Zur Zeit der Unkultur aber zersplittern sich die Kräfte [...]. Ist es mir so klar, daß das Verschwinden einer Kultur nicht das Verschwinden menschlichen Werts bedeutet, sondern bloß gewisser Ausdrucksmittel dieses Wertes, so bleibt dennoch die Tatsache bestehen, daß ich dem Strom der europäischen Zivilisation ohne Sympathie zusehe [...].[66]

Die Vorstellung, die Kultur bilde ein dynamisches und zugleich in sich geschlossenes System, das aus dem reibungsfreien Ineinandergreifen zahlloser, möglicherweise sehr verschiedener Einzelaktivitäten zu einem »Ganzen« resultiert, das in diesen Einzelaktivitäten zum Ausdruck kommt, ohne daß es einer expliziten Vorgabe bedürfte, orientiert sich an ästhetisch-organizistischen Maßstäben, die bei Wittgenstein zudem Anklänge an die Vorstellung von einer göttlich gefügten Weltordnung anklingen lassen, die »jedem seinen Platz anweist«[67]. Kultur ist nur dort anzutreffen, wo sie als ein Kunstwerk begriffen werden kann, das seine Kohäsion aus der nicht äußerlich »konstruierten«, sondern immer schon vorauszusetzenden und sich zeigenden Übereinstimmung zwischen dem Allgemeinen und dem Einzelnen zieht. Es ist dieser »organische« Kulturbegriff, der auf Goethe zurückweist[68] und wohl über Spengler[69] auf Wittgenstein gekommen ist, den er gegen die »Zersplitterung« der »Moderne« ausspielt. Kultur ist gerade - im Gegensatz zur Zersplitterung - der in der Zerstreuung bewahrte und durchgehaltene Selbstzweck. Wittgensteins Projekt der *Klarheit als Selbstzweck* kann sich insofern als Kulturleistung par excellence bezeichnen - als ein bewußt unzeitgemäßes[70], aber an die Traditionen des Abendlandes anknüpfendes Projekt. Es ist Ausdruck jener Gestimmtheit, die bereits ein wesentliches Motiv für die Abfassung des Traktates darstellte.

Die Gewinnung einer solchen ästhetischen Betrachtungsperspektive gegenüber dem »Konstruktivismus« der Wissenschaften kann nicht mit den Mitteln dieser Wissenschaften selbst bewerkstelligt werden, sondern setzt gerade die Distanzierung von ihnen voraus. In einer längeren Notiz in den *Vermischten Bemerkungen* aus dem Jahr 1930 betont Wittgenstein die Notwendigkeit, einen Perspektivenwechsel vorzunehmen, um etwas, einen Gegenstand, nicht unter dem Blickwinkel der instrumentellen Wissenschaften, sondern *als* Kunstwerk deuten zu können[71]. Für das Gelingen von »Kultur« sei die Fähigkeit der Individuen entscheidend, eine solche ästhetische Perspektive einnehmen zu wollen und zu können - ein Anliegen und eine Sehnsucht für »echte« und »starke Naturen«, wie Wittgenstein in der Eintragung ausführt. In solchen Menschen erblickt Wittgenstein die Träger von Kulturwerten und damit seine »Freunde«, an die er sich ermutigend wenden kann und von denen er zugleich doch weiß, daß sie »sich eben in dieser Zeit von dem Gebiet der Künste ab[wenden]« und »nur privaten Zielen nachstreben«, so wie er, Wittgenstein, es selbst mit seinen Bedenken gegen die Veröffentlichung seiner Gedanken tut. Daß Wittgenstein seine Gedanken - trotz aller »Dürftigkeit«[72] - zur Veröffentlichung vorbereitet, geschieht seinem Bekunden zufolge nicht, um den Leser von einem als falsch durchschauten »System« zu einem anderen zu führen, sondern um ihm die Möglichkeit vorzuführen, eine Perspektive einzunehmen, die sich auch auf dem Gebiet der Philosophie überzeugend darstellen läßt und zur Klärung und intellektuellen Akzentuierung des »Gefühls« und der »Gestimmtheit« beiträgt.

Wie das Vorwort zum Traktat verkünden auch die programmatischen Reden Wittgensteins an die Leser seiner Spätschriften das Programm der *Klarheit als Selbstzweck*, das sich - weitaus konkreter und kulturkritischer als im Traktat - gegen das Programm der *Klarheit als eines Mittels zu einem Zweck* absetzt, das Wittgenstein in den modernen Wissenschaften verkörpert sieht[73]. Nur der Leser, der dieser Absetz-Bewegung, diesem »Geist« zu folgen bereit ist, wird, so Wittgenstein, die Schriften verstehen:

> Wenn ich sage, daß mein Buch nur für einen kleinen Kreis von Menschen bestimmt ist (wenn man das einen Kreis nennen kann), so will ich damit nicht sagen, daß dieser Kreis [...] die Elite der Menschheit ist, aber es sind die Menschen, an die ich mich wende (nicht weil sie besser oder schlechter sind als die andern, sondern), weil sie mein Kulturkreis sind, gleichsam die Menschen meines Vaterlandes, im Gegensatz zu den anderen, die mir *fremd* sind.[74]

Denkt man jedoch das Programm der *Klarheit als Selbstzweck* zu Ende, wird die Frage, ob ein Leser die philosophischen Bemerkungen und Untersuchungen letztendlich »versteht«, schließlich sekundär. Die Sammlung von Aphorismen, die er dem Leser vorlegt, liefert keinen Schlüssel zum rechten Verstehen, sondern bürdet dieses dem Leser auf. Mit den Spätschriften gedenkt Wittgenstein ja nicht ein »Gebäude aufzuführen«, sondern wünscht »die Grundlagen der möglichen Gebäude durchsichtig« vor sich zu haben[75]. Eine solche Arbeit ist gekennzeichnet von Destruktionen, besteht im Niederreißen bereits bestehender »Gebäude«, die den Leser seiner Bücher unbehaust zurücklassen: »Philosophie ist [...] eigentlich [...] die Arbeit an Einem selbst«, notiert er in den *Vermischten Bemerkungen*[76] und verweist Philosophie an den Leser als dessen eigenes »Lebensprojekt« zurück.

Der existentielle Rigorismus, der in Formulierungen wie dieser zum Ausdruck kommt, manifestiert nicht nur eine letzte, unüberwindliche Distanz zum Leser, sondern spiegelt sich auch in Wittgensteins eigenem Lebensweg. Wie kaum ein anderer Philosoph hat Wittgenstein versucht, sein Dasein und seine

Denkweise in Übereinstimmung zu bringen und die Lösung philosophischer Probleme mit der Erlösung seines Daseins zu verknüpfen.

1.3 Philosophiebiographischer Exkurs: Der existentielle Hintergrund des Philosophierens

In den in Geheimschrift verfaßten Kriegstagebüchern 1914 - 1916 notiert Wittgenstein penibel die Phasen, in denen er »gearbeitet« habe, im Kontrast zu jenen Zeiten, in denen er nicht zur »Arbeit« gekommen sei. Über die *thematischen Gegenstände* seines »Arbeitens« geben die *Geheimen Tagebücher* keine Auskunft[77]. Doch gewähren sie direkten Zugang zu den persönlichen Lebensumständen des Autors zur Zeit der Abfassung des Traktates. Diese bisher wenig beachteten Hefte belegen eindringlich, in wie hohem Maße der Traktat als ein persönliches Bekenntnis zu lesen ist. Sie lassen erkennen, daß Wittgenstein bereits mit seiner Meldung als Freiwilliger zur K.u.k.-Armee im August 1914 den Zweck verfolgte, sich Lebensumstände zu schaffen, die seiner Arbeit dienlich wären[78]. Es bedurfte offenbar einer »Feuerprobe des Charakters«, um die philosophische Aufgabe zu bewältigen[79]. Der Kriegseintritt bedeutete für Wittgenstein zugleich eine Militarisierung seines Philosophierens. Philosophisches »Arbeiten« wird in den Aufzeichnungen schnell zum Synonym für einen »Feldzug« gegen die Grundprobleme der Philosophie: »Ich *belagere* jetzt mein Problem«, heißt es am 24.10.14[80]. Und in den Eintragungen vom 29.10. und 31. 10.14 schreibt er:

> Belagere noch immer mein Problem, was schon viele Forts genommen [...]. Habe das Problem *vergebens* gestürmt! Aber ich will eher mein Blut vor dieser Festung lassen, ehe ich unverrichteter Dinge abziehe. Eine größte Schwierigkeit ist, die einmal eroberte Festung zu halten, bis man ruhig in ihr sitzen kann. Und bis nicht die *Stadt* gefallen ist, kann man *nicht* für immer ruhig in einem der Forts sitzen.[81]

Die Feldzüge gegen philosophische Probleme waren für Wittgenstein mehr als nur eine Analogie zu den Aktionen der österreichischen Armee - auch sie bedeuteten einen Einsatz auf Leben und Tod. Die Arbeit am Traktat ist auf dem Hintergrund dieser Entschlossenheit für den letzten Einsatz zu lesen. Wittgenstein zieht die Kraft zur Fertigstellung seiner Arbeit aus dem Bestehen im Kampf um das physische und das geistige Überleben:

> Wenig gearbeitet. Ich verstehe es noch immer nicht, meine Pflicht nur zu tun, weil es meine Pflicht ist, und meinen ganzen Menschen für das geistige Leben zu reservieren. Ich kann in einer Stunde sterben ich kann in zwei Stunden sterben, ich kann in einem Monat sterben oder erst in ein paar Jahren [...]. *So ist dies Leben.*[82]

Die ständige Todesgefahr an vorderster Front bildet den ebenso beängstigenden wie angemessenen Hintergrund für die Dimensionen der Schwierigkeiten, die ersehnte intellektuelle Klarheit zu gewinnen. Wie der Tod die äußerste Grenze des Lebens ist, der Krieg die »Hölle« des Daseins ausmacht, so trägt auch die Beschäftigung mit logischen Fragen den Charakter stählerner Kälte: »Russell tat im Laufe unserer Gespräche oft den Ausspruch: »Logic's hell!« - Und dies drückt *ganz* aus, was wir beim Nachdenken über die logischen Probleme empfanden; nämlich ihre ungeheure Schwierigkeit, ihre Härte und *Glätte*«.[83]

Dabei ist Wittgenstein weit davon entfernt, den existentiellen Einsatz für die, wie er im Vorwort zum Traktat schreibt, »endgültige Lösung der philosophischen Probleme« wie für den Krieg zu heroisieren. Zwar erwartete er sich vom Leben an der Front eine sowohl persönliche wie gedankliche »Läuterung« (so (wie auch die Sätze des Traktates als »Er-läuterungen« zu lesen sind[84]): »Wie muß ich also leben, um in jedem Augenblick zu bestehen? Im Guten und Schönen zu leben, bis das Leben von selbst aufhört«, notiert er in den Kriegstagebüchern[85] - doch versteht er diese Läuterung eher als eine Prüfung denn als eine Möglichkeit der Selbstbemächtigung.

Für 1915 wird erstmals die Lektüre des Bändchens »Erläuterungen des Evangeliums« von Lew Tolstoi in den Geheimtagebüchern erwähnt[86]. Das mystische Christentum des russischen Schriftstellers und Sozialreformers ließ Wittgenstein die eigene »Arbeit« in einem neuartigen Licht sehen - es brachte ihn davon ab, Philosophie als einen Versuch zu begreifen, ein adäquates Bild der Welt zu entwerfen, und führte ihn zu dem seither dominierenden Gedanken, die Probleme der Philosophie als Lebensprobleme zu sehen. Die »Lösung« philosophischer Probleme des Denkens und der menschlichen Existenz erscheint nunmehr als eine Frage der *Erlösung* sowohl der Philosophie wie auch der Menschen, die sich zur Auseinandersetzung mit philosophischen Problemen getrieben fühlen. Wenn Wittgenstein im Traktat formuliert, daß der nach Erlösung Suchende selbst »diese Sätze überwinden [muß], dann sieht er die Welt richtig«[87], so verdeutlicht er damit die Überzeugung, daß die »Lösung« philosophischer Probleme im wesentlichen in ihrer Auf-lösung durch Er-lösung besteht, die nicht im Medium philosophischer Reflexion zu leisten ist, sondern eine Veränderung der gesamten Lebensweise bedeutet.

Das Motiv der Parallelität von Lösung durch Auflösung (Destruktion) und Erlösung bildet auch einen wichtiges Motiv der Spätphilosophie. So heißt es in den *Vermischten Bemerkungen* z.B. sowohl im Jahr 1931, als auch in den Jahren 1937 und 1947:

> Das Unaussprechbare (das, was mir geheimnisvoll erscheint und ich nicht auszusprechen vermag) gibt vielleicht den Hintergrund, auf dem das, was ich aussprechen konnte, Bedeutung bekommt.[88]
> Das Licht der Arbeit ist ein schönes Licht, das aber nur dann wirklich schön leuchtet, wenn es von noch einem andern Licht erleuchtet wird.[89]
> Ist, was ich tue, überhaupt der Mühe wert? Doch nur, wenn es von oben her ein Licht empfängt. Und ist es so, - warum sollte ich mich sorgen, daß mir die Früchte meiner Arbeit nicht gestohlen werden? Wenn, was ich schreibe, wirklich wertvoll ist, wie sollte man mir das Wertvolle stehlen? Ist das Licht von oben *nicht* da, so kann ich ja doch nur geschickt sein.[90]

Die Arbeit an der Philosophie bleibt auch für den späten Wittgenstein gebunden an den ineffablen Akt der Erlösung, die das »Licht von oben« empfängt und dem Tun Wert verleiht. Nicht die »Geschicklichkeit«, also das handwerklich-philosophische Können verlohnt die Arbeit, ihr Wert bemißt sich vielmehr an dem Umstand, daß sie die gesamte Existenz erfaßt und in dieses »Licht von oben« taucht. Ohne diesen Anspruch bliebe das Nachdenken letztlich orientierungs- und ziellos, verlöre sich im »Dickicht« eines Waldes aus Fragen, ohne die Chance, aus ihm wieder herauszugelangen[91]. So aber verhält sich jedes Gedankenfraktal, gleichgültig, welchem Thema es gewidmet ist, zu diesem Ganzen wie die Teile eines zerbrochenen Hologramms: In jeder Scherbe erscheint das vollständige Bild. Jeder Satz der *Philosophischen Untersuchungen* Wittgensteins oszilliert um das immer gleiche Zentrum, das in ihm sich zeigt:

> Jeder Satz, den ich schreibe, meint immer schon das Ganze, also immer wieder dasselbe und es sind gleichsam nur Ansichten eines Gegenstandes unter verschiedenen Winkeln betrachtet.
> Ich könnte sagen: Wenn der Ort, zu dem ich gelangen will, nur auf einer Leiter zu ersteigen wäre, gäbe ich es auf, dahin zu gelangen. Denn dort, wo ich wirklich hin muß, dort muß ich eigentlich schon sein [...].
> Die erste Bewegung reiht einen Gedanken an den anderen, die andere zielt immer wieder nach demselben Ort.
> Die eine Bewegung baut und nimmt Stein auf Stein in die Hand, die andere greift immer wieder nach demselben.[92]

Das Paradox, dort schon angekommen sein zu müssen, wohin der Weg erst zu ebnen und abzuschreiten ist, evoziert das Modell des Heiligen, der auf dem Weg zur Erlösung bereits dieser Erlösung teilhaftig geworden sein muß, um sie erlangen zu können. Und in der Tat evozierte besonders der junge Wittgenstein die gelebte Metaphorik des Mönches oder gar Heiligen, von dem man nicht wußte, ob er über Logik oder über seine Sünden sprach[93]. Seinen Mitmenschen erschien er als »Mann im Sturm«[94], Stratege der »Selbstheiligung«[95], »[D]er mit dem Evangelium«[96], einer, der »voll und ganz zum Mystiker« geworden sei[97].

Wittgensteins unkonventioneller Lebensweg und sein Selbstverständnis als Unzeitgemäßer bestärken zumindest den Vergleich mit der großen christlichen Tradition der kulturmüden, Wahrheit und Erlösung suchenden Menschen, für die das Urbane - Zentrum der Zivilisation - Inbegriff des falschen Lebens und der Wald und die Einöde Synonym der selbstbesinnenden Befreiung sind[98]. Wittgensteins »Fluchtbewegungen« aufs Land - die Volksschullehrerzeit am Semmering, die Reisen nach Island und Norwegen in der frühen Zeit, in die Sowjetunion, in den äußersten Westen Irlands in der Spätzeit, seine periodischen Rückzüge in unzugängliche Hütten und Eremitagen, seine endlosen Spaziergänge rund um Cambridge, die Distanziertheit seiner Umgangsformen[99] und das von ihm selbst beschriebene Gefühl, anderen nicht oder nur unvollkommen das mitteilen zu können[100], was ihn bewegte, sein radikales Schweigegebot hinsichtlich der Erfahrungen an den »Grenzen der Sprache« zusammen mit seinem leidenschaftlichen Streben nach *Klarheit als Selbstzweck* fügen sich zu einem Mosaik, das, aus einiger Entfernung betrachtet, durchaus das Antlitz eines um Heiligkeit bemühten Menschen ergibt[101]. Doch lebt in Wittgenstein das Projekt der imitatio Christi[102] nur gebrochen fort. Sein Kulturpessimismus trägt lediglich marginal eschatologische Züge; die Beschränkung seiner Untersuchungen auf die Sprache und die Grenze der Sagbarkeit läßt die »Dinge« stets so, wie sie sind. Freilich treibt ihn gerade dieses Projekt fast zwangsläufig zur Kritik an vorherrschenden Denkstilen und zur Radikalisierung seiner Fragestellungen. Wittgensteins Projekt der Kritik an verfehlter Sprache auf der Folie der *Klarheit als Selbstzweck* führt dazu, jedes Ordnungsmodell, das sich in Sprache ausdrückt, schonungslos kritisch auf seine Legitimität befragen und dabei jenen Punkt anzuvisieren, an dem in der Sprache eine durch Sprache nicht zu rechtfertigende Ordnung der Dinge aufgerichtet wird. Sofern Wittgenstein Züge eines intellektuellen Heiligen trug, so war er ein Heiliger ganz eigener Statur: Sein Kampf gegen die »Verhexung des Verstandes durch die Mittel unserer Sprache«[103] trieb ihn statt zur Erkenntnis einer prästabilisierten Ordnung in ein immer tieferes Dickicht von Fragen hinein. Die von ihm selbst gebrauchten Metaphern des »Dickichts« und des »Urwalds« bezeichnen den Ausgangspunkt philosophischer Klärungsversuche. Und nur von ihm ausgehend führt ein Weg »in's Freie hinaus«. - Bezeichnenderweise greift der Verfasser eines Standardkommentars zu Wittgensteins Werk, George Pitcher, resümierend zu solchen forestrischen Metaphern. Wenn es, so Pitcher, für Wittgenstein wichtige Fragen gebe, dann seien es Fragen über den »Urwald des Unaussprechlichen«, in den er den Leser hinausschicke[104].

2 »Landschaftsskizzen«

2.1 Pluralisierungen

Aus der ethisch-philosophischen Logik des Programms *Klarheit als Selbstzweck* folgt für den Wittgenstein des Traktates: »Alles, was sich aussprechen läßt, läßt sich klar aussprechen.«[1] Angesichts der damit für Wittgenstein verbundenen Verabschiedung der Systematizität und Geschlossenheit von Philosophie, so wie sie in der Tradition verstanden wurde, muß diese Klarheit zunächst als Unzugänglichkeit, ja Unverständlichkeit[2] der Texte erscheinen; vor allem im Traktat erscheint sie sachlich zunächst als ein bloßes Postulat, ethisch als ein Imperativ. Zwar destruiert der Traktat bereits durch seine aphoristische und segmentierende, alles andere als systematische Textur die herkömmlichen Standards eines philosophischen Textes, doch bleibt er zumindest ex negativo durch den Umstand, daß er die Grenz- bzw. Berührungspunkte von Sprache und »Welt« anzugeben versucht, dem traditionellen Denken verhaftet. Erst für den späten Wittgenstein bedeutet das Programm *Klarheit als Selbstzweck*, daß das, was gesagt wird und wie es gesagt wird, immer schon »klar« genug ist. Während der Wittgenstein des Traktates durch logische Analyse bis an die Grenze der Sagbarkeit die Grundstrukturen der Sprache freilegen möchte, um sie in ihrer Reinform wie ein Kristall betrachten zu können[3], gibt der späte Wittgenstein das semantische Modell der Sprache vollständig auf und gelangt zur Anerkennung der Pluralität möglichen Sprechens und erkennt damit eine unüberschaubare Vielfalt von Schauplätzen des Sprach-Philosophierens an. Aus der einen, gleichsam absoluten *Klarheit als Selbstzweck* wird die nicht mehr überschaubare Vielfalt von »Klarheiten«, von Klärungen des jeweiligen Sprachgebrauchs. Der monumentalen Destruktionsleistung des Traktates, die im Schweigegebot am Ende des Textes kulminiert, folgen kleine Destruktionen an ausgewählten Fragestellungen, die besonders das Interesse der Philosophen auf sich gezogen haben: die Fragen nach dem Status der Philosophie selbst sowie nach dem von Religion, Ethik und handlungsleitender Gewißheit für das Leben der Menschen.

In beiden auf den ersten Blick so unterschiedlichen, vielleicht sogar gegensätzlich erscheinenden Strategien des Programms *Klarheit als Selbstzweck* läßt sich derselbe Gedankengang auffinden, auch wenn aus ihm unterschiedliche Konsequenzen gezogen werden, nämlich die Überlegung, daß das Programm *Klarheit als Selbstzweck* über kein außersprachliches Kriterium für seine Realisierung verfügt, weil die Angabe eines solchen Kriteriums - ja selbst die Suche nach ihm - unweigerlich in einen infiniten Regreß mündete: Um sagen zu können, daß die geforderte Klarheit erreicht ist, bedürfte es einer »Meta-Klarheit«; ebenso diese einer weiteren und so fort ad infinitum. Diese Überlegung liegt der traktarianischen Rede von der Notwendigkeit einer Grenzziehung der Sprache »von innen« und dem Schweigegebot des Satzes 7 zugrunde - die geforderte *Klarheit als Selbstzweck* kann sich eben nur *zeigen*, sie läßt sich nicht sinnvoll konstatieren. Die wenigen bisher angeführten Zitate aus der Zeit der Spätphilosophie gehen ebenfalls in diese Richtung. Allerdings: Die »Landschaftsskizzen« und »Albumblätter«, die situativen Momentaufnahmen der Sprache, die die *Philosophischen Untersuchungen* laut Wittgensteins Vorwort dem Leser vermitteln wollen, malen ein Bild wohl immer von der gleichen Landschaft, erheben jedoch nicht mehr, wie der Traktat, den Anspruch, diese vollständig zu durchmessen. Hatte der Traktat die Klärung der Grundstrukturen der Sprache sowie die Festlegung der Grenzen sinnvollen Sprechens (gegen das »unsinnige« Sprechen, wie es im Vorwort heißt) zu einem sprachtranszendenten Zweck unternommen, der der gesuchte »Selbstzweck« sein sollte, so verortet der späte Wittgenstein diesen »Selbstzweck« ausschließlich innerhalb der Sprache selbst.

Diese Wendung des Gedankengangs kann kaum überraschen. Die Sprache ist, so lautet bereits die Quintessenz des Traktates, *unhintergehbar*. Wird diese Einsicht ernst genommen, ist es nur konsequent, von der Sprache als einer »Landschaft« zu sprechen, die wohl einen Horizont besitzt, aber keine angebbare Grenze mehr aufweist. Denn jede Reflexion über die Sprache setzt bereits die Sprache voraus; auch die vermeintlich klare oder »Ideal«sprache ist eben nur ein (Bestand)Teil der Sprache unter vielen anderen. Die Sprache selbst muß grenzenlos sein; einen außer-sprachlichen Standpunkt einnehmen zu wollen, muß daher als unsinnig bezeichnet werden, da ein solcher Standpunkt sprachlich nicht zu vermitteln wäre: »In der Sprache wird alles ausgetragen«[4], oder, in der von Wittgenstein bevorzugten metaphorischen Ausdrucksweise: Das Nachdenken über die Sprache und die Analysen der Sprache erfassen ein Gebiet, das einer grenzenlosen, nicht zu überschauenden Gebirgslandschaft mit zahlreichen verschlungenen Tälern gleicht, die teils miteinander verbunden, teils voneinander getrennt sind[5].

Angesichts der Grenzenlosigkeit von Sprache kann *Klarheit als Selbstzweck* nicht länger bedeuten, die Sprachverwendung im ganzen klären zu wollen, sondern den Ausgangspunkt der Untersuchung immer schon innerhalb der Sprache zu nehmen. Statt eine sprachumfassende oder sprachübergreifende Einheit zu suchen, läßt sich der späte Wittgenstein von der Vielfalt der Sprache und der unüberschaubaren Pluralität ihrer Verwendungsweisen leiten; statt eine Landkarte der Sprache entwerfen zu wollen, beschränkt er sich programmatisch auf die Abbildung von »Teilstücke[n]«[6].

Damit verschiebt sich auch die Aufgabenstellung des Philosophierens. Seine Aufgabe besteht laut Wittgenstein nunmehr vor allem darin, den unterschiedlichen und heterogenen Facetten der Sprachlandschaft Kontur zu verleihen, die fließenden Übergänge der einzelnen Momente gegeneinander abzusetzen und ein übersichtliches Bild von ihnen zu geben:

> Wenn wir den wirklichen Gebrauch eines Wortes betrachten, so sehen wir etwas Fluktuierendes.
> Wir stellen diesem Fluktuierenden in unseren Betrachtungen etwas Festeres entgegen. Ähnlich, wie wenn man von dem stets veränderlichen Bild einer Landschaft ein ruhendes Abbild malt.[7]

Werden Wort- und Sprachverwendung als etwas »Fluktuierendes« begriffen, können auch die Betrachtungen wiederum nur *relative* »Festigkeit« für sich beanspruchen - keine »Landschaftsskizze« wird für sich oder aber auch in Verbindung mit anderen ein vollständiges oder Gesamtbild der Landschaft ergeben. Die zu einem Album gebundenen Skizzen lassen sich wohl unter Leitbegriffe bringen und zu Gruppen bündeln; an manchen Stellen sind sie, so Wittgenstein selbst, freilich schemenhaft bis zur Unkenntlichkeit; sie bilden ein schwer zu entwirrendes »Knäuel«[8] aus Aspekten oder werden überkomplex: »Die Landschaft dieser Begriffsverhältnisse aus ihren unzähligen Stücken, wie sie die Sprache uns zeigt, zusammenstellen, ist *zu schwer* für mich. Ich kann es nur sehr unvollkommen tun.«[9]

Die »Unvollkommenheit« der Zusammenstellungen Wittgensteins ist sicherlich kaum den mangelnden Fähigkeiten des Autors geschuldet; sie ist in der Logik des sprachphilosophischen Programms selbst begründet: Sobald die Sprache als eine unhintergehbare Vielfalt von »Begriffsverhältnissen« aufgefaßt wird, wird auch der Anspruch des (philosophischen) Autors bzw. »Sprechers« hinfällig, über Sprache als einen Gegenstand seiner Reflexion verfügen zu können. Vielmehr nimmt auch er nur an der Sprache teil; er steht in ihr, nicht über ihr. Mehr noch. »Unhintergehbarkeit der Sprache« bedeutet auch, die sprachphilosophische Idee von der Bedeutungskonstitution durch die Referentialität des Sprechens aufzugeben. Denn eine solche Vorstellung gründet in der Annahme, daß ein bezeichneter Gegenstand (Objekt) einem sprechenden, (Wort)Bedeutung konstituierenden Subjekt verfügbar ist[10]. Die Einsicht in die Unhintergehbarkeit der Sprache führt zur Auflösung der semantisch gefaßten Position des Sprechers: Er büßt die Rolle des Souveräns über die Sprache ein, die in der Vorstellung von der Vorrangigkeit des »Ich denke« vor dem »Ich spreche« wurzelt. Wittgensteins Verzicht auf den Versuch, die Sprache in ihrer Gesamtheit zu analysieren, bedeutet nichts weniger als die Abkehr von der Annahme eines vorsprachlichen, gegenstandskonstitutiven und aus diesem Grunde sprachkompetenten Bewußtseins und entlarvt die Vorstellung eines »ursprünglichen Sprechers«, in dessen »Innerem« die Bedeutung der Wörter aufbewahrt werde (wie Foucault diesen Tatbestand bei der Analyse der Texte Blanchots formuliert[11]), als eine Fiktion.

Mit dieser Wendung gegen das der Semantik zugrunde liegende Denken in den Kategorien von Subjekt und Objekt gewinnt das Programm der *Klarheit als Selbstzweck* eine kritische Dimension. Gerade indem es Klarheit anstrebt, kann sich das Denken Wittgensteins nicht an präfixierten kategorialen Ausgangspositionen (etwa einem affirmativen Begriff der Allgemeinheit) orientieren und kann nicht nach einem Ersten oder Letzten fragen - das Signum »vollkommener« Klarheit besteht ja gerade darin, daß für sie, soll sie vollkommen sein, kein Kriterium angegeben werden kann. Ein solches Denken muß, um seinem Anspruch gerecht zu werden, erst recht jeden kriteriellen Begriff von einer dialektischen Bezugstotalität, die Idee einer Ganzheit, hinter sich lassen[12]. Anders ausgedrückt: Es muß sich auf die reine Beschreibung von sprachlichen »Tatsachen« beschränken und dabei auf jeden Vorgriff auf das Ganze verzichten. Die Untersuchungen, die in einem solchen »Geist«, wie Wittgenstein in den Vorworten immer wieder sagt, durchgeführt werden, bestehen daher aus einer Kollektion, einem »Album« von Beispielen, die jedoch nicht zur Illustration einer Ganzheit zusammengefügt werden können:

> Das bloße Beschreiben ist so schwer, weil man glaubt, zum Verständnis der Tatsachen diese ergänzen zu müssen. Es ist, als sähe man eine Leinwand mit verstreuten Farbflecken, und sagte: so wie sie da sind, sind sie unverständlich; sinnvoll werden sie erst, wenn man sie sich zu einer Gestalt ergänzt. - Während ich sagen will: Hier *ist* das Ganze. (Wenn du es ergänzt, verfälschst du es).[13]

Der Verzicht auf Ganzheit und Allgemeinheit durch die Beschränkung auf die Beschreibung vielfältiger Sprachspiele bedeutet für Wittgenstein zugleich, sich im Namen dieser Vielfalt gegen alle Bestrebungen nach Letztbegründung zu wenden. Wird die Sprache als ursprungslos begriffen, entfällt der Zwang, aber auch die Möglichkeit, sie in ihrer Gesamtheit von einer außersprachlichen instanz abhängig zu machen. Die daraus folgende Kritik am Ursprungsdenken destruiert auch die Strategien, mittels dieses Denkens empirische Tatbestände zu legitimieren oder aber von der Warte kommunikationsethischer Ideale zu kritisieren.

Klarheit als Selbstzweck impliziert also keine advokatorische Haltung zu philosophischen Problemen; die Fragen nach dem Status von Philosophie, von Religion, von Ethik und von Ästhetik, die Wittgenstein bewegen und in der abendländischen Denktradition dadurch ausgezeichnet sind, daß durch ihre Untersuchung klar werden soll, wie »Subjektivität« sich »Welt« auslegend aneignet[14], interessieren in seinen Texten vor allem deshalb, weil sie das stete Nachdenken und stets neue Lösungsansätze hervorgerufen haben. Für diese Themen gilt a fortiori das, was Wittgenstein in den *Philosophischen Bemerkungen über die Grundlagen der Mathematik* über sein Interesse an dem logischen Paradox des Lügners äußert: »Interesse erhält so ein Widerspruch [= das Lügner-Paradox, M.K.] nur dadurch, daß er Menschen gequält hat und dadurch zeigt, wie aus der Sprache quälende Probleme wachsen können; und was für Dinge uns quälen können«[15].

Gerade wegen der quälenden Dringlichkeit philosophischer Themen sucht Wittgenstein nach einer derart radikalen, endgültigen Lösung für philosophische Fragen, daß sie zur Destruktion nicht nur der von der Tradition gegebenen Antworten, sondern bis zur Destruktion der die Antworten motivierenden Fragehaltungen fortschreitet - das Schweigegebot des Traktates kündigt die Destruktion ebenso an wie die These von der Unhintergehbarkeit und Unüberschaubarkeit von Sprache in der Spätphilosophie.

2.2 Die Rolle des Beispiels

Was ich erfinde, sind neue Gleichnisse.[16]

Gleichnisse, Metaphern, Bilder, fiktive Dialoge, rhetorische Fragen, anonyme Zitate und eine schier überwältigende Flut von Beispielen kennzeichnen das Wittgensteinsche Denken und Philosophieren der Spätzeit. Die extensive Verwendung insbesondere von Beispielen und fiktiven Dialog-Szenen ist für Wittgenstein nicht nur eine Frage des Stils, sondern sie ist für sein a-systematisches, auf Pluralität gerichtetes Denken von entscheidender methodischer und inhaltlicher Bedeutung. Denn seine Beispiele bringen eine kritische, oftmals skeptisch formulierte und letztlich destruktive Haltung gegenüber dem (philosophischen) Problem der Allgemeinheit bzw. der Verallgemeinerungsfähigkeit von sprachlichen Äußerungen zum Ausdruck. Wittgensteins Verfahren, das Problem der Allgemeinheit in Beispielkettungen aufzulösen, stellt, philosophiegeschichtlich betrachtet, damit nichts weniger als die skeptische Umkehr der platonischen Dialogpraxis dar - seine Dialoge sollen bereits die Fragerichtung aufs Allgemeine destruieren, die das philosophische Bemühen historisch weithin bestimmt hat[17].

Die Frage nach der Verallgemeinerbarkeit von Aussagen ist, wie bereits aus dem Vorwort zum Traktat ersichtlich, auch eine der Kernfragen im Umfeld der *Logisch-philosophischen Abhandlung*. Doch finden sich Beispiele, Sprachbilder und Gleichnisse in der Frühphilosophie nur selten[18]. Der Grund hierfür ist in Anlage und Ziel des Traktates selbst zu suchen. Denn der Traktat versteht sich als eine Untersuchung über die *Grenze* des Sagbaren, er bewegt sich nicht »innerhalb« der Sprache, sondern er strebt eine transzendentale Bestimmung des Sagbaren in größtmöglicher Allgemeinheit an. Der Traktat soll den Punkt bestimmen, an dem die Sprache als Bild und die Welt als das Abgebildete sich berühren. Damit markiert er auf eine logische Weise die Grenze der Verallgemeinerungs*möglichkeiten*, die allen sprachlichen Allgemeinaussagen vorausgesetzt ist. Doch läßt der Traktat ebenfalls deutlich werden, daß jene transzendental-logisch zu bestimmende Möglichkeit von Allgemeinaussagen sich der sprachlichen Darstellbarkeit entzieht und sich lediglich *im Sprachvollzug und d.h. in der Sprache* zeigen kann[19], jener Sprache, in der die Reflexion über die Grenze des Sagbaren geschieht. Damit wird der Traktat in toto zu einem »Bild«, einem »Gleichnis«, einer grandiosen, gleichsam absoluten Metapher für die philosophisch-sprachlich größtmögliche Allgemeinheit[20]. Es ist nur konsequent, daß Wittgenstein am Umschlagspunkt von philosophischem »Sagen« in philosophisches »Zeigen«[21], einem sprachlogischen »Ort« also, an dem die Sprache es Traktates endgültig versagen *muß*, zu einem Sprach*bild* greift, um seinen Gedanken darzustellen:

> 6.54 Meine Sätze erläutern dadurch, daß sie der, welcher mich versteht, am Ende als unsinnig erkennt, wenn er durch sie - auf ihnen - über sie hinausgestiegen ist. (Er muß sozusagen die Leiter wegwerfen, nachdem er auf ihr hinaufgestiegen ist.)

Das Leiter-Bild gehört sicherlich zu den schwierigsten und umstrittensten Sätzen des Traktates. Kein Zweifel dürfte aber darüber bestehen, daß Satz 6.54 mehr als ein illustrierendes, letztlich also redundantes Bild ist, sondern ein Gleichnis für die einzelnen Grundgedanken (Hauptsätze) des Traktates darstellt. Weniger offensichtlich ist, daß der Satz einen Gedanken ausdrückt, der nicht anders denn in einem gleichnishaften Sprachbild, in einer Metapher, ausgedrückt werden kann. Geht man davon aus, daß die Sätze des Traktates nicht einer hierarchisierenden Textstrategie folgen, sondern daß jeder Satz gleich weit vom gedanklichen »Gravitationszentrum« des Textes entfernt ist, dann muß gefolgert werden, daß jeder Satz des Textes in einem intransitiven Sinn »erläutert« und die »Erläuterung« der »Erläuterungen«, die Satz 6.54 vornimmt, logisch sicherlich unsinnig ist. Versucht man den Satz 6.54 im Sinne einer Proposition zu deuten, wird klar, daß hier »gewissen Zeichen [...] keine Bedeutung«[22] gegeben worden ist. Doch soll durch die Charakterisierung des Traktat-Textes als Leiter auf den Bereich *gedeutet* werden, der sich der Sagbarkeitsstruktur entzieht und der sich daher nur in einem Sprachbild fassen läßt. Dieses Deuten bezieht sich sowohl auf den Traktat als Gesamttext wie auch auf jeden seiner »Sätze«; sowohl auf die Leiter als ganze wie auf jede ihrer Stufen. Folgerichtig fügt Wittgenstein dem bereits zitierten Abschnitt von 6.54 resümierend den Satz hinzu: »Er [= der, welcher mich versteht,] muß diese Sätze überwinden, dann sieht er die Welt richtig«. Es geht ihm nicht um den Zusammenhang der Sätze untereinander (das, was sie zu einer Leiter anordnet), sondern um die Erläuterungssätze der Hauptsätze als Sprossen der Leiter.

Im *Prototractatus* gibt Wittgenstein selbst eine Erläuterung zu seinem Leiter-Bild. In einer als Satz 6.55 eingeordneten Passage heißt es: »Er muß diese Sätze überwinden dann kommt er auf der richtigen Stufe [zu dem was sich sagen läßt.] zur Welt«. »Die richtige Stufe« gehört offensichtlich nicht mehr zur Leiter - die Leiter ermöglicht wohl den Zugang zu ihr, deutet auf sie hin, doch vermag sie sie nicht zu erreichen. »Die richtige Stufe [...] zu dem was sich sagen läßt« muß außerhalb des Bereichs des Sagbaren liegen; die »richtige Stufe [...] zur Welt« bedeutet, wie Satz sieben feststellt, das Schweigen.

Folgt man diesen Erwägungen, öffnet sich für die Interpretation des Leiterbildes des Traktates ein grandioser Hintergrund. Zunächst scheint der Traktat damit in die Nähe mystischer Offenbarungsschriften zu rücken[23]. Doch besitzt die Wittgensteinsche Leiter kein erkennbares Ende und über sie ist keine höhere Erkenntnis zu gewinnen; sie führt nirgendwo hin. Darüber hinaus aber läßt sich das Leiterbild so deuten, daß der Traktat, indem er die Bedeutung der »richtigen« Weltsicht gegenüber der *begründeten* Weltsicht betont, auf recht verblüffende Weise nahe an die erkenntnisskeptischen Erwägungen der Spätphilosophie heranrückt[24]. Denn die Einsicht, daß das »richtige Sehen« der Welt die sprachliche Repräsentation von Welt transzendiert, nimmt nichts weniger als die Erwägung der Spätphilosophie vorweg, daß es kein sinnvolles bzw. sprachlich angebbares Kriterium für die Richtigkeit der Darstellung von Welt in der Sprache geben kann[25]. Wie der Traktat insgesamt, dementiert sich auch das Leiter-Bild, das ihn krönt: Das *absolute* Bild der Welt zerstört sich selbst, wenn es mit etwas außerhalb dieses Bildes Befindlichem in Beziehung gesetzt wird[26].

Dem Leiter-Bild des Traktates kommt bei der Formulierung der Spätphilosophie eine Schlüsselrolle zu. Es markiert für den Traktat den Grenzpunkt des Sprechens und der Reflexion, der freilich nur (auto)destruktiv angegeben werden kann. Wittgensteins Spätphilosophie versteht sich als eine Umkehrung dieses Bildes. In der Vorwortskizze zum Inauguralwerk der »Philosophie II«, den *Philosophischen Bemerkungen*, heißt es:

> Wenn der Ort, zu dem ich gelangen will, nur auf einer Leiter zu ersteigen wäre, gäbe ich es auf, dahin zu gelangen. Denn dort, wo ich wirklich hin muß, dort muß ich eigentlich schon sein.
> Was auf einer Leiter erreichbar ist, interessiert mich nicht.[27]

Diese Feststellung aus dem Jahre 1930 zeigt zunächst die thematische Kontinuität zwischen Früh- und Spätphilosophie an. Für beide Ansätze ist dasselbe thematische Motiv leitend; allerdings wird nunmehr das Postulat, in das der Traktat mit seinen paradoxalen Formulierungen mündet, ernst genommen[28]. Der Traktat erfüllt insofern eine mäeutische Funktion für die Spätphilosophie: ohne ihn läßt sich der Einsatzpunkt des Spätwerkes nicht sinnvoll denken[29].

Doch während die Einsicht in die Unsinnigkeit genereller Aussagen über die Beziehungen zwischen Sprache und dem durch Sprache Bezeichneten den logisch-paradoxalen Endpunkt des Sprechens im Traktat markiert, stellt sie für den Wittgenstein der »Philosophie II« den *Ausgangspunkt* seiner Kritik an der Gültigkeit des Repräsentationsmodells der Sprache dar[30]. Wittgenstein gründet diese mit dem Neueinsatz seines Philosophierens nach 1929 erfolgende Kritik auf undogmatisches« Verfahren, das sich, wie Wittgenstein im traktat-kritischen Teil der *Philosophischen Untersuchungen* schreibt, durch eine »Drehung« der Betrachtungssperspektive[31] ergibt. Wittgenstein bezeichnet die »Abhandlung« als »dogmatisch«, weil in ihr die Unmöglichkeit sinnvoller allgemeiner (oder philosophischer) Sätze über die Welt mit untauglichen Mitteln, nämlich unter Verwendung solcher allgemeiner Sätze, nachgewiesen werden solle. Wenn der Sprache aber nur innerhalb der Sprache eine Sinn-Grenze gezogen werden kann, dann markiert nicht der Sinn diese Grenze, sondern umgekehrt die Sprache die Grenze des Sinns; die Frage nach der Grenze und der Möglichkeit sinnvollen Sprechens ist in der Sprache zu situieren[32]: Gerade der Traktat gilt unter dieser neuen Perspektive der Sprachimmanenz nunmehr als *eine* Möglichkeit des Umgangs mit Sprache, als ein *Beispiel* - wenn auch ein irreführendes - für das Funktionieren der Sprache[33].

Der Übergang vom »Dogmatismus« des Traktates zum »undogmatischen« Denken in Beispielen und Sprachbildern in der »Philosophie II« kann anhand der Wittgensteinschen Texte eingehend verfolgt werden[34]. In den »Über Dogmatismus« überschriebenen Gesprächsnotizen Waismanns vom 9.12.1931 berichtet Wittgenstein von dem »gefährlich« zu nennenden »Irrtum« des Traktates, der in der Auffassung bestehe, »als gäbe es Fragen, auf die man später einmal eine Antwort finden könne«[35]. Gemeint ist das für den gedanklichen Ansatz des Traktates entscheidende Problem der Elementarsätze, die sich aus einer logischen Analyse der Sprache als Grundbausteine des Sprechens ergeben und die a priori gegeben sein müssen, um die Verbindung zwischen Tatsachen und Sprache herzustellen[36]. Wittgenstein sah sich jedoch außerstande, Beispiele solcher Sätze zu nennen, da die Anzahl der »Namen« als Elemente solcher apriorischer Sätze nicht angebbar ist[37].

Der »Irrtum« und der Dogmatismus des Traktates bestehen folglich in der Annahme, daß wir, um die Beziehung zwischen Sprache und dem durch die Sprache Bezeichneten zu klären, »etwas ganz Neues *finden* können.«[38] Stattdessen gilt nun: »In Wahrheit haben wir schon alles, und zwar *gegenwärtig*, wir brauchen auf nichts zu warten.«[39] Hieraus folgt, daß die vorhandene Sprache zur Lösung aller philosophischen Fragen geeignet und ausreichend sein muß. Solche Fragen haben Sinn nur unter der Voraussetzung, daß sie in der Sprache situiert sind. Sie stellen eine Anordnung innerhalb der Sprache dar, die eine Perspektive nicht auf etwas Außersprachliches, sondern auf die Verwendung einer bereits vorhandenen Sprache eröffnen. Sie gehen nicht an die Grenze der Sprache, sondern werden von der Sprache umgrenzt. Anders ausgedrückt: Die Reflexion über Sprache offenbart nicht die Webvorschriften für das sinnvolle Sprechen, sondern ist in es verwoben; sie knüpft nicht das Netz, sondern ist eine seiner Maschen[40]. Ist die reflektierende Rede des Nach-Denkens nur eine Rede unter vielen gleichwertigen anderen, so wiegt sie so viel wie ein Fall unter vielen Fällen. Sie gilt als *ein* Beispiel für das Funktionieren von Sprache wie andere Funktionsweisen von Sprache[41].

In seinem Gespräch mit Waismann über Dogmatismus ist die neue Methode der Beispielverwendung bereits am Werk: »Den Unterschied zwischen einem dogmatischen und einem undogmatischen Verfahren möchte ich durch ein Beispiel andeuten«, heißt es dort[42]. In dem 1933/1934 verfaßten *Blauen Buch* erläutert er das neue Verfahren durch die ausgiebige Diskussion der traditionellen Auffassung des Allgemeinen bzw. des Status« von Allgemeinaussagen. Die Argumentation richtet sich besonders gegen die essentialistische Fragehaltung bisheriger Philosophie:

> Wenn wir sagen, daß Denken wesentlich ein Operieren mit Zeichen ist, dann könnte deine erste Frage sein: »Was sind Zeichen?« - Statt dir irgendeine allgemeine Antwort auf diese Frage zu geben, werde ich dir vorschlagen, bestimmte Fälle [...] unter die Lupe zu nehmen.[43]

Sodann beschreibt Wittgenstein den beispielhaften »Fall«, wie ein Kaufmann anhand einer schriftlichen Anweisung Waren für den Kunden zusammenstellt.

Für dieses Handeln nach sprachlichen Zeichen führt er den Begriff »Sprachspiel« ein. Wittgensteins Resümee seines Kaufmann-Beispiels:

> Ich werde in Zukunft immer wieder deine Aufmerksamkeit auf das lenken, was ich Sprachspiele nennen werde. Das sind einfachere Verfahren zum Gebrauch von Zeichen als jene, nach denen wir Zeichen in unserer äußerst komplizierten Alltagssprache gebrauchen. Sprachspiele sind die Sprachformen, mit denen ein Kind anfängt, Gebrauch von Wörtern zu machen. Das Studium von Sprachspielen ist das Studium primitiver Sprachformen oder primitiver Sprachen. Wenn wir die Probleme von Wahrheit und Falschheit, von der Übereinstimmung oder Nichtübereinstimmung von Sätzen mit der Wirklichkeit, von der Beschaffenheit von Behauptung, Annahme und Frage studieren wollen, dann wird es von Vorteil sein, primitive Sprachformen zu untersuchen, in denen diese Denkformen ohne den verwirrenden Hintergrund äußerst komplizierter Denkprozesse auftreten. Wenn wir solche einfachen Sprachformen untersuchen, dann verschwindet der geistige Nebel, der unsern gewöhnlichen Sprachgebrauch einzuhüllen scheint. [...] Andererseits erkennen wir in diesen einfachen Vorgängen Sprachformen, die von unseren komplizierteren Sprachformen keineswegs durch einen Einschnitt getrennt sind. Wir sehen, daß wir die komplizierten Formen aus den primitiven zusammensetzen können, indem wir nach und nach neue Formen hinzufügen.[44]

Wittgenstein charakterisiert das Sprachspiel hier im wesentlichen als einen sprachlogischen Kalkül[45], der zum simplifizierten Modell für die äußerst »komplizierte[n] Denkprozesse« dienen soll. Die im Traktat vorgetragene Auffassung, daß es innerhalb der Sprache unterschiedliche Grade der Allgemeinheit im Sinne einer zunehmenden »Reinheit« des Sprachmaterials gibt, ist damit noch nicht endgültig überwunden. Noch immer trägt für Wittgenstein die Alltagssprache »ein Kleid«, das nicht »auf die Form des bekleideten Gedankens schließen«[46] läßt, und offensichtlich sollen - ganz im Sinne eines logisch kontrollierten Sprachaufbaus - »primitive« Sprachformen als elementare Bausteine für den Aufbau komplexer Systeme verwendet werden, etwa wenn die reduzierte Sprache eines Kindes die einfachen Basiskalküle offenbaren soll, die »klar und durchsichtig« sind.

Die gegenüber dem Traktat wichtigste Neuerung des frühen Sprachspielkonzepts besteht vor allem in der Erwägung, daß die kalkülisierte Sprachverwendung nicht mit dem Ideal- oder Allgemeinfall des Sprachgebrauchs gleichzusetzen ist[47], sondern nur *einen* Gebrauchstyp der Sprache neben anderen vorführt[48]. Der Kalkül gilt als ein *Beispiel* für das Funktionieren von Sprachspielen; er kann keine allgemeine Verbindlichkeit für sich reklamieren; er ist ein »Zentrum der Variationen«[49].

Die Auflösung der essentialistischen Frage nach *der* Sprache und die Einsicht, daß das Problem der Sprache in die Pluralität von »Sprachspielen« aufzulösen ist, wirft unweigerlich die Frage nach der logischen Reichweite der einzelnen Sprachspiele auf. Von zentraler Bedeutung ist vor allem die Frage, welchen sprachlogischen Status Sprachspiele besitzen, in denen mit Allgemeinbegriffen operiert wird, die Kategorien oder reflexive Begriffe zum Gegenstand haben. Anders formuliert: Gibt es in den Sprachspielen etwas, das als Allgemeines in ihnen enthalten ist, das die Anwendung der Regeln, nach denen Sprachspiele funktionieren, garantiert und das wiederum zum Gegenstand eines eigenen Sprachspiels gemacht werden kann? Folgt das konkrete Sprachspiel einer verborgenen »Anweisung«, die als seine Struktur, seine »Form« (etwa in Gestalt eines formalisierbaren Kalküls), vielleicht sogar als ein Apriori zu bezeichnen wäre und die das korrekte, regelkonforme Sprechen ermöglicht und gewährleistet? - Das im *Blauen Buch* beschriebene Baukastenprinzip von einfachen sprachlogischen Kalkülen, aus denen komplexe sprachlogische Einheiten aufgebaut sein sollen, deutet darauf hin, daß Wittgenstein zunächst noch der logischen Analyse des Problems der Allgemeinheit Vorrang vor der deskriptiv-differentiellen Betrachtung des konkreten, alltäglichen Sprachgebrauches einräumte[50]. Erst im Verlaufe der Ausarbeitung des Sprachspiel-Ansatzes in der Spätphilosophie, insbesondere in den *Philosophischen Untersuchungen*, erfaßt er den vollen Umfang der Konsequenzen, die aus der Aufgabe der logisch-formalen, kalkülisierten Sprachanalyse erwachsen[51]. Er gelangt zu einer Sprachkonzeption, für die die Beispielverwendung deshalb unverzichtbar sein muß, weil sie die Regularität des Sprechens aus der Umklammerung durch die cartesianische Bewußtseinsphilosophie löst und der Geschichte, d.h. den historisch variablen Lebensformen, überantwortet: Das Festsetzen der Regel ist im Regelfolgen nicht enthalten - *das Festsetzen gehört der Geschichte an*«, heißt es programmatisch in den *Vorlesungen 1930-1935*[52] - eine Überlegung, die er später im Zusammenhang mit seinen Studien über Gewißheit wieder aufgenommen und vertieft hat.

Auch wenn im *Blauen Buch* Spuren der Frühphilosophie Wittgensteins unübersehbar sind, so wird in ihm doch die Grundlage der gesamten Spätphilosophie gelegt, wenn Wittgenstein sich gegen die »Bestrebung« wendet, »nach etwas Ausschau zu halten, das all den Dingen gemeinsam ist, die wir gewöhnlich unter einer allgemeinen Bezeichnung zusammenfassen«[53]. Auf den Ausdruck »Sprachspiel« übertragen, heißt dies:

> Wir sind z.B. geneigt zu denken, daß es etwas geben muß, das allen Spielen gemeinsam ist, und daß diese gemeinsame Eigenschaft die Anwendung der allgemeinen Bezeichnung »Spiel« auf die verschiedenen Spiele rechtfertigt; während Spiele doch eine *Familie* bilden, deren Mitglieder Familienähnlichkeiten haben. Einige haben die gleiche Nase, einige die gleichen Augenbrauen und andere wieder denselben Gang; und diese Ähnlichkeiten greifen ineinander über.[54]

Damit ist der entscheidende Schritt zum Pluralismus der philosophischen Betrachtungsweise und zu einer Neubewertung des Beispiels für die philosophische Reflexion vollzogen. Das Gebiet der (philosophischen) Sprachanalyse hat sich damit fast ins Unermeßliche erweitert; die Unschärfe der Betrachtung, die gezielt Übergänge, Ähnlichkeiten, Differenzen und Heterogenitäten und die unerschöpfliche Wandelbarkeit der für die Sprachhandlungen konstitutiven »Voraussetzungen«[55] in die Analyse einbezieht, wird methodisch fruchtbar: Sprachspiele sollen nicht länger hierarchisiert, sondern lediglich *differenziell* beschrieben werden. Die Analyse durchquert die Sprache, statt diese an der philosophischen Fragehaltung längszuführen[56]. Sie erkennt die Unermeßlichkeit und Unerschöpflichkeit der Sprache als Ausgangs- und Zielpunkt der philosophischen Tätigkeit an:

> Ich werde keine allgemeine Definition von »Satz« zu geben versuchen, denn das ist nicht möglich. Es ist genauso wenig möglich wie die Angabe einer Definition des Wortes »Spiel«. Denn jede Grenzlinie, die wir womöglich zögen, wäre willkürlich. Über Sätze reden wir immer im Sinne spezifischer Beispiele, denn wir können nicht allgemeiner über sie reden als über spezifische Spiele.[57]

In den *Philosophischen Untersuchungen* heißt es:

> Wieviele Arten der Sätze gibt es [...]? Etwa Behauptung, Frage und Befehl? - Es gibt *unzählige* solcher Arten [...]. Und diese Mannigfaltigkeit ist nichts Festes, ein für allemal Gegebenes [...]. Das Wort »Sprach*spiel*« soll hier hervorheben, daß das Sprechen der Sprache ein Teil ist einer Tätigkeit, oder einer Lebensform.[58]

Zu diesen Lebensformen zählen laut Wittgenstein: Befehlen; Beschreiben eines Gegenstandes nach dem Ansehen oder nach Messungen; Herstellen eines Gegenstandes; Berichten; Vermutungen anstellen; Hypothesen aufstellen; Experimente darstellen in Tabellen und Diagrammen; eine Geschichte erfinden; Theater spielen; Rätsel raten; Witze erzählen; Übersetzen; Bitten, Danken, Fluchen, Grüßen, Beten[59].

Die gleitende Mannigfaltigkeit des Wort- und Satzgebrauches, die in einer korrespondierenden Pluralität der Lebensformen begründet ist, das komplizierte Geflecht von Familienähnlichkeiten, das der Vielfalt menschlicher Lebenspraktiken entspricht[60], da diese Praktiken erst den Zeichen eine Zeichenfunktion zuweisen, läßt eine umfassende und sprachlogische Kalkülisierung bzw. Hierarchisierung sprachlicher Ebenen als Methode der philosophischen Sprachuntersuchung nicht mehr zu. Wenn an die Stelle generalisierender Aussagen oder gar des Gangs an die Grenze *der* Sprache das Verfahren tritt, mittels der Deskription von Sprachhandeln den Wortgebrauch in die Vielfalt seiner Nuancen aufzugliedern und zu Sprachspielen und der sie steuernden Regeln zusammenzustellen, dann ist dieser Weg über die Beschreibung von Einzelfällen, der Angabe von *Beispielen* gangbar.

Richtig gewählt, erfüllt der Gebrauch von Beispielen eine doppelte Funktion: Er verweist zum einen allein dadurch, daß sich die Darstellung auf die Kettung von Beispielen beschränkt, auf die irreduzible Mannigfaltigkeit des Sprachgebrauchs. Philosophisch steuert er damit zugleich der seit Platon in der europäischen Denktradition vorherrschenden Lehre von der Höherwertigkeit des Allgemeinen (Begrifflichen) gegenüber dem Besonderen (Phänomenalen) entgegen[61]. Zum anderen verweist er auf einen bedingt oder »regional« verallgemeinerbaren Sprachgebrauch, soweit er für eine »spezifische« Lebensform steht, indem es eine Regel der Wort- oder Satzverwendung anzeigt. Ein Beispiel verstehen, einem Beispiel entsprechend handeln, urteilen etc., bedeutet im wesentlichen, derjenigen Regel zu folgen, für die das zum Beispiel gewählte »Objekt« stehen soll[62]. Dies macht für Wittgenstein die *Spezifik* des Beispiels aus, weil durch sie die Verbindung zwischen der Regel und der Anwendung der Regel allererst hergestellt wird. Während die Regeln als *grundlos*, insofern willkürlich, und jeder Rechtfertigung unfähig zu bezeichnen sind[63], wird durch ihre beispielhafte Anwendung ihre Regularität erkennbar:

> In der Sprache gibt es stets eine Brücke zwischen dem Zeichen und seiner Anwendung. Wir müssen die Kluft selbst überbrücken; das kann uns niemand abnehmen. Keine Erklärung erspart den Sprung, denn jede weitere Erklärung wird ihrerseits einen Sprung benötigen. [...]
> Nur durch Ausführung der Projektion kann man die Projektionsmethode erklären; und die Projektion findet nur dann statt, wenn sie wirklich ausgeführt wird.[64]

Dem Beispiel kommt die Funktion zu, den Zusammenhang zwischen Regel und ihrer Anwendung zu stiften und damit den Horizont der Regelgeltung zu setzen - durch seinen Einsatz werden Sprache und Wirklichkeit, Zeichen und Bezeichnetes verkoppelt. Die »Lücke [...] zwischen der Regel und ihrer Anwendung«[65], zwischen »dem Zeichen und seiner Anwendung«[66], die den »Sprung« erforderlich macht, wird durch die Verwendung eines Beispiels geschlossen, so daß man »[i]m Alltag [...] nie beunruhigt [ist] durch [diese, M.K.] Lücke«[67].

Daß damit der Ausdruck »Beispiel« selbst zu jenen Begriffen gehört, deren Bedeutung schillernd ist und die daher nicht eindeutig werden können, erweist sich im Lichte der Sprachspielanalyse nicht als ein Mangel, sondern gerade als eine ihrer Stärken. Das Sprachspiel, das für Wittgenstein mit dem Begriff Beispiel eröffnet wird, umfaßt, wie Marcuschi herausgearbeitet hat, zumindest drei thematische Schwerpunkte[68]. Erstens kann das Beispiel als Präzedenzfall für eine begrifflich-logische Allgemeinheit dienen, so etwa im Falle generalisierter Aussagen innerhalb der Mathematik und der Logik. Hier besitzt es eine illustrative Funktion, es ist gegen die allgemeine Aussage austauschbar, die es exemplifiziert. Es fungiert als ein »Spielfall eines allgemeinen Satzes«, ist bereits »der *Ausdruck* der Allgemeinheit«[69]. Zweitens kann das Beispiel für eine extensionale Allgemeinheit im Sinne naturwissenschaftlicher (vorzugsweise physikalischer) Aussagen stehen. In diesem Falle wird aus dem Beispiel (bzw. dem Experiment) nicht eine Regel oder Allgemeinheit erschlossen; diese *ist* vielmehr dem besonderen Anwendungsfall vorausgesetzt. In der wissenschaftlichen Formulierung von »Wenn/dann«-Aussagen drückt sich vor allem die Universalisierung von Untersuchungsmethoden in bezug auf Erscheinungen aus der die Menschen umgebenden Welt aus, so wie sie sich der Erfahrung darbietet[70]. Auch in diesem Fall läßt sich die Sprachverwendung als ein generalisierter Kalkül auf der Basis von Hypothesen auffassen, die sich entweder bewahrheiten oder aber falsch sind.

Die eigentliche, kritische Relevanz der Wittgensteinschen Sprachspielbeschreibung mittels Beispielen liegt allerdings außerhalb der Gebiete von Mathematik, Logik und empirischer Naturwissenschaft. Während die Funktion des Beispiels auf diesen Gebieten für Wittgenstein aufgrund der formalen Voraussetzungen, die zu ihrem »Spiel« gehören, eindeutig festgelegt und damit unproblematisch erscheint[71], wird der Einsatz von Beispielen in der philosophischen Reflexion zur Destruktion überlieferter Grundüberzeugungen führen. Er kann als Element der Sprachkritik dienen, mittels derer die Semantik universalisierbarer Termini als Dogmatismus und das Streben nach exakten Begriffsdefinitionen zum Zwecke des Aufbaus einer kontrollierten Sprache als Irrtum durchschaubar werden:

> Wenn ich frage: »wie ist der allgemeine Begriff des Satzes begrenzt«, so muß dagegen gefragt werden: »ja, haben wir denn *einen* allgemeinen Begriff vom Satz?« «Aber ich habe doch einen bestimmten Begriff von dem was ich »Satz« nenne.« - Nun, wie würde ich ihn denn einem Andern, oder mir selbst erklären? Denn in dieser Erklärung wird sich ja zeigen, was mein Begriff ist [...]. Ich würde den Begriff durch Beispiele erklären. - Also geht mein Begriff, soweit die Beispiele gehn. - Aber es sind doch nur Beispiele und ihr Gebiet soll ja eben ausdehnungsfähig sein. - Gut, dann mußt du mir sagen, was »ausdehnungsfähig« hier bedeutet. Die Grammatik dieses Wortes muß bestimmte Grenzen haben.[72]

Wittgensteins Verweis auf die Grammatik des Wortes »ausdehnungsfähig« zeigt an, daß für ihn der Gebrauch der Sprache keinesfalls fixiert ist und sich nicht im Sinne eines sprachlogischen Kalküls formalisiert dar- und damit stillstellen läßt, sondern daß die Kalkülisierung nur ein Ausnahmefall des gewöhnlichen Sprechhabitus der Menschen ist[73]. Denn weder die Ausführungsregeln noch die Eingangsdefinitionen der sprachlogischen Kalkülisierung sind Sprechern oder Adressaten der Rede bewußt, ohne daß diese Unwissenheit sie an der Kommunikation hindern müßte. Ebenso wenig störend ist der Umstand, daß die Sprecher meist nicht in der Lage sind, die benutzten Begriffe klar zu umschreiben oder gar zu definieren, denn die benutzen Begriffe haben, so Wittgenstein, keine wirkliche »Definition«. Die Annahme, daß wir eine solche Definition haben *müssen*, wäre wie die Annahme, daß ballspielende Kinder grundsätzlich nur bei strikter Einhaltung der Regeln spielen dürften.[74] Angesichts der Unschärfe der Alltagssprache, in der Begriffe und Termini von einem schillernden Hof aus (Familien)Ähnlichkeiten und divergenten Gebrauchszusammenhängen umgeben sind, lassen sich auch die »Einsatzorte« des Beispiels nicht präzise angeben. Die Verwendungsmöglichkeiten des Beispiels sind ebenso vielfältig wie die Mannigfaltigkeit der Sprachspiele und Lebensformen, zu deren Darstellung sie dienen[75].

Folgerichtig lenkt Wittgenstein das Hauptaugenmerk immer wieder auf die (faktisch vorliegenden oder auch nur möglichen) Differenzierungen im Wortgebrauch mittels der methodisch gemeinten Aneinanderkettung von Beispielen. Seine Reihungen möglicher Sprachverwendungen sollen verdeutlichen, daß sprachliche Tatbestände zu einer virtuell unendlichen Anzahl von Interpretationsmöglichkeiten ein und desselben Tatbestandes[76] führen oder aber, daß es ohne methodischen Schaden möglich ist, die Beispielkettungen an beliebiger Stelle abzubrechen[77].

Zugleich verdeutlicht Wittgenstein durch den Gebrauch von Beispielen, daß der Sinn von Wörtern und Sätzen nur in ihrem regelgeleiteten Gebrauch innerhalb einer Sprachgemeinschaft bestehen kann. Jeder Satz, ja jeder Ausdruck kann potentiell Beispielfunktion übernehmen, wenn er nicht als Baustein einer Theorie (oder Satzhierarchie) verwendet, sondern dazu genutzt wird, Kontextuierungen zu verdeutlichen[78]. Er taugt insofern als Beispiel, als er das Ineinandergreifen von Regel und ihrer Anwendung beleuchtet und damit auf die Sprachpraxis zurückverweist, die seinen Kontext bildet.

Die von Wittgenstein vorgenommene Zusammenstellung beispielgebender Sprachhandlungen zu einem mehr oder weniger geordneten Musterkatalog aus Sprachspielzügen darf jedoch nicht als bloße Deskription von sprachlicher Positivität mißverstanden werden. Seine Beispielsammlungen sollen vor allem die Relativität des Sprechens in bezug auf die »Lebensform« offenbaren, die sich in den je besonderen Sprachregeln spiegelt. Mit dem Aufweis der Relativität des Sprechens in Hinsicht auf eine Lebensformen verbindet er das Ziel, den kriteriologischen Zauber, der in der Philosophiegeschichte von der Präsupposition des Allgemeinen im Besonderen ausgeht, zu brechen[79] und den philosophischen Essentialismus zu destruieren.

Wittgenstein verwendet zu diesem Zweck vor allem bis zur Absurdität überspitzte bzw. fiktionale Beispiele, um durch Verunsicherung bzw. Reductio ad absurdum der Lösung philosophischer Probleme, wie er sie versteht, näherzukommen. Sein »Weg ins Freie«[80] führt bewußt über die Absurdität: »Nur wenn man noch viel verrückter denkt, als die Philosophen, kann man ihre Probleme lösen«[81]. Diese Strategie soll vor allem die philosophischen Probleme in Fluß bringen, indem sie das von Wittgenstein für so verhängnisvoll erachtete »Starren« auf eine philosophische Problem*konstellation*[82] aufbricht:

> Um die [...] philosophischen Probleme zu lösen, muß man Dinge miteinander vergleichen, die zu vergleichen noch niemandem ernstlich eingefallen ist. Man kann auf diesem Gebiete allerlei fragen, was zwar zur Sache gehört, aber nicht durch die Mitte derselben führt. Eine bestimmte Reihe von Fragen führt durch die Mitte, ins Freie... Den Weg durch die Mitte zu finden ist ungeheuer schwer. Er geht über *neue* Beispiele und Vergleiche. Die abgebrauchten zeigen uns ihn nicht.[83]

Mit dem Einsatz »neue[r] Beispiele und Vergleiche« möchte Wittgenstein einen Weg aufzeigen, *wie* ein Problem zu formulieren ist, so daß es lösbar erscheint:

> In der Philosophie muß man immer fragen: »Wie muß man dieses Problem ansehen, daß es lösbar wird?«[84]
> Man muß in der Philosophie nicht nur in jedem Fall lernen, *was* über einen Gegenstand zu sagen ist, sondern *wie* man über ihn zu reden hat. Man muß immer wieder erst die Methode lernen, wie er anzugehen ist.
> Oder auch: In jedem ernstern Problem reicht die Unsicherheit bis in die Wurzeln hinab.[85]

Wittgensteins Methode der Beispielverkettungen dokumentiert diese »Unsicherheit«, indem sie durch neuartige Sichtweisen der »Probleme« jene Sicherheiten destruiert, die diese Probleme so schwer lösbar erscheinen lassen[86]. Ohne diese methodische Zielstellung liefe das Beispiel »leer« - es bewegte sich in den traditionellen Bahnen der Exemplifizierung eines bereits vorausgesetzten Allgemeinen, und es fehlte, wie Wittgenstein formuliert, seine« Reibung«[87].

Das Interesse, diese »Reibung« oder diesen »Widerstreit«[88] hervorzurufen, bringt Wittgenstein dazu, häufig auch zu Beispielen ad absurdum zu greifen. Wenn die Bedeutung von Begriffen und ihre Verwendung in Sätzen nicht einzugrenzen und nur in der Mannigfaltigkeit möglicher Kontexte sinnvoll einzugrenzen sind, steht es dem Philosophen frei, neuartige und absurde Sinnzuweisungen in extremen Beispielen vorzunehmen[89]. Dieses Verfahren, das stilistisch sich häufig der Ironie bedient, erscheint in besonderem Maße geeignet, gegen die vertraute exemplifizierende Funktion des Beispielgebrauchs vorzugehen und der Tendenz entgegenzuwirken, durch Beispiele einen sprachlichen »Normalgebrauch«[90] normativ zu fixieren.

Deshalb wählt Wittgenstein bewußt das abgelegene Beispiel, diskutiert ernsthaft den Ausnahmefall[91], greift zu Fiktionen wie der von dem in den Texten immer wiederkehrenden »primitiven Stamm«, dessen Bewohner einmal ohne Seele, nur der Sprache in Befehlen fähig, des Zählens oder Messens unkundig vorgestellt werden; er läßt Marsmenschen auftreten[92]; er bedient sich vorzugsweise des Stilmittels des fiktiven Dialogs[93]. Oder er konstruiert gar philosophische »Idealsprachen«, nur um damit zu belegen, daß

> [e]s [...] falsch [ist] zu sagen, daß wir in der Philosophie eine Idealsprache im Gegensatz zu unserer gewöhnlichen Sprache betrachten. Denn das erweckt den Anschein, daß wir denken, wir könnten die gewöhnliche Sprache verbessern [...]. Wenn wir »Idealsprachen« konstruieren, dann nicht, um die gewöhnliche Sprache durch sie zu ersetzen; unser Zweck ist vielmehr, jemandes Verlegenheit zu beseitigen, die dadurch entstand, daß er dachte, er habe den genauen Gebrauch eines gewöhnlichen Wortes begriffen. Auch aus diesem Grunde zählen wir mit unserer Methode nicht nur bestehende Wortgebräuche auf, sondern *erfinden bewußt neue, - davon einige, gerade weil sie absurd erscheinen*[94].

Der Einsatz fiktiver und absurder Beispiele dient hier dazu, die »Idealsprache« aus ihrem »metaphysischen«[95] Himmel zu holen und zu einem Vergleichsobjekt zu depotenzieren, das durch »Gleichnisse«[96] erläutert und damit zur Kontrastfolie für den (philosophischen) »Dogmatismus« dienen kann, der darin besteht, daß »Alles« einem »Ideal [...] konformieren *muß*«[97]. Das Verfahren der Übertreibung ist für Wittgenstein damit zugleich ein wichtiges Mittel zur Veranschaulichung des »wirklichen Gebrauchs« der Sprache:

> Lichtenberg sagt, nur wenige Menschen hätten je reines Weiß gesehen. So verwenden also die meisten das Wort falsch? Und wie hat *er* den richtigen Gebrauch gelernt? - Vielmehr: er hat aus dem tatsächlichen einen Idealgebrauch konstruiert [...]. Aber mit »Ideal« ist hier nicht etwas besonders Gutes, sondern nur etwas auf die Spitze Getriebenes gemeint.
> Und freilich kann so ein erfundener uns wieder über den wirklichen Gebrauch belehren.[98]

Durch das Abweichen von der »gewohnten Richtung«[99] möchte Wittgenstein freilich nicht nur auf das Unvertraute im Vertrauten aufmerksam machen[100] oder durch Verfremdung die Fremdheit der essentialistischen Sprachkonzeption erscheinen lassen. Die Wittgensteinsche Beispielverwendung soll zugleich die philosophische Beunruhigung über die Ungenauigkeit des alltäglichen Sprachgebrauchs zerstreuen; sie soll spasmolytisch auf das Philosophenhirn wirken, indem sie das krampfhafte Starren auf den Begriff beseitigt:

> Man empfindet es als Schwierigkeit, daß eine Regel in Zeichen angegeben werden soll, die ihre Verwendung nicht in sich enthalten. [...] Dies ist jedoch kein Problem, sondern ein geistiger Krampf. Daß es sich so verhält, tritt zutage, wenn man fragt, wann einem das Problem ins Auge fällt. Dies geschieht nie, wenn wir die Regel aufstellen oder sie anwenden, sondern wir sind nur dann beunruhigt, wenn wir die Regel in besonders seltsamer Weise betrachten. Es ist das Charakteristische aller philosophischen Probleme, daß sie sich in eigentümlicher Weise einstellen. Als Ausweg kann ich nichts weiter tun, als Beispiele anzuführen, und wenn man über sie nachdenkt, wird man feststellen, daß der Krampf nachläßt.[101]

Erst wenn jener philosophische Krampf durch das Heilmittel verfremdender und zugleich lösend-auflösender Beispiele beseitigt ist, wird eine distanzierte Betrachtung des gewohnten Sprachgebrauchs möglich: »Nichts ist doch wichtiger, als die Bildung von fiktiven Begriffen, die uns die unseren erst verstehen lassen«[102]. Um das Arbeiten der Sprache zu verstehen, muß also zunächst jene philosophische Haltung destruiert werden, die von der Vorstellung einer wie immer festgefügten oder gar apriorischen Ordnung der Dinge und einer prästabilisierten Beziehung zwischen »Welt«, »Erfahrung« und »Sprache« ausgeht[103]. Der Einsatz fiktiver Beispiele geht deshalb weit über eine bloß »heuristische [...] und didaktische [...] Absicht«[104] hinaus; er stellt eine neue Methode[105], eine neuartige Perspektive der Betrachtung dar: »Eine meiner wichtigsten Methoden ist es, mir den historischen Gang der Entwicklung unserer Gedanken anders vorzustellen, als er in Wirklichkeit war. Tut man das, so zeigt uns das Problem eine ganz neue Seite.«[106]

Die »ganz neue Seite«, die Wittgensteins Methode der kontrafaktischen Annahmen zeigen soll, besteht in einer radikalen Neubewertung von Sprache und, wie Friedrich Wallner zutreffend schreibt, in der »Verzichtbarkeit von sprachlich nicht mehr einholbarer Norm«[107]. Die »Reibung« - oder der »Witz«, wie Wittgenstein an anderer Stelle sagt[108] - vornehmlich fiktiver oder absurder Beispiele entsteht bei Berührung mit solchen Normen; sie zielen darauf, die Idee eines universellen, jenseits der Sprache begründeten Geltungsanspruchs für sie zu destruieren, indem sie diesen als beunruhigende »fixe Idee«[109] der Philosophiegeschichte dechiffriert. Selbst die (wissenschaftlich erforschte) »Naturgeschichte« kann daher für Wittgenstein keine philosophisch bindende Kraft besitzen:

> [Wir] können [...] die Fakten der Naturgeschichte benutzen und den tatsächlichen Gebrauch eines Wortes beschreiben; oder es kann sein, daß ich ein neues Spiel für das Wort erfinde, das von seiner tatsächlichen Verwendung abweicht, um den anderen an seine Verwendung in unserer eigenen Sprache zu erinnern. Der Witz ist, daß ich gar nichts über die Naturgeschichte der Sprache mitteilen kann, und wenn ich's könnte, würde es auch keinen Unterschied machen.[110]

Ebenfalls gegen den philosophischen Essentialismus gerichtet ist Wittgensteins Verwendung »primitiver« Sprachspiele, sei es in der Fiktion »eines primitiven Stammes«, der »tatsächliche[n] primitive[n] Sprache eines Kindes«[111] oder in einfachen Alltagssituationen[112]. Der Ausdruck »primitiv« ist dabei im Sinne von »weniger komplex« und »übersichtlicher« zu verstehen[113] und der Verwendung des Ausdrucks »spezifisch« nahe verwandt. Das »Spezifische« an einem »primitiven Sprachbeispiel«[114] zeigt an, wie »bestimmte Phänomene im Leben«[115] in sprachlichen Bildern gedeutet werden, ohne daß es dafür eine Erklärung geben könnte: »Primitive Sprachspiele sind etwas Spezifisches und können nicht durch Erklärung gelehrt werden, denn jedes von ihnen entspricht einem speziellen Sprachgebrauch«[116] - einem Sprachgebrauch, der ein Muster bereitstellt für das Sprachhandeln in weiteren Situationen, die diesem Muster zugeordnet werden[117], ohne daß damit begriffliche Allgemeinheit oder sprachlicher Essentialismus vorausgesetzt werden müßten. Es geht Wittgenstein bei der Untersuchung primitiver Sprachspiele »nicht darum, ein Beispiel für eine Theorie zu nennen, sondern [...] etwas Typisches an[zuführen]«[118], das nicht durch eine Erklärung begründet werden kann, sondern vor jeder Erklärung kommt[119], während das Verfahren der »Logiker« darin besteht, Begriffe »von enormer Allgemeinheit« als gegeben zu betrachten: »Es sieht so aus, als gewönne man sie [= diese Begriffe, M.K.] durch Beispiele, lasse die Beispiele dann fallen und gelange so zum Eigentlichen: zum allgemeinen Begriff«[120]. Allerdings, so Wittgenstein, »um den Preis«, das Sprachhandeln insoweit außer acht zu lassen, »als eine wirkliche Vielfalt von Gebrauchsweisen, eine Vielfalt von Sprachreaktionen gibt.«[121]

2.3 Exkurs: Theorien der Beispielverwendung

Trotz der großen methodischen Bedeutung des Beispiels für die Philosophie Wittgensteins wird diesem Thema in der Wittgenstein-Literatur nur wenig Aufmerksamkeit zuteil[122]. Das ist um so erstaunlicher, wenn man die Schwierigkeiten vieler Philosophen im Umgang mit dem Beispiel bedenkt. Diese Schwierigkeiten entstehen vornehmlich an der Stelle, an der Beispiele für Reflexionsbegriffe beigebracht werden sollen, denn für solche Begriffe gibt es, wie Kant in der *Kritik der reinen Vernunft* bemerkt hat, keine »Veranschaulichungsmöglichkeiten«[123]. Das Problem, eine Kategorie des Verstandes mit Erscheinungen zu verbinden, bringt Kant zur Annahme eines »transzendentalen Schema[s]«[124] der Urteilskraft, das eine solche Verbindung von Begriff und Anschauung ermöglicht. Dieses transzendentale Schema liegt, so Kant, letztlich auch der »natürlichen Urteilskraft«[125] zugrunde, die er als »Mutterwitz, dessen Mangel keine Schule ersetzen kann«[126], bezeichnet. Ein Mangel an Urteilskraft führt dazu, daß man »zwar das Allgemeine *in abstracto* einsehen, aber ob ein Fall *in concreto* darunter gehöre, nicht unterscheiden kann«[127]. Dennoch erscheinen Kant Beispiele als philosophisch suspekt. Wohl schärfen sie die Urteilskraft, doch behindern sie die Verstandeseinsicht eher, als daß sie ihr nutzen,

> weil sie nur selten die Bedingung der Regel adäquat erfüllen [...] und überdem diejenige Anstrengung des Verstandes oftmals schwächen, Regeln im Allgemeinen und unabhängig von den besonderen Umständen der Erfahrung nach ihrer Zugänglichkeit einzusehen, und sie daher zuletzt mehr als Formeln denn als Grundsätze zu gebrauchen angewöhnen.[128]

Auch für das (sittliche) Handeln und für die Urteile über das Schöne liefern Beispiele nur das »Material«, an dem sich das Allgemeine aufzeigen lassen soll: Im Falle des Sittlichen dient das Exempel als Vorbild für die Nachfolge, als Hilfsmittel für die Prüfung in concreto, inwieweit das Handeln dem moralischen Gesetz und nicht heteronomen Antriebskräften entspringt - es dient also nicht der Begründung, sondern lediglich zur Ausrichtung des sittlichen Handelns[129]; im Falle des Schönen taugt es lediglich zur Grundlage eines Schlusses *»per analogiam«*[130]. Damit wird dem Beispiel im wesentlichen eine propädeutische Funktion zugewiesen; es gilt in weiterem Sinne als »Anwendungsfall« eines Allgemeinen. Die Untersuchung der besonderen Fälle gerät damit aus dem Blick. Die Vielfalt der Welt der Erscheinungen wird als Operationsfeld transzendentalphilosophischer Termini betrachtet, deren Geltung immer schon vorausgesetzt wird[131].

In dieser Tradition, die das Beispiel als ein bloßes Explikationsreservoir für philosophische Generalisierungen begreift, steht auch der Ansatz von Wilhelm Kamlah und Paul Lorenzen[132]. In ihrer Rekonstruktion der Termini »vernünftigen Redens« werden Ausdrücke, Begriffe etc. wohl *exemplarisch*, also mittels Beispielen, der »Umgangssprache« gleichsam als Rohmaterial entnommen, jedoch mittels Veredelung durch »Konstruktionsregeln« und »Definitionen« sowie durch vernunftgesteuerte, damit kontrollierte und explizite Vereinbarungen hinsichtlich ihres Gebrauchs neu in die Kommunikation eingeführt. Am Beispiel der gereinigten Fassung des Terminus »Terminus« liest sich diese Vereinbarung wie folgt: »Terminus <=> explizit vereinbarter Prädikator«[133]. Doch bereits an dieser Stelle ergeben sich Schwierigkeiten. Unklar bleibt vor allem, wer den Prädikator auf welche Weise »explizit« vereinbart. Zwar räumen Kamlah/Lorenzen selbst ein, daß die »normierte«[134] Sprache auf der Umgangssprache aufruht und daß die exemplarische Einführung von Prädikatoren auf den Beispielvorrat des vorphilosophischen Sprachgebrauchs angewiesen ist[135], soll nicht die »vernünftige« Rede in einem sprachphilosophischen Niemandsland statthaben, doch beharren sie gerade im Falle der »logischen Termini« darauf, daß

> keine Rede davon sein [kann], daß wir unsere logischen Termini der gebräuchlichen Umgangs- oder Bildungssprache *entnommen* haben. Wir haben sie vielmehr ab ovo neu eingeführt, zuweilen in kritischer Erinnerung an den traditionellen Sprachgebrauch.[136]

Die anvisierte »Normierung von Formen«[137] der Prädikatorenverwendung stellt sich damit in bewußten Gegensatz zum Verfahren, »deskriptiv beliebige Möglichkeiten der Aussage [zu] analysieren«[138]. Gerade die logischen Termini der Reflexionssprache dürfen nicht exemplarisch eingeführt werden, da ihre Verwendung sogar in der »traditionelle[n] Wissenschaftssprache« unter dem Verdacht steht, »irreführend sein«[139] zu können.

So zutreffend die Beobachtung der beiden Autoren ist, daß der »gebräuchliche« Sprachgebrauch unverläßlich, weil schwankend ist, so wenig läßt sich dieses Problem durch die Abstraktion von der Beispielgebundenheit der Umgangssprache erfolgversprechend lösen. Denn mit der definitorischen Fixierung und logisch-vernünftigen »Explikation« reflexiver Termini ist solange nichts gewonnen, bis sich solche Termini in einem noch nicht »eingeführten«, d.h. »vernünftig« regulierten Sprachgebrauch, also in konkreten Fällen des Sprachhandelns, bewähren. Selbst wenn man den Einsatzbereich kontrollierten Sprechens auf den wissenschaftlichen Sprachgebrauch einengte, wäre das Problem des Rückbezugs der gereinigten Termini auf nicht-kontrollierte, weil ex definitione nicht *kontrollierbare* Anwendungssituationen dieser Termini kaum zu lösen, es sei denn durch Verwendungsvorschriften, die allerdings selbst nicht vernünftig begründet werden könnten. Daß der gereinigte Terminus kriteriell für die Beurteilung eines »Falls« gilt, ist alles andere als ausgemacht; dies ist nicht mehr als eine implizite Voraussetzung für das Funktionieren des »konstruktivistischen« Modells. Denn die Einhaltung des Gebots, nicht anders denn »vernünftig« zu reden, vermag weder »gelehrt« noch »gelernt« zu werden, wie Kuno Lorenz zutreffend bemerkt[140] - das dem Verfahren der Rekonstruktion »vernünftigen Sprechens« notwendig vorausgesetzte »Interesse, [...] Übereinstimmung, und das heißt Verständigung, erzielen zu *wollen*«[141], muß daher bloßes Postulat bleiben.

Der bloß postulatorische Charakter vernünftigen Definierens erweist sich deutlicher noch bei Aussagen, die wertende Reflexionstermini enthalten, also bei solchen Sätzen und Redeweisen, »die Ideale im praktisch-philosophischen

Sinne markieren«[142]. Ob ein Rückbezug von definierten Termini (mit denen etwa Wünsche, Hoffnungen, Ideale etc. gefaßt werden) auf die Anwendungssituation im praktisch-konkreten Sprechen vorliegt, ob »Definition« und »Gebrauch« von Termini zur Deckung gelangen, ist nämlich durch den Akt des Definierens allein überhaupt nicht zu entscheiden[143]. Hierzu bedarf es zumindest der Einigung der Dialogpartner, daß und welche Termini als wechselseitig anerkannte Beurteilungskriterien von Handlungsanweisungen, Intentionen, Erwartungen, Wünschen etc. in konkreten, beispielhaften Situationen zur Anwendung kommen sollen oder dürfen. Diese »Einigung« einer Sprechergemeinschaft, die im alltäglichen Sprechen zu beobachten ist, vermag sicherlich nicht »konstruiert«, sondern nur »*re*konstruiert« zu werden, weil in der Kommunikation die strittigen Termini bereits gebraucht werden müssen, um die Angemessenheit ihrer Verwendung diskursiv oder vernünftig festlegen zu können. An der allein umgangssprachlich gelingenden Einführung dieser Termini führt also kein Weg vorbei, so daß die Wahl vernünftig konstruierter Termini in der Kommunikation nicht weiterhilft[144].

Auch die *hermeneutische Wendung* der Beispielproblematik beseitigt die Schwierigkeiten mit dem Exemplarischen nicht. Ob in Anlehnung an Gadamer (wie etwa bei Günther Buck) oder unter Beimischung konstruktionistischer Komponenten (wie z.B. bei Oswald Schwemmer[145]) - stets läßt sich der *hermeneutische Zirkel* der Beispielverwendung auf die deskriptiv zu erfassende Faktizität von Gebrauchsweisen sei es einzelner Termini oder sei es ganzer Satzsysteme reduzieren oder aber - sofern dem hermeneutischen Zirkel ontologische Dignität zugesprochen wird - als eine Normierungspraxis durchschauen, die unausgewiesenen Gehalte des kontingent Geschichtlichen zu Seinsweisen hypostasiert.

Im Anschluß an Hans Lipps erklärt Buck die Funktion des Beispiels aus der für ihn allein hermeneutisch zu fassenden Situation[146]:

> [Das Beispiel] stellt ein Besonderes mit der Aufforderung vor Augen, es unter dem Blickwinkel des Allgemeinen zu betrachten. Es gibt dieses Allgemeine nicht geradezu, sondern bringt einen darauf, indem es auf ein im Kennen der Beispielsmaterie wirksames Vorwissen anspielt, das man nun selber explizieren kann.[147]

Gegenüber der konstruktivistischen »Normierungspraxis« der Prädikatorenverwendung bietet das hermeneutische Verfahren zwar unbestreitbar den Vorzug, auf bereits bestehende Gebrauchsweisen der Sprache zurückgreifen und von der Vielfalt der Sprach- bzw. Begriffsverwendung ausgehen zu können[148]. Die hermeneutische »Allgemeinheit« ist keine definitorisch gereinigte formale Größe, die dem Alltagsverständnis entgegengesetzt wird. Vielmehr kann der Hermeneutik ein vager Begriff von »Allgemeinheit«, wie er in der Umgangssprache vorhanden ist, völlig ausreichen. Doch findet der Leser bei Buck keine Erläuterung dazu, wieso ein einzelner Fall, der als Beispiel bezeichnet wird, per se eine »Aufforderung« enthält, ihn unter dem »Blickwinkel des Allgemeinen« zu betrachten, zumal das Beispiel dieses »Allgemeine« nach Buck »nicht geradezu gibt«. Buck muß das »Deuten« des Beispiels auf das »Allgemeine« daher im Sinne einer nicht weiter explizierbaren Leistung interpretieren, die eine Beziehung zwischen beiden herstellt. Diese Leistung besteht für ihn in der Aktivierung des »Vorwissens« oder der Exemplifizierung vorangehenden »Auslegung der Welt«[149]. Jedem (Beispiel)Verstehen liegt also ein »Vorverständnis« - Gadamer würde von »Vorurteil« sprechen[150] - voraus: »Daß ein gutes Beispiel ohne weiteres »einleuchtet«, beruht [...] darauf, daß hier ein vorgängiges Verständnis aktiviert wird. Man kommt ausdrücklich zurück auf das, was man schon verstanden hat«.[151]

Vermag das Beispiel lediglich ein »vorgängiges«, implizites Verständnis zu aktivieren, dann schrumpft die Funktion des Beispiels freilich letztlich auf die Explikation von bereits Bekanntem. Unter diesem Blickwinkel jedoch spielt es eine bloß untergeordnete, im wesentlichen illustrative Rolle. Das implizite Wissen, das Vorwissen, ließe sich virtuell auch unter Verzicht auf die Spezifik des Einzelbeispiels ausdrücklich machen[152] - etwas als Beispiel für etwas Allgemeines zu interpretieren, erscheint allein abhängig von dem Umfang der bereits vorauszusetzenden Verstehens-»Kompetenz« desjenigen, der das Beispiel gibt bzw. desjenigen, an den das Beispiel gerichtet ist[153]. Wird das Beispielverstehen auf diese Weise aufgefaßt, dann gerinnt die Erklärung des Phänomens zu dem schlichten Gedankengang, daß die Angabe und das Verstehen »treffender« Beispiele auf einem individuellen Vermögen beruht, das festzulegen imstande ist, wofür das Beispiel ein Beispiel ist, damit das Beispiel ein »treffendes« Beispiel sein kann. Damit ist aber für die Explikation des Beispielverstehens kaum mehr gewonnen als eine Erklärungsinstanz, die selbst erklärungsbedürftig ist[154]. Durch ein solches Vermögen darf aber ohne Verlust philosophisch »gekürzt« werden, da es entweder nichts zur Klärung des Problems beiträgt oder aber in einen infiniten Regreß führt. Zieht man diese Konsequenz, dann bleibt vom hermeneutischen Zirkel des Beispielverstehens nicht mehr als die *Beschreibung* von Kommunikationsvorgängen, in denen Einzelfälle als gelungene Repräsentationsweisen (Beispiele) eines Allgemeinen fungieren.

Allerdings gibt Buck selber, wenn auch nur en passant, einen wichtigen Hinweis auf eine Verwendungsmöglichkeit des Beispiels, die für die Wittgensteinsche Weise der Beispielverwendung relevant werden kann: »Wer etwas *nur* als Beispiel nimmt, tritt aus der Befangenheit des naiven Vollzugs heraus«[155]. Eine solche als *kontrastiv* zu bezeichnende Betrachtung des Beispiels gestattet es nämlich, in der Nicht-Verallgemeinerbarkeit von Einzelfällen die Relativität und Nicht-Universalisierbarkeit von »Vorwissen« philosophisch zum Vorschein kommen zu lassen. Um es in der Sprache der Hermeneutik zu formulieren: Das »abständige« Beispiel bricht den Horizont der vor-beurteilenden Sicht auf und erzeugt auf diese Weise jene auch von Wittgenstein beschriebene »Unsicherheit«, die unter dem Namen des »Fremden« in die abgeschlossenen Weisen der »Weltauslegung« hineinragt und das (noch) nicht Verstandene markiert[156]. Sollte es gelingen, diese »kritische« Funktion des Beispielverstehens auch für die Hermeneutik fruchtbar zu machen, könnte es aus seiner Restriktion auf den zirkulären Akt der Realisierung und Explizierung von Sinnvorgaben befreit werden. Es wäre nicht länger das bloße Hilfsmittel für ein »eigentliches Verstehen«, das sich als eine Mittlerinstanz zwischen Beispiel und Allgemeinheit schiebt[157].

Doch gerade die von Gadamer ausgearbeitete philosophische Hermeneutik unternimmt den Versuch, ein solche Mittlerinstanz in Gestalt eines hermeneutischen »Zwischenreichs« einzurichten, indem sie in der ontologischen Struktur der Sprache[158] die eigentliche »Seinsweise« des Menschen verortet. Ähnlich wie für den späten Heidegger ist die Sprache für Gadamer das »Haus« des (menschlichen) Seins.

Daß »Welt-Haben« mit dem »Sprache-Haben« der Menschen verknüpft ist, ist eine sicherlich zutreffende Einsicht. Aber es ist keineswegs zwingend, daß die Beziehung zwischen Sprache und »Welt« durch eine gemeinsame ontologische Struktur beider ermöglicht wird[159]. Vielmehr muß auch Gadamer davon ausgehen, daß die Reflexion über den Zusammenhang zwischen Sprache und Welt zunächst nur im Medium der Sprache vonstatten gehen kann. Gadamers ontologische These wird erforderlich, um seinen Gedanken zu stützen, daß einem konkreten historischen Sprechen, das regelgeleitet verläuft, eine normierende Kraft innewohnt. Mithilfe - und nur mithilfe - einer solchen ontologischen Unterfütterung des Sprachbegriffs erscheint es möglich, aus dem historisch-empirischen Prozeß ein »Substrat«[160] herauszudestillieren, das die Dimension des historisch Kontingenten übersteigt.

Aufgrund seines ontologischen Vorurteils hinsichtlich der Sprache gerät Gadamer ausschließlich der affirmativ-normative Gehalt des Beispiels in den Blick. Er sieht in der Anerkennung dieses Gehaltes die wichtigste Voraussetzung für das Gelingen hermeneutischer »Selbstauslegung« des Bewußtseins auf die Welt, denn nur in der Bewegung der Affirmation vermag der hermeneutische Zirkel die Gefahr eines richtungslosen Relativismus zu bannen, den Gadamer dem Historismus vorhält. Gerade mit Blick auf den historistischen Relativismus faßt Gadamer das Beispiel als Ausdruck des »geschichtlichen Seins, Bewahrung im Ruin der Zeit zu sein«[161].

Freilich erscheint Gadamers Ontologisierung der Geschichte keineswegs zwingend, da historische Prozesse ebenso gut als bloß ontische Größen, als eine bloße Sammlung von Fakten aufgefaßt werden können. Einer geschichtsphilosophischen Skepsis wird Gadamers Ontologisierung als ein Versuch durchschaubar, die historische Erfahrung als eine Norm zu interpretieren, deren Normativität letztlich nur aus der Positivität von historischen Normen begründet wird. Es ist zudem bezeichnend für Gadamers Vorgehen, daß er die zunächst von ihm selbst konstatierte Differenz zwischen dem geschichtlichen Interpretat und der historisch variablen Interpretation, zwischen dem empirischen Einzelfall und dem aus ihm applikativ erschlossenen Allgemeinen weitgehend einebnet[162]. Die Vielfalt des Sprachgeschehens und die aus ihr resultierende »Abständigkeit« des historischen Beispiels schrumpfen zu einen bloßen »Zeitenabstand«, in dem, wie das »Beispiel des Klassischen« lehren soll, die prägende und damit normative Kraft des Historischen zum Vorschein kommt[163]. Die ontologische Wende, die Gadamer am »Beispiel des Klassischen« exemplifiziert, läßt überdeutlich werden, daß er das Beispiel doch nur als ein Zeichen bzw. Anzeichen eines für ihn ontologisch Allgemeinen begreift, zu dem wir Sprecher »unterwegs« seien, indem wir es uns zum Maßstab für unser Sprechen nehmen[164]. Unterwegs zum »Wesen«[165] der Sprache, das dem konkreten Sprechen Sinn zuteilt, geht der Gadamerschen Hermeneutik die mögliche »Reibung«, die kritische Dimension, die es in sprachphilosophischer Perspektive aufweisen kann, unwiederbringlich verloren.

3 Philosophie

Der Sprachgebrauch des Lebens ist im Allgemeinen zu schwankend, um ohne Weiteres für schwierigere logische und erkenntnistheoretische Zwecke geeignet zu sein.[1]

Aus dem Simplicissimus: Rätsel der Technik. (Bild: Zwei Professoren vor einer im Bau befindlichen Brücke.) Stimme von oben: »Laß abi - hüah - laß abi sag'i nacha drah'n mer'n anders um!« - - »Es ist doch unfaßlich, Herr Kollega, daß eine so komplizierte und exakte Arbeit in dieser Sprache zustande kommen kann.«[2]

War Wittgenstein Philosoph? - Eine sinnvolle Antwort auf diese Frage setzte eine eindeutige Definition dessen voraus, was unter »Philosophie« überhaupt zu verstehen ist. Und eine solche Definition ist innerhalb der Sprachspielkonzeption Wittgensteins unmöglich und auch gar nicht erforderlich. Wittgenstein gebraucht die Begriffe »Philosophie«, »Philosoph« und »philosophisch« in seinen Beispielsammlungen häufig, aber gibt ihnen kaum scharfe Konturen:

> Bei meiner Methode geht es stets darum, auf Fehler in der Sprache hinzuweisen. Das Wort »Philosophie« werde ich für die Tätigkeit verwenden, bei der solche Fehler bloßgestellt werden. Warum will ich diese Tätigkeit Philosophie nennen, wenn wir auch das, was Platon tat, Philosophie nennen? Vielleicht weil eine bestimmte Ähnlichkeit zwischen ihnen besteht, oder vielleicht aufgrund der ständigen Entwicklung des Faches. Oder es kann sein, daß die neue Tätigkeit an die Stelle der alten tritt, weil sie das geistige Unbehagen aus dem Weg räumt, das auch die frühere Tätigkeit beseitigen sollte.[3]

Nur den jeweiligen Kontexten ist zu entnehmen, welcher der angesprochenen Aspekte des Philosophie-Begriffes in den Texten gemeint ist. Dennoch ist in Wittgensteins Aphorismen über Philosophie und die Tätigkeit des Philosophierens eine Tendenz unübersehbar: er sieht sein Hauptanliegen darin, »Philosophie« zu einem Ende zu bringen[4]; zusammen mit der Bloßstellung philosophischer Fehler soll zugleich traditionelle Philosophie als »Fehler« erwiesen werden; mit der Lösung philosophischer Probleme soll die Destruktion der überlieferten Philosophie insgesamt einhergehen.

Eine solche Zielsetzung unterscheidet und verbindet Wittgensteins philosophisches Projekt mit den Intentionen bisheriger Philosophie. Fast jeder philosophische Neuansatz, der diesen Namen verdient[5], geht in bezug auf die Philosophiegeschichte von zweierlei aus: erstens davon, daß die bisherige Philosophie unzulänglich war, und zweitens, daß der Neuansatz Philosophie kat' exochen darstellt und so mit der Erfüllung von Philosophie zugleich das Ende von Philosophie erreicht. »Zu Ende bringen« von Philosophie bedeutet deshalb: »Philosophie vollenden«[6]. Die Eigenart der Philosophie Wittgensteins besteht nun vor allem darin, die philosophiehistorische Idee von der Möglichkeit einer Vollendung der Philosophie wohl aufzunehmen, sie allerdings so radikal zu interpretieren, daß sie sich selber außer Kurs setzt und zur Auflösung der Philosophie führt. »Zu Ende bringen« bedeutet für Wittgenstein: Philosophie »aufzulösen«, indem ihre Voraussetzungen einer kritischen Betrachtung unterworfen werden.

Das Projekt der Auflösung von Philosophie setzt fraglos wiederum einen (philosophischen) Standpunkt voraus. Bei genauerer Betrachtung zeigt sich auch in Wittgensteins Denken ein solcher Standpunkt. Er besteht in der Überzeugung, daß die philosophische Tätigkeit in die Sprache eingebunden und die Vorstellung von einer referentiellen Bindung des Philosophierens an eine ihr korrespondierende Wirklichkeit zu verabschieden ist. Damit wird der Philosophie fundierende Anspruch hinfällig, ein universal gültiges, Wirklichkeit abbildendes oder konstituierendes Gedanken*system* zu etablieren. Darüber hinaus entfällt der Zwang philosophischer Reflexion zur Letztbegründung - jede Letztbegründung wird, soll sie den letzten Grund geben, diesen Grund nur durch Setzung erreichen. Diese Einsicht in die Grenze des Be-Gründens, die im Traktat gewonnen wird und deren Konsequenzen in der Spätphilosophie entfaltet werden, bedeutet jedoch nicht, daß die philosophische Tätigkeit für Wittgenstein *unbegründet* ist. Nur werden die Gründe für die Philosophie nicht mehr innerhalb der Philosophie selbst zu suchen sein. Wenn Wittgenstein vom »metaphysische[n] Bedürfnis« der Menschen[7] spricht, von einem Verlangen nach letzten Sicherheiten und Gewißheiten, so äußert sich für ihn in einem solchen Verlangen nach Letztbegründung ein Bedürfnis der Menschen nach Garantiemächten für richtiges Handeln aufgrund einer verläßlichen Erklärung der Welt. Die Grundlage der Philosophie ist für ihn ein ethisches Bedürfnis der Menschen. Und gerade dieses ethische Bedürfnis treibt auch ihn dazu, nicht bei den überlieferten Gewißheiten halt zu machen, sondern aus der philosophischen Tradition herauszutreten, sie auf ihre Begründung hin zu befragen und schließlich in kritischer Wendung gegen die Möglichkeit philosophischer Theoriebildung zu einer nicht mehr systematischen, sondern differentiellen Betrachtung des menschlichen Lebens und menschlicher Praxis vorzustoßen.

3.1 Philosophie im Traktat

Bereits im Vorwort des Traktates gibt Wittgenstein eine erste Charakterisierung seines Philosophie-Begriffs: Er kündigt dem Leser an, daß sein Buch »die philosophischen Probleme« behandle und zeige, »daß die Fragestellung dieser Probleme auf dem Mißverständnis der Logik unserer Sprache« beruhe. Die Verquickung von »Philosophie« mit der »Logik unserer Sprache« erscheint zunächst befremdlich. Sie erweckt den Anschein, als ob Philosophie - im Sinne des logischen Positivismus oder der analytischen Philosophie - in das logische Beziehungsgeflecht einer formalisierten Sprache überführt bzw. auf formalisierte Wissenschaftstheorie reduziert werden solle.

Eine genauere Analyse des Philosophie-Begriffes im Zusammenhang mit der »Logik unserer Sprache« wird diesen Eindruck zerstreuen können. Die These, daß Philosophie sich dem mißverstandenen Sprachgebrauch verdanke, verweist nicht auf die Forderung nach einem *logisch restringierten Sprachgebrauch*, sondern auf die Unmöglichkeit, mittels der Philosophie oder der (philosophischen) Logik *unseren* Sprachgebrauch zu restringieren. Sie entzieht damit der Philosophie bzw. der Logik das Privileg einer Instanz, über die *Grenzen unseres* Sprachgebrauchs im Sinne der Unterscheidung zwischen dessen Berechtigung und illegitimen Gebrauch befinden zu können. Eine solche Restriktion des Sprachgebrauchs mittels der Philosophie erscheint nur unter der Bedingung möglich, daß den Sätzen der Logik und Philosophie ein objektiv vorhandener und begrenzter »Gegenstandsbereich« *neben* oder *über* den anderen Formen der Sprache (etwa der Alltags- oder Wissenschaftssprache) korrespondierte. Für eine solchen Anspruch, der letztlich auf eine wie immer »vertrackte Ontologie«[8] hinausliefe, bietet eine kritische Traktat-Lektüre, abgesehen von wenigen mißverständlichen Sätzen, kaum Stützen. Vielmehr offenbart sie, daß bereits im Traktat zwei philosophische Überlegungen aufzufinden sind, die sich auch in der Spätphilosophie wiederfinden: Erstens der Gedanke, daß die Frage nach den Beziehungen zwischen Sprache und außersprachlicher Wirklichkeit nur unter der Voraussetzung der Gegebenheit Sprache und der in ihr auffindbaren Logik[9] sinnvoll zu diskutieren ist[10] und daß daher die *Grenze* des sinnvoll Sagbaren lediglich »von innen«[11], in und durch Sprache, angegeben werden kann, und zweitens der Gedanke, daß die Sprache als ein Moment menschlicher Praxis begriffen werden muß, also als eine quasi-anthropologische Größe. Während das Praxismoment im Traktat jedoch nur implizit thematisch wird, spielt Wittgenstein die sprachliche Verfaßtheit der Logik vor allem gegen die ontologische Fundierung von Logik aus. Im Traktat unternimmt Wittgenstein vor allem den Versuch, Ontologie zu destruieren. Mit der Destruktion von Ontologie verlieren auch Probleme der Erkenntnistheorie und die Frage nach der Möglichkeit von Semantik an Gewicht[12] - Wittgenstein diskutiert im Traktat vor allem das Problem der Struktur und der innerhalb dieser Struktur gegebenen Reichweite von Logik. Die Frage, inwieweit sich in dieser Logik eine Ontologie der Welt zeigt, kann innerhalb dieses Untersuchungsrahmens des Traktates gar nicht mehr sinnvoll gestellt, geschweige denn beantwortet werden[13].

Die logisch-strukturelle Ausrichtung des Traktat wird bereits in seinen ersten Sätzen deutlich. Wenn Wittgenstein schreibt:

1	Die Welt ist alles, was der Fall ist.
1.1	Die Welt ist die Gesamtheit der Tatsachen, nicht der Dinge.
1.13	Die Tatsachen im logischen Raum sind die Welt.
1.2	Die Welt zerfällt in Tatsachen.
2	Was der Fall ist, die Tatsache, ist das Bestehen von Sachverhalten.

so bestimmt er die »Welt« keineswegs als das Substrat von empirisch erfahrbaren Dingen, Qualitäten oder Daten, sondern als einen »logisch« strukturierten Raum, der logische Aussagen über »Tatsachen« und das »Bestehen von Sachverhalten« zuläßt. Hierauf weist besonders der Satz 1.3 hin. Er faßt unter »Welt« und ihren »Tatsachen« den *logischen* Raum, begreift beide mithin als identische Größen; »Welt« kann für ihn nur gedacht und Aussagen über die Tatsachen in ihr können nur insoweit getroffen werden, wie der »logische Raum« reicht. Aus diesem Grunde erlauben Satz 1 und seine Erläuterungen gerade nicht die Annahme, der traktarianischen »Welt« ein *ontologisch* vorausgesetztes »Sein« zuzusprechen, über das die Sätze der Logik handeln und auf das sie verweisen. Die Bestimmung der »Welt« als eine logisch-dynamische Gesamtheit von Tatsachen führt Wittgenstein konsequent zur Ablehnung jeder Annahme einer logisch sinnvoll zu behauptenden Korrespondenz zwischen der »Logik« und einem vor- oder außerlogisch zugänglichen Gegenstand[14].

Daß die »Welt« als ein nur logisch strukturiertes Ganzes zu begreifen ist, betont Satz 2 in besonderem Maße. Er führt als nähere Bestimmung der »Tatsache«[15] das »Bestehen von Sachverhalten« ein - ebenfalls eine logisch strukturierte Mannigfaltigkeit, da, wie Satz 2.01 erläutert, »der Sachverhalt [...] eine Verbindung von Gegenständen (Sachen, Dingen)« ist. Wichtig erscheint an dieser Feststellung insbesondere, daß die Dinge nur in der Verbindung zu Sachverhalten zu denken sind. Ein atomarer Gegenstand, so wie ihn Russell zur Begründung der Unabhängigkeit von Gegenstand und Gegenstandsbeschreibung annimmt[16], kann für Wittgenstein nicht »logisch« isoliert werden[17]. Für ihn läßt sich der Gegenstand nicht »außerhalb der Möglichkeit seiner Verbindung mit anderen denken«[18], sondern nur so, daß die Gegenstände »wie die Glieder einer Kette« aneinanderhängen[19].

Mit diesen wenigen Sätzen ist das logische Gefüge der »Welt«, die logische Mannigfaltigkeit der Tatsachen, bereits erschöpfend charakterisiert. Freilich kann Wittgenstein nicht darauf verzichten, die Grundelemente der logischen Struktur, die »Gegenstände« (oder »Dinge«) näher zu beschreiben. Diese bilden die »Substanz« der Welt, die »einfachen«, weil nicht »zusammengesetzten« Gegebenheiten, die »unabhängig von dem« bestehen, »was der Fall ist«[20]. Wenn Wittgenstein von der »Substanz« der Welt spricht, so gibt er eine ausschließlich formale Bestimmung, die für die später erörterte Bildtheorie des Traktates unerläßlich ist. Denn ohne die logische Annahme einer Substanz der Welt würden sich die (logischen) Bilder von den Tatsachen, die wir uns machen, nur auf andere Bilder, aber nicht auf etwas, das sie abbilden und das selbst kein Bild ist, beziehen können[21]. Darüber hinausgehende Aussagen über Gegenstände als Substanz der Welt sind unmöglich, da es logisch unmöglich ist, die Gegenstände isoliert zu betrachten, da sie die letzten Elemente jeder Betrachtung darstellen[22]. Als weiteres Moment des Gegenstandsbereichs ist die »Struktur« zu nennen, die festlegt, »wie die Gegenstände im Sachverhalt zusammenhängen«[23]. Da die Gegenstände nur konfiguriert gedacht werden können, ist unter »Struktur« die Konfiguration dieses Sachverhalts zu denken, freilich keineswegs als ontologische Größe, die etwas über die wirklichen Verkettungen der Gegenstände aussagt, sondern als logische Möglichkeit der Verkettung von Gegenständen. Zu beachten ist außerdem, daß Wittgenstein allein *denknotwendige* Bestimmungen logischer Möglichkeiten ins Spiel bringt. Gleichsetzungen solcher Aussagen mit Festlegungen über einen außerlogischen Bereich, der sich in geheimnisvoller Weise in der Logik wiederfinden soll, führen zwangsläufig zu metaphysischen Fehlschlüssen[24].

Mit der Gliederung der »Welt« in Wirklichkeit, Sachlagen, Sachverhalte und Gegenstände sind die logisch notwendigen Voraussetzungen für die Wittgensteinschen Bildtheorie benannt, die in den Abschnitten 2.1 bis 4 behandelt wird und die um die Feststellung oszilliert: »Das logische Bild der Tatsachen ist der Gedanke.«[25] Auch die »Abbildtheorie« ist streng logisch konstruiert und beschäftigt sich mit den Möglichkeiten, Tatsachen der »Welt« in »Bilder« zu fassen[26]. Vor der Untersuchung des »Bildes« als Gedanke muß Wittgenstein zunächst allerdings die logischen Möglichkeiten für die Abbildungsbeziehung zwischen Tatsache und Bild klären. Diesem Thema sind die Sätze 2.1 bis 2.225 gewidmet. Wittgensteins Grundüberlegung besteht darin, daß sich im Bild von der Wirklichkeit die Elemente dieser Wirklichkeit wiederfinden müssen. Allein dadurch kann es die Gegenstände der Welt »vertreten«:

2.1 Wir machen uns Bilder der Tatsachen.
2.11 Das Bild stellt die Sachlage im logischen Raume, das Bestehen und Nichtbestehen von Sachverhalten vor.
2.12 Das Bild ist ein Modell der Wirklichkeit.
2.131 Die Elemente des Bildes vertreten im Bild die Gegenstände.
2.15 Daß sich die Elemente des Bildes in bestimmter Art und Weise zu einander verhalten, stellt vor, daß sich die Sachen so zu einander verhalten. Dieser Zusammenhang der Elemente des Bildes heiße seine Struktur und ihre Möglichkeit seine Form der Abbildung.

Nun scheint mit diesen Ausführungen über die Darstellung der »Welt« in Bildern noch nicht viel gewonnen. Denn die entscheidende Frage, auf welche Weise die Bilder mit dem von ihnen Abgebildeten logisch stringent verbunden werden können und welchen Status diese Verbindung hat, bleibt noch ungeklärt. Den Schlüssel zur Lösung dieses Problems findet Wittgenstein wiederum in einer logischen Überlegung, die den Begriff der logischen Möglichkeit in die Abbildungsbeziehung einbringt und damit Bild und Wirklichkeit in einem gemeinsamen, nämlich dem logischen Raum »ansiedelt«. Diese Situierung bereitet schon der letzte Satz von 2.15 vor: Das Bild ist nur als ein strukturiertes zu denken; es besteht aus einer Konfiguration von Bildelementen, die als logische Möglichkeitsbedingung für die Bildhaftigkeit des Bildes gegenüber dem Abgebildeten zu betrachten ist und die »*Form* der Abbildung« darstellt. Allein durch sie kann das Bild ein Abbild der Wirklichkeit sein.

Was ist unter »Form der Abbildung« zu verstehen? In seinen Erläuterungen zu Satz 2.15 greift Wittgenstein zu einer bildhaften Erklärung:

2.151 Die Form der Abbildung ist die Möglichkeit, daß sich die Dinge so zu einander verhalten, wie die Elemente des Bildes.
2.1511 Das Bild ist *so* mit der Wirklichkeit verknüpft; es reicht bis zu ihr.
2.1512 Es ist wie ein Maßstab an die Wirklichkeit angelegt.
2.15121 Nur die äußersten Punkte der Teilstriche *berühren* den zu messenden Gegenstand.
2.151 Diese Zuordnungen sind gleichsam die Fühler der Bildelemente, mit denen das Bild die Wirklichkeit berührt.

Dieses Sprachbild scheint nicht besonders glücklich gewählt, weil es den Eindruck hervorrufen kann, als ob die »Form der Abbildung« ein diskretes Element des Bildes sei. Doch läßt sich dieser Eindruck bei einer genauen Lektüre der Folgesätze korrigieren. In ihnen differenziert Wittgenstein zwischen der »Form der Darstellung« des Bildes, die das Bildobjekt »richtig oder falsch« abbildet[27] und die von dem Dargestellten durchaus abweichen kann, und der Form der Abbildung. Letztere ist eine reine logische Form, die im Bild und der von ihm vorgestellten Wirklichkeit gleichermaßen vorhanden sein muß, damit das Bild überhaupt darstellen kann und ein Vergleich zwischen Bild und Abgebildetem (im Sinne der Wahrheit oder Falschheit) möglich wird[28].

2.18 Was jedes Bild, welcher Form immer, mit der Wirklichkeit gemein haben muß, um sie überhaupt [...] abbilden zu können, ist die logische Form, das ist, die Form der Wirklichkeit.

2.181 Ist die Form der Abbildung die logische Form, so heißt das Bild das logische Bild.

2.182 Jedes Bild ist *auch* ein logisches. [...]

2.22 Das Bild stellt dar, was es darstellt, unabhängig von seiner Wahr- oder Falschheit, durch die Form der Abbildung.

Daß die Abbildungsbeziehung nicht als eine vom Bild abzutrennende »Eigenschaft« zu begreifen ist, deutet, recht versteckt, auch der Satz 2.172 an: »Seine Form der Abbildung aber kann das Bild nicht abbilden; es weist sie auf.« Später wird Wittgenstein den Ausdruck »sich zeigen« für »aufweisen« einführen[29]. Mit dem Satz 2.172 wird nochmals unterstrichen, daß die Bestimmungen des Satzes 1 und seine Erläuterungen einen logisch-analytischen Sinn besitzen und nicht als Aussagen über eine der Logik »entgegen-gesetzte«, unabhängig von der Logik denkbare Welt verstanden werden dürfen. Die »Welt« wird durch das Denken nicht um die Logik (bzw. die logischen Atome Russells) bereichert, sondern ist laut Wittgenstein in der Logik, nicht durch die Logik, *gegeben*[30]. Zwischen den Bildern der Welt und der Welt herrscht allein eine logische Isomorphie.

In den Passagen im Anschluß an Satz 2.2 geht es Wittgenstein zunächst darum, das allgemeine Bild-Modell auf die logischen Bilder der Tatsachen, die Gedanken, anzuwenden. Seine außerordentlich komplexen und abstrakten Ausführungen zu den Funktionen des Denkens im Anschluß an die Einführung des allgemeinen Bild-Begriffes interessieren hier nur insofern, als sie für die Darstellung des Philosophie-Begriffes im Traktat unerläßlich sind.

Bisher ist jedoch bereits deutlich geworden, daß der Traktat lediglich von logischen Möglichkeitsräumen handelt, deren Bezug zu einer metaphysischen oder empirischen Wirklichkeit nur wiederum hinsichtlich deren Möglichkeit(en) beurteilt wird. »Die Logik handelt von jeder Möglichkeit und alle *Möglichkeiten* sind ihre Tatsachen«[31], heißt es im Satz 2.0121. Freilich wird auch offensichtlich, daß der Traktat für die Annahme der Logizität des Verhältnisses zwischen Bild und Wirklichkeit keinerlei Beleg oder Argument vorbringen kann. Die Tatsächlichkeit des »Weltverhältnisses« von Logik verdankt sich einer invarianten, strukturierten Beziehung, die sich mittels dieser Logik wohl beschreiben, aber nicht begründen läßt. Wittgenstein versteht den Traktat als eine Abhandlung über den Geltungsbereich von Logik, und sein Leitsatz heißt: »Die

Logik muß für sich selber sorgen«[32]. Fragen nach der Beschaffenheit der Welt jenseits dieser Logik müssen als unentscheidbar zurückgewiesen werden, da es keine Möglichkeit geben kann, diese Frage zu beantworten. Die Grundstruktur des logischen Bildes, etwas über die Welt aussagen zu können, indem es seine Beziehung zur Welt aufweist oder zeigt, ist als ebenso ineffabel hinzunehmen wie die Tatsache, daß es die logische Struktur der Welt als einer Konfiguration von Dingen widerspiegeln kann.

Den Logismus des Traktates machen auch der Hauptsatz 3: »Das logische Bild der Tatsachen ist der Gedanke«[33] und die Erläuterungen zu ihm deutlich:

3.02 Der Gedanke enthält die Möglichkeit der Sachlage, die er denkt. *Was denkbar ist, ist auch möglich*[34].

3.03 Wir können nichts Unlogisches denken, weil wir sonst unlogisch denken müßten.

3.031 Man sagte einmal, daß Gott alles schaffen könne, nur nichts, was den logischen Gesetzen zuwider wäre. - Wir könnten nämlich von einer »unlogischen« Welt nicht *sagen*, wie sie aussähe.

3.032 Etwas »der Logik Widersprechendes« in der Sprache darstellen, kann man ebensowenig, wie in der Geometrie eine den Gesetzen des Raumes widersprechende Figur durch ihre Koordinaten darstellen [...].

Erst nach dieser Vorklärung über den denknotwendig sich ergebenden logizistischen Status von »Welt«, »Denken« und »Sprache« geht Wittgenstein zur Beschreibung (freilich wieder einer rein logischen) der Phänomenalität der Sprache über. Erst jetzt, in Satz 3.1, kommt zum ersten Male im Traktat die »sinnliche Wahrnehmung« ins Spiel: »Im Satz drückt sich der Gedanke sinnlich wahrnehmbar aus«, nämlich in Gestalt »sinnlich wahrnehmbare[r] Zeichen (Laut- oder Schriftzeichen etc.) des Satzes«[35]. Doch ist die Beschaffenheit dieser »sinnlichen Zeichen« von nur untergeordneter Bedeutung[36]. Wichtig ist ihre abbildende Funktion im Satz, nämlich eine »projektive Beziehung zur Welt« herzustellen[37]. Der gesamte Satz kann daher in Hinsicht auf diese Projektion als »Satzzeichen« bezeichnet werden. Dieses Satzzeichen wiederum besteht aus Namen, die im Satz den »Gegenstand« benennen. Und wie die Gegenstände nur »verkettet« gedacht werden können, können auch Namen nur konfiguriert im Satz auftreten. Wie schon bei der allgemeinen Abbild-Theorie ist damit wiederum eine logische Struktur benannt, die zunächst nur einen Möglichkeitsraum freilegt, der allein die Form betrifft, durch die eine Vertretung der »Gegenstände« in Namen und der Sachlagen in Sätzen zu geschehen vermag[38]. Aus diesem Grund muß Wittgenstein die Untersuchung auf den Aspekt beschränken, wie die Sprache Außersprachliches (die Wirklichkeit, das, was der Fall ist) durch Zeichen vertritt, das heißt: worin der Satz-Sinn besteht.

3.11 Die Projektionsmethode ist das Denken des Satz-Sinnes.

3.12 Das Zeichen, durch welches wir den Gedanken ausdrücken, nenne ich das Satzzeichen. Und der Satz ist das Satzzeichen in seiner projektiven Beziehung zur Welt.

3.13 Zum Satz gehört alles, was zur Projektion gehört; aber nicht das Projizierte.
Also die Möglichkeit des Projizierten, aber nicht dieses selbst.

Die »Möglichkeit des Projizierten« (Satz 3.13) ist - ganz im Sinne der logischen Konstruktion des Traktates - die Form des Satzsinnes, aber noch nicht sein Inhalt. Mithilfe der Projektionsbegriffes ist lediglich sichergestellt, daß der Satz eine Struktur aufweist, die einen »Sinn« *ermöglicht*. Der Satz, gleichgültig ob sinnvoll oder sinnlos, ob wahr oder falsch, ist damit in den logischen Raum situiert; die Logik ist wie ein »Gerüst um das Bild« herum aufgestellt, so daß Wittgenstein schreiben kann: »Der Satz durchgreift den ganzen logischen Raum.«[39]

Wenn Wittgenstein in Satz 4 dann den »Gedanke[n]« als den »sinnvolle[n] Satz« bestimmt und die »Gesamtheit der Sätze« als »die Sprache« bezeichnet[40], so wird der Satz im »logischen Raum« der Sprache so situiert, daß er »jeden Sinn«[41] auszudrücken vermag. Wichtig ist, daß der Satz-Sinn nicht an die mögliche Wahrheit oder Falschheit von Sätzen gekoppelt wird, sondern ihnen vorausgeht. Der falsche Satz ist keineswegs »sinnlos« oder »unsinnig«. Wahrheit und Falschheit sind die beiden Varianten jeglicher Abbildung[42]; die Abbildbarkeit in Sätzen ist die Voraussetzung für den Vergleich zwischen Satz und Wirklichkeit und ist ihm damit logisch vorgelagert[43].

Der Umstand wird nun für die Diskussion darüber entscheidend, welche Stellung die »Fragen« und »Probleme der Philosophie« haben, um deren »endgültige Lösung« es Wittgenstein im Traktat geht. Folgt man den im Traktat bis Satz 4 gegebenen Erläuterungen zur Strukturlogik der Abbildung von Tatsachen in Sätzen, lassen sich philosophische Probleme überhaupt nicht erkennen. Sie werden von Wittgensteins Darstellung bereits als »gelöst« vorgestellt: Angesichts der strukturellen Isomorphie zwischen »Sprache« und »Welt« ist die Sinnhaftigkeit eines jeden Satzes, gleichgültig, ob er nun »analysiert« vorliegt oder nicht, logisch gewährleistet. Die Logizität der Abbildungsbeziehung durchzieht alle Sätze, auch die der Umgangssprache, deren Unklarheit und Inadäquanz angeblich eine logisch-philosophische Analyse durch eine spezielle Sprache erforderlich macht. Für Wittgenstein hingegen sind »[a]lle Sätze unserer Umgangssprache [...] tatsächlich, so wie sie sind, logisch vollkommen geordnet«[44]. Um das (logische) Funktionieren der Alltagssprache sicherzustellen, bedarf es keiner Regulierung durch eine logisch-philosophischen Instanz, die den Sprachgebrauch zu normieren oder zu legitimieren vermöchte.

Allerdings ist für Wittgenstein die Umgangssprache in anderer Weise Ursache des philosophischen Mißverständnisses hinsichtlich der Beziehungen von Sprache und Welt. Durch die in ihr angelegten Verschleifungen und Unschärfen des Wort- und Begriffsgebrauchs wird die Sprachlogik so weit verdeckt und entstellt, daß nicht mehr erkennbar scheint, ob die Sprache ein adäquates Bild der Welt zu entwerfen vermag. Da die von den Menschen entwickelten Zeichensysteme, zu denen vor allem die »Umgangssprache« zählt, pragmatischen Erfordernissen der Modellierung von Wirklichkeit und der Gestaltung des menschlichen Lebens dienen, entspricht ihre Verwendung anderen Bedürfnissen als dem logischen Bedürfnis nach Klarheit und »Durchsichtigkeit«. Die Vielfalt der Lebensbezüge und der Weltausdeutung provozieren die philosophische Auseinandersetzung mit der Sprache, vor allem mit der »Umgangssprache«, die »wir« sprechen. In der gedrungenen Darstellung des Traktates liest sich dieser Gedanke folgendermaßen: »Der Satz ist ein Bild der Wirklichkeit. Der Satz ist ein Modell der Wirklichkeit, so wie wir sie uns denken.«[45] Der »Satz« ist demnach in seiner Eigenschaft, ein Bild bzw. ein Modell der Wirklichkeit zu sein, in erster Linie ein Produkt der die Wirklichkeit modellierenden menschlichen Tätigkeit. Er erfüllt damit dieselbe Funktion wie andere Zeichen- und Darstellungssysteme: Wittgenstein nennt als Beispiele die Notenschrift, die (musikalischen) Schallwellen, die Grammophonplatte[46]. Zwar beeilt er sich, festzustellen, daß »ihnen allen der logische Bau gemeinsam«[47] ist und daß »die Möglichkeit aller Gleichnisse, der ganzen Bildhaftigkeit unserer Ausdrucksweise [...] in der Logik der Abbildung [ruht]«[48]. Diese Logik liegt den »scheinbare[n] Unregelmäßigkeiten«[49] - mit anderen Worten: ihrer Konventionalität und der Multiplizität ihrer Verwendungsweisen - zugrunde, doch ist es eine hinzunehmende Tatsache, daß die Zeichensysteme, welche die Menschen »erfinden«, der Befriedigung der unterschiedlichsten Darstellungsbedürfnisse dienen. Freilich fällt es schwer, »in das Wesentliche dieser Bildhaftigkeit einzudringen«[50]. Denn die eigentliche »Sprachlogik« verbirgt sich unter einer fast undurchdringlichen Schicht konventionalistisch überformter Zeichensysteme:

> 4.002 Der Mensch besitzt die Fähigkeit Sprachen zu bauen, womit sich jeder Sinn ausdrücken läßt, ohne eine Ahnung davon zu haben, wie und was jedes Wort bedeutet [...].
>
> Die Umgangssprache ist ein Teil des menschlichen Organismus und nicht weniger kompliziert als dieser[51].
>
> Es ist menschenunmöglich, die Sprachlogik aus ihr unmittelbar zu entnehmen.
>
> Die Sprache verkleidet den Gedanken. Und zwar so, daß man nach der äußeren Form des Kleides, nicht auf die Form des bekleideten Gedankens schließen kann [...].

> Die stillschweigenden Abmachungen zum Verständnis der Umgangssprache sind enorm kompliziert.

Gerade der Umstand, daß diese Abmachungen »so enorm kompliziert« sind, die Konventionen ihren sprachlogischen, klaren Sinn verbergen, begünstigt die Entstehung des philosophischen Mißverständnisses, daß es der philosophischen Begründung für die Etablierung der Beziehung zwischen der »Welt«, Gedanken und der Sprache, die auf diese »Welt zielt, bedürfe, um zwischen der Logik der Gedanken und einer diskreten Logik der »Dinge« zu vermitteln. Doch können Sätze der Philosophie keinen privilegierten Zugang zur Welt konstituieren, weil sie über keinen besonderen, die Logik transzendierenden Zugang zur Welt verfügen. Die Sätze der Philosophie sind logisch nicht auszuzeichnen; sie partizipieren in ebenso großem oder geringem Maße an der Logik der Abbildungsfunktion der Sprache wie die »Umgangssprache«. Für den unvorbereiteten Leser recht überraschend, aber angesichts der Reflexion über die Logizität der Alltagssprache berechtigt, situiert Wittgenstein seine erste ausführliche Stellungnahme zur Philosophie in direktem Anschluß an die oben zitierte Passage über die Umgangssprache:

> 4.003 Die meisten Sätze und Fragen, welche über philosophische Dinge geschrieben worden sind, sind nicht falsch, sondern unsinnig. Wir können daher Fragen dieser Art gar nicht beantworten, sondern nur ihre Unsinnigkeit feststellen. Die meisten Fragen und Sätze der Philosophen beruhen darauf, daß wir unsere Sprachlogik nicht verstehen [...].
> Und es ist nicht verwunderlich, daß die tiefsten Probleme eigentlich *keine* Probleme sind.
>
> 4.0031 Alle Philosophie ist »Sprachkritik«.

Die Funktion der Philosophie als Sprachkritik besteht in zweierlei: zum einen dient sie dazu, angesichts der Verworrenheit der Umgangssprache den logischen Status von »Bildern« und »Sätzen« klarzustellen; und zweitens soll sie offenbaren, daß sie selbst keinen eigenen Gegenstandsbereich besitzt, sondern sich durch ihre sprachkritische, logische Analyse selbst als Konstitutionsinstanz destruiert. Beide Bereiche einer solchen »philosophischen Tätigkeit« sind für Wittgenstein miteinander verschränkt. Indem sie die Verwendung von Sprache aufklärt, wird sie selbst in den logischen Raum der Sprache zurückgenommen. Indem sie den Sinn der Sprache freilegt, geht sie nicht über diesen Sinn hinaus. Vielmehr bestimmt sie die *Grenze* der Sprache »von innen«. Dieser Sinn kann nicht gestiftet oder gelehrt, sondern lediglich aufgezeigt werden. Philosophie ist daher *keine Lehre, sondern eine Tätigkeit* (T, 4.112). Die philosophische Klärung und die Grenzziehung des Sinns verfolgt keinen Zweck, sie ist *Selbstzweck.*

Aus der Tatsache, daß Philosophie ebenso wie andere Weisen des Sprechens nur innerhalb des durch die Logik der Sprache begrenzten Raumes statthaben kann, folgt, daß auch sie an der Ineffabilität der Strukturisomorphie zwischen den Tatsachen und ihren Bildern teilhat. Philosophie vermag die Tatsächlichkeit, das Bestehen von Logik und Dingen der Welt weder auszusagen noch zu begründen; sie vermag sie lediglich zu bedeuten.

Die Überlegung, daß sich die Logik der Sprache nur zeigen kann, aber nicht aussprechen läßt, ist für die weitere Unterscheidung von *Philosophie als Tätigkeit* und *Philosophie als Lehre* von grundlegender Bedeutung. Wittgenstein beschreibt in Abschnitt 4 des Traktates das Sagen/Zeigen-Verhältnis zunächst allgemein für den Satz:

> 4.021 Der Satz ist ein Bild der Wirklichkeit: Denn ich kenne die von ihm dargestellte Sachlage, wenn ich den Satz verstehe. Und den Satz verstehe ich, ohne daß mir sein Sinn erklärt wurde.
>
> 4.022 Der Satz *zeigt* seinen Sinn.
> Der Satz *zeigt*, wie es sich verhält, *wenn* er wahr ist. Und er *sagt, daß* es sich so verhält.

Der Satz stellt also (1) eine *externe* Beziehung zur Wirklichkeit her, nämlich ein Bild dieser Wirklichkeit zu sein, indem er eine Sachlage vorstellt (wie es sich verhält, wenn er wahr ist). Dies sagt er. Zugleich *zeigt* er, daß es so ist, wie der Satzinhalt behauptet. Er kann dies nur zeigen deshalb, weil er nicht in einem sagen kann, wie es ist und daß es so ist, wie es ist. Daß der Satz aber überhaupt eine Tatsache auszudrücken vermag, verlangt (2) eine *interne* Isomorphie zwischen Satz und Wirklichkeit, die Stenius *internes* Zeigen genannt hat. Diese interne Isomorphie besteht in der logisch-formalen Strukturidentität von Satz und Sachverhalt. Aufgrund dieser Isomorphie weist jeder Satz mit seinem Inhalt zugleich seine logische Form *intern* mit auf[52], ohne sie aussagen zu können, denn es gibt keine denkbare logische Form, welche die Isomorphie zwischen Sätzen *über* die Logik und dieser Logik selbst sicherstellte. Die logische Form muß ineffabel sein[53]. So kann der Satz die gesamte Wirklichkeit darstellen, aber nicht das, »was er mit der Wirklichkeit gemein haben muß, um sie darstellen zu können - die logische Form«[54]. »Um die logische Form darstellen zu können, müßten wir uns mit dem Satze außerhalb der Logik aufstellen können, das heißt außerhalb der Welt.«[55] Wenn das, »[w]as gezeigt werden *kann,* [...] nicht gesagt werden *kann*«[56], dann kann es auch nicht von Philosophie ausgesprochen werden. Eine philosophische Grundlegung der Beziehung zwischen Logik und Wirklichkeit wird unmöglich. *Philosophie als Lehre* ist daher *unsinnig.*

Allerdings folgt aus dieser Destruktion von Philosophie keineswegs die Unmöglichkeit philosophischer Betrachtung überhaupt. Die Destruktion der

Philosophie ist schließlich selbst im Medium philosophischer Betrachtung erfolgt - ebenso wie die Destruktion der Ontologie Ergebnis der Diskussion ontologischer Fragen ist. Welche Motive für die philosophische Tätigkeit lassen sich aber aus dem Konzept des Traktates gewinnen?

Wittgenstein weist ihr in den Erläuterungen zu Satz 4 zunächst die Funktion zu, die Distinktion zwischen dem (sinnvoll) Sagbaren und dem, was sich nur zeigen kann, zu treffen und damit die Logik der Abbildungsbeziehung zwischen Sätzen und Wirklichkeit freizulegen. Ihr Zweck besteht in der »logischen Klärung der Gedanken«. Sie ist eine Tätigkeit, die »Gedanken, die sonst, gleichsam, trübe und verschwommen sind, klar mach[t] und scharf abgrenz[t]«[57]. Doch damit nicht genug:

4.113 Die Philosophie begrenzt das bestreitbare Gebiet der Naturwissenschaft.
4.114 Sie soll das Denkbare abgrenzen und damit das Undenkbare.
Sie soll das Undenkbare von innen durch das Denkbare begrenzen.
4.115 Sie wird das Undenkbare bedeuten, indem sie das Sagbare klar darstellt.

Erst in dieser Aufgabenstellung der Grenzziehung zeigt sich das eigentliche Motiv für das Philosophieren und seine Unverzichtbarkeit in einer logisch strukturierten Weltsicht. *Philosophie als Tätigkeit* stellt einen eigenen Zugang zur Welt bereit, der über den produktiven Wirklichkeitsbezug hinausweist, welcher in der Verfertigung von Bildern und Modellen der Wirklichkeit besteht. Wittgenstein meint mit dem philosophischen »Bedeuten« nichts anderes als das Erstaunen über die Tatsächlichkeit der Welt. Indem Philosophie weder in dem »bestreitbaren« Gebiet der Naturwissenschaften noch in der Logizität der Abbildungsfunktion aufgeht, sondern den Gang an die Grenzen des Denkbaren und damit an die »Grenzen der Welt« unternimmt, läßt sie die Welt als ein »begrenztes Ganzes« erscheinen. *Philosophie als Tätigkeit* bringt jenes *Gestimmtsein* zum Ausdruck, das Wittgenstein immer wieder im Traktat thematisiert und als das Logik und (Natur)Wissenschaften umgreifende »Gefühl« beschreibt[58]. Wittgenstein bezeichnet das Staunen über die Welt als ganze an anderer Stelle des Traktates als »das mystische Gefühl«:

6.44 Nicht *wie* die Welt ist, ist das Mystische, sondern *daß* sie ist.
6.45 Die Anschauung der Welt sub specie aeterni ist ihre Anschauung als - begrenztes - Ganzes.
Das Gefühl der Welt als begrenztes Ganzes ist das mystische.
6.522 Es gibt [...] Unaussprechliches. Dies *zeigt* sich, es ist das Mystische.

Im Traktat finden sich kaum erläuternde Hinweise zu dem, was unter dem »Mystischen« als Betrachtung »sub specie aeterni« in philosophischer Hinsicht zu verstehen ist. Die religiöse Konnotation ist nicht zu überhören[59]. Philosophisch dürfte das unaussprechliche, sich lediglich zeigen könnende »Mystische« mit dem weiter oben erörterten externen wie internen Zeigens des Satz-Sinnes insofern zusammenzuhängen, als es beide Zeige-Formen aufeinander bezieht[60]. Denn nur aus der Einsicht in die Ineffabilität der Existenz von Welt läßt sich die Ineffabilität von Logik herleiten. Chris Bezzel hat aus diesem Grunde das Mystische als das *philosophische* Zeigen von den von Stenius genannten Zeigeformen unterschieden[61]. In der Tat scheint diese dritte Zeige-Form unverzichtbar, um sicherzustellen, daß die Logik eine Grenze besitzt und Welt in ihr aufscheinen kann[62]. In einer Tagebuchnotiz vom 7.10.1916 heißt es dazu:

> Die gewöhnliche Betrachtungsweise sieht die Gegenstände gleichsam aus ihrer Mitte, die Betrachtung sub specie aeternitatis von außerhalb.
> So daß sie die ganze Welt als Hintergrund haben.
> Ist es etwa das, daß sie den Gegenstand *mit* Raum und Zeit sieht statt *in* Raum und Zeit?
> Jedes Ding bedingt die ganze logische Welt, sozusagen den ganzen logischen Raum.
> (Es drängt sich der Gedanke auf): Das Ding sub specie aeternitatis gesehen ist das Ding mit dem ganzen logischen Raum gesehen.[63]

Das Einbegreifen des gesamten logischen Raumes in die Kontemplation des Dinges[64] bildet den Grenzpunkt der Logik, denn diese Kontemplation ist ihr mystischer Kern. Daß die Welt ist und daß sie »so« ist, wie sie ist, daß sie nur als von der Logik »erfüllt« gedacht werden kann[65], läßt sich nur auf dem »Hintergrund« einer philosophischen Haltung zur Welt verstehen. Das »Mystische« - als das Unsagbare - ist deshalb viel mehr als eine »syntaktische Metapher«, wie Stenius meint[66]; es steht für die Auszeichnung der philosophischen Tätigkeit als *Selbstzweck*, die Anlage und Zielsetzung des gesamten Traktates bestimmt. Der Traktat ist ein philosophisches Werk sub specie aeternitatis, dessen »Mystizismus« keine besondere Erfahrung in der Welt markiert, sondern die logische Möglichkeit von Erfahrung zum Gegenstand hat[67].

Angesichts der herausragenden Bedeutung, die im Traktat der »philosophischen Tätigkeit« und der »philosophischen Haltung« zur Welt zukommen, erscheinen die Versuche des logischen Empirismus, den traktarianischen Philosophiebegriff entweder auf die Logik der Sprache zu reduzieren oder als formalisierte Theorie der (Natur)Wissenschaften zu interpretieren, wie ein grandioses Mißverständnis des Textes. Allerdings hat Wittgenstein selbst zu diesem Mißverständnis beigetragen. In der »Vorbemerkung« zu den Aufzeichnungen über Logik (1913) heißt es z.B.: »Philosophie ist die Lehre von der logischen Form wissenschaftlicher Sätze«[68], und im Traktat präzisiert er, daß »[d]ie Philosophie [...] keine der Naturwissenschaften [ist]. (Das Wort *Philosophie* muß etwas bedeuten, was über oder unter, aber nicht neben den Naturwissenschaften steht)«[69]. Nimmt man die bekannte Eintragung aus dem sechsten Abschnitt des Traktates hinzu:

> 6.53 Die richtige Methode der Philosophie wäre eigentlich die: Nichts zu sagen, als was sich sagen läßt, also Sätze der Naturwissenschaft - also etwas, was mit Philosophie nichts zu tun hat, und dann immer, wenn ein anderer etwas Metaphysisches sagen wollte, ihm nachzuweisen, daß er gewissen Zeichen in seinen Sätzen keine Bedeutung gegeben hat. Diese Methode wäre für den anderen unbefriedigend [...], aber *sie* wäre die einzig streng richtige.

- so erscheint der Traktat durchaus mit dem Programm des »Wiener Kreises« übereinzustimmen: wird doch, ganz analog dem positivistischen Programm, in ihm Philosophie in »Sätze der Naturwissenschaft« überführt[70]. Doch enthalten Wittgensteins Formulierungen zumindest die Ungereimtheit, daß die »richtige Methode der Philosophie« darin bestehe, etwas zu sagen, das »mit Philosophie nichts zu tun hat«. Diese Unstimmigkeit läßt sich nur durch die Annahme beseitigen, daß Wittgenstein hier zwischen *Philosophie als Lehre* und *Philosophie als Tätigkeit* unterscheidet: Während *Philosophie als Lehre* durch den Traktat ad absurdum geführt wird, bleibt sie als *Tätigkeit* unverzichtbar[71]. Die philosophische Einstellung zur Welt ist das Moment, das auch durch die Negation von Philosophie nicht negiert werden kann.

Die Unübersetzbarkeit philosophischer Betrachtung in Wissenschaftssprache und -theorie läßt sich an Wittgensteins Erläuterungen zum Begriff der Kausalität als Paradigma moderner, wissenschaftlicher Welterklärung verdeutlichen. Für ihn machen die Sätze der Naturwissenschaften wohl die Gesamtheit wahrheitsfähiger Sätze über die Tatsachen in der Welt aus, doch folgt für ihn daraus keineswegs, daß sich die Welt mithilfe der Wissenschaften vollständig beschreiben läßt:

> 6.37 Einen Zwang, nach dem Eines geschehen müßte, weil etwas anderes geschehen ist, gibt es nicht. Es gibt nur eine *logische* Notwendigkeit.
>
> 6.371 Der ganzen modernen Weltanschauung liegt die Täuschung zugrunde, daß die sogenannten Naturgesetze die Erklärungen der Naturerscheinungen seien.
>
> 6.372 So bleiben sie bei den Naturgesetzen als bei etwas Unantastbarem stehen, wie die älteren bei Gott und dem Schicksal.
> Und sie haben ja beide Recht, und Unrecht. Die Alten sind allerdings insofern klarer, als sie einen klaren Abschluß anerkennen, während es bei dem neuen System scheinen soll, als sei *alles* erklärt.[72]

Das Überspringen der die Naturwissenschaften begrenzenden, rein logisch zu bestimmenden Notwendigkeit führt demnach zu der kurzschlüssigen inhaltlichen Gleichsetzung der erfahrungsgegebenen Naturerscheinungen mit den allein *logisch* zwingenden Naturgesetzen. Durch diese Gleichsetzung wird der Eindruck erweckt, als ob die Welt ohne Rest rational erfaßbar und der Verfügungsgewalt der Menschen unterworfen sei. Diesen Anspruch vermag die philosophische Analyse der Möglichkeitsbedingungen von Wissenschaft jedoch nicht zu rechtfertigen. Auch wenn offensichtlich ist, daß die Erfahrung nicht ohne die universale logische Form, die sich in der Formulierung von Naturgesetzen ausdrückt, möglich ist, so ist diese logische Form nicht wieder logisch zu begründen. Dem Rationalitätsanspruch der Wissenschaften liegt daher ein implizites *Vertrauen*[73] (und insofern waren die »Älteren« klarer: ihr »Vertrauen« beruhte auf einer metaphysische Weltdeutung) zugrunde, das sich in einer »Weltanschauung« *zeigt*[74].

Ebenso wenig kann *Philosophie als Tätigkeit* in Logik aufgehen. Wohl ist die Logik ein unverzichtbares Element der philosophischen Klärungsarbeit - die Logik »handelt von jeder Möglichkeit und alle Möglichkeiten sind ihre Tatsachen«[75], sie »erfüllt die Welt«; die »Grenzen der Welt sind auch ihre Grenzen«[76]. Ohne die Logik wäre es unmöglich, Bilder der Tatsachen zu verfertigen. Deshalb bezeichnet Wittgenstein sie als ein »transzendental[es]«[77] »Apriori des Denkens«[78]. Sätze der Logik bilden allerdings selbst nicht ab; sie sind *sinnlos*, denn sie beschreiben lediglich die logisch-formalen Möglichkeiten der Abbildungsbeziehung, durch welche die *Möglichkeiten* für das Bestehen und Nichtbestehen von Sachverhalten festgelegt werden[79]. Im Sinne der Angabe des Möglichkeitsraumes sind Sätze der Logik und die mit ihnen möglichen Operationen tautologisch, denn sie lassen *jede* mögliche Sachlage zu, oder kontradiktorisch, wenn sie keine mögliche Sachlage zulassen[80]. Daraus ergibt sich für Wittgenstein ihre Grenze. Sätze der Logik sind keine Bilder der Wirklichkeit, weil sie in keiner darstellenden Beziehung zu ihr stehen:

> 5.61 [...] Wir können [...] in der Logik nicht sagen: Das und das gibt es in der Welt, jenes nicht.
> Das würde nämlich scheinbar voraussetzen, daß wir gewisse Möglichkeiten ausschließen und dies kann nicht der Fall sein, da sonst die Logik über die Grenzen der Welt hinaus müßte: wenn sie nämlich diese Grenzen auch von der anderen Seite betrachten könnte.

Jede Frage der Logik muß sich demnach »ohne weiteres« entscheiden lassen[81]; in der Logik kann es keine Überraschungen geben[82]. Doch gibt es für Wittgenstein eine Vorbedingung für die Logik, die über die Logik selbst hinausweist. Es ist wiederum das sich im Daß der logischen Verfassung von Welt zeigende und der *Philosophie als Tätigkeit* sich spiegelnde Mystische. Es wird nicht »erfahren«, sondern muß in seiner Faktizität, seiner Gegebenheit, anerkannt werden:

> 5.552 Die »Erfahrung«, die wir zum Verstehen der Logik brauchen, ist nicht die, daß sich etwas so und so verhält, sondern, daß etwas *ist*: aber das ist eben *keine* Erfahrung.
> Die Logik ist *vor* jeder Erfahrung - daß etwas *so* ist. Sie ist vor dem Wie, nicht vor dem Was.

Es ist wichtig, diese Überlegung zu beachten, um Ähnlichkeiten und Unterschiede zum Kantschen Kritizismus zu erkennen. Die Versuchung, den Traktat als transzendentalphilosophische Abhandlung zu lesen, ergibt sich bereits aus der Wortwahl seiner Sätze. Wenn Wittgenstein von der »Transzendentalität« und »Apriorität« der Logik spricht, greift er auf Kantsche Terminologie zurück. Eine sachliche Parallele ergibt sich aus der ontologie- und metaphysikkritischen Einstellung Wittgensteins. Hierauf haben früh u.a. Stenius[83] und Schwyzer[84] hingewiesen; in jüngerer Zeit insbesondere Hacker[85]. Vor kurzem hat auch David Pears im Traktat Nachklänge Kants vernommen, jedenfalls soweit Wittgenstein das grundlegende Problem der Beziehungen zwischen Erkenntnis, Sprache und Welt in philosophiekritischer Absicht zum Gegenstand seiner Darstellung mache[86]. In der Tat liest sich der in den Abschnitten eins und zwei des Traktates geäußerte Gedanke, daß die Logik nicht die »Dinge« (man könnte hinzufügen: an sich) abbildet, sondern die Sachverhalte, in denen diese »Dinge« verkettet vorliegen, wie Kants Bestimmung »transzendentaler Erkenntnis«[87].

Doch können solche terminologischen und strukturellen Analogien nicht über grundsätzliche Unterschiede hinwegtäuschen[88]. Kants Vernunftkritik zielt darauf, erkenntniskonstitutive, synthetische Sätze a priori ausfindig zu machen, um auf diese Weise die Methoden der Naturwissenschaften zu rechtfertigen. So schließt er etwa - im Gegensatz zu Wittgenstein - auf die Geltung des Kausalitätsgesetzes in der Welt der Erscheinungen, weil es als synthetisches Urteil a priori Bestandteil der Erfahrung sei[89]. Für Wittgenstein hingegen ist jede Notwendigkeit lediglich eine *logische*[90]. Dem entspricht auch die Differenz hinsichtlich der Aufgabenstellung für die Philosophie. Während Kants Vernunftkritik eine Konstitutionslehre für den Vernunftgebrauch, für die Reichweite von und die Bedingungen für die wahrheitsfähige Erkenntnis darstellt, geht Wittgensteins Philosophiekritik darauf aus, philosophische Tätigkeit als *Selbstzweck* zu bestimmen und von der Untersuchung der Wirklichkeitserkenntnis abzulösen[91]. Kants Kritiken und Wittgensteins Traktat können wohl als »Schwanengesang der Metaphysik« bezeichnet[92] werden, doch stimmen sie unterschiedliche Melodien an.

Die Differenzen zwischen Wittgenstein und Kant werden auch in der traktarianischen Egologie deutlich. Während Kant in der transzendentalen Deduktion des »Ich denke, das alle meine Vorstellungen muß begleiten können« das empirische Ich mit dem Subjekt der Erkenntnistätigkeit zu vermitteln sucht, um es nicht nur als Instanz der Erfahrung, sondern zugleich als Ursprung vernünftig-moralischen Handelns zu etablieren, trennt Wittgenstein scharf zwischen dem empirisch begegnenden und dem von ihm sogenannten »metaphysischen Subjekt«, dem sich die koordinierte Realität zuordnen läßt[93]. Wie David Pears zurecht bemerkt, kann das metaphysische Subjekt Wittgensteins, weil es Koordinationspunkt der Welt ist, selbst nicht Bestandteil der Welt oder desjenigen sein, der die Welt koordiniert[94]. Aus diesem Grunde ist es nicht durch jene philosophische Selbstreflexion und -konstitution zugänglich, durch die Kant es transzendental auszeichnete[95], sondern allein durch die selbstkonstitutive Praxis[96]. Da für Wittgenstein die Erfahrungsmöglichkeiten der Tatsachen der Welt nicht durch synthetische Sätze a priori festgelegt sind, läßt sich die Vielfalt der Repräsentationen von Tatsachen in »Bildern« gegenstandslogisch nicht präjudizieren. Die für Wittgenstein wichtige Tatsache, daß die Menschen die »Fähigkeit« besitzen, »Sprachen zu bauen, womit sich jeder Sinn ausdrücken läßt«[97], muß daher außerhalb des philosophischen Untersuchungsbereichs bleiben. Es gibt für Wittgenstein keine Instanz (etwa ein subjektives »Vermögen«), welche die Möglichkeiten der Koordination von Inhalten möglicher Welten zu »subjektiven Realitäten« festlegen könnte[98]. Das »in der Welt« begegnende, empirische Subjekt läßt sich nur insofern auf das »metaphysische« Subjekt beziehen, als gesagt werden kann, daß sich das letztere im ersteren *zeigt*. Die Tatsache, daß die Individuen Schöpfer pluraler Welten sind, ist für Wittgenstein somit nicht Ausdruck von subjektphilosophischer Weltkonstitution, sondern nur Ausdruck des sich in der Logik eröffnenden Möglichkeitsraums differierender Erfahrung von Welt[99]. Deshalb können solche pluralen Welten wohl archipelisiert gedacht und die sie erzeugenden »Iche« als jeweilige Zentren ihres je eigenen Welt-Habens ausgezeichnet werden[100], doch kann nicht *gesagt* werden, daß diese Welten solipsistisch verfaßt sind. Denn logisch-formal betrachtet müssen solche privativen Welten (als Inbegriff der je eigenen und einzigen Welt-Erfahrungen des Einzelnen) der solche »Privat«-Erfahrung formal erst ermöglichenden Logik gehorchen, auch wenn nichts in dieser Welt auf diese Logik schließen läßt. Deshalb schrumpft das »metaphysische Subjekt« für Wittgenstein auf einen »ausdehnungslosen Punkt« zusammen[101] - es konstituiert nicht die Erfahrung, sondern *zeigt* sich in ihr[102]. Es ist der logische Rest, der sich aus dem Umstand ergibt, daß »Welt« und »Ich« durch dieses »Ich« immer schon in Beziehung stehend gedacht werden müssen. »Die« Welt, »die« Sprache und »meine« Welt und »meine« Sprache fallen logisch-strukturell, also in ihrer Form, in eins. Sie sind in demselben logischen Raum situiert. »Meine Welt« besteht in der Realisierung einer Welt unter vielen anderen logisch möglichen; sie hat damit logisch-formal betrachtet Anteil an »der« Welt als dem Insgesamt von Tatsachen. Die solipsistische Vorstellung einer sowohl formal-logisch als auch inhaltlich »privat« zu denkenden Welt hingegen ist entweder widersprüchlich (ohne Bezugnahme auf »die« Welt kann »meine« Welt nicht ausgegrenzt werden) oder gegenstandslos (nichts in der Welt deutet darauf hin, daß »ich« diese Welt habe)[103]:

5.61 Die Logik erfüllt die Welt; die Grenzen der Welt sind auch ihre Grenzen.
Was wir nicht denken können, das können wir nicht denken; wir können also auch nicht *sagen*, was wir nicht denken können.

5.62 Diese Bemerkung gibt den Schlüssel zur Entscheidung der Frage, inwieweit der Solipsismus eine Wahrheit ist.
Was der Solipsismus nämlich *meint*, ist ganz richtig, nur läßt es sich nicht *sagen*, sondern es zeigt sich.
Daß die Welt *meine* Welt ist, das zeigt sich darin, daß die Grenzen *der* Sprache (der Sprache, die allein ich verstehe) die Grenzen *meiner* Welt bedeuten.

5.621 Die Welt und das Leben sind eins.

5.63 Ich bin meine Welt. (Der Mikrokosmos.)[104]

5.631 Das denkende, vorstellende, Subjekt gibt es nicht [...].

5.632 Das Subjekt gehört nicht zur Welt, sondern es ist eine Grenze der Welt[105].

5.634 [...] Es gibt keine Ordnung der Dinge a priori.

5.641 [...] Das Ich tritt in die Philosophie dadurch ein, daß die »Welt meine Welt« ist.
Das philosophische Ich ist nicht der Mensch, nicht der menschliche Körper, oder die menschliche Seele, von der die Psychologie handelt, sondern das metaphysische Subjekt, die Grenze - nicht ein Teil der Welt.

Das »philosophische Ich« Wittgensteins ist demnach der Träger der *philosophischen Tätigkeit*, die das Welt-Haben der Menschen mystisch kontempliert, aber nicht eine Tatsache der Welt ist.

Die Destruktion des Subjekts als eines gegenstandskonstitutiven, apriorischen Bestandteils der Welt (komplementär zur Destruktion der Vorstellung von einer apriorischen Ordnung der Dinge in Satz 5.634) vollendet die sprachkritische Klärungsarbeit von *Philosophie als Tätigkeit* innerhalb des Traktates. Ebensowenig wie für Wittgenstein die logische Verbindung zwischen der Substanz der Welt und ihren Tatsachen, zwischen den Dingen und ihren (sprachlichen) Bildern, zwischen dem empirisch (solipsistisch) Tatsachen erfahrenden und dem metaphysisch Welt habenden Subjekten *erklärbar* ist, ebenso wenig erscheint es aus der Sichtweise des Traktates möglich, Philosophie als Tätigkeit des »Ich« zu begründen. Zur Erklärung bleibt allein das Innewerden des »Mystischen«, das die philosophische Betätigung motiviert und in der Klärung mißverständlichen Sprachgebrauchs sich erweist.

Durch dieses mystische Moment läßt sich der Traktat als Destruktion von Philosophie als Konstitutionslehre lesen. In ihm zeigt sich, daß jede philosophische Theorie unsinnig ist. Diese Einsicht ist nur auf der Folie der *Philosophie als Tätigkeit* zu gewinnen. Diese ist für Wittgenstein keine Metatheorie traditioneller Philosophie und nicht in diesem Sinne ihr »Außen«[106], sondern *zeigt* sich in der Sprache und der traditionellen Philosophie selbst an[107]. Sie konstituiert kein *System*, sondern ist die Absage an jeden Versuch philosophischer Systembildung. Aufgrund dieses Befundes wird klar, warum der Text des Traktates keine geschlossene Abhandlung darstellen oder eine wissenschaftlich begründbare Lehre verkünden kann.

Während *Philosophie als Tätigkeit* die Geschehnisse in der Welt dem Zufall überantwortet, die Probleme des Lebens keiner Lösung zuführt und jede angebliche Ordnung der Tatsachen auf die Angabe eines logisch-formalen Möglichkeitsraumes, also auf eine »Struktur« reduziert (und damit einem logischen Strukturalismus das Wort redet[108]), bewahrt sie jenes Staunen darüber, daß etwas ist. Hinter den abstrakten, oft apodiktisch formulierten Überlegungen Wittgensteins zu Sprache, Welt und Sinn läßt sich zudem auch das Staunen darüber bemerken, daß es die handelnden und reflektierenden Menschen sind, die das »Wunder« Welt auf eine höchst komplizierte - und doch wieder sehr einfache -, jedenfalls philosophisch nicht erklärbare und begründbare Weise in der Sprache vollbringen. Gerade wenn die Aufgabe der Philosophie im Sinne der Tätigkeit darin besteht, die »Gedanken« zu klären und die verworrenen Zeichenproduktionen der Alltagssprache auf ein logisches Fundament zu beziehen, sieht sie sich auf die Faktizität der Alltagssprache als ihre unhintergehbare Voraussetzung bezogen[109].

Bereits im Traktat lassen sich damit Anzeichen für eine Aufwertung der »Alltagssprache« finden, deren Vielfalt und Unvorhersehbarkeit Wittgenstein in der Spätphilosophie zum Ausgangspunkt seiner Philosophiekritik nimmt[110]. Schließlich wurzelt auch logisch kontrollierte Sprachverwendung in den Konventionen dieser Sprache: »[D]ie Möglichkeit des Vergleichs (zwischen Sprache und Wirklichkeit) [hängt] von den Konventionen ab, durch die wir unseren einfachen Zeichen (Namen und Relationen) Bedeutung gegeben haben«. Auch die »Vergleichsmethode« zwischen Bild und Tatsache muß konventionalistisch festgelegt werden, »indem wir sagen, *was* an unseren einfachen Zeichen was über die Wirklichkeit *sagen* soll«[111]. In einer Tagebucheintragung aus dem Jahre 1915 gibt sich Wittgenstein selbst darüber Rechenschaft:

> Die Abmachungen unserer Sprache sind außerordentlich kompliziert. Es wird enorm viel zu jedem Satz hinzugedacht, was nicht gesagt wird [...].
> Ich will nur die Vagheit der gewöhnlichen Sätze rechtfertigen, denn sie *läßt* sich rechtfertigen.
> Es ist klar: *Ich weiß*, was ich mit dem vagen Satz *meine*. Nun versteht es aber ein Anderer nicht und sagt »ja aber wenn du das meinst, hättest du - das und das - dazu setzen müssen«; und nun wird es noch einer nicht verstehen und den Satz noch ausführlicher verlangen. Ich werde dann antworten: Ja, DAS versteht sich *doch von selbst*.[112]

Die »Selbstverständlichkeit« dessen, was in einem vagen Satz gemeint ist, führt Wittgenstein direkt zum Kern des Problems: Dem Verhältnis der »Umgangssprache« zur gereinigten, logisch gegliederten und damit universal gültigen, weil Allgemeingültigkeit garantierenden Idealsprache. Wittgensteins Stellungnahmen zu diesem Problem sind nicht eindeutig. Einerseits spricht er der Umgangssprache die Möglichkeit zu, ein eindeutiges, weil Gewißheit verbürgendes Bild der Tatsachen zu geben, auch wenn sie den Zusammenhang von Tatsache und Bild nur vage zeigt. Die Uneindeutigkeit ist für Wittgenstein also keineswegs ein Mangel. Andererseits mag er der Umgangssprache die Eindeutigkeit in der Vagheit nur durch das Anlegen eines logisches Gerüsts zuzubilligen, das für die Eindeutigkeit des Sinnes von Tatsachenbildern und die für das »Arbeiten« der Umgangssprache unerläßlich ist. Der Vielfalt des, wie Wittgenstein schreibt, »Irgendwie« der Abbildungsbeziehung zwischen Tatsache und umgangssprachlichem Bild[113] steht die eindeutige Logizität dieser Abbildungsbeziehung gegenüber. In der »Spätphilosophie« wird diese »logische Härte« der Sprachbetrachtung der Kritik unterzogen und zugunsten der Untersuchung von Lebensformen aufgegeben[114].

Den Traktat als eine logische Abhandlung im klassischen Wortsinne zu lesen, scheint angesichts der hier vorgetragenen philosophiekritischen Intention seines Verfassers verfehlt. Die im Traktat explizierte Logik menschlicher Modellierung von Wirklichkeit läßt sich nur um den Preis der Paradoxalität auf den Traktat selbst beziehen. Wenn Wittgenstein zum Ende des Textes die »Überwindung« seiner Sätze fordert und ihn der »Unsinnigkeit« bezichtigt, weil er etwas zu sagen versuche, was sich nur zeigen könne, so verstößt er gegen seine eigenen inhaltlichen Vorgaben. Er erliegt damit offenkundig der Dialektik der Destruktion, in der das zu Destruierende im Akt des Destruierens präsent bleibt. Sachlich gesehen bleibt daher die Vollendung Destruktion ein Postulat[115], zumindest aber ergeht die Aufforderung an den Leser, das »Projekt« des Traktates für sich zu vollenden[116]: »[D]er, welcher mich versteht, [...] muß diese Sätze überwinden, dann sieht er die Welt richtig«[117], wird von seiner bisherigen philosophischen Sichtweise »therapiert« sein[118] und - schweigen.

Gerade angesichts der logischen Schwierigkeiten, welche die letzten Sätze des Traktates im Verbund mit seinen Hauptsätzen bereiten, sei noch einmal auf die ethische Darstellungsabsicht Wittgensteins verwiesen. Unter der Voraussetzung, daß der Autor den Leser anleiten möchte, die »Welt richtig zu sehen«, und angesichts Wittgensteins eigenem Bekunden, daß die Ausführungen zur logischen Theorie im Traktat nicht viel mehr als ein Beiwerk seien[119], wird sich die »Richtigkeit« der Weltsicht nicht am Maßstab logischer Korrektheit zu messen haben, sondern ethischen Erwägungen folgen. So lassen sich die Paradoxien des Traktates als Ausdruck einer aphoristisch erläuterten *Weltsicht* lesen, die den Zwang zur logischen Schlüssigkeit am Ende hinter sich läßt[120].

3.2 Philosophie und Sprachhandlungen

I destroy, I destroy, I destroy -[121]
[Our enemy is the idea of a »philosophical theory«]//What we are not looking for is a »philosophical theory«.[122]

Wittgenstein äußerte einmal über Kierkegaard, dessen positiver Paradoxismus im Traktat nachhallt, er sage immer wieder dasselbe, wenn auch in ständig neuen Wendungen[123]. Diese Charakterisierung trifft mutatis mutandis auch auf den Traktat zu. Er besteht aus ständigen Variationen und Erläuterungen des Gedankens, daß sich die Tatsächlichkeit der Dinge, der Logik und der Bilder, die mithilfe dieser Logik erzeugt werden, nicht aussprechen läßt oder zumindest zu unsinnigen Aussagen führt. Unsinnig sind diese Aussagen vor allem deshalb, weil sie zu sagen versuchen, was nur gezeigt werden kann. Dies gilt insbesondere für die »logische Form«, ohne die zwar sinnvolles Sprechen nicht möglich, die aber selbst nicht »aussprechbar« ist. Das Resultat des Traktates besteht denn auch im Schweigegebot des Satzes 7.

Es ist der für den Traktat so wichtige Begriff der »logischen Form«, dessen Neufassung wesentlich zur Entstehung der »Philosophie II« geführt hat. Ihr Einsatzpunkt besteht darin, die Universalität der Logik, welche die Repräsentation von Tatsachen formt, zu überwinden und sie als einen Vektor des konkreten Sprachgeschehens zu betrachten, statt das Sprechen von ihr abhängig zu machen. Damit verbunden ist die Anerkennung der Pluralität des Sprachhandelns als Ausgangs- und Endpunkt der philosophischen Betrachtung, also die

Anerkennung der Unhintergehbarkeit der Sprache, so wie sie besteht, als Basis einer philosophischen Sprachanalyse. Erst durch den Gedanken der Pluralität des Sprechens läßt sich das im Traktat noch erkennbare Streben nach Allgemeingültigkeit philosophischer Betrachtung überwinden[124]. In einer der wichtigsten Passagen seiner Traktat-Kritik in den *Philosophischen Untersuchungen* heißt es:

> Das Denken, die Sprache, erscheint uns [...] als das einzigartige Korrelat, Bild, der Welt. Die Begriffe: Satz, Sprache, Denken, Welt, stehen in einer Reihe hintereinander, jeder dem andern äquivalent. (Wozu aber sind diese Wörter nun zu brauchen? Es fehlt das Sprachspiel, worin sie anzuwenden sind) [...].
> Wir sind in der Täuschung, das Besondere, Tiefe, das uns Wesentliche unserer Untersuchung liege darin, daß sie das unvergleichliche Wesen der Sprache zu begreifen trachtet. D.i., die Ordnung, die zwischen den Begriffen des Satzes, Wortes, Schließens, der Wahrheit, der Erfahrung, usw. besteht. Diese Ordnung ist eine *Über*-Ordnung zwischen - sozusagen - *Über*-Begriffen.[125]

Nicht die Tatsache, daß im Traktat *Begriffe* analysiert werden, verfällt der Kritik, sondern die Tatsache, daß in ihm *eine Gebrauchsweise* dieser Begriffe absolut gesetzt wird. Und es ist eben diese Verabsolutierung einer einzigen Gebrauchsweise von Begriffen, welche die Sätze des Traktats notwendig als unsinnig erscheinen läßt.

Wittgensteins Traktat-Kritik besteht also darin, die im Traktat gewonnenen Einsichten auf ihn selbst anzuwenden und auf diese Weise die in ihm angelegte Destruktion von *Philosophie als Lehre* zu vollenden. Auf diese Weise ist es ihm möglich, an den in der Frühschrift gewonnenen Einsichten festzuhalten und zugleich, wie in den *Philosophischen Untersuchungen*, die Logik-Konzeption des Traktates noch zur »Metalogik« zu zählen und als »Täuschung« zu verwerfen[126]. Das traktarianische Projekt der kritischen Dechiffrierung unsinniger Sätze macht auch in der Spätphilosophie das »Wesentliche unserer Untersuchung« aus. Nur muß sich *Philosophie als Tätigkeit* von der essentialistischen Fragerichtung, die im Traktat noch spürbar ist, lösen. Dies tut sie, indem sie nunmehr die »logische Form«, in der laut Traktat das Wesen der Sprache bestehen soll, als grammatische Form (oder Struktur) anhand geeigneter Beispiele differenzierend beschreibt. Sie beschäftigt sich mit den Gebrauchsweisen von Zeichen, Symbolen, nicht-sprachlichen Bildern, Gleichnissen etc., wie sie in der »tatsächlichen«, der Alltagssprache vorliegen. Die Aufgabe von Philosophie läßt sich dann so bestimmen, daß sie die grammatischen Strukturen der bestehenden Sprache in ihrer Mannigfaltigkeit herausarbeiten und sie (in jenem weiten Sinne, wie sie im Traktat als ein gegliedertes System von Zeichen aller Art gefaßt wird) als eine Form regelgeleiteter menschlicher *Praxis* begreifbar machen soll. Das heißt vor allem, die Logizität des traktarianischen Bildbegriffs durch die Faktizität der konkreten, stets historisch gebundenen Sprachpraxis zu ersetzen - oder, umgekehrt ausgedrückt, die in konkreten, tatsächlich Sprachhandlungen vorliegenden Beschreibungen der (außersprachlichen) Welt zum Gegenstand der Analyse zu machen. Die philosophische Sprachbetrachtung geht nunmehr statt von der bloßen logischen Möglichkeit der Abbildung von Tatsachen in Bildern von der Tatsächlichkeit dieser Abbildung in Bildern aus: »Wenn wir sagen, *meinen*, daß es sich so und so verhält, so halten wir mit dem, was wir meinen, nicht irgendwo vor der Tatsache: sondern meinen, daß *das und das - so und so - ist*«[127].

Der im Traktat entwickelte Bildbegriff wird also auch in der »Philosophie II« keineswegs ganz aufgegeben. Er wird jedoch dynamisiert und pluralisiert. Wie Meril und Jaako Hintikka zeigen, bleibt die für den Traktat so wichtige Frage: »Wo knüpft das Zeichen an die Welt an«?[128] ein Leitmotiv der Sprachanalyse der Spätphilosophie[129]. Allerdings wird diese Frage nicht länger als eine Frage nach den Vergleichs*möglichkeiten* zwischen außersprachlicher Wirklichkeit und Zeichen aufgefaßt:

> Was kann uns glauben machen, es bestehe eine Art Übereinstimmung zwischen Gedanken und Wirklichkeit? - Statt »Übereinstimmung« könnte man hier ruhig sagen: »Bildhaftigkeit«.
> Ist aber die Bildhaftigkeit eine Übereinstimmung? In der *Logisch-philosophischen Abhandlung* habe ich so etwas gesagt, wie: sie sei eine Übereinstimmung der Form. Das ist aber ein Irrtum.
> Vor allem ist »Bild« hier zweideutig. Man will sagen: ein Befehl sei ein Bild der Handlung, die nach ihm ausgeführt wurde; aber auch, ein Bild der Handlung, die nach ihm ausgeführt werden *soll*.[130]

So kann etwa eine Werkzeichnung »als Bild des Gegenstandes« dienen, den der Arbeiter nach ihr anfertigen *soll*[131]. Zum Bild, seiner Abbildungsbeziehung zur und zu seiner Umsetzung in die Wirklichkeit muß keine besondere Möglichkeitsbedingung der Umsetzung hinzugedacht werden; vielmehr »sagt« sich das Bild selbst[132]. Das Bild umfaßt also im vorliegenden Beispiel »die Werkzeichnung *mit* der Methode ihrer Anwendung«[133]. Damit ein Bild »Sinn« haben kann, muß es in ein Gefüge von Bezügen integriert und Bestandteil eines Systems von Vorschriften und Bedeutungsfestlegungen sein, die es dem Verwender gestatten, das mit dem Bild Gemeinte zu realisieren. Dieser »Sinn« kann nun einerseits aus der Struktur des Bildes selber erschlossen werden, etwa aus einer graphischen oder ikonischen Übereinstimmung mit der Wirklichkeit, die durch Erfahrung bekannt ist, oder aber durch die *Abrichtung* des Anwenders gewährleistet werden, der »die Zeichen so und so anzuwenden gelernt« hat[134].

In beiden Fällen wird für die Sinnhaftigkeit eines Satzes keine formale oder transzendentale Instanz benötigt, um den Zusammenhang zwischen Bild und Wirklichkeit herzustellen oder den Sinn eindeutig zu markieren. Die für den Traktat noch so zentrale Bestimmung der Grenzen des sinnvollen Satzes ex negativo durch die Ausgrenzung unsinniger Sätze löst sich in die Dynamik des Operierens mit konkreten Sätzen auf:

> Eine Beschreibung der Sprache muß dasselbe leisten, wie die Sprache. »Denn dann kann ich wirklich aus dem Satz, der Beschreibung der Wirklichkeit, ersehen, wie es sich in der Wirklichkeit verhält.« - Aber nur *das* nennt man ja Beschreibung, und nur das nennt man ja »ersehen, wie es sich verhält!«[135].

Damit ist über die Wahrheit oder Falschheit eines Satzes noch nichts gesagt; diese Frage bleibt für die philosophische Satzanalyse der Spätphilosophie ebenso nebensächlich wie im Traktat. Ob ein Satz sich korrekt auf die von ihm dargestellte Wirklichkeit bezieht, vermag die Sprachanalyse gar nicht zu entscheiden - für sie ist allein die Analyse der Verwendungsweisen des Ausdrucks »Wirklichkeit« in der Sprache von Belang[136]. Wichtig ist, daß die Beschreibung der Sprache »dasselbe« leistet, wie die Sprache selbst; statt von einer nicht-sprachlichen Instanz (der traktarianischen Logik) bezieht das konkrete Sprechen seinen »Sinn« aus seinem Funktionszusammenhang mit dem Gesamtsystem einer Sprache. Aus dem Sprechen als Instantiierung der transzendentalen Logik (Traktat) wird die Prozessualität des sprachlichen Kalküls, d.h. die Prozessualität des regelgeleiteten Sprach*handelns*: Der Satz hat »Sinn« durch seine Zugehörigkeit zum und durch seine Stellung im »System der Sprache«[137]:

> Der Sinn eines Satzes ist nicht pneumatisch [...], sondern er ist das, was auf die Frage nach der Erklärung des Sinnes zur Antwort kommt [...].
> Der Sinn des Satzes ist keine Seele.
> Etwas ist ein Satz nur in einer Sprache. Einen Satz verstehen, heißt, eine Sprache verstehen.
> Ein Satz ist ein Zeichen in einem System von Zeichen. Er ist *eine* Zeichenverbindung unter mehreren möglichen und im Gegensatz zu andern möglichen. Gleichsam *eine* Zeigerstellung im Gegensatz zu andern möglichen.[138]

Wittgensteins Ablehnung der »pneumatischen« Sprachauffassung führt ihn zu der philosophischen Konsequenz, die essentialistische Annahme, daß die »Sprachzeichen« Repräsentationen oder »Übersetzungen« mentaler Aktivitäten (eines »Pneuma«) seien, als unsinnig zu verwerfen. Werden die Zeichen als Kalküle, als Anordnungen innerhalb eines Systems betrachtet, dann muß die Sprachverwendung durch die Sprecher den Regeln dieses Systems gehorchen, weil nur dadurch gewährleistet ist, daß sie die Bedeutung ihrer eigenen Worte verstehen können. Die Sprechakte gewinnen ihren Sinn daher nicht aus ihrem

Bezug zu den subjektiven oder »privaten« bedeutungsverleihenden Akten der Sprachbenutzer (etwa durch Bezugnahme auf ihre Empfindungen, Wünsche, Erwartungen, etc.); sie beziehen die Bedeutung aus der Verwendung von Zeichen und Symbolen, die »für sich selber sprechen«:

> Wenn man aber sagt: »wie soll ich wissen, was er meint, ich sehe ja nur seine Zeichen?« - so sage ich: »wie soll *er* wissen, was er meint; er hat ja auch nur seine Zeichen«.
> Gesprochenes kann man nur durch die Sprache erklären, drum kann man die Sprache selbst, in diesem Sinn, nicht erklären.[139]

Natürlich vermögen Sätze Auskunft über individuelle (»private«) Befindlichkeiten, Vorstellungen, Empfindungen, oder Denkinhalte etc. geben, doch ist es laut Wittgenstein unzulässig, diese als vorausgesetzte Bezugsgrößen, als außersprachliche Entitäten, für das »Haben« von Wortbedeutungen und die intersubjektive Verständigung zu betrachten. Eine solche Annahme führte entweder in einen infiniten kriteriologischen Regreß (da ein Kriterium für das »Haben« der Wortbedeutungen selbst wieder kriteriologisch ausgewiesen werden müßte) oder es müßte ein solches Kriterium *eingeführt* werden, mit dessen Hilfe die Angemessenheit der sprachlichen Repräsentation mentaler Entitäten festgestellt werden könnte. Ein solches Kriterium wäre freilich eine philosophisch willkürliche Festlegung und trüge daher nicht zur Lösung des Problems der »Privatsprache« bei. Aus diesem Grunde geht Wittgenstein davon aus, daß die Sprechhandlungen an die öffentlichen Gebrauchsweisen, d.h. an nicht-private Regeln der Grammatik der Sprache gebunden ist und daher nicht die Übereinstimmung des individuellen Sprechens mit der »öffentlichen« Regel, sondern seine »Abweichung« der Erklärung bedarf[140]. Die Verbindung zwischen dem Sprechen und *der* Sprache muß nach dieser Voraussetzung nicht länger durch konstitutionslogische oder metaphysische Haltevorrichtungen, die in einem logisch »luftleeren Raum« verankert sind, abgestützt werden, sondern geschieht bereits im Sprechen selbst, indem in diesem die Verwendungsweisen philosophisch-essentialistisch oder reflexionsphilosophisch so verführerischer Ausdrücke wie »Ich«, »der Andere« etc. festgelegt werden[141].

Die Abkoppelung des Sprechens von außersprachlichen Instanzen und seine Anbindung an den regelgeleiteten Kalkül (»der Ort eines Worts in der Grammatik ist seine Bedeutung«[142]; »[d]er Satz hat Sinn im Kalkül welchem er angehört«[143]) läßt die Sprache in dem Sinne als einen Selbstzweck erscheinen, in dem im Traktat die Logik als Selbstzweck aufgefaßt wird: »Die Sprache interessiert mich als Erscheinung und nicht als Mittel zu einem bestimmten Zweck.«[144] Während im Traktat die Verbindung von »Bild« und »Wirklichkeit« durch die der Sprache zugrunde liegende logische Form gewährleistet werden soll, stellt in der »Philosophie II« die »Sprachlehre« eine solche Verbindung her:

> Die Verbindung zwischen »Sprache« und »Wirklichkeit« ist durch die Worterklärungen gemacht, - welche zur Sprachlehre gehören, so daß die Sprache in sich geschlossen, autonom, bleibt.[145]
> Die Sprache muß für sich selbst sprechen.[146]

Die Wendung »die Sprache muß für sich selber sprechen« entspricht Wittgensteins Beschreibung der »Logik« in Satz 5.473 des Traktates: »Die Logik muß für sich selber sorgen.«[147] Allerdings hat sich Wittgensteins Perspektive nunmehr verschoben: Gegenüber der Allgemeinheit des transzendental-logischen Ansatzes im Traktat kann der Sprachgebrauch unter den Voraussetzungen der Spätphilosophie nur in Beispielen untersucht werden. Damit beginnen die Begrifflichkeiten auch der philosophischen Analyse zu »fließen«. Diese »Unschärfe« der neuen Sprachbetrachtung ergibt sich für Wittgenstein direkt aus der »Autonomie« des Sprachgeschehens. Wenn »*in der Sprache* [...] alles ausgetragen«[148] wird, dann kann *über die Sprache* nichts »ausgetragen« werden. Vielmehr ist davon auszugehen, daß die Betrachtung des »wirklichen Gebrauch[s] eines Wortes« etwas »Fluktuierendes«[149] zeigt, daß »von Allem zu Allem Übergänge zu machen« sind und daß »der Begriff also nicht begrenzt«[150] ist. Zwar ist die Sprachverwendung nicht willkürlich; sie richtet sich nach Regeln, deren Befolgung für die sinnvolle Zeichenverwendung unerläßlich ist, so wie sich ein Spiel ohne die Befolgung der für es typischen Regeln nicht spielen läßt - deshalb faßt Wittgenstein thematisch zusammengehörige Sprechhandlungen zu »Sprach*spielen*« zusammen[151]. Doch gibt es keine Möglichkeit mehr, das »Wesen« der Sprache insgesamt zu erfassen und die Wortverwendungen auf einen festen Regelkanon zu fixieren, um den Gebrauch von Wörtern und Sätzen zu sanktionieren. Ein solcher Versuch setzte die Möglichkeit voraus, *über* die Sprache hinauszugehen, gleichsam die Grenzen der Sprache angeben zu können. Ein solcher Versuch hatte sich ja bereits im Traktat als undurchführbar erwiesen. Mit dem Gedanken der »Autonomie der Sprache« macht Wittgenstein deutlich, daß die Pluralität von Verwendungsmöglichkeiten und von Wörtern und Sätzen das philosophische Projekt zum Scheitern verurteilt, ein »eigentliches Verständnis von Sprache erst zu schaffen«[152]. Und eben weil es, wie Wittgenstein formuliert, keine außersprachlichen »Über-Regeln« für die Legitimierung des sinnvollen Gebrauchs solcher Begriffe wie »Satz«, »Wort« oder »Regel« geben kann, »[zerfließt] so der allgemeine Begriff der Sprache«[153].

Angesichts des verschwimmenden Begriffes von »Sprache« drängt sich die Frage auf, ob nicht »auch die Philosophie [zerfließt]«. Wittgenstein beantwortet sie folgendermaßen: »Nein, denn die Aufgabe der Philosophie ist nicht, eine neue, ideale Sprache zu schaffen, sondern den Sprachgebrauch unserer Sprache - der bestehenden - zu klären. Ihr Zweck ist es, besondere Mißverständnisse zu beseitigen [...]«.[154]

Da die Philosophie des späten Wittgenstein keine Lehre vom richtigen Sprachgebrauch darstellt, muß sie das Funktionieren der Sprache nicht ergründen, sondern kann sich zum Zwecke der Beseitigung von Mißverständnissen im Sprachgebrauch auf die beispielhafte Analyse vor allem von Problemfällen des alltäglichen Sprachgebrauchs beschränken. Sie stellt den »Sprachfluß« vorübergehend still und zieht dem Wort- bzw. Satzgebrauch klare Grenzen, um dessen grammatische Regeln zu konturieren und die Eigentümlichkeit der Sprachspiele zu bestimmen, in denen bestimmte Sätze und Wörter verwendet werden. Wittgenstein vergleicht sein Verfahren mit der Tätigkeit des Malers, der »von dem sich stets veränderlichen Bild einer Landschaft ein ruhendes Abbild malt«[155]. Dieses »Abbild« bietet keineswegs ein »wahreres« oder »besseres« Bild des Sprachgebrauches, als es die Verwendung der Umgangssprache liefern könnte, sondern eine Konstruktion, die allein der Verdeutlichung der *Formen* («Spielstellungen«, »Spielhandlungen«)[156] dient, welche das Abbild und die »Landschaft« miteinander verbinden. Gerade weil der Philosoph im Sinne Wittgensteins nicht mehr als ein Modellierer bzw. Maler ist, darf er zum Mittel der Fiktion greifen, etwa »kausale Zusammenhänge für die Wirkungsweise der Sprache [...] zu *erdichten*«[157]. Solche »modellhaften«, bis ins Absurde steigerbaren Beispiele lassen ex negativo den »alltagssprachlichen« Wortgebrauch hervortreten; sie tragen damit zur Einsicht in das »Arbeiten« der Sprache bei[158]. Darüber hinaus verweisen sie darauf, daß die philosophische Sprachanalyse nicht über das System der Sprache hinausgreifen möchte, indem sie »sachliche Untersuchungen« fingiert, um sie als »begriffliche Untersuchungen« zu erweisen[159]. Und schließlich machen sie die Absurdität der essentialistischen Betrachtungsweise der Sprache deutlich, die, konfrontiert mit der Vielfalt sprachlicher Bezüge, der Unschärfe ihrer Regeln und der nicht zu überschauenden Pluralität ihrer Verwendungsmöglichkeiten, durch das Umgreifen der Sprache den Sprachgebrauch zu reduzieren und zu vereinheitlichen sucht, indem sie diesen auf die kontrollierbaren Beziehungen innerhalb gereinigter »Metasprachen« verknappt. Doch mit der Konstruktion einer Metasprache kommen dann auch nur noch Meta-Gedanken, Meta-Sätze und Meta-Kalküle und Meta-Gegenstände zur Sprache - *Philosophie als Lehre* wird selbst zu einer »Metaphilosophie«:

> Und die Philosophie hat es in demselben Sinn mit Kalkülen zu tun, wie sie es mit Gedanken, Sätzen und Sprachen zu tun hat. Hätte sie's aber wesentlich mit dem Begriff des Kalküls zu tun, also mit dem Begriff des Kalküls von allen Kalkülen, so gäbe es eine Metaphilosophie. (Aber die gibt es nicht. Man könnte alles, was wir zu sagen haben, so darstellen, daß das als ein leitender Gedanke erschiene).[160]

Philosophie als Tätigkeit hingegen bedarf keiner terminologischen Vereinheitlichung des Sprachgebrauchs, sondern akzentuiert die Vielfalt und Uneinheitlichkeit der »Alltagssprache«, weil sie *implizit* in ihr, ihren Kalkülen und Spielzügen, bereits enthalten ist[161]. Deshalb vermag sie auch nicht im Sinne des Essentialismus die Grenzen des Denkbaren oder des »Sinns« unter der Voraussetzung der Universalität von Logik aufzuzeigen. Die Grenzen der Sprache können unter den pluralisierenden Voraussetzungen der Spätphilosophie Wittgensteins nicht in logisch-formaler Hinsicht ausgewiesen werden, sondern stellen die Demarkationslinien unterschiedlicher Sprachspiele dar[162], die nur an Beispielen aufzuweisen sind[163].

Wie aber kann es zur Bildung metaphysischer Sätze kommen? Wie entsteht *Philosophie als Lehre*? Wittgenstein hält zwei Antworten auf diese Frage bereit: Zunächst konstatiert er ein »metaphysisches« Bedürfnis der Menschen, sich über die Grundfragen ihrer Existenz Gewißheit und Sicherheit zu verschaffen[164]. In den *Philosophischen Untersuchungen* spricht er von einem »Trieb«[165], ein sinnstiftendes »Bild« der Welt zu entwerfen. Diese Antwort impliziert quasi-anthropologische Annahmen über das Funktionieren der Sprache, auf die später ausführlicher eingegangen werden soll[166]. Die zweite Antwort ergibt sich aus der Art und Weise des Sprachgebrauchs. Da die Sprache die Möglichkeit bereitstellt, sie selbst zum Gegenstand der Untersuchung zu machen,

> können wir uns Sätze aus[denken], von denen wir sagen, sie müßten ebenfalls Sinn haben. Ein derartiger Satz hat womöglich gar keinen bestimmten Gebrauch, doch da er wie Deutsch klingt, halten wir ihn für sinnvoll. So reden wir z.B. vom Fluß der Zeit und halten es für verständlich, wenn man, der Analogie mit den Flüssen folgend, vom Fließen der Zeit spricht[167].

Auf analoge Weise ist die auratische Verwendung solcher Wörter wie »Satz«, »Welt«, »Logik«, »Mathematik« oder des Wortes »Wort« zu erklären, die in dem Sprachspiel der Logik vorkommen und die doch zugleich den Anschein erwecken, als sei es die Logik, die ihre Verwendungsweise steuert. Dieses Mißverständnis wird durch die Vielfalt und die Komplexität der in der Umgangssprache beschlossenen Ausdrucksmöglichkeiten noch gefördert. Bereits im Traktat hat Wittgenstein den Gedanken hervorgehoben, daß die »gewöhnliche Sprache« den Gedanken verkleidet und es unmöglich sei, den logischen Sinn unmittelbar aus dem »Sprachkleid« zu ersehen. An diesem Gedanken hält der späte Wittgenstein fest: Die Sprache werde von den Sprechern »im allgemeinen automatisch verwende[t], ohne die Regeln der Grammatik zu bedenken«[168]. Der »naive« Sprachgebrauch erschwert damit die Einsicht in das »Arbeiten«[169] der Sprache: »Es ist eine Hauptquelle unseres Unverständnisses, daß wir den Gebrauch unserer Wörter nicht übersehen. - Unserer Grammatik fehlt es an Übersichtlichkeit«[170]. Im Alltagsgebrauch der Sprache ist dieses Phänomen zumeist unschädlich. Schädlich und daher für Wittgenstein zu kritisieren ist allerdings eine spezifische Verwendungsweise der Umgangssprache, nämlich die, die sich gegen die Pluralität des Sprechens und die Unschärfen der Sprachregeln selbst wendet, weil sie einen bestimmten Sinn mit »Sinn überhaupt«, eine einzige »Spielstellung« der Wort- oder Satzbedeutung mit Bedeutung von Wort bzw. Satz »überhaupt«, die Vielfalt der Kontexte mit »Kontextualität überhaupt« gleichsetzt.

Es erscheint diesem Grunde verfehlt, die Pluralität des »alltäglichen« Sprachgebrauchs und die Autonomie der Sprache als sprachphilosophisch gewendete Transzendentalphilosophie zu interpretieren oder aber sie in die Metaphysik der Differenzphilosophie einbinden zu wollen. Denn beide Modelle unterliegen gleichermaßen dem logischen Einwand, daß sie entweder einen dezisionistisch festgelegten *Ursprung* ansetzen müssen[171], oder aber die Autonomie der Sprache als unendlichen Signifikationsprozeß der Zeichenverwendung deuten, der den »Ursprung« der Signifikation ad infinitum verschiebt, indem sie ihn in der unendlichen Iteration von Präsenz und Absenz aufgehen läßt. Soll dieser infinite Regreß vermieden werden, müßte das sprachliche Zeichen für die Bezeichnung dieser Präsenz/Absenz selbst wiederum ein Signifikat besitzen. Dies ist nach den Voraussetzungen des Iterationsmodells nicht zulässig, weil es ontologisch-metaphysische Begründungen für die Zeichentheorie gerade ausschließen soll[172].

Gegen das metaphysische Mißverständnis des Sprachgebrauchs schlägt Wittgenstein eine Reihe von Maßnahmen oder auch »Therapien« vor, die miteinander kombinierbar sind. Die wichtigste Maßnahme besteht darin, immer wieder auf den »alltäglichen Sprachgebrauch« hinzuweisen, um philosophisch so aufgeladene Sätze wie z.B. (den prima facie »harmlosen«) Satz »Es regnet« logisch zu entschärfen:

> Und sagt man denn vom Satz »Es regnet«, er sage: es verhält sich so und so? Welches ist denn der alltägliche Gebrauch dieses Ausdrucks in der gewöhnlichen Sprache? Denn von diesem Gebrauch hast ja du ihn gelernt. Verwendest du ihn nun gegen seinen ursprünglichen Gebrauch und denkst, du spieltest noch das alte Spiel mit ihm, so ist das, als wenn du mit Schachfiguren Dame spieltest und dir einbildetest, das Spiel habe noch etwas vom Geist des Schachs.[173]

Die Möglichkeit, metaphysischen Wort- und Satzgebrauch zu entlarven, läßt sich demnach auf denselben Umstand zurückführen wie die Möglichkeit, metaphysische Sätze zu formulieren[174]: Wenn metaphysische Sätze, obwohl scheinbar über die Sprache hinausweisend, mit den Mitteln der »Alltagssprache« gebildet werden können - »ich [muß] in den philosophischen Erklärungen über die Sprache schon die volle Sprache [...] anwenden«, schreibt Wittgenstein[175] -, dann bietet die Untersuchung der Struktur der Alltagssprache auch das beste Mittel, solche Sätze zu entdecken und auszuräumen:

> Wenn die Philosophen ein Wort gebrauchen - »Wissen«, »Sein«, »Gegenstand«, »Ich«, »Satz«, »Name«, und das *Wesen* des Dings zu erfassen trachten, muß man sich immer fragen: Wird denn dieses Wort in der Sprache, in der es seine Heimat hat, je tatsächlich so gebraucht? -
> *Wir* führen die Wörter von ihrer metaphysischen, wieder auf ihre alltägliche Verwendung zurück.[176]

Ein weiteres, sehr einfaches und doch zugleich schwer zu handhabendes Mittel gegen die metaphysische Wortverwendungen besteht darin, die mit ihnen gebildeten Sätze aus dem Sprachgebrauch auszuschalten:

> Sie werden aus unserer Sprache ausgeschaltet, wie etwa irgendein beliebiges Geräusch, und der Grund zu ihrer *ausdrücklichen* Ausschaltung kann nur darin liegen, *daß wir versucht sind*, sie mit einem Satz unserer Sprache zu verwechseln.[177]

Eine dritte Strategie Wittgensteins geht von der Feststellung aus, daß »die Sprache [...] für Alle die gleichen Fallen bereit [hat]; das ungeheure Netz gut gangbarer Irrtümer«. Daraus folgt für den Sprachphilosophen die Aufgabe, die Sprachspiele nach und nach zu durchmustern und »an allen Stellen, wo falsche Wege abzweigen, Tafeln auf[zu]stellen, die über die gefährlichen Punkte hinweghelfen«[178].

Vor welchen Wegegabelungen der Philosophie meint Wittgenstein solche »Warntafeln« aufstellen zu müssen? - Es handelt sich in erster Linie um die Frage nach dem logischen Status philosophischer Begriffe sowie die Frage nach der Beziehung der Philosophie zu den (Natur)Wissenschaften.

Aufgrund der unüberschaubaren Vielfalt und Unvorhersehbarkeit von Sprachspielen und möglichen Verwendungsweisen von Wörtern und Sätzen meint Wittgenstein besonders vor dem universalisierenden Gebrauch philosophischer Ausdrücke im Sinne der formalisierenden Logik warnen zu müssen. Denn die durch die Abstraktion erzielte Allgemeinheit (ver)führt zu der metaphysischen Annahme, daß zwischen philosophischen Termini und außersprachlichen Entitäten eine logische Beziehung existierte[179], die das »Arbeiten« der Sprache allererst ermöglichte. Für den Philosophen der Sprachspiele hingegen wird Allgemeinheit als ein von den Gebrauchsweisen abhängig zu bestimmender, also kontextabhängiger Freiheitsgrad der Grammatik eines spezifischen Sprachspiels gefaßt. Die Vorstellung von einer universal gültigen Logik und den sie begleitenden »Gesetzmäßigkeiten«, die das Denken und Sprechen zugleich ermöglichen wie steuern, erscheint ihm als eine fruchtlose »Abstraktion«[180], die lediglich zu formalisierten Begriffsdefitinionen führt, die im Sprachgebrauch keine Rolle spielen. Deshalb schreibt Wittgenstein:

> Man kann in der Logik nicht allgemein sein ins Blaue. Lege ich die Grammatik meiner Allgemeinheit fest, so gibt es keine logischen Überraschungen mehr. Und lege ich sie nicht fest, so bin ich nicht mehr im Reich einer exakten Grammatik.
> D.h.: die Unbestimmtheit der Allgemeinheit ist keine logische Unbestimmtheit. Die Allgemeinheit ist eine Bewegungsfreiheit [...].[181]

Die Logik verliert dadurch wohl jene »Kristallreinheit«[182], die sie als allgemeine Analysemethode des Sprachgebrauchs tauglich erscheinen läßt, doch besteht für die Sprachspielanalyse gar kein Bedarf an einer solchen formalen Allgemeinheit oder allgemeingültig definierten Termini (exakten Begriffen). Um zu erklären, was ein »Spiel« ist,

> gibt [man dem Frager] Beispiele und will, daß sie in einem gewissen Sinn verstanden werden. - Aber mit diesem Ausdruck meine ich nicht: er solle nun in diesen Beispielen das Gemeinsame sehen, welches ich - aus irgendeinem Grunde - nicht aussprechen konnte. Sondern: er solle diese Beispiele nun in bestimmter Weise *verwenden*. Das Exemplifizieren ist hier nicht ein *indirektes* Mittel der Erklärung, - in Ermangelung eines Bessern. Denn, mißverstanden kann auch jede allgemeine Erklärung werden. *So* spielen wir eben das Spiel (Ich meine das Sprachspiel mit dem Wort »Spiel«)[183],

um damit auf die bloße Familienähnlichkeit von Sprachspielen und die Mannigfaltigkeit des tatsächlichen Sprachgebrauchs hinzuweisen, der sich jeder philosophischen Bemühung um Definition entzieht[184] - nach welchen Regeln Sprachspiele in der Alltagssprache zu verwenden und nach welchen Regeln Sprachspiele zu interpretieren sind, läßt sich nicht anhand eines festen Maßstabs festlegen, sondern nur durch Beispiele erläutern, die unter diese Regeln fallen[185].

Die zweite für Wittgenstein wichtige »Warntafel« muß vor dem Pfad aufgestellt werden, der die Philosophie auf die »naturwissenschaftliche Methode« hinführt:

> Philosophen haben ständig die naturwissenschaftliche Methode vor Augen und sind in der unwiderstehlichen Versuchung, Fragen nach Art der Naturwissenschaften zu stellen und zu beantworten. Diese Tendenz ist die eigentliche Quelle der Metaphysik und führt den Philosophen in vollständiges Dunkel.[186]

Wittgenstein denkt hier sicherlich an das positivistische Wissenschaftsverständnis vor allem des Wiener Kreises[187]. Seine Bemerkung bringt darüber hinaus einen weiteren Aspekt der Sprachspielphilosophie ins Spiel, der vor dem Hintergrund kulturanthropologischer Reflexion der menschlichen Zeichenverwendung Bedeutung gewinnt. Die Anlehnung von Philosophie an die Methodik der Wissenschaften resultiert aus dem Bestreben, ebenso wie diese durch die theoretische Aufklärung der Beziehungen zwischen den Vorstellungen von Welt und der Beschaffenheit der Welt erfolgreiche Strategien zur Daseinsbewältigung und zum Überleben zu generieren. Wie die Wissenschaften durch Hypothesenbildung und durch Reduktion der Naturerscheinungen auf eine kleinstmögliche Anzahl einfacher Naturgesetze Lebens- und Existenzrisiken zu minimieren suchen und die instrumentelle Beherrschung der Natur ermöglichen, so soll Philosophie als Wissenschaft die intellektuellen Gefährdungen des Lebens durch Relativismus, Pluralität und Unvorhersehbarkeit von Handlungen und Ereignissen mindern. Und wie die (natur)wissenschaftlichen Hypothesen durch den Rekurs auf außersprachliche Größen verifizierbar oder falsifizierbar sind, so versucht auch *Philosophie als Lehre* nach dem Muster des Vergleichs von Theorien und Realität zu verfahren. Philosophie als Theorie möchte zu *Fundamentalsätzen* über die Welt gelangen, in das Wesen der Welt und das Sein der Dinge[188] eindringen, um, wie Wittgenstein sich ausdrückt, eine »Harmonie zwischen dem Gedanken und der Realität«[189] herzustellen. Doch während die Wissenschaften Neues über die Welt erkennen können, lassen sich sinnvolle philosophische Sätze über die Welt nicht bilden, weil es kein Kriterium zur Überprüfung solcher Sätze geben kann[190]. Denn im Unterschied zur Wissenschaft lehrt uns die Philosophie keine »neuen« Fakten[191]: »Was der Welt wesentlich ist, kann man nicht *über* die Welt *sagen*, denn dann könnte es anders sein, da sich jeder Satz negieren läßt.«[192]

Zugleich impliziert Wittgensteins Philosophiekritik auch eine Kritik am universalwissenschaftlichen Methodenideal des Positivismus. Indem *Philosophie als Tätigkeit* gegen die Konzeption der Einheitssprache die Pluralität von Untersuchungsmethoden, die Vielfalt der Sprachspiele, die Variabilität von Lebensformen aufbietet, indem sie sich gegen den Anspruch, ja den »Trieb«[193] zur Wehr setzt, Allgemeinaussagen über die Wirklichkeit und über die Reflexion über die Wirklichkeit zu formulieren, trägt sie dazu bei, das philosophische Selbstmißverständnis naturwissenschaftlicher Verfahren aufzuweisen und als verborgene Metaphysik durchschaubar zu machen: Zwischen dem naturwissenschaftlichen Methodenideal und metaphysischen Annahmen besteht für Wittgenstein eine Komplementarität[194].

Es ist offensichtlich, daß *Philosophie als Tätigkeit* über keine »Theorie« verfügt und keine »neuen Informationen« zu geben vermag[195]. Wittgenstein charakterisiert sie als eine »Übersicht über Trivialitäten«[196], als ein »Zusammentragen von Erinnerungen zu einem bestimmten Zweck«[197]. Ihr Ziel ist therapeutisch, indem sie Mißverständnisse der Sprachauffassung durch die *reine Beschreibung* aufklärt und beseitigt. Zugleich muß sie programmatisch auf jeden Versuch verzichten, die eigene Verfahrensweise zu begründen bzw. zu rechtfertigen. Denn im Unterschied zu den Naturwissenschaften besteht die Besonderheit einer so verstandenen Philosophie darin, daß ihr keine außersprachliche Referenz zukommt. Sie bezieht sich auf keine außersprachliche Wirklichkeit, sondern weiß solche Beziehungen im alltagssprachlichen Funktionieren der Sprache gegeben[198]. Der auf diese Weise erreichte »Einschluß« von Philosophie in Sprache ist es auch, der Wittgenstein zu der berühmten Bemerkung berechtigt, daß Philosophie »den tatsächlichen Gebrauch der Sprache in keiner Weise antasten, [...] ihn am Ende also nur beschreiben«[199] könne und daß die Sprachspielanalyse »ein Kampf gegen die Verhexung des Verstandes durch die Mittel unserer Sprache«[200] sei.

In der Tat bewirkt Wittgensteins Rückführung von Philosophie in die Alltagssprache die Implosion ihres traditionellen Gehalts. Ihr »Nimbus« und ihre »Kristallklarheit« werden als Ausdruck einer fehlgeleiteten, metaphysischen Bemühung um das »Wesen« der Beziehungen zwischen Sprache und der Wirklichkeit[201] transparent. An die Stelle der Suche nach »der« Ordnung tritt die differentielle Beschreibung *mehrerer* Ordnungen. An die Stelle »der« Methode des Philosophierens tritt eine *Vielfalt* von Methoden. Statt des Zwanges zur Letztbegründung von Aussagen ergibt sich die Freiheit, »das Philosophieren abzubrechen, wann ich will«. Wittgensteins Ziel besteht also letztlich darin zu zeigen, daß die »philosophischen Probleme *vollkommen* verschwinden«, wie die Symptome einer erfolgreich überstandenen Krankheit.[202]

Die Dramatik dieser Neubewertung von *Philosophie als Lehre* - die weit über eine *Umwertung* im Sinne Nietzsches hinausgeht[203] und auch die metaphysikkritische Fundamentalhermeneutik der ontologischen Selbstauslegung (sei es des Menschen [Heidegger], oder sei es der Sprache [Hermeneutik, Zeichentheorie]) hinter sich läßt - kann nur dann angemessen gewürdigt werden, wenn man bedenkt, daß mit Wittgensteins Programm der *Philosophie als Tätigkeit* die Destruktion einer Vorstellung von Philosophie in Angriff genommen wird, die sich zumindest bis Platon zurückverfolgen läßt. Während der Traktat, ebenfalls diesem radikalen Programm der Destruktion verpflichtet, noch gleichsam ikonoklastische Züge trägt[204], vollzieht die Spätphilosophie eine Drehung der philosophischen Perspektive, die zur Auflösung jeder methodisch festgefügten und durch eine Theorie abgesicherten Erklärung der Beziehungen zwischen Denken, Sprechen, Wirklichkeit und Welt führt[205]:

> Woher nimmt die Betrachtung ihre Wichtigkeit, da sie doch nur alles Interessante, d.h. alles Große und Wichtige, zu zerstören scheint? (Gleichsam alle Bauwerke; indem sie nur Steinbrocken und Schutt übrig läßt.) Aber es sind nur Luftgebäude, die wir zerstören, und wir legen den Grund der Sprache frei, auf dem sie standen.[206]

Fällt Philosophie als Begründungs- bzw. Legitimitätsdiskurs für Satzsysteme aus, wird auch die Logik der Weltbilder und werden (notwendigerweise: universalisierende) Begründungsstrategien für Aussagen über die Welt hinfällig. Die Sprache erscheint vielmehr als ein regelgeleitetes System von Konventionen, die wohl übersichtlich beschrieben bzw. deren Funktionsmechanismen erläutert werden können, die aber weder zu begründen noch zu rechtfertigen sind - jeder Versuch zu ihrer Begründung bzw. Rechtfertigung setzte einen infiniten semantischen Aufstieg voraus. Die Regeln der Sprachverwendung kann Wittgenstein daher »willkürlich« nennen, wenn man unter »willkürlich« versteht, daß die Bedeutungen den Wörtern und Sätzen uns nicht wie »von einer von uns unabhängigen Macht« zufallen, die uns mit der Fähigkeit begabt, herauszufinden, »was das Wort *wirklich* bedeutet«[207]. Solche Regeln werden laut Wittgenstein durch menschliches Sprachhandeln erzeugt. Auch die Frage nach der Wahrheitsfähigkeit sprachlicher Äußerungen angesichts der grammatischen Immanenz spielt keine philosophische Rolle:

> Die Regeln der Grammatik sind in demselben Sinne willkürlich, wie die Wahl einer Maßeinheit. Aber das kann doch nur heißen, daß sie von der Länge des Objekts der Messung unabhängig ist, und daß nicht die Wahl der einen Einheit »wahr«, der andern »falsch« ist, wie die Angabe der Länge wahr oder falsch ist.[208]

Die Willkürlichkeit der grammatischen Festlegungen, ihre Unabhängigkeit von »Wahrheit« und Bezug zur »Wirklichkeit« führen Wittgenstein nahezu zwangsläufig zu einem *epistemischen Relativismus*: Auch »[di]e Gesetze der Logik [...] sind willkürlich«[209]. Im Unterschied zum klassischen epistemologischen Relativismus[210] vermeidet Wittgensteins Pluralisierung der Sprache den Zirkel der methodischen Selbst- und Letztbegründung, der den Relativismus selbstwidersprüchlich erscheinen läßt. Im Gegensatz zum epistemologischen Skeptizismus untersucht er den Zeichencharakter der Sprache nicht auf ihren möglichen Bezug auf eine jenseits der Zeichen verortete Wirklichkeit, sondern begreift ihn lediglich als konstitutives Moment menschlicher Praxis. Die Ebene der Sprache wird von Wittgenstein nicht verlassen. Die »Willkürlichkeit« der Regeln, genauer: der Regularität dieser Regeln, verweist darauf, daß Regelhaftigkeit Ergebnis eines gemeinschaftlichen menschlichen Handelns, einer *Lebensform*, ist. In einem fiktiven Dialog drückt Wittgenstein diese Überzeugung folgendermaßen aus:

> »So sagst du also, daß die Übereinstimmung der Menschen entscheide, was richtig und was falsch ist?« - Richtig und falsch ist, was Menschen *sagen*; und in der *Sprache* stimmen die Menschen überein. Dies ist keine Übereinstimmung der Meinungen, sondern der Lebensform.
> Zur Verständigung durch die Sprache gehört nicht nur eine Übereinstimmung in den Definitionen, sondern (so seltsam dies klingen mag) eine Übereinstimmung in den Urteilen. Dies scheint die Logik aufzuheben; hebt sie aber nicht auf. - Eines ist, die Meßmethode zu beschreiben, ein Anderes, Messungsergebnisse zu finden und auszusprechen. Aber was wir »messen« nennen, ist auch durch eine gewisse Konstanz der Messungsergebnisse bestimmt.[211]

Die Voraussetzung, daß zu einer Lebensform wesentlich die kollektive Übereinstimmung in den »Urteilen«, oder besser: in den Urteils*weisen*, gehört, bewahrt den sprachlogischen Relativismus vor dem Abgleiten in die Beliebigkeit: Die jeweilige »Logik« der unterschiedlichen Sprachsysteme bleibt gewahrt, trotz der Ausfransungen an ihren Rändern und den Unschärfen ihrer Begriffsverwendungen. Nur wird die logische Identität der differenten Sprachspielsysteme nicht durch eine universalisierte, überhistorische Logik gewährleistet, sondern durch das Regelsystem, das die Spezifik der jeweiligen »Lebensformen« ausmacht.

Indem *Philosophie als Tätigkeit* den Gebrauch der Sprache in keiner Weise antastet, ihn weder zu begründen noch einer restringierenden Ordnung zu unterwerfen versucht - »sie läßt alles wie es ist«[212] -, läßt sie sich auch nicht zur Legitimation (bzw. Delegitimation) der verschiedenen Gebrauchsweisen von Wörtern, Sätzen der »gewöhnlichen Sprache« über die Welt heranziehen. Wenn durch sie *Philosophie als Theorie* destruiert wird, das Haben und das Aussprechen von Vorstellungen über die Welt mit der Berechtigung dieses Habens und dieses Sprechens nicht länger zu vermitteln ist[213], öffnet sie die Philosophie für eine differenzierte, verfeinerte, vorsichtige, zugleich geschärfte und nüchterne Betrachtung des menschlichen Lebens und Handelns. Historische, kulturanthropologische und pragmatische Aspekte geraten in ihr Blickfeld, Aspekte, die, aus der Perspektive von *Philosophie als Selbstzweck* betrachtet, tiefere Spuren in der »Naturgeschichte der Menschen«[214] hinterlassen haben als das Nachdenken über die Fragen der Epistemologie, der Metaphysik oder der Ontologie.

Wittgenstein versteht das Programm der *Philosophie als Tätigkeit* als einen Beitrag zur Veränderung der bestehenden Lebensform, die seines Erachtens wesentlich von der (wissenschaftlichen) Theoriebildung geprägt ist. Seine Kritik an der philosophischen Sprache soll eine Lebensform herbeiführen helfen, die nicht länger an der Last einer von ihm als unselig empfundenen philosophischen Vergangenheit und Verwirrung trägt:

> Die Klarheit, die wir anstreben, ist allerdings eine *vollkommene*. Aber das heißt nur, daß die philosophischen Probleme *vollkommen* verschwinden sollen.
> Die eigentliche Entdeckung ist die, die mich fähig macht, das Philosophieren abzubrechen, wann ich will. - Die die Philosophie zur Ruhe bringt, sodaß sie nicht mehr von Fragen gepeitscht wird, die *sie selbst* in Frage stellen.[215]

Offen bleibt freilich, auf welche Weise eine solche Veränderung herbeigeführt werden kann. Auf diese Frage vermag der Philosoph, der den Wittgensteinschen Überlegungen zustimmt, kaum eine Antwort zu geben[216]. Wittgenstein war sich darüber im klaren, daß die Einwirkungsmöglichkeiten eines Philosophen seiner Provenienz auf die Gesellschaft eher gering zu veranschlagen sind: »Der Philosoph sagt: »Sieh' die Dinge *so* an!« - aber damit ist [...] nicht gesagt, daß die Leute sie so ansehen werden«[217], auch wenn er die Hoffnung nicht aufgeben wird, daß die Deformationen des Lebens durch Philosophie[218] kenntlich werden und der Fliege ein Ausweg aus dem Fliegenglas gezeigt wird[219]. Doch weiß auch Wittgenstein nur allzu gut, daß die Fliege den Weg aus dem Fliegenglas selber finden muß[220], daß der von philosophischen Problemen Umgetriebene »durch eine bestimmte Änderung seiner Ausdrucksweise von seinem Problem *erlöst* wird«[221], daß alles auf die »Veränderung der Lebensweise« ankommt, die »alle diese Fragen überflüssig macht«[222].

4 Religion

John L. Mackie bezeichnet die Wittgensteinschen Äußerungen über Religion als »Religion ohne Glauben«[1]. In dieser auf den ersten Blick merkwürdigen, ja sogar paradox anmutenden Formulierung spielt Mackie mit den verschiedenen Verwendungsweisen des Wortes »glauben« in der Umgangssprache. In ihr wird der Ausdruck »glauben« zumeist kognitiv gebraucht. »Glauben, daß...« ist die gebräuchliche Kennzeichnung für Annahmen (Hypothesen), putative Überzeugungen, ja sogar die Sicherheit (im Sinne größtmöglicher Wahrscheinlichkeit), *daß etwas der Fall ist oder auch nicht*[2]. Mackie hebt im Verlaufe seiner darstellung hervor, daß das Wittgensteinsche Religionsverständnis das Wort »glauben« gerade nicht in diesem Gebrauchssinne zuläßt. In der Tat besitzen für Wittgenstein religiöse Sätze nicht diesen kognitiven Charakter. Sätze der Religion bilden für ihn gegenüber den Sprachspielen der Wissenschaften, der funktionsorientierten »Alltagssprache« und auch gegenüber der traditionellen Religionsphilosophie ein eigenes »Sprachspiel«, das sich allerdings zuweilen durchaus der Begriffe und grammatischen Regeln der genannten anderen Sprachspiele bedient.

Zweifellos wirft die Behauptung, religiöse Sprachspiele seien durch besondere Regeln ausgezeichnet, erhebliche Probleme auf. Es stellt sich beispielsweise die Frage, welchen »Referenzstatus« diese Sätze haben können oder welche Kriterien zur Verfügung stehen, um religiöse Glaubenssätze von kognitiven Glaubenssätzen, jene von religiösen Glaubenssätzen in kognitiver Verkleidung sowie kognitive Sätze in religiöser Verkleidung unterscheiden zu können. Zudem scheint recht unklar, ob religiöse Sätze, sofern sie als nichtreferentiell bezeichnet werden und sich daher den vertrauten kognitiven Verifikationsmöglichkeiten entziehen, die für Behauptungssätze der »Alltagssprache« oder der Wissenschaften zur Verfügung stehen, überhaupt einen *Sinn* haben.

Wittgenstein hat sich mit solchen Fragen immer wieder beschäftigt[3]. Anlage und Struktur des Traktates besitzen Ähnlichkeit mit christlichen Erlösungsschriften. In der Spätzeit finden sich Hinweise auf religiöse Themen in verstreuten Notizen und Tagebucheintragungen. Überliefert ist außerdem eine Vorlesung in Nachschriften aus dem Jahre 1937 oder 1938. Überblickt man das Material, wird man bei Wittgenstein keine griffige Antwort auf die weiter oben gestellten Fragen finden. Persönliche Glaubenserfahrungen und Bemerkungen zur Religionsphilosophie sind häufig miteinander verwoben. Dennoch wird deutlich, daß Wittgenstein auf der Grundlage seines philosophischen Programms *Klarheit als Selbstzweck* Religion als eine Lehre ablehnt, ja zu destruieren trachtet - im Traktat aufgrund der Sinngrenzen der Logik, in der Spätphilosophie aufgrund der Annahmen über das »Arbeiten der Sprache« -, während er den Glauben als eine Haltung gegenüber der Welt und dem Leben, als ein tragfähiges Fundament für die Formulierung von Lebensregeln durchaus anerkennt.

4.1 Religion im Traktat: Der logische Sinn religiöser Sätze

Die wenigen Äußerungen über die Religion, die Wittgenstein aus seinen *Tagebüchern 1914 - 1916* in die Endfassung des Traktates übernommen hat, ordnen sich in das allgemeine Programm der *logischen Formanalyse* des Satzsinnes ein. Die logische Form von Sätzen hatte Wittgenstein als transzendentale Bedingung der Möglichkeit des Sinns von Sätzen überhaupt bezeichnet und durch sie das Feld des Sagbaren abgesteckt, »von innen begrenzt«, wie es im Vorwort des Traktates heißt. Daß die Sagbarkeit und der Sinn von Sätzen und Gedanken auf diese Weise begrenzt ist, kann sich laut Traktat nur *zeigen*. Wie bereits erörtert, gehören die Sätze über die logische Form jenem dritten Typ des *Zeigens* an, der *philosophisches Zeigen* genannt werden kann[4]. »In« diesem Zeigen ergibt sich, daß »die Logik [...] keine Lehre, sondern ein Spiegelbild der Welt«[5] ist, und in diesem Sinne (und nur in diesem) alle Sätze von einem logischen »Gerüst« umgeben und insofern gleichwertig sind[6]: Sie alle partizipieren an der einen logischen Form, weisen die (stets: vollständige) Abbildungsbeziehung zur Welt auf und können erst dadurch überhaupt etwas über die Tatsachen in der Welt sagen. Eine Satzhierarchie ist im Hinblick auf ihre logische Struktur undenkbar. Sätze lassen sich lediglich nach ihrem »Sinnstatus« (sinnvoll, sinnlos, unsinnig) klassifizieren.

Im Rahmen dieser Einteilung müssen theologische Aussagen über das Wesen und über den Sinn der Welt oder des Lebens, über den Tod oder über Gott zu den *unsinnigen* Sätzen gezählt werden. Ähnlich den Sätzen der *Philosophie als Lehre*, die sagen sollen, was sich nur zeigen kann, verdächtigt Wittgenstein auch die Sätze der Religion, etwas aussagen zu wollen, was unsagbar ist. Sätze der Theologie überspringen die Grenze der Sagbarkeit deshalb, weil sie sich nicht auf verifizierbare oder falsifizierbare Tatsachen *in* der Welt beziehen, sondern sich auf die Gesamtheit von Tatsachen beziehen sollen. Solche Sätze können nicht negiert werden. Es sind metaphysische Sätze:

> 6.41 Der Sinn der Welt muß außerhalb ihrer liegen. In der Welt ist alles wie es ist und geschieht alles wie es geschieht; es gibt *in* ihr keinen Wert - und wenn es ihn gäbe, so hätte er keinen Wert [...].
> Alles Geschehen und So-Sein ist zufällig. Was es nicht-zufällig macht, kann nicht *in* der Welt liegen, denn sonst wäre dies wieder zufällig.
> Es muß außerhalb der Welt liegen.
> 6.432 *Wie* die Welt ist, ist für das Höhere vollkommen gleichgültig. Gott offenbart sich nicht *in* der Welt.

Wenn die Logik die formalen Bedingungen des in der Welt Möglichen aufzeigt, ist es logisch unmöglich, etwas »Höheres« als diese Logik - etwa einen diese Logik garantierenden Gott - anzunehmen, der auf die Beschaffenheit, das »Wie« der Tatsachen Einfluß nehmen und eine Ordnung in der Welt stiften könnte. Gott kann daher keine Tatsache sein, auf die sich ein sinnvoller Satz beziehen ließe[7].

Diese logische Erwägung läßt sich auch auf das »Problem des Lebens« und des Todes anwenden. Auch hier führt die logische Analyse des Problems zur Zurückweisung metaphysischer bzw. religiöser »Lösungen«: Sie stellt klar, daß die Frage nach der »Unsterblichkeit der Seele«, um sinnvoll, d.h. beantwortbar sein zu können, entweder in unzulässiger Analogie zur physikalischen Zeitmessung gestellt wird (Unsterblichkeit als quantitativ ins Unmeßbare gesteigerte innerweltliche Zeit) und somit das eigentlich in Frage stehende Problem gar nicht berührt wird[8]. Oder die theologischen Antwort leistet nicht das, »was man immer mit ihr erreichen wollte. Wird denn dadurch ein Rätsel gelöst, daß ich ewig fortlebe? Ist denn dieses ewige Leben dann nicht ebenso rätselhaft wie das gegenwärtige?«[9] Wittgensteins eigene Antwort auf diese Frage ergibt sich aus der Prämisse der *logischen* Strukturanalyse. Sie kann nur negativ ausfallen: »Die Lösung des Rätsels des Lebens in Raum und Zeit liegt *außerhalb* von Raum und Zeit«[10]; das Rätsel ist unlösbar. Es ist aufgrund des traktarianischen Logizismus klar, daß solche »Rätsel« wie das Problem des Lebens oder des Todes nicht durch rational-philosophische oder rational-religiöse Reflexion gelöst, sondern nur durch Beseitigung oder Entfallen der Voraussetzungen, die sie erzeugen, auf-gelöst werden können. Die Lösung solcher Rätsel zeigt sich selbst durch das »Verschwinden« dieser Rätsel an, also allein ex negativo: Das Problem des Todes durch den Eintritt des Todes, der die logischen Voraussetzungen für die Frage nach dem Sinn von Welt und Leben beseitigt, weil im Tode sowohl das Leben als auch die Welt »aufhören«[11]. Das Problem des Sinns des Lebens angesichts einer Welt der Tatsachen ohne Werte löst sich in der Betrachtung sub specie aeterni, in der Welt und Leben zum ausdehnungs- und damit grenzenlosen mystischen Punkt der Gegenwart schrumpfen[12]. Das Problem der Sinnstiftung individueller Existenz löst sich durch den Wandel der philosophischen Haltung, welche die Unsinnigkeit metaphysischer Antworten durchschaubar und die Fragestellung als verfehlt erkennbar werden läßt, und die auf diese Weise anzeigt, daß der Fragesteller von seiner Frage »er-löst« ist:

6.5 Zu einer Antwort, die man nicht aussprechen kann, kann man auch die Frage nicht aussprechen.
Das Rätsel gibt es nicht.
Wenn sich eine Frage überhaupt stellen läßt, so kann sie auch beantwortet werden.[...]

6.521 Die Lösung des Problems des Lebens merkt man Verschwinden dieses Problems. (Ist dies nicht der Grund, warum Menschen, denen der Sinn des Lebens nach langen Zweifeln klar wurde, warum diese dann nicht sagen konnten, worin dieser Sinn bestand.)

Die Lösung des religiösen Problems, die Wittgenstein durch den Traktat herbeiführen möchte, ergibt sich nicht durch neue Antworten, sondern daraus, daß jede Theorie, jede Lehre über die richtige Betrachtung der Probleme des Lebens der Unsinnigkeit überführt und dadurch destruiert wird. Sofern sie etwas über Tatsachen auszusagen versucht, unterliegen ihre Sätze der logischen Struktur der Abbildungsbeziehung zwischen Tatsachen und den ihnen entsprechenden Bildern und müssen der wissenschaftlichen Kritik standhalten - und das können sie offenkundig nicht (Gott kann keine Tatsache in der Welt sein), oder sie erheben nicht den Anspruch, Tatsachen in der Welt zu beschreiben, dann aber sind sie unsinnig, weil solche Sätze der Logik nicht zugänglich sind. Theologie als Gotteslehre ist logisch sinnvoll nicht möglich.

Im Gegensatz zum logischen Empirismus oder zur analytischen Philosophie[13] zieht Wittgenstein aus diesem Befund jedoch nicht Konsequenz, zusammen mit der Zurückweisung des theologischen Glaubens- und Gottesbegriffs auch den religiösen Glauben überhaupt zu verwerfen[14]. Während der Empirismus alle Glaubensgehalte einer rationalistischen Kritik unterwirft und aus dem wissenschaftlichen Weltbild zu eliminieren trachtet, übersieht er laut Wittgenstein, daß eine solche Kritik selber auf metaphysischer Grundlage beruht, indem sie Voraussetzungen in Anspruch nehmen muß, die selbst nicht empiristisch verifizierbar sein können. Demgegenüber besteht Wittgensteins Anliegen im

Traktat gerade darin, den religiösen Glauben als ein Moment der »richtigen« Weltsicht, auf das die logisch-formale Analyse von Tatsachen und deren Abbilder deutet, verstehbar zu machen. Und er befreit ihn von den Problemen, in die sich seit der rationalistischen Religionskritik z.B. der Aufklärung die Theologie und anschließend die Religionsphilosophie verstrickt hat[15]. Sicher ist es für Wittgenstein nicht möglich, eine eigenständige religiöse Sicht auf die Tatsachen der Welt *neben* oder gar *im Gegensatz zu* den wissenschaftlich bzw. logisch-rational zu stellenden und zu beantwortenden Fragen zu entwickeln. Ebenso wenig verkündet der Traktat ein »Credo quia absurdum«. Er fordert auch nicht zu einem intellektuellen »Sprung«[16] heraus (denn ein solcher Übersprung über die »Hürden« der Logik ist mit logisch-intellektuellen Mitteln gerade nicht zu bewerkstelligen). Die religiöse Haltung, auf die der Traktats hindeutet, steht mit der »richtigen« philosophischen Haltung zur Welt, die *Philosophie als Tätigkeit* und *Klarheit als Selbstzweck* bedeutet, in Beziehung. Sie partizipiert an der mystischen Anschauung der Tatsächlichkeit der Welt: Gott offenbart sich als das »Daß« der Welt, er ist das »Mystische«. Und dieses Mystische kann sich nur zeigen. Religiös zu sein, bedeutet, die Welt richtig zu sehen in Hinsicht auf ihre Sinnhaftigkeit[17]. In den Tagebuchaufzeichnungen vom Sommer 1916, die allerdings zum größten Teil nicht in die Endfassung des Traktates übernommen wurden, umschreibt er diese religiöse Weltsicht. So heißt es z.B. am 11.6.16:

> Den Sinn des Lebens, d.i. den Sinn der Welt, können wir Gott nennen.
> Und das Gleichnis von Gott als einem Vater daran knüpfen.
> Das Gebet ist der Gedanke an den Sinn des Lebens.

Und am 1.8.16 notiert Wittgenstein: »Wie sich alles verhält, ist Gott. Gott ist, wie sich alles verhält.« Die Identität von Leben, Welt und Gott, das »Daß« der Welt in ihrem »So-Sein« zu sehen, bedeutet, über die Kontingenz der Tatsachen in der Welt hinauszugehen, der sich jeder Versuch der rationalen bzw. wissenschaftlichen Welterklärung überantworten muß. Die religiöse Weltsicht markiert ebenso wie *Philosophie als Tätigkeit* eine Befindlichkeit (ein »Gefühl«)[18]. Der Glaube ist deshalb für Wittgenstein integraler, ja unverzichtbarer Bestandteil der »richtigen« Weltsicht.

Doch unterscheiden sich *Philosophie als Tätigkeit* und »Religion als Haltung« darin, daß sie die »richtige« Sicht der Welt unter jeweils eigenem Bezug bedeuten. Indem Philosophie zur Klärung der Gedanken, zur Grenzziehung zwischen »Sinn« und »Unsinn« und zur Aufdeckung der logischen Struktur der Welt führt, bringt sie das Staunen über die Existenz der Welt, nämlich *daß etwas ist* (und nicht vielmehr nichts), zum Ausdruck. Der Glaube hingegen bringt das Erstaunen über die Sinnhaftigkeit der Welt zum Ausdruck. Zu diesem Staunen gehört ein »metaphysisches Ich«, das der logische Ort ist, in dem sich die Logizität der Welt und der Bilder und zugleich die Sinnhaftigkeit der Welt und der Sinn von Modellen der Welt zu spiegeln vermögen. Der philosophischen Betrachtung allerdings geht es um dieses »Ich« in der Hinsicht, daß sich in ihm die logisch-strukturelle Isomorphie zwischen der Logizität der Tatsachen und der Logizität der Bilder von Tatsachen manifestiert. Für die religiöse Betrachtung ist das »Ich« Koinzidenzpunkt der Sinnhaftigkeit des Lebens und der Sinngebungsmöglichkeiten, die in den Modellen der Welt beschlossen liegen:

> Um glücklich zu leben, muß ich in Übereinstimmung sein mit der Welt. Und dies *heißt* ja »glücklich sein«.
> Ich bin dann sozusagen in Übereinstimmung mit jenem fremden Willen, von dem ich abhängig erscheine. Das heißt: »ich tue den Willen Gottes«.[19]

Freilich kann sich dieser Gehorsam nicht *in* der Welt äußern und die Lösung für das Problem des Lebens anzeigen. Das glückliche Leben, das die »richtige« Haltung zur Welt bedeutet, kann sich lediglich in seinem Vollzug in einer glücklichen »Grundbefindlichkeit«, einer positiven »Gestimmtheit« *zeigen*, die das Insgesamt des Lebensvollzuges durchzieht, so wie die »intellektuelle« Gestimmtheit des Erstaunens, *daß etwas ist*, die philosophisch »richtige« Haltung der Welt anzeigt. Und wie das Aussprechen der richtigen Weltsicht unter das Verdikt der Unsinnigkeit fallen muß, so gilt auch für die Sätze des Traktates über Gott, den Sinn des Lebens und das Verschwinden des »Problems des Lebens«, daß sie auf ein mystisches Sich-Zeigen des Sinns deuten und daß sie unter das Schweigegebot des Satzes 7 fallen: Auch von der Religion (im Sinne des Glaubens) kann man nicht sprechen[20]. Der eingangs dieses Kapitels zitierte Satz Mackies ließe sich ebensogut umdrehen: Die Religionsauffassung des Traktates beschreibt einen »Glauben ohne Religion«, da sich »Religion« weder *in* »meiner« oder »der« Welt noch *in* »meinem« Leben oder »dem« Leben äußern kann.

Wittgensteins Ziel im Traktat besteht darin, *Religion als Lehre* zu destruieren und sie damit zugleich als eine Haltung gegenüber dem Leben und der Welt offenbar werden zu lassen[21]. Doch steht diese Destruktion unter demselben paradoxalen Vorzeichen wie die Destruktion der *Philosophie als Lehre*. Erst in der Spätphilosophie wird dieses Paradox aufgelöst, indem die Rede von Gott in das spezifische Sprachspiel des Glaubens überführt wird.

4.2 Religion in der Spätphilosophie: Das Sprachspiel des Glaubens. Vermischte Bemerkungen zur Religion

Auch nach der Wiederaufnahme des Philosophierens ca. 1929/1930 geht Wittgenstein davon aus, daß die Sätze der Religion und Philosophie nicht über Tatsachen *in* der Welt referieren, sondern die Tatsächlichkeit der Welt und des Lebens betreffen. Auch im Rahmen der Sprachspielanalyse hat Religionsphilosophie oder Theologie keinen Platz. Im Jahre 1949 schreibt Wittgenstein: »Wenn das Christentum eine Wahrheit ist, dann ist alle Philosophie darüber falsch«[22]. Mit dieser Sentenz bezieht Wittgenstein eindeutig Stellung zu der seit der Aufklärung aufgebrochenen Dichotomie zwischen kritischer Reflexion der Beschaffenheit der Welt und (christlicher) Religion, zur Unterscheidung zwischen biblischer und philosophischer Theologie, die z.B. laut Kant die rationale Begründung für die »Annahme eines allgemeinen moralischen Wesens« innerhalb der *Grenzen der bloßen Vernunft* liefern sollte[23].

Angesichts der oben zitierten Bemerkung wird jeder Versuch scheitern müssen, Wittgenstein direkt oder indirekt einer theologische Richtung zuzuordnen, sei es der »Negativen Theologie« oder der Theorie der »natürlichen Offenbarung«[24]. Für Wittgenstein besteht die einzige Aufgabe einer Philosophie der Religion - wenn man diesen Ausdruck cum grano salis versteht - darin, eine Analyse der religiösen Sprachspiele vorzunehmen, nicht um das Wesen dieser Sprachspiele zu bestimmen, sondern um zu klären, welche Rolle sie im Leben der Menschen spielen. Auch aus dieser Perspektive ergibt sich die Destruktion von Theologie und Religionsphilosophie als metaphysischer - für Wittgenstein: unsinniger - Versuche, Glaubensgehalte zu begründen und als (Quasi)Tatsachen auszuweisen.

Wittgensteins Untersuchungen über die Sprachspiele der Religion drehen sich im wesentlichen um die beiden Themen, die bereits im Traktat vorgezeichnet sind und die es gestatten, von einer Kontinuität von Früh- und Spätphilosophie zu sprechen: um das Problem des Sinns des Lebens und um das damit zusammenhängende Problem der Referentialität von Sätzen, die den Sinn des Lebens betreffen. Allerdings stellt sich das Problem der Referenz religiöser Sprachspiele in der Spätphilosophie unter gewandelten Voraussetzungen. Seine Untersuchung geschieht unter dem Blickwinkel, inwieweit sie Licht werfen auf das »Arbeiten« der Sprache und zur Aufklärung einer spezifischen Lebensform der Menschen beitragen, die sich solcher Sprachspiele bedienen. Die Destruktion von Theologie geht analog seiner Betrachtung der Philosophie von der

Voraussetzung aus, daß sich in der Tatsache, daß die Menschen religiöse Sprachspiele verwenden, ein religiöses Bedürfnis offenbart, das die Achtung des Philosophen verdient, auch wenn es in der Theologie einen fehlgeleiteten, weil metaphysischen Ausdruck findet. Wenn Wittgenstein jede theologische Interpretation des Gottesbegriffes verwirft, so geschieht dies vor dem Hintergrund des Programms der *Klarheit als Selbstzweck*, das bereits im Traktat formuliert und in der Spätphilosophie durchgeführt wird.

4.2.1 Religion und das Problem des Lebens

Die Wichtigkeit des Problems des Lebens und das Ungenügen an den theologischen Lehren, auf dieses Problem eine Antwort zu finden, stellt Wittgenstein vor allem in den *Vermischten Bemerkungen* heraus, genauer: in den Aufzeichnungen ab 1937. In ihnen vermischen sich persönliche Bekenntnisse mit Reflexionen über den Inhalt und Grammatik religiöser Sätze. Doch sind auch die persönlichen Äußerungen insofern von Interesse, als sie in Einklang stehen mit dem Programm der Sprachspielanalyse, das die Frage nach dem Gegenstandsbezug des Sprechens in eine Darstellung der grammatischen Regeln für dieses Sprechen und der in ihr sich darstellenden Lebensform überführt[25].

Zunächst ist zu klären, wie Wittgenstein den Ausdruck »Problem des Lebens« verwendet. 1937 notiert er in Anlehnung an Satz 6.521 des Traktates:

> Die Lösung des Problems, das Du im Leben siehst, ist eine Art zu leben, die das Problemhafte zum Verschwinden bringt.
> Daß das Problem problematisch ist, heißt, daß Dein Leben nicht in die Form des Lebens paßt. Du mußt dann Dein Leben verändern, und paßt es in die Form, dann verschwindet das Problematische.[26]

»Problematisch« wird hier die fehlende Isomorphie zwischen »meinem« Leben und seinen Inhalten und der Form »des« Lebens. Damit ist nichts weniger als der Lebenssinn, der sich in »meinem Leben« offenbaren kann, problematisch geworden, d.h. daß »ich« ein falsches Leben führe. Dies erkenne »ich« daran, daß mir »das Leben schwer erträglich wird«[27], also daran, daß ich eine Erfahrung des Leidens mache. Eine solche Leidenserfahrung kann sich bis zum völligen Sinnverlust steigern, zur »höchsten Not eines Menschen«, der sich »verloren fühlt«[28], ohne daß er durch seinen Willen, also die Veränderung von Lebensumständen um sich herum, diese Sinnkrise zu überwinden vermöchte:

> Das Leben ist wie ein Weg auf einer Bergscheide; rechts und links glitscherige Abhänge, auf denen Du in dieser, oder in jener Richtung unaufhaltsam hinunterrutschst. Immer wieder sehe ich Menschen so rutschen und sage: »Wie könnte sich ein Mensch da helfen!« Und das heißt: »den freien Willen leugnen«.[29]

Und nur ein Jahr später, 1948, heißt es: »Der Mensch aber befindet sich in dieser Welt, in der die Dinge zerbrechen, rutschen, alles mögliche Unheil anstiften. Und er ist natürlich eins von den Dingen.«[30]

Die Krise der Existenz bricht also bei der Betrachtung des eigenen Daseins in der Welt auf und verschärft sich durch die Untersuchung der Beschaffenheit der Dinge innerhalb der Welt zur Grunderfahrung der Kontingenz, der Endlichkeit und Zeitlichkeit. Durch die Analyse der Bedingungen der Existenz wird das Problem des Lebens in seiner ganzen Schärfe offenbar, weil es weder durch einen Willensentschluß (im Sinne eines liberum arbitrium) noch durch die Analyse stets kontingenter Tatsachen lösbar ist. Auch die philosophische Tätigkeit trägt nicht zu der Lösung des Sinnproblems bei, denn sie kann es nur in seiner Dringlichkeit herausstellen und ex negativo die Bedingungen für seine Lösung angeben (sozusagen der Fliege den Weg aus dem Fliegenglas zeigen - aber damit ist sie noch nicht heraus[31]). Die Philosophie bietet bloß »Weisheit«, also die intellektuelle Anschauung der Welt; sie vermag lediglich die Bedingungen für die notwendigen Veränderungen zur Lösung der Existenzkrise anzugeben, arbeitet also die, wie es im Traktat heißt, eigentliche »Aufgabe«[32] heraus, ohne auf eine Lösung zu verweisen:

> Daß alle Weisheit kalt ist; und daß man mit ihr das Leben so wenig in Ordnung bringen kann, wie man Eisen *kalt* schmieden kann[33].
> Die Weisheit ist etwas Kaltes, und insofern Dummes. (Der Glaube dagegen, eine Leidenschaft). Man könnte auch sagen: Die Weisheit *verhehlt* Dir nur das Leben. (Die Weisheit ist wie kalte, graue Asche, die die Glut verdeckt).[34]

Die hier verwendete Metapher der Kälte für Philosophie deutet vor allem auf die Nachrangigkeit hin, die Wittgenstein der intellektuellen Beschäftigung mit den Problemen des Lebens zumißt, auch wenn die »Weisheit« aus den Problemen des Lebens entspringt (die »Asche« der Leidenschaften ist) und die Härte der zu ihrer Erlangung notwendigen Arbeit, wie Wittgenstein in einem anderen Eintrag schreibt, gerechtfertigt erscheint[35]. Daß die Lösung »philosophischer Probleme« nicht den Schlüssel für die Beantwortung der Sinnfragen und der Probleme des Lebens bewirken kann oder, umgekehrt ausgedrückt, daß sich Lebensprobleme nicht durch ihre Transformation in philosophische Probleme und deren Auflösung angehen lassen, läßt Wittgenstein in folgender Bemerkung anklingen: »Die Lösung philosophischer Probleme verglichen mit dem Geschenk im Märchen, das im Zauberschloß zauberisch erscheint und wenn man es draußen beim Tag betrachtet, nichts ist, als ein gewöhnliches Stück Eisen (oder dergleichen).«[36]

Weisheit und Philosophie, heißt es bereits im Vorwort des Traktates, zeigen, »wie wenig damit getan ist, daß diese [nämlich philosophischen, M.K.] Probleme gelöst sind«. Der Philosophie, die stets »grau« ist[37], stellt Wittgenstein in den *Vermischten Bemerkungen* die Religion gegenüber; diese sei »farbenreich« wie das »Leben« selbst[38]. Allerdings wäre es ein Mißverständnis, hinter den Ausdrücken »farbenreich«, »Leidenschaft« und »Glut« als sprachliche Epitheta für Glauben und Lebensvollzug einen Gegensatz zwischen Philosophie und Religion zu vermuten. Wittgenstein spricht nicht die Sprache Nietzsches, der einen von der Philosophie »Genesenden« sich dem Leben überantworten sieht, weil er durch die Krisis seines Lebens hindurchgeschritten ist, sondern die Sprache Pascals und Kierkegaards, wenn er das leidenschaftliche Erfassen der Auswegslosigkeit des Lebens, die existentielle Not und Verzweiflung als Quelle des Religiösen verortet. Erst aus dieser Perspektive gewinnt für Wittgenstein das Problem des Lebens die ihm angemessen Tiefe:

> Ein Notschrei kann nicht größer sein, als der *eines* Menschen.
> Oder auch *keine* Not kann größer sein, als die, in der ein einzelner Mensch sein kann.
> Ein Mensch kann [...] also unendliche Hilfe brauchen.
> Die christliche Religion ist nur für den, der unendliche Hilfe braucht, also nur für den, der unendliche Not fühlt.
> Der ganze Erdball kann nicht in größerer Not sein als *eine* Seele.
> Der christliche Glaube - so meine ich - ist die Zuflucht in dieser *höchsten* Not.[39]

Sicherlich trägt diese Notiz sehr persönliche Züge. Sie macht aber zugleich deutlich, daß für Wittgenstein das Bekenntnis zu einer Religion - in seinem Falle der christlichen - einer krisenhaften Lebenssituation entspringt und keinesfalls Ergebnis theologischer Erwägungen oder metaphysischer Spekulationen, mit einem Wort: einer Lehre, ist, die entweder dogmatisch fixiert oder durch Argumente gestützt werden kann. Der Glaube offenbart sich in Erkenntnis der Übereinstimmung der religiösen Botschaft mit der *gesamten Ausrichtung* des persönlichen Lebens, welche die religiöse Glaubensbereitschaft erzeugt, wenn nicht gar erzwingt. Daher besteht die »Er-Lösung« von der Sinnkrise des Daseins vor allem in der Änderung der Richtung des gesamten Lebens, nicht in der Befolgung einer Reihe von Geboten und Lehrgehalten. Den christlichen Glauben annehmen zu können, ist letztlich ein Akt der Gnadenwahl:

> Das Christentum sagt unter anderm [...], daß alle guten Lehren nichts nützen. Man müsse das *Leben* ändern. (Oder die Richtung des Lebens) [...]. Eine gute Lehre nämlich muß einen nicht *ergreifen*; man kann ihr folgen, wie einer Vorschrift des Arztes. - Aber hier muß man von etwas ergriffen und umgedreht werden [...]. Ist man umgedreht, dann muß man umgedreht *bleiben*.[40]

Die Gnadenwahl, die sich in der Gewinnung des Lebenssinns, der wiederhergestellten Übereinstimmung zwischen »meiner« Lebensrichtung und der Form »des« Lebens zeigt, ist für Wittgenstein zunächst von dem Bekenntnis zu einer amtskirchlichen Dogmatik zu trennen. Ein Dogma wie »Extra ecclesiam nulla salus« ist für ihn ebenso wenig verbindlich wie die theologische Lehre von der Werkgerechtigkeit des Menschen[41] - wenn jeder einzelne Mensch selber seine Erlösung finden muß, darf er sich nicht auf verstandesmäßige Erwägungen oder gar auf den Schutz durch Institutionen verlassen.

Die Überzeugung, daß der Glaube die Form des Lebens berührt und die Frage nach der theologischen Wahrheit des Glaubens nachrangig ist, verdeutlicht Wittgenstein eindringlich in einer Eintragung aus dem Jahre 1937:

> Ich lese: »Und niemand kann Jesum einen Herren heißen, außer durch den heiligen Geist.« - Und es ist wahr: ich kann ihn keinen *Herrn* heißen; weil mir das gar nichts sagt. Ich könnte ihn das »Vorbild«, ja »Gott« nennen - oder eigentlich: ich kann verstehen, wenn er so genannt wird; aber das Wort »Herr« kann ich nicht mit Sinn aussprechen. *Weil ich nicht glaube*, daß er kommen wird, mich zu richten; weil mir *das* nichts sagt. Und das könnte mir nur etwas sagen, wenn ich *ganz* anders lebte.[42]

Der Sinngehalt einzelner Glaubenssätze ergibt sich für Wittgenstein nicht zwingend aus der Tatsache, daß sie als Glaubenssätze verkündet werden; ihr Sinn zeigt sich vielmehr darin, daß sie eine spezifische Art zu leben zum Ausdruck bringen. Aus dieser Überzeugung heraus sieht sich Wittgenstein durchaus berechtigt, an Vertretern und Inhalten der christlichen Orthodoxie Kritik zu üben. So etwa an Paulus, der seiner Ansicht nach an die Stelle der agapischen Glaubensgemeinschaft demütiger Menschen eine »Kirche, [...] etwas wie eine Hierarchie; Würden und Ämter« gesetzt und damit eben jene »Trennung und Absonderung« unter den Menschen wieder errichtet habe, die durch die christliche Liebe überwunden gewesen seien. Deshalb stellt Wittgenstein die Frage: »Was hätte wohl Christus zu Paulus gesagt?«, ohne daß diese Frage etwa blasphemisch verstanden werden sollte. Für Wittgenstein fällt die Antwort auf diese Frage zweischneidig aus: »Aber man könnte mit recht darauf antworten: Was geht Dich das an? Schau, daß *Du* anständiger wirst! Wie Du bist, kannst Du überhaupt nicht verstehen, was hier die Wahrheit sein mag.«[43] Die Frage mag sich also in Wahrheit als falsch gestellt erweisen, doch die Begründung ihrer Zurückweisung impliziert gerade ihre Berechtigung: »*Du* sollst anständiger werden!« heißt für Wittgenstein nämlich gerade, daß die Kirche nicht berechtigt ist, eine solche Aufgabe dem Einzelnen in irgendeiner Weise zu erleichtern oder gar abzunehmen.

Die Problematik des Verhältnisses von Kirche und Glaube kehrt in Wittgensteins Bewertung der verschiedenen Teile der Bibel wieder. Wittgenstein schreibt 1939/1940:

> Das alte Testament gesehen als der Körper ohne Kopf; das neue Testament: der Kopf; die Briefe der Apostel: die Krone auf dem Haupt.
> Wenn ich an die Judenbibel denke, das alte Testament allein, möchte ich sagen: diesem Körper fehlt (noch) der Kopf. Diesen Problemen fehlt die Lösung. Diesen Hoffnungen die Erfüllung. Aber ich denke mir nicht notwendigerweise einen Kopf mit einer *Krone*.[44]

Während die Testamente zusammen erst den wahren »Leib Christi« ausmachen, werfen die Apostel diesem Leib den Königsmantel der (Amts)Kirche über, der Ecclesia triumphans. An die Stelle der Dornenkrone Christi, könnte man sagen, setzen sie die dreifache Krone des Sakralherrschers[45].

Dogma und Glaube sind für Wittgenstein daher auseinanderzuhalten, sofern das Dogma eine Festlegung darüber trifft, an *was* zu glauben ist, und nicht, *daß* es zu glauben ist. Glauben, so eine Notiz aus dem Jahre 1944, heißt, »sich einer Autorität unterwerfen«, doch sind hiermit nicht die Lehren gemeint, auf die sich die Autorität der Amtskirche stützt. Der religiöse Aspekt dieser Unterwerfung besteht darin, daß sie die Gesamtrichtung des Lebens ändert und das eigene Leben mit der »Form des Lebens« in Übereinstimmung bringt. In ihr drückt sich Gewißheit aus, die jeder Selbstvergewisserung über den Gehalt des Glaubens vorausgeht. Denn: »Hat man sich ihr [der Autorität, M.K.] unterworfen, so kann man sie nun nicht, ohne sich gegen sie aufzulehnen, wieder in Frage ziehen und auf's neue glaubwürdig finden.«[46] Wenn sich Glaube und Gewißheit gegenseitig voraussetzen, gilt auch umgekehrt, daß der Zweifel das Nicht(mehr)-Glauben bedeutet. Der Zweifel an der Autorität unterscheidet sich grundlegend von dem Zweifel am Bestehen von Tatsachen[47]: für die Berechtigung eines Glaubenszweifels kann es kein durch theoretische Verfahren gesichertes Entscheidungskriterium geben. Er zeigt eine Veränderung der Lebensweise an. Die Glaubensgewißheit unterscheidet sich daher grundlegend von der epistemologisch-theoretischen Sicherheit: »*Sehr* gescheite und gebildete Leute glauben an die Schöpfungsgeschichte der Bibel, und andere halten sie für erwiesenermaßen falsch, und diese Gründe sind jedem bekannt.«[48]

Wohl am deutlichsten kommt diese Überlegung in einem »Gedankenspiel« Wittgensteins zum Ausdruck, mit dessen Hilfe er sich die Frage: »Was neigt auch mich zu dem Glauben an die Auferstehung Christi hin?« zu beantworten sucht. Seine Ausführungen sind von geradezu paulinischem Zuschnitt[49], etwa, wenn er - ganz analog dem Apostel - z.B von dem Grundgefühl der »Verwa/eistheit« ohne den Glauben spricht:

> Ist er [Christus, M.K.] nicht auferstanden, so ist er im Grab verwest wie jeder Mensch. *Er ist tot und verwest.* Dann ist er ein Lehrer, wie jeder andere und kann nicht mehr *helfen*; und wir sind wieder verweist[50] und allein. Und können uns mit der Weisheit und Spekulation begnügen. Wir sind gleichsam in einer Hölle, wo wir nur träumen können, und vom Himmel, durch eine Decke, gleichsam, abgeschlossen. Wenn ich aber WIRKLICH erlöst werden soll - so brauche ich *Gewißheit* - nicht Weisheit, Träume, Spekulation - und diese Gewißheit ist der Glaube. Und der Glaube ist Glaube an das, was mein *Herz*, meine *Seele* braucht, nicht mein spekulativer Verstand [...]. Was den Zweifel bekämpft, ist gleichsam die *Erlösung*. Das Festhalten an *ihr* muß das Festhalten an diesem Glauben sein.[51]

4.2.2 Das Sprachspiel des Glaubens: Religion und Referenz

In den angeführten Auszügen aus den *Vermischten Bemerkungen* wird jeder religiöse Wahrheitsanspruch, der die Grundlage für eine Theologie darstellen könnte, zurückgewiesen. Der *Religion als Lehre*, deren Gehalte durch die Autorität der »Schrift« verbürgt und deren Wahrheitsgehalt durch eine wissenschaftliche oder hermeneutische Interpretation oder autoritative Textexegese der Bibel freigelegt werden könnte, stellt Wittgenstein die Betrachtung der Religion als eines sprachlichen Ensembles von Sätzen gegenüber, in denen sich das »Problem des Lebens« stellt und zugleich als gelöst erscheint. Religiös zu sein, bedeutet daher für Wittgenstein, Gewißheit erlangt zu haben, deren nicht in Frage zu stellendes Fundament keineswegs in der Wahrheit von Glaubensgehalten besteht, sondern die sich in der Verwendung religiöser Sätze zeigt. Die Religion bringt für Wittgenstein eine Einstellung, eine Haltung zum Leben zum Ausdruck[52]. Sie stellt ein Fundament der Betrachtung des Lebens bereit, aber nicht, weil dieses Fundament ein »wahres« Fundament ist, sondern weil es, da es in der Gewißheit des Glaubens besteht, ein tragfähiges Fundament ist[53]. So kehrt sich das Verhältnis von Glaube und Wahrheit um: Wenn der Glaube sich nicht auf das So-Sein der Tatsachen in der Welt stützen kann, weil für Wittgenstein nichts *in* der Welt auf Gott verweist und auf diese Weise den Glauben an ihn zu begründen vermag, so wird er zwar nicht durch die Angabe eines Wahrheitskriteriums beweisbar, er wird aber auch durch Religionskritik (durch den Verweis auf dem Glauben entgegenstehende Tatsachen) nicht zu erschüttern sein. Weder die theologischen Bemühungen, durch Spurensuche in der Welt auf einen Gott zu stoßen[54], ihn ex negativo als absconditus zu entbergen[55], ihn jenseits der Grenzen menschlicher Erkenntnisfähigkeit durch einen skeptisch-fideistischen Probabilitätskalkül eine epistemologische Heimat zu geben[56], vermögen ihn zu stützen, noch vermag ihn wissenschaftlich ausgerichtete Kritik zu beseitigen. Gegenüber solchen Versuchen verhält sich Wittgensteins Philosophie wesentlich agnostisch[57].

Wenn es keine Möglichkeiten zur Entscheidung über die Wahrheit des Glaubens gibt, entsteht unausweichlich die Frage, welche Valenz die Sprache der Religion noch besitzt. Gibt es überhaupt Kriterien, anhand deren verständlich gemacht werden kann, was es bedeutet - wie Wittgenstein von sich - zu sagen: »Ich glaube an die Auferstehung Christi, aber nicht an das Ereignis des Jüngsten Gerichts«? Welcher Sinn kommt dieser Entgegensetzung zu? Behauptet ein Satz wie: »Ich glaube daran, daß es Gott gibt«, nicht die *Existenz* Gottes? Handelt es sich nicht um eine Behauptung, deren Sinn darin liegt, daß sie das Bestehen eines Sachverhaltes behauptet, der entweder wahr oder falsch sein *kann*? Mit einem Wort: Falls nicht auch Sätze der religiösen Sprache den Regeln referentieller Sprachspiele unterliegen, welche Regeln lassen sich für sie angeben?

Gemäß dem Programm der *Klarheit als Selbstzweck* und der aus diesem Programm sich ergebenden Aufgabe, die Verwendungsweise, den Gebrauch von Ausdrücken und Sätzen zu klären, sucht Wittgenstein Antworten auf diese Fragen nicht durch das Beibringen neuer Erklärungen oder Theorien über das Wesen religiöser Sprachspiele. Vielmehr reicht es für die Klärung des Gebrauchs solcher Sprachspiele aus, ihre Funktionen anhand beispielhafter Verwendungsweisen zu beschreiben - etwa im Umfeld des Ausdruckes »Gott«:

> Ein Gottesbeweis sollte eigentlich etwas sein, wodurch man sich von der Existenz Gottes überzeugen kann. Aber ich denke mir, daß die *Gläubigen*, die solche Beweise lieferten, ihren »Glauben« mit ihrem Verstand analysieren und begründen wollten, obgleich sie selbst durch solche Beweise nie zum Glauben gekommen wären. Einen von der »Existenz Gottes überzeugen« könnte man vielleicht durch eine Art Erziehung, dadurch, daß man sein Leben so und so gestaltet.
> Das Leben kann zum Glauben an Gott erziehen. Und es sind auch *Erfahrungen*, die dies tun; aber nicht Visionen, oder sonstige Sinneserfahrungen, die uns die »Existenz dieses Wesens« zeigen, sondern z.B. Leiden verschiedener Art. Und sie zeigen uns Gott nicht wie ein Sinneseindruck einen Gegenstand, noch lassen sie ihn *vermuten*. Erfahrungen, Gedanken - das Leben kann uns diesen Begriff aufzwingen.[58]

Der Gottesbeweis folgt für Wittgenstein nur scheinbar rationalen oder empirischen »Beweis«-Verfahren. Aus der verstandesmäßigen Analyse der Welt und den Erfahrungen in ihr kann sich die Existenz eines solches Wesens nicht ergeben, weil es ja gerade durch Transzendenz ausgezeichnet sein soll und daher keines empirischen Beweises fähig ist. Vielmehr muß davon ausgegangen werden, daß das Sprechen über Gott seinen Sinn im Zusammenhang mit der Lebensform (»Erziehung [...], daß man das Leben so und so gestaltet«) und der sprachlichen Darstellung spezifischer Lebens- und Leidenserfahrungen innerhalb einer Lebens- oder Kulturgemeinschaft findet. Für Wittgenstein stellt sich gar nicht erst die kritische Frage, ob der Gottesbeweis das leistet, was er zu leisten vorgibt. Er betont, daß die Rede des Glaubens anderen Regeln des Für-wahr-Haltens folgt als das Sprachspiel, das sich mit Sinneseindrücken und der referentiellen Beziehung auf Objekte in der Welt befaßt. Ob der Ausdruck »Gott« einem wie immer gearteten Wesen entspricht oder ob ein solches Wesen gar nicht existiert, bleibt für den Sprachphilosophen außer Betracht. Für ihn ist der Umstand wichtig, daß dem Sprachspiel des Glaubens eine *spezifische* Grammatik zugrunde liegt, die der des referentiellen Sprachspiels äußerlich wohl ähnelt, aber trotz dieser oberflächlichen Ähnlichkeit oder Übereinstimmung einen grundlegend anderen Bezug zu dem Gemeinten herstellt als etwa eine wissenschaftliche Hypothese. Der Gläubige, so Wittgenstein, setzt die Gewißheit seiner Glaubensüberzeugung bereits an, wenn er den geforderten Gottesbeweis beibringt, obwohl er diesen zugleich zur Stützung seines Glaubens verwendet. Die Gewißheit des Glaubens geht dem Zweifel voraus, den der Gottesbeweis ausräumen soll.

Wie der Ausdruck »Gott« verwendet wird, zeigt für Wittgenstein ein besonderes Sprachspiel mit einer spezifischen Grammatik an, die für intentionale Ausdrücke typisch ist. Der Gebrauch des Wortes »Gott« verweist im religiösen Sprachspiel, wie Wittgenstein an anderer Stelle schreibt, auf das, »was du meinst«[59], nicht auf das, was der »Gegenstand« dieses Meinens ist. Es ist für Wittgenstein also vor allem die Unschärfe der »Alltagssprache«, die Verwendungsunterschiede des »Meinens« verbirgt, für Verwirrung sorgt und eine Klärung erforderlich macht. In der Umgangssprache wird »Meinen« häufig im Sinne einer indirekt formulierten Behauptung über die Existenz (oder Nichtexistenz) eines Sachverhaltes gebraucht und bringt ein empirisches oder logisches Entscheidungskriterium bei der Prüfung solcher Behauptungen ins Spiel, etwa im Sinne der Aufstellung und Bewertung einer Hypothese innerhalb eines wissenschaftlichen Erklärungsmodells. Der Umstand, daß das »Meinen« auf die Gebrauchsweise des Satzes verweist und nicht auf die Bedeutung dieses Satzes, gerät schnell aus dem Blick, und der metaphysischen Fehldeutung wird Einlaß gewährt. So bemüht sich etwa Kant, die Annahme eines »höheren Wesens« dadurch zu rechtfertigen, daß ein solches »höheres Wesen« *unbeschadet* der Verstandesanalyse der Welt möglich und geboten ist[60], um vernünftige Regulative für das moralische Handeln in der Welt aus der Kenntnis dessen zu gewinnen, »was [Gott, M.K.] für uns als moralische Wesen sei«[61]. Dieselbe, wenn auch gegenläufige, Argumentationsstruktur liegt der religionskritischen Verwendung des empiristischen Sinnkriteriums zugrunde: Es erscheint als unsinnig, das Wort »Gott« überhaupt zu verwenden, weil kein empirisch gesichertes Sinnkriterium zur Festlegung seines Gebrauchs aufgefunden werden kann[62]. Die Frage nach Gott soll auf diese Weise als eine metaphysische Scheinfrage durchschaubar gemacht und als unsinnig aus dem logischen Sprachgebrauch ausgeschlossen werden. Wittgenstein setzt sich vor allem mit der empiristischen Argumentationsweise auseinander. In einer Aufzeichnung aus dem Jahre 1949 erläutert er die Problematik des Satzes »Gott existiert« unter dem Aspekt, was unter »existiert« in diesem Satz zu verstehen ist:

> Das Wesen Gottes verbürge seine Existenz - d.h. eigentlich, daß es sich hier um eine Existenz nicht handelt.
> Könnte man denn nicht auch sagen, daß Wesen der Farbe verbürge ihre Existenz? Im Gegensatz etwa zum weißen Elefanten. Denn es heißt ja nur: ich kann nicht erklären, was »Farbe« ist, was das Wort »Farbe« bedeutet, außer an der Hand des Farbmusters. Es gibt also hier nicht ein Erklären, »wie es wäre, wenn es Farben *gäbe*«.
> Und man könnte nun sagen: Es läßt sich beschreiben, wie es wäre, wenn es Götter auf dem Olymp gäbe - aber nicht: »wie es wäre, wenn es Gott gäbe«.[63]

Die Behauptung, der Olymp sei von Göttern bevölkert, ließe sich mit empiristisch zugelassenen Prüfverfahren (etwa durch eine Expedition dorthin) sinnvoll klären. Die Behauptung der Existenz Gottes kraft seines Wesens hingegen auf keine dem Menschen mögliche Art und Weise.

Im Gegensatz zur empiristischen Folgerung aus diesem Umstand, daß der Satz »Gott existiert« für unsinnig erklärt und aus der Sprache ausgeschlossen werden müsse, gibt Wittgenstein dem Problem eine ganz andere Wendung, indem er den Begriff ›Gott‹ aus dem Sprachspiel des Wissens herausnimmt: »Und *damit* wird der Begriff ›Gott‹ näher bestimmt«, und anschließend die Frage aufwirft, die dem logischen Empiristen gerade nicht wichtig sein muß: »Wie wird uns das Wort »Gott« beigebracht (d.h. sein Gebrauch)?« Die Tatsache, daß das Wort »Gott« zu einem bestehenden Sprachspiel gehört, steht für Wittgenstein in keinerlei Zusammenhang mit der Frage nach der außersprachlichen Realität eines Wesens dieses Namens; die Verwendung dieses Wortes verweist auf die Rolle eines solchen Wortes innerhalb einer *Lebensform*. Nicht, ob ein solches Sprachspiel »gerechtfertigt« erscheint, sondern daß es ein Sprachspiel mit dem Wort »Gott« *gibt*, ist von Interesse, weil dieser Umstand auf eine *bestimmte Art zu leben* verweist. Durch die Lebensweise der Menschen ist bereits ein ausreichendes Sinnkriterium für das Sprechen über Gott gegeben; gerade die Anwendung des empiristischen Sinnkriteriums, durch das die Frage nach der Existenz Gottes aussichtslos erscheint, macht offenbar, daß die Praxis der Menschen, ihre »Lebensform«, das Kriterium gibt, den »Sinn« von Sprachspielen festzustellen. Der Glaube an Gott erscheint in dieser Sichtweise ebensowenig kriteriell begründet wie die Lebensform, zu der er gehört, und die Sprachspiele, in denen er sich ausdrückt. Das empiristische Sinnkriterium geht gerade an diesem für die Betrachtung von religiösen Sätzen wichtigen Aspekt vorbei. Dies gilt ebenfalls für die *Theologie als Lehre*, insofern sie den Glauben in eine Frage des Wissens, der Wahrheit und der Erklärungen verwandelt:

> Wenn der an Gott Glaubende um sich sieht und fragt: »Woher ist alles, was ich sehe?« »Woher das alles?« verlangt er *keine* (kausale) Erklärung; und der Witz seiner Frage ist, daß sie der Ausdruck dieses Verlangens ist. Er drückt also eine Einstellung zu allen Erklärungen aus. - Aber wie zeigt sich die in seinem Leben? [...] Eigentlich möchte ich sagen, daß es [...] nicht auf die Worte ankommt, die man ausspricht, [...] sondern auf den Unterschied, den sie an verschiedenen Stellen im Leben machen [...]. [Die Theologie] fuchtelt sozusagen mit Worten herum, weil sie etwas sagen will und nicht weiß, wie man es ausdrücken kann. *Die Praxis* gibt den Worten ihren Sinn.[64]

Wird das Sprachspiel der Religion auf seine Funktion innerhalb der »verschiedenen Stellen im Leben« hin betrachtet, wird klar, daß in der Religion von Argumentation keine Rede mehr sein kann. Die hermeneutische Bibelauslegung als Quelle des Glaubens erscheint dann lediglich als ein »Gefuchtel« mit Worten. Die auf unterschiedliche Bibelkritik gestützten, sich wissenschaftlich gerierenden theologischen Ausdeutungen von Religion und Glaube verfehlen daher für Wittgenstein bereits im Ansatz die Möglichkeit, das Textkorpus der Testamente in Bezug zu der Rolle zu setzen, die es im Gefüge einer Lebensform spielt:

> Aber wer sagt, daß die Schrift wirklich undeutlich ist; ist es nicht möglich, daß es hier [in den Evangelien, M.K.] wesentlich war, »ein Rätsel aufzugeben«? Daß eine direktere Warnung [vor der Rache Gottes, M.K.] dennoch die *falsche* Wirkung hätte haben müssen? Gott läßt das Leben des Gottmenschen von *vier* Menschen berichten, von jedem anders, und widersprechend - aber kann man nicht sagen: Es ist wichtig, daß dieser Bericht nicht mehr als sehr gewöhnliche historische Wahrscheinlichkeit habe, *damit* diese nicht für das Wesentliche, Ausschlaggebende gehalten werde: Damit der *Buchstabe* nicht mehr Glauben fände, als ihm gebührt und der *Geist* sein Recht behalte.[65]

Das für das »Leben« Wichtige vermag der Theologe und der als Theologe verkleidete wissenschaftliche Anthropologe oder Historiker[66] gerade nicht mit seiner kritisch-empirischen Betrachtung zu gewinnen; es besteht, so Wittgenstein, nämlich gar nicht in dem Nachweis von historischen Tatsachen (oder dem Nachweis, daß es sich nicht um Tatsachen handelt), sondern darin, den rationalistisch-wissenschaftlichen Anspruch, damit etwas über die Regeln des religiösen Sprachspieles zu sagen, zu destruieren. Das Rätsel, das die Bibel aufgibt, besteht unter dieser Voraussetzung darin, daß ihre Botschaft nur dort wirken kann, wo die Lebensform eine solche Wirkung zuläßt. Der Bibelglaube verhält sich weder affirmativ noch skeptisch gegenüber der (historischen) Empirie[67]; er wird »[...] glaubend (d.h. liebend) vom Menschen ergriffen. *Das* ist die Sicherheit dieses Für-wahr-Haltens, nicht *Anderes.*«[68]

Diesen anderen Modus des Für-wahr-Haltens *zeigt* der Glaube dadurch an, daß er etwas dem empirischen Wahrheitskriterium sich Widersetzendes, scheinbar Paradoxes *sagt*:

> Glaube, durch dick und dünn und das kannst Du nur als Resultat eines Lebens. *Hier hast Du eine Nachricht - verhalte Dich zu ihr nicht, wie zu einer anderen historischen Nachricht!* Laß sie eine *ganz andere* Stelle in Deinem Leben einnehmen. - Daran ist nichts *Paradoxes!*[69]

»Paradox« wäre die religiöse Botschaft, wenn es sich um ein referentielles Sprachspiel handelte. Aber gerade in dieser offenkundigen Unhaltbarkeit des Behaupteten liegt ihr eigentlicher Sinn, den freilich nur der Gläubige aufnehmen kann. Das Problem der Paradoxalität des Glaubens, das im Traktat unaufgelöst bleibt, wird nunmehr durch seine Einbettung in das Sprachspiel bzw. die »Lebensform« umgangen. Angesichts der Multiplizität des Sprechens und der Unterschiedlichkeit der Sprachspiele stellt sich das Problem des Paradoxons sprachspielabhängig. Es gewinnt seinen Sinn nur im Kontext des referentiellen Sprachspiels; im Kontext der religiösen Sprachspiele erfüllt es eine andere Funktion. Gerade aus diesem Grunde wäre es verfehlt, den religiösen Glauben aus der Anerkennung einer *Lehre* herleiten zu wollen: Diese müßte sich dem Prüfverfahren der Verifizier- oder Falsifizierbarkeit stellen und an ihrer Paradoxalität scheitern[70]. Das Für-wahr-Halten des Glaubens folgt dem epistemologischen Wahrheitsbegriff jedoch nicht. Mehr noch: Es setzt die Universalität seiner Geltung außer Kurs.

Wird durch die Einsicht in das Arbeiten der religiösen Sprachspiele deutlich, daß der epistemologische Wahrheitsbegriff außerhalb ihrer Regeln steht, so lassen sich die im religiösen Sprachspiel formulierten »Bilder« als *Gleichnisse* auffassen. Ihr referentieller Inhalt ist sprachphilosophisch kaum von Belang. Wichtig ist, daß durch sie »*Lebensregeln* in Bilder gekleidet«[71] werden. Sie *beschreiben* in Beispielen die Normen und Regeln einer spezifischen Lebenspraxis, die sich in der Grammatik der religiösen Sprache zeigt (vor allem an ihren Geboten, ihren Imperativen):

> Die Religion sagt: *Tu dies! - Denk so!* - aber sie kann es nicht begründen, und versucht sie es auch nur, so stößt sie ab; denn zu jedem Grund, den sie gibt, gibt es einen stichhaltigen Gegengrund. Überzeugender ist es, zu sagen: »Denke so! - so seltsam dies scheinen mag«. Oder: »Möchtest du das nicht tun? - so abstoßend es ist.«[73]

Die Überzeugungskraft der Aufforderung, das »Seltsame« zu denken und das »Abstoßende« zu tun, ergibt sich nur dann, wenn die Religion in das *Leben* dessen, der die religiöse Botschaft vernimmt, tatsächlich eingreift, auch wenn andere Regeln seiner Lebensweise diesen Eingriff als widersinnig erscheinen lassen[74]. Gerade dadurch wird deutlich, daß die Religion das Gegenteil einer Lehre ist, nämlich etwas »wie das leidenschaftliche Sich-Entscheiden für ein Bezugssystem [...]. Ein leidenschaftliches Ergreifen *dieser Auffassung*«[75]. Der Glaube ist deshalb dem »rechten« Verständnis der Gleichnisse vorausgesetzt. Der »Vergleich«, den das Gleichnis vornimmt, vergleicht das Leben mit dem Verhaltensimperativ des Glaubens und stellt die Forderung, daß der Gläubige sein Leben auf eine neue Weise ausrichtet.

Die Besonderheit der Grammatik des religiösen Sprachspiels läßt sich auch am Beispiel der Gnadenwahl verdeutlichen. Unterstellte man, so Wittgenstein, ein göttliches Wesen, das im Vorhinein festgelegt habe, daß ein bestimmtes Verhalten im Diesseits zu Hölle und Qualen, ein andersgeartetes hingegen zu einem Nachleben an einem Ort »ewiger Freude« führt, und daß außerdem der Lebenswandel der Menschen auf Erden bereits vorbestimmt ist, so wäre

> hier also von Strafe keine Rede, sondern eher von einer Art Naturgesetzlichkeit. Und, wem man es in diesem Lichte darstellt, der könnte nur Verzweiflung oder Unglauben aus dieser Lehre ziehen.
> Die Lehre könnte keine ethische Erziehung sein. Und wenn man ethisch erziehen und dennoch so lehren wollte, dann müßte man die *Lehre*, *nach* der ethischen Erziehung, als eine Art unbegreifliches Geheimnis darstellen.[76]

Und zur Erläuterung dieses Gedankenganges fügt er hinzu:

> »Er hat sie [= die anderen, M.K.], in seiner Güte, erwählt und er wird Dich strafen« hat ja keinen Sinn. Die beiden Hälften [dieses Satzes, M.K.] gehören zu verschiedenen Betrachtungsarten. Die zweite Hälfte ist ethisch und die erste ist es nicht. Und mit der ersten zusammen ist die zweite absurd.[77]

Der Halbsatz »er wird Dich strafen« ist deshalb »ethisch«, weil er anzeigt, daß sich das Strafen nicht auf bestimmte Handlungen oder Unterlassungen *in* der Welt bezieht, sondern das Leben insgesamt betrifft. Eine solche Vorstellung von der »Gnadenwahl« (»Er hat sie [...] erwählt«) folgt dem Sprachspiel der Wissenschaft, weil sie den Eingriff Gottes *in* das Leben der Menschen unterstellte, der die Tatsachen der Welt verändern würde. Wie bereits im Traktat weigert sich Wittgenstein auch in der Spätphilosophie, von einer Offenbarung des Höheren in der Welt zu sprechen. Da nichts an den Tatsachen der Welt auf das Göttliche hinzuweisen vermag, stellt die Lehre von der Gnadenwahl allenfalls ein religiös verkleidetes Sprachspiel der Wissenschaft dar[78]. Dies gilt ebenfalls für die Vorstellung von der Rechtfertigung des Daseins durch menschliche Werke. Selbst die äußerste Anstrengung, den göttlichen Geboten zu folgen, sagt nichts über das Eintreffen oder Nichteintreffen von »Strafe« aus. Wittgenstein wählt zur Verdeutlichung folgenden Vergleich:

> »Er will nicht...« heißt: es ist in seiner Macht. Und *wer* will das sagen? Wovon sagt man denn: »es ist in meiner Macht«? - Man sagt es, wo man einen Unterschied machen will. *Dies* Gewicht kann ich heben, will's aber nicht heben; jenes *kann* ich nicht heben.[79]

Spricht der Gläubige von der »Strafe« Gottes, so verwendet er eine besondere, vom juristischen Gebrauch abweichende Grammatik des Sprachspiels »strafen«. Er möchte nicht differenzieren und abwägen wie ein menschlicher Richter zwischen mildernden Umständen, den Motiven für das Vergehen und der Schwere der Tat. Dies wäre ein bloß »menschliches« Maß für Schuld und Sühne, eine Vorstellung, die der anthropomorphistischen Idee eines »höchsten Richters« verhaftet bleibt, der ein »Jüngstes Gericht« abhält - eine Vorstellung, die für Wittgenstein »überhaupt kein[en] religiöse[n] Gedanke[n]« ausdrückt, »sondern eher eine wissenschaftliche Hypothese«[80].

Diese Unterscheidung gibt Wittgenstein zugleich den Schlüssel für die Differenzierung zwischen »Glaube« und »Aberglaube«. Der anthropomorphistische Sprachgebrauch in bezug auf die Religion ist für ihn ein verdeckt *wissenschaftlicher*, weil er Schuld und Strafe nach dem wissenschaftlichen Modell des Kausalnexus denkt, der einen logisch zwingenden Schluß auf das Bestehen oder Nichtbestehen von Sachverhalten ermöglichen soll (etwa: daß die Schuld und Strafe im Verhältnis von Ursache und Wirkung stehen). Bereits im Traktat identifiziert Wittgenstein den »Glaube[n] an den Kausalnexus« mit dem »Aberglaube[n]«[81], und in einer kurzen Eintragung in den *Vermischten Bemerkungen* aus dem Jahre 1948 heißt es dazu: »Religiöser Glaube und Aberglaube sind ganz verschieden. Der eine entspringt aus *Furcht* und ist eine Art falscher Wissenschaft. Der andere ist ein Vertraun.«[82] Das Kriterium dafür, scheinbar religiöse Sätze als Aberglaube erkennen zu können, besteht also darin, daß der Aberglaube Sätze über Tatsachen *in der Welt* mit Sätzen *über die Welt* gleichsetzt, während die Sprachuntersuchung ergibt, daß Sätze über Tatsachen in der Welt nicht über die Welt hinausdeuten können. Wenn die Tatsachen der Welt kein Anzeichen für das Wirken Gottes darbieten, dann können z.B. auch Handlungen in »der« Welt mit dem Maßstab religiöser Lebensregeln sinnvoll nicht bemessen werden; sie sind ausschließlich Gegenstand wissenschaftlicher, psychologischer oder historischer Untersuchung. Wittgenstein verdeutlicht diese Überzeugung, wenn er fordert, selbst den größten Massenmörder der bisherigen Geschichte unter diesem Blickwinkel zu betrachten: »Man kann vernünftigerweise nicht einmal auf Hitler eine Wut haben; viel weniger auf Gott.«[83]

Zwischen dem Sprachspiel des religiösen Glaubens, dem Aberglaube und dem referentiellen Sprachspiel bestehen für Wittgenstein grammatische Unterschiede, die der Klärung bedürfen. Ziel einer solchen Klärung ist vor allem der Aufweis, daß die Sätze der Religion eine Haltung zum Ausdruck bringen, die einen anderen Bezug zur Welt ermöglicht als das Sprachspiel der Wissenschaften. Daß Religion als eine Lehre aufgefaßt werden kann, ist für Wittgenstein auf die Grammatik und den Wortgebrauch der »Alltagssprache« zurückzuführen. Sie gestattet es, daß das Wort »Gott« in gleicher Weise als Name verwendet wird wie eine Bezeichnung für Gegenstände oder Personen in der Welt. Die Unklarheit der Alltagssprache ist so lange unschädlich, wie sie der Vielfalt menschlicher Lebensformen und des Handelns der Menschen in der Welt Ausdruck verleiht. Sie wird bedenklich und bedarf der Klärung, sobald versucht wird, mit ihr dieses Handeln philosophisch zu begründen oder kausal zu erklären. Im Fall der religiösen Gewißheit begünstigt sie die Entstehung einer Lehre von Gott im Sinne der Theologie. Wittgensteins Klärung des Sprachgebrauchs sucht ihrerseits freilich nicht nach einer besseren kausalen Erklärung, nach einer allumfassenden Theorie oder Lehre für das Phänomen des religiösen Glaubens. Sie stellt heraus, daß das Bekenntnis des Gläubigen keiner theoretischen Begründung bedarf. Im religiösen Glauben spiegelt sich für Wittgenstein eine Lebensform. Die mit dieser Klarstellung verbundene Destruktion der *Religion als Lehre* gehört zu den wichtigsten Konsequenzen der Religionsauffassung Wittgensteins. Sobald an die Stelle der spezifischen Inhalte von Glaubensäußerungen die grammatische Eigentümlichkeit des religiösen Sprechens in Zusammenhang mit und in Kontrast zu anderen Sprachspielen tritt, verliert die Frage nach dem Wesen oder der Wahrheit der Religion ihren »Witz«[84]: Die Frage nach der Wahrheit der Religion ist für Wittgenstein eine Frage danach, wie innerhalb einer spezifischen Sprach- und Lebensgemeinschaft der Ausdruck »Wahrheit der Religion« verwendet wird.

4.2.3 Naturgesetz und Gott

«Die Tücke des Objekts«, schreibt Wittgenstein 1948, ist »ein unnötiger«, ja sogar »dummer Anthropomorphismus«[85]. Die Objekte, die so geduldig dem Wissenschaftler »Daten« darbieten, die sich dem Referenzdenken so paßgenau anbequemen, sind laut Wittgenstein keineswegs tückisch. Sie halten nichts »an sich«; sie funktionieren. Allerdings ließe sich eine weit perfidere Tücke ausdenken, die hinter den »Objekten« verborgen liegt, nämlich ein Plan, in den die Welt als ganze einbegriffen ist:

> Man könnte von einer Tücke der *Welt* reden; sich leicht vorstellen, der Teufel habe die Welt geschaffen, oder einen Teil von ihr. Und es *nicht* nötig, ein Eingreifen des Dämons von Fall zu Fall sich vorzustellen; es kann alles »den Naturgesetzen entsprechend« vor sich gehen; es ist dann eben der ganze Plan von vornherein auf's Schlimme angelegt.[86]

Angesichts einer derart unheimlichen Vorstellung ist die Rede von der »Tücke des Objekts« in der Tat eine Verharmlosung, ja geradezu eine Verstellung einer tiefer liegenden Unheimlichkeit: Daß die Sicherheit, welche die Wissenschaften den Menschen *in* der Welt bieten, sie eine allumfassende Gefährdung nicht erkennen läßt. Auch wenn das Gedankenexperiment eines katastrophischen Weltplans auf den ersten Blick absurd anmutet, so macht es doch offenbar, daß mit der wissenschaftlichen Beantwortung der Fragen nach den Tatsachen, wie Wittgenstein schreibt, »unsere Lebensprobleme noch gar nicht berührt sind«[87]. Denn die Gewißheit, mit der ein solcher Plan im Sprachspiel der Wissenschaften ausgeschlossen bzw. als unsinnig verworfen wird, läßt sich nicht mit der wissenschaftlich ermittelten Wahrheit der Geltung von Naturgesetzen begründen, sondern sie ist dem Sprachspiel der Wissenschaften logisch vorausgesetzt, also die Grundlage, auf der sich Fragen nach dem Sinn bzw. Unsinn von Sätzen stellen und ihrer möglichen Wahrheit allererst stellen lassen.
Dieser Primat der Gewißheit vor der Wahrheit läßt sich ebenfalls am umgekehrten Gedankenexperiment belegen: »Denk, jemand sähe ein Pendel, und dächte dabei: So läßt Gott es gehen. Hat Gott denn nicht die Freiheit, auch einmal in Übereinstimmung mit einer Rechnung zu handeln? Man könnte sagen: welch herrliche Gesetze hat der Schöpfer in die Zahlen gelegt!«[88]

Wichtig an solchen Überlegungen Wittgensteins ist, daß sie gegenüber dem Universalitätsanspruch der wissenschaftlichen Sprachspiele und den darin sich äußernden Methoden und Normen sowie dem positivistischen Rationalitätsdenken Distanz bewahren. Sie sollen deutlich machen, daß das Sprachspiel der Wissenschaften dem religiösen Sprachspiel hinsichtlich der gewißheitsstiftenden Funktion im Leben der Menschen äquivalent ist. Zugleich verweigern sie dem wissenschaftlichen Sprachspiel das Privileg, eine gegenüber anderen Zugangsweisen ausgezeichnete Beziehung zur Welt herstellen zu können. Aus diesem Grunde spielt für Wittgenstein die Abwägung der Wahr-Scheinlichkeit der wissenschaftlichen und der religiösen Blickweise auf Welt keine Rolle[89] - hier wären inkommensurable Grammatiken aufeinander zu beziehen und ein Ergebnis deshalb nicht zu erwarten. Sie sind für ihn wichtig in bezug auf ihre *Funktion*, nämlich ihrer Fähigkeit zur Sinnstiftung. In dieser Hinsicht weisen das wissenschaftlich-mathematische Erklärungsmodell von Welt und die Religion durchaus Ähnlichkeiten auf: »Der feste Glaube (an eine Verheißung z.B.). Ist er weniger sicher als die Überzeugung von einer mathematischen Wahrheit? - Aber werden dadurch die Sprachspiele ähnlicher!«[90] Und über die »Physiker« und das von ihnen als indubitabel vorausgesetzte Prinzip der Kausalität als »Grundlage ihres Tuns« heißt es in den *Vorlesungen 1930-1935*:

> Sie ist eigentlich eine Beschreibung ihres Untersuchungsstils. Für den Physiker steht die Kausalität für einen Denkstil. Man vergleiche damit das Postulat eines Schöpfers in der Religion. In gewissem Sinne scheint es eine Erklärung zu sein, doch in einem anderen Sinne erklärt es gar nichts. [...] Gott, das ist der eine Stil, der Nebelfleck ist der andere. Der Stil verschafft uns Befriedigung, aber der eine Stil ist nicht rationaler als der andere. Was man so über die Wissenschaft sagt, hat mit dem Fortschritt der Wissenschaft nichts zu tun [...]. Mit dem Gebrauch des Wortes »rational« steht es ähnlich.[91]

Die Ähnlichkeit zwischen mathematisch-logischer Betrachtungsweise und Religion besteht - bei diametraler Gegensätzlichkeit ihrer »Ergebnisse« - darin, daß in beiden die Gewißheit und nicht die Wahrheit dieser Gewißheit das Moment der »Befriedigung« ist[92]. Wie das religiöse Sprachspiel dient auch das Sprachspiel der Wissenschaften in dieser Hinsicht vor allem der Sinnstiftung. Doch im Unterschied zur Religion erweckt das wissenschaftliche Weltbild den Anschein, als ob das Projekt der Wahrheitssuche per se zur Grundlage seiner Geltung dienen könnte[93]. Es ist dieser Zug der wissenschaftlichen Rationalität, der Wittgensteins Einspruch herausfordert. Die Zurückweisung von *Philosophie als Lehre*, der Aufweis der grammatischen Gebundenheit wissenschaftlicher Sprachspiele und die Formulierung des Programms *Klarheit als Selbstzweck* sollen verstehen lassen, daß keineswegs die Wahrheit, sondern die Gewißheit »am Grunde« der Sprachspiele liegt und daß diese selbst keiner Begründung fähig ist.

Wittgensteins Einspruch gegen den Wahrheits- und Universalitätsanspruch des wissenschaftlichen Modells der Weltdeutung leitet sich damit aus der Überzeugung her, daß im Universalitätsanspruch der epistemologischen Fragehaltung Metaphysik fortdauert. Wird Wahrheit statt *Klarheit als Selbstzweck* angestrebt, dann werden rational organisierte Lebensformen mit der Lebensform überhaupt und rational sinnvolle Fragen mit sinnvollen Fragen überhaupt gleichgesetzt[94], ohne daß eine solche Universalisierung der Regeln einer Lebensform anders als zirkulär oder philosophisch willkürlich begründen ließe[95]. Vor diesem Hintergrund wird auch die von Wittgenstein in den Vorworten zu seinen Arbeiten der Spätzeit herausgestellte Distanz zum »typischen westlichen Wissenschaftler« verständlich, der den Fortschritt um seiner selbst willen verkündet und die Gewißheit als Moment der Sinnstiftung von der Beantwortung der Wahrheitsfrage abhängig macht. Wittgenstein war sich deshalb vollkommen darüber im klaren, daß nichts »weniger wahrscheinlich« sei, als »daß ein Wissenschaftler, oder Mathematiker, der mich liest, dadurch in seiner Arbeitsweise beeinflußt werden sollte«[96], und er fürchtete, daß die Einsprüche des Philosophen im rationalitätsgläubigen »Geschwätz der Leute«[97] untergehen würden. Der Sprachphilosoph, der die Wahrheit nicht als ein Konstituens, sondern als ein Moment von Sprachspielen betrachtet, vermag ohnehin keine »Veränderung der Lebensweise« herbeizuführen; er kann allerhöchstens »auf die allerindirekteste Wirkung hoffen«[98]. Daß die Menschen zu einer Lebensform übergehen könnten, in der das »Leben« nicht mehr als ein Problem betrachtet und die sich daraus ergebende religiöse Dimension nicht mehr wahrgenommen wird, läßt sich von ihm nicht ausschließen. Doch von der Warte der europäischen philosophischen Tradition, in die sich auch Wittgenstein stellt, erscheint eine solche Lebensform gleichsam »blind«, als eine »Maulwurfsexistenz«:

> Aber haben wir nicht das Gefühl, daß der, welcher [im Leben] nicht [...] ein Problem sieht, für etwas Wichtiges, ja das Wichtigste, blind ist? Möchte ich nicht sagen, der lebe so dahin - eben blind, gleichsam wie ein Maulwurf, und wenn er bloß sehen könnte, so sähe er das Problem?[99].

Das »Licht«, dessen die Betrachtung des »Problems des Lebens« im Zusammenhang mit der Frage nach dem Sinn unterschiedlicher Sprachspiele bedarf, kommt für Wittgenstein aus der Anerkennung der Pluralität von Sprachspielen und Lebensformen. Das Programm der *Klarheit als Selbstzweck* richtet sich gegen die technizistisch-zweckrationalistischen Abweisung der Sinnfrage. Innerhalb des Sprachspiel-Konzepts besitzt das Sprachspiel der Wissenschaften, das um die Wahrheit kreist, durchaus eine wichtige Funktion: Es ermöglicht Sicherheit des Handelns und besitzt pragmatischen Sinn. Doch erzeugt es diesen Sinn nicht, sondern beruht ebenso auf Gewißheit wie die religiöse Form des Für-wahr-Haltens.

Wittgensteins sprachphilosophische Einholung der Religion als religiöses Sprachspiel führt den traditionellen Religionsphilosophen und Theologen in eine prekäre Situation. Dadurch, daß für ihn die Reflexionen über den Glauben zunächst nicht mehr als ein Sprachspiel sind, das kultur- bzw. lebensformrelativ zu betrachten ist, entzieht er dem Theologen die Möglichkeit, Geltungsansprüche für die Wahrheit seines Glaubens zu erheben. Die Gehalte der Religion, die »wahre« oder »reine« Lehre, bleiben außerhalb seiner Betrachtung. Die Rede von der »Gnade Gottes«, der »Gerechtigkeit durch gute Werke« oder der »Gnadenwahl« verweist nicht auf eine vernunftgemäße Begründung des Glaubens; sie verweist auf ein »Vertrauen«, das nicht durch die Entscheidung für den Glauben erzeugt wird, sondern sich in dieser Entscheidung zeigt. Versuche, den Glauben zu begründen, in ihm eine Wahrheit im Sinne einer Wesensaussage über das Mensch-Sein zu sehen, sind für Wittgenstein Varianten des »Aberglaubens«[100].

Worauf kann sich das Sprachspiel der Religion dann aber sprachphilosophisch überhaupt noch stützen? In seinem *Vortrag über Ethik* und in seinen Gesprächen mit Mitgliedern des »Wiener Kreises« konstatiert Wittgenstein den »Drang [...] im menschlichen Bewußtsein«[101] bzw. eine »Tendenz im Menschen« zum »Anrennen gegen die Grenze der Sprache«[102]. Er bekundet seinen Respekt vor diesem »Trieb aller Menschen, die versucht haben, über Ethik und Religion zu schreiben«[103]. Dieser »Drang« entsteht für Wittgenstein dadurch, daß »[f]ür den Menschen [...] das Ewige, Wichtige oft durch einen undurchsichtigen Schleier verdeckt [ist]. Er weiß: da unten ist etwas, aber *sieht* es nicht. Der Schleier reflektiert das Tageslicht«[104]. Diese in der Religion und ihrer Philosophie zum Ausdruck kommende »Tiefe« markiert für Wittgenstein die Grenze der sprachphilosophischen Analyse. Sie ist ihre Voraussetzung, weil sie die differentielle Betrachtung der Sprachspiele erst ermöglicht und zugleich offenbar werden läßt, daß die Sprachspielanalyse selbst nur ein Moment der sprachlichen Vielfalt ist:

> Ein in uns festes Bild kann man freilich dem Aberglauben vergleichen, aber doch auch sagen, daß man *immer* auf irgendeinen festen Grund kommen muß, sei er nun ein Bild, oder nicht, und also sei ein Bild am Grunde allen Denkens zu respektieren und nicht als ein Aberglaube zu behandeln.[105]

Die Aufgabe der philosophischen Klärung besteht darin, solche »Urbilder«[106] gleichsam anthropologisch als »Leitmotive« menschlichen Handelns aufzufinden und *zugleich* deutlich werden zu lassen, daß es sich lediglich um *Bilder* handelt. Wittgenstein verbindet in dem Ausdruck »Urbild« den traktarianischen Bildbegriff mit der Grundüberlegung der Spätphilosophie, daß jedes Bild nur relativ zu einem anderen Bild einen Sinn aufweisen kann. Beide Ansätze verbindet die Überzeugung, daß die Beziehung, die zwischen dem »Urbild« und dem von ihm Abgebildeten besteht, nicht aufzufinden ist[107]. Vielmehr kehrt Wittgensteins Untersuchung zu dem »Dienst« zurück, den ein solches Bild für die Menschen leistet[108]. Und bei der Betrachtung dieses »Dienstes« zeigt sich, daß die Grammatik des religiösen Sprachspiels und seiner Bilder das Sprechen als sinnstiftende Handlung durch den Gebrauch dieser Bilder offenbar werden läßt:

> Die große Schwierigkeit ist [...], die Sache nicht so darzustellen, als *könne* man etwas nicht. Als wäre da wohl ein Gegenstand, von dem ich die Beschreibung abziehe, aber ich wäre nicht im Stande, ihn jemandem zu zeigen. - Und das Beste, was ich vorschlagen kann, ist wohl, daß wir der Versuchung, dies Bild zu gebrauchen, nachgeben: aber nun untersuchen, wie die *Anwendung* dieses Bildes aussieht.[109]

Der lange Streit um die Frage, ob Gott existiere oder nicht, ist für Wittgenstein im Grunde gleichgültig: »Wie ein Wort verstanden wird, das sagen Worte allein nicht (Theologie)«[110], sondern ist abhängig von historisch variablen Lebensformen. Wenn »Gott« in die stets veränderlichen Lebensformen hineingenommen wird, erscheinen alle *Argumente* für oder gegen die Existenz eines Gottes wenn nicht als falsch, so doch als gegenstandslos. Die theologische Rede von Gott steht für Wittgenstein unter dem Vorzeichen der Endlichkeit. Das große Projekt der Versöhnung von Vernunft und Glaube, das in immer neuen Paradoxien mündete, wird durch die grammatische Interpretation des Gottesbegriffes unterlaufen und der Entwicklung der Lebensformen überantwortet.

5 Ethik

5.1 »Die Welt ist an sich weder gut noch böse«[1]. Zur Ethik im Traktat

Im Jahre 1929 notiert Wittgenstein: »Wenn etwas gut ist, so ist es auch göttlich. Damit ist seltsamerweise meine Ethik zusammengefaßt. Nur das übernatürliche kann das Übernatürliche ausdrücken.«[2] Die unmittelbare Nähe der Ethik zur Religion ergibt sich aus den Überlegungen Wittgensteins im Traktat zur Grenze der Sagbarkeit. Die philosophisch gewonnene Klarstellung, daß sich aus der logisch-formalen Analyse der Sätze über die Welt eine unüberbrückbare Kluft ergibt zwischen dem, was sich »zeigt«, und dem, was sich »sagen« läßt, führt dazu, sowohl der philosophischen Reflexion als auch den Aussagen über »Gott« den Status sinnvoller Aussagen zu verweigern. Die logisch-formale Strukturanalyse der Welt führt zu der Einsicht, daß die Existenz der Welt die ineffable Grundlage aller Sätze sowohl über die Sachverhalte innerhalb der Welt wie auch über die Welt als ganze ist. Daraus folgt für Wittgenstein, daß auch alle Versuche, einen theoretisch fundierten *ethischen Handlungsbegriff* aus der Beschaffenheit der Welt und der sie durchziehenden Logik zu gewinnen, zum Scheitern verurteilt sein müssen. Wenn »alles Geschehen und So-Sein«[3] in der Welt zufällig ist, dann bleiben eben auch die menschlichen Aktionen im Bereich dieser Zufälligkeit und können nicht sinnvoll normativ auf ein System unveränderlicher Werte außerhalb jener Strukturlogik, die jede Vorstellung von der Welt bestimmt, bezogen werden.

Ausgangspunkt der Überlegungen Wittgensteins zur Ethik im Traktat ist also die Annahme, daß die Willenshandlungen der Menschen nur im Rahmen der logisch-formal aufgewiesenen Struktur der Welt analysierbar sind und damit über ethische Dimensionen des Handelns in der Welt sinnvoll gar nicht gesprochen werden kann. Insbesondere *theoretische* Sätze über die Beschaffenheit von Tatsachen, die Sätze über deren »Sein« mit Sätzen des »Sollens« verbinden, mittels dene mithin Ethik soll fundiert werden können, verfallen Wittgensteins Verdikt der Unsinnigkeit. Sinnvoll - und daher zulässig - sind allein Sätze, die Handlungsfolgen bzw. Wirkungen beschreiben, die durch das Agieren bzw. Unterlassen der Menschen hervorgerufen werden, oder psychologischwissenschaftliche Beschreibungen von Handlungsmotivationen (der Wille, die Intentionen, Wünsche, Ängste etc.) der Menschen.

Dieser radikale Ausschluß des Ethischen aus dem Bereich des sinnvoll Sagbaren steht nicht im Gegensatz zu Wittgensteins eigenem Bekunden, daß der wichtige Teil des Traktates in dessen Ethik bestehe. Wie weiter oben ausgeführt, begreift Wittgenstein das im Traktat formulierte Projekt der logisch-formalen Strukturanalyse selbst als Ausdruck einer ethischen Einstellung. So kann sich diese Ethik im Text nur *zeigen*, denn die traktarianische Ethik ist nicht etwas Grundlegendes, das auch auf andere Weise als die im Traktat vorliegende Weise hätte zum Ausdruck gebracht werden können.

Versteht man die Ethik als einen theoretisch begründeten Katalog des moralisch richtigen Handelns in der Welt, wird man die traktarianische Ethik nur noch dem bloßen Namen nach als Ethik bezeichnen dürfen[4]. Dennoch folgt Wittgensteins Destruktion der Ethik als einer Lehre oder Theorie selbst einem ethischen Impuls, der durch die Klarstellung des Status' ethischer Sätze zum Ausdruck bringt, daß das Handeln der Menschen philosophisch nicht zu rechtfertigen (und das heißt umgekehrt: nicht als verwerflich) zu qualifizieren, sondern als das Gegebene hinzunehmen ist. Im Traktat und in dem *Vortrag über Ethik* wird diese Auffassung als ein ethisches Paradox offenbar; in der Spätphilosophie wird es in die Pluralität und Unvorhersehbarkeit des Sprach*handelns* der Menschen aufgelöst.

Im Traktat behandelt Wittgenstein die Ethik unter zwei Aspekten: Zunächst untersucht er den Begriff des Subjekts als Träger des Ethischen, um dann in einem zweiten Schritt den Begriff des Willens hinsichtlich des ethischen Handelns zu analysieren. Er stellt sich damit in die Tradition der Subjekt-Philosophie, und die Kritik, die sich bereits aus der Warte des logischen Absolutismus am Subjekt-Begriff der Konstitutionsphilosophie ergab, gilt auch für die Betrachtung der ethischen Willensbestimmungen dieses Subjekts:

> 5.631 Wenn ich ein Buch schriebe »Die Welt, wie ich sie vorfand«, so wäre darin auch über meinen Leib zu berichten und zu sagen, welche Glieder meinem Willen unterstehen und welche nicht etc., dies ist nämlich eine Methode, das Subjekt zu isolieren, oder vielmehr zu zeigen, daß es in einem wichtigen Sinne kein Subjekt gibt: Von ihm allein nämlich könnte in diesem Buche *nicht* die Rede sein.
>
> 5.632 Das Subjekt gehört nicht zur Welt, sondern es ist eine Grenze der Welt.

Der »wichtige Sinn«, in dem es für Wittgenstein »kein Subjekt gibt«, ist zweifellos derjenige, in dem traditionelle Subjekt-Philosophie das Subjekt als erkenntnisverbürgende und, in einem zweiten, daraus folgenden Schritt, handlungsleitende Größe und damit allein des ethischen Handelns fähige Instanz faßt. Die Konsequenzen, die aus dieser transzendental-empirischen Doublettierung des Subjekts, die mustergültig bei Kant entfaltet wird, resultieren, sind bekannt: Die Annahme eines allein dem Subjekt zuzurechnenden Bereiches epistemischer Reflexion der Außenwelt einerseits und einer von ihm unabhängig zu denkenden, aber von ihm zugleich leibhaft-handelnd (willensgeleitet) zu gestaltenden Objekt-Welt andererseits bestimmt das Subjekt als einen heteronomisch-autonomischen Zwitter, der kraft seines Vermögens der Vernunft sein empirisches Handeln zugleich ethischen Kriterien unterwirft und damit sich selbst als ein moralisches Handlungswesen qualifiziert[5]. Wittgensteins Verlagerung des Subjekts an die »Grenze der Welt« hingegen verweist darauf, daß die Welt ohne Rekurs auf die Konstitutionsleistungen und den handelnden Eingriff eines Subjekts beschrieben werden kann. Denn wenn das empirische Handeln dieses Subjekts unter dem Vorzeichen der Heteronomie steht, läßt sich von diesem Handeln nicht auf die Autonomie der Willensbetätigung zurückschließen[6]. Dieser logische Einwand gilt für Wittgenstein nicht nur für die transzendentalphilosophische Subjekt-Konstitution; er trifft generell auf alle philosophisch-metaphysischen Versuche zu. Weder »Realismus«, »Solipsismus« noch »Idealismus« vermögen ein ethisches Handlungssubjekt ohne Selbstwiderspruch theoretisch zu isolieren[7], weil sie zur Vermittlung der heteronomisch-autonomischen Doppelstruktur von Subjektivität ein »metaphysische[s] Subjekt«[8] instantiieren müssen, das außerhalb der Logik seines Weltbezugs im Handeln angesiedelt wird. Doch, so Wittgenstein:

> 5.631 Das denkende, vorstellende, Subjekt gibt es nicht [...].
>
> 5.633 Wo in der Welt ist ein metaphysisches Subjekt zu merken?
> Du sagst, es verhält sich hier ganz, wie mit Auge und Gesichtsfeld. Aber das Auge siehst du wirklich *nicht*.
> Und nichts *am Gesichtsfeld* läßt darauf schließen, daß es von einem Auge gesehen wird.

Die Leugnung des »Subjekts« folgt der logischen Grunderwägung des Traktates, derzufolge die Geltung der die Form der Tatsachen abspiegelnden Logik nur durch diese Logik selbst verbürgt werden kann. Das »Gesichtsfeld« muß bereits durch die logische Form der Welt konstituiert sein. Wie bereits weiter oben gezeigt, liefe die Annahme einer Instanz, die es konstituierte, entweder auf einen unendlichen Regreß hinaus, denn auch die Annahme einer solchen Instanz würde zu der Frage führen, wodurch sie konstituiert ist, oder aber auf eine logisch unentscheidbare Aussage über ein ursprüngliches Vermögen, das die apriorische Bedingung der Möglichkeit von Erkenntnis darstellt, durch das allerdings logisch gekürzt werden kann, weil nicht zu sehen ist, wie es als ein überschüssiges Element in die logisch geschlossene und festverfugte Welt eingebracht werden kann.

Allerdings wird mit der Negierung eines Erkenntnissubjekts das »metaphysische Ich« keineswegs in die Isomorphiebeziehung zwischen Tatsachen der Welt und der sie spiegelnden Logik aufgelöst. Es wird nur insofern destruiert, als es gleichsam des Privilegs, die konstituierende Mitte der Welt zu sein, beraubt wird und an die »Grenze« der Welt deplaziert erscheint; es schrumpft zu einem »ausdehnungslosen Punkt« zusammen, in dem sich die Tatsächlichkeit der Welt zeigt, so

> 5.64 [...] daß der Solipsismus, streng durchgeführt, mit dem reinen Realismus zusammenfällt. Das Ich des Solipsismus schrumpft zum ausdehnungslosen Punkt zusammen, und es bleibt die ihm koordinierte Realität.

Der Terminus Solipsismus dient Wittgenstein hier zur Kennzeichnung des Umstands, daß die »*Grenzen meiner Sprache* [...] die Grenzen meiner Welt«[9] bedeuten, ohne daß diese Grenze von »mir« angebbar ist. Dabei ist klar, daß »meine« Sprache keine »Privatsprache« und »meine« Welt keine Privatwelt konstituieren, sondern an der logischen Form »der« Welt partizipieren. Zugleich ist »die« Welt als ganze immer nur in einem Bezug zu »meiner Welt« denkbar, während alle Tatsachen innerhalb »dieser« und zugleich »der« Welt unabhängig von »mir« bestehen. Wie im Tod »meine« und zugleich »die« »Welt aufhört zu sein«[10], so ist sie mit dem Leben des »Ich« identisch:

> Was geht mich die Geschichte an? Meine Welt ist die erste und einzige!
> Ich will berichten, wie *ich* die Welt vorfand.
> Was andere mir auf der Welt über die Welt sagten, ist ein ganz kleiner und nebensächlicher Teil meiner Welt-Erfahrung.
> *Ich* habe die Welt zu beurteilen, die Dinge zu messen.[11]

Der letzte Satz des Zitats erscheint mißverständlich, gewinnt seinen eindeutigen Sinn aber aus dem Zusammenhang. Wittgenstein vertritt nicht die Auffassung, daß die Beurteilung der Welt und der Dinge der Schrankenlosigkeit eines solipsistischen »Ich« anheim gegeben ist. Es geht ihm darum, klarzustellen, daß die Welt stets einem »Ich« gegeben ist und daß dieses »Ich« diese Welt immer schon hat, ohne daß diese Beziehung philosophisch garantiert werden müßte[12]. Sofern dieses »Ich« Träger des Ethischen sein kann, muß sich das Ethische auf die Gesamtheit der Welt beziehen und nicht auf einen Teil von ihr. Eine autonomische Selbst-Beziehung dieses »Ich« unter Absehung von der »Welt« ist daher für Wittgenstein unmöglich.

Dies gilt auch für den (ethischen) Willen. Der Unterscheidung zwischen »der« Welt und »meiner« Welt, »der« Sprache und »meiner« Sprache entsprechend, trennt Wittgenstein zwischen »dem« Willen und »meinem« Willen. Im Anschluß an Satz 6.37 des Traktates: »Es gibt nur eine *logische* Notwendigkeit«, heißt es:

> 6.373 Die Welt ist unabhängig von meinem Willen.
>
> 6.374 Auch wenn alles, was wir wünschen, geschähe, so wäre dies doch nur, sozusagen, eine Gnade des Schicksals, denn es ist kein *logischer* Zusammenhang zwischen Willen und Welt, der dies verbürgte, und den angenommenen physikalischen Zusammenhang könnten wir doch nicht selbst wieder wollen.

Für einen »freien Willen« als allgemeinem oder gar ethischem Bestimmungsgrund des Handelns in der Welt bleibt angesichts des logischen Struktur der Welt kein Platz. Der Wille läßt sich sinnvoll nur als Akt der Neuschaffung von Tatsachen in der Welt beschreiben, den die wissenschaftliche Psychologie untersucht: »Der Wille als Phänomen interessiert nur die Psychologie«[13]. Und ganz in Übereinstimmung mit dieser Einstellung bestimmt Wittgenstein das Handeln des »Ich« folgendermaßen[14]:

> Man kann nicht wollen, ohne zu tun. [...]
> Wollen ist tun [...]. Daß ich einen Vorgang will, besteht darin, daß ich den Vorgang mache, nicht darin, daß ich etwas Anderes tue, was den Vorgang verursacht.
> Wenn ich etwas bewege, so bewege ich mich.
> Wenn ich einen Vorgang mache, so gehe ich vor[15].

Von einem der Willenshandlung vorausgehenden »Willensakt« als Ursache der Handlung kann daher nicht sinnvoll gesprochen werden: Da der »Wille [...] ein Objekt haben« muß (ansonsten könnten wir »nicht wissen, was wir wollten«), folgt: »[m]ein Wille greift irgendwo in der Welt an, und anderes greift er wieder nicht an«. Die Annahme der Willensfreiheit, die den Willen zunächst als ethisch nicht qualifiziert betrachtet, um bestimmte Willenshandlungen positiv als ethisch richtig, andere hingegen als verwerflich auszeichnen zu können, führt in einen logischen Widerspruch:

> Es scheint nämlich durch die[se, M.K.] Betrachtung des Wollens, als stünde ein Teil der Welt mir näher als ein anderer (was unerträglich wäre) [...].
> So stünde also der Wille der Welt nicht äquivalent gegenüber, was unmöglich sein muß.[16]

Wittgenstein grenzt damit scharf die (ethische) Lehre von der Ausrichtung des Willens auf einen gewünschten Handlungszweck, etwa der Determination von Willenshandlungen durch die Vernunft[17], von der Tatsache ab, *daß* das Agieren der Menschen eine philosophisch-logisch nicht weiter ableitbare Bedingung ihres Welt-Habens ist. Daß das »Ich« sein Handeln auf seinen subjektiven Willensentschluß, auf seine Willensentscheidungen zurückführen kann, also der Eindruck entsteht, daß es sich auf seine Welt durch seinen Willen beziehen kann, hat seinen Grund nicht darin, daß es als ein »wollendes Subjekt« diese Beziehung *herstellt*, sondern darin, daß diese Beziehung bereits hergestellt *ist*[18]. Sonst wäre logisch unerklärlich, wie überhaupt der Wille *in* die Welt eingreifen kann. Wenn Wittgenstein von der Äquivalenz des Willens und der Welt spricht, so soll damit logisch klargestellt werden, daß durch das Handeln des »Ich« nicht eine Welt gegenüber anderen möglichen Welten ausgezeichnet werden kann, sondern daß die Realisierung »meiner« Welt an die logische Struktur »der« Welt bzw. des logisch möglichen Handelns in der Welt gebunden ist und insofern an »der« Welt und »dem« Willen (Handeln) partizipiert.

Offen bleibt dann freilich die Frage, inwieweit von einem »wollenden Subjekt« angesichts der Äquivalenz-Beziehung zwischen Wille und Welt sinnvoll gesprochen werden kann. Wittgenstein bejaht die Annahme eines solchen »Subjekts« ausdrücklich: »Das Subjekt ist das wollende Subjekt«, und er bezeichnet den Willen als »eine Stellungnahme des Subjekts zur Welt«[19]. Wichtig ist bei der Interpretation dieser Vorstellung, das »Subjekt« Wittgensteins nicht mit dem Subjekt der Transzendentalphilosophie zu verwechseln[20]. Das »wollende Subjekt« Wittgensteins ist nicht das zu Autonomie und Freiheit begabte Vernunft-Subjekt Kants. Es ist vielmehr das »Ich«, das in seinem Handeln »Träger des Willens« ist und in dem sich die Beziehung von Wille und Welt allein zeigen kann. Die Beziehung zwischen Wille und Welt im »wollenden Subjekt« sieht Wittgenstein hier ganz so wie die Beziehung zwischen dem »Auge« und dem »Gesichtsfeld«[21], bzw. zwischen dem, was durch die Sprache »nicht abgebildet, sondern nur in der Sprache gezeigt werden kann«[22]. Aus diesem Grunde muß die Überlegung, den Willen an ein Subjekt zu knüpfen, das über sein Handeln in der Welt durch Vorstellungen befindet, die seinen Willen negieren, unsinnig sein[23]. Das »Subjekt« kann als ein wollendes nur eine »Stellungnahme« zur Welt nehmen und nicht in die Welt eingreifen.

Diese Überlegung Wittgensteins wird für die Formulierung der traktarianischen Ethik grundlegend. Im Tagebuch heißt es: »Wäre der Wille nicht, so gäbe es auch nicht jenes Zentrum der Welt, das wir Ich nennen, und das der Träger des Ethischen ist«[24]. Nicht die *Handlung* ist ethisch, sondern das »wollende Subjekt«, daß ihm eine solche Qualität verleiht. Im Traktat heißt es deshalb: »Vom Willen als dem Träger des Ethischen kann nicht gesprochen werden«[25], hingegen von einem »gut[en, M.K.] und böse[n, M.K.] [...] Ich«[26], in dessen Handeln das Ethische zum Ausdruck kommt. Wittgenstein ordnet diesen Gedanken in folgende Kettung von Gedankensplittern ein, die das Thema der Abwesenheit eines »wollenden Subjekts« *in* der Welt und die Destruktion des freien Willens umkreisen und doch zugleich dieses »wollende Subjekt« und den »guten oder bösen Willen« mit dem Sich-Zeigen des Ethischen angesichts der Welt als ganzer verbinden:

> Daß das Leben die Welt ist.
> Daß mein Wille die Welt durchdringt.
> Daß mein Wille gut oder böse ist.
> Daß also Gut und Böse mit dem Sinn der Welt irgendwie zusammenhängt.
> Ich kann die Geschehnisse der Welt nicht nach meinem Willen lenken, sondern bin vollkommen machtlos.[27]

Daß »mein« Wille« die Welt »durchdringt«, indem er Handeln *ist*, und damit ein »wollendes Subjekt« offenbar werden läßt, stellt die Verbindung zwischen dem Ethischen und dem Handeln her. Diese Verbindung bezieht sich auf die Sinnhaftigkeit des Handelns in der Welt bzw. die Erfahrung des Sinnverlusts in diesem Handeln. Der Zusammenhang von Vorgängen in der Welt und den Sinndeutungen des Handeln in der Welt ist deshalb für Wittgenstein akzidentiell: »Die Welt ist mir *gegeben*«[28]; sie ist bereits vollständig, nämlich logisch-formal gegliedert als Determinante des Handelns vorhanden; sie ist »etwas Fertiges«[29]. Deshalb bin ich, so Wittgenstein, ja »vollkommen machtlos«. Der »Wille« ist also nicht deshalb für die Ethik wichtig, weil das »Ich« die Freiheit hat, in einer bestimmten Weise gut oder böse zu handeln, sondern weil das »Ich« seine Handlungen nach den Kriterien von Gut und Böse bewertet. Es gibt der Welt *Bedeutung* und stellt auf diese Weise die Verbindung zwischen »der« Welt und »meiner« Welt her[30]. Das »wollende Subjekt« ist das »Ich«, das in dieser ausgezeichneten Beziehung zu seiner bzw. zu der Welt steht, nämlich in dem »Bewußtsein der *Einzigkeit meines Lebens*«[31]. Wittgenstein beantwortet die selbstgestellte Frage: »Kann es eine Ethik geben, wenn es außer mir kein Lebewesen gibt?« daher folgendermaßen:

> Wenn die Ethik etwas Grundlegendes sein soll: ja!
> Wenn ich recht habe, so genügt es nicht zum ethischen Urteil, daß eine Welt gegeben sei.
> Die Welt ist dann an sich weder gut noch böse [...].
> Gut und Böse tritt erst durch das *Subjekt* ein.[32]

Die Anbindung von Ethik an das »Subjekt«/«Ich« und nicht an die Gegebenheit von Welt und die daraus sich ergebende Verlagerung moralischer Fragen an die »Grenze der/meiner Welt« hat für Wittgenstein zwei Konsequenzen, die ihn nahezu zwangsläufig zur Destruktion der traditionellen Ethik führen.

Erstens kann es innerhalb der Welt für die Ethik keinen Einsatzpunkt geben. Die Ethik als Lehre vom richtigen Verhalten bzw. Handeln in der Welt ist unmöglich - das Verhalten in der Welt läßt sich vollständig mit deskriptiv-wissenschaftlichen Sätzen beschreiben. In bezug auf die Unmöglichkeit der Aufstellung eines »allgemeinen ethischen Gesetzes« formuliert Wittgenstein in den *Tagebüchern* daher:

> Der erste Gedanke bei der Aufstellung eines ethischen Gesetzes von der Form: »Du sollst...« ist: »Und was dann, wenn ich es nicht tue?«
> Es ist aber klar, daß die Ethik nichts mit Strafe und Lohn im gewöhnlichen Sinne zu tun hat. Also muß diese Frage nach den Folgen einer Handlung belanglos sein. Zum Mindesten dürfen diese Folgen nicht Ereignisse sein.[33]

Daraus folgt, daß die in einer Gesellschaft angewandten Praktiken, bestimmte Handlungen bzw. das Unterlassen bestimmter Handlungen zu sanktionieren, um die Geltung von Normen durchzusetzen, von den Versuchen, diese Praktiken bzw. Normen mithilfe einer ethischen Theorie zu sanktionieren, strikt zu unterscheiden sind. Eine solche ethische Theorie steht für Wittgenstein nicht zur Verfügung - sie könnte nur unsinnig sein. Die philosophische Begründung für die Negation des Ethischen *in* der Welt findet sich in den Erläuterungen zu Satz 6.4 des Traktates, aus denen hervorgeht, daß vor dem Hintergrund der logisch-formalen Strukturanalyse der Welt betrachtet, »alles Geschehen und So-Sein«[34] in der Welt zufällig und nicht von dem Wirken eines »Höheren« abhängig ist[35]. Da »alle Sätze [...] gleichwertig sind«[36], kann Sätzen der Ethik gar kein eigener, »höherer« Sinn zukommen: »Es ist klar, daß sich die Ethik nicht aussprechen läßt. Die Ethik ist transzendental«[37].

Aus dieser Feststellung ergibt sich die zweite Konsequenz, nämlich die Anbindung des Ethischen an den Sinn des Handelns und den Status des Handelnden. Wittgenstein formuliert diese Konsequenz im Traktat folgendermaßen:

> 6.43 Wenn das gute oder böse Wollen die Welt ändert, so kann es nur die Grenzen der Welt ändern [...]; nicht das, was durch die Sprache ausgedrückt werden kann.
> Kurz, die Welt muß dann dadurch überhaupt eine andere werden. Sie muß sozusagen als Ganzes abnehmen oder zunehmen.
> Die Welt des Glücklichen ist eine andere als die des Unglücklichen.

In einer ähnlich klingenden Eintragung in den *Tagebüchern* hatte er zur Erläuterung der recht rätselhaften Formulierung, daß die Welt »zu-« bzw. »abnehmen« könne, hinzugefügt: »Wie durch Dazukommen oder Wegfallen eines Sinnes«.[38] Die räumliche Metapher von einer wachsenden oder abnehmenden Welt soll vor allem den Umstand verdeutlichen, daß die Entdeckung von Sinnhaftigkeit im Handeln, das »meine« Welt ausmacht, diese Welt vergrößert und zugleich sie von der Welt des »Unglücklichen« unterscheidet, die durch den Sinnverlust schrumpft. Die »Zunahme« von Welt als ganzer läßt sich mit dem ethisch »Guten«, ihr Schrumpfen mit dem »Bösen« verbinden; und nur in dieser Verschiebung der Grenze der Welt besteht, so Wittgenstein in Satz 6.422 des Traktats, der ethische »Lohn« oder die »Strafe« für Handlungen bzw. Unterlassungen: »Es muß zwar eine Art von ethischem Lohn und ethischer Strafe geben, aber diese müssen in der Handlung selbst liegen.«

Von dieser Überlegung ausgehend, ist es nur folgerichtig, die ethischen Qualifikationen »gut« und »böse« mit dem Begriffspaar »glücklich« und »unglücklich« zu identifizieren. Das »Zu- bzw. Abnehmen der Welt« bezieht sich auf ja die Art und Weise des Lebens, das sich in der Welt manifestiert und das sie zugleich umfaßt: »daß das Leben die Welt ist«[39]. Wenn die Ethik sich in der Art offenbart, wie diese Welt für »mich« ist, dann offenbart sie sich zugleich in »meiner« Art und Weise des Welt-Habens, d.h. in dem glücklichen bzw. unglücklichen Leben, das für Wittgenstein eo ipso das Ethische[40] bedeutet. Und dieses Glücklichsein läßt sich von keiner Tatsache *in* der Welt sinnvoll aussagen; noch läßt es sich durch die Aufstellung von Maximen für das richtige Handeln lehren. Es ist eine transzendentale Bestimmung des Welt-Habens für das »Ich«.

Wird das Moment des Ethischen als transzendental aus dem sinnvoll von Sprache zu erfassenden Bereich der Tatsachen ausgeschlossen, verliert Ethik als Theorie oder Lehre ihren Boden. Nicht nur jede materiale Werteethik, sondern auch die reflexionsphilosophische Grundlegung der Möglichkeiten für moralisches Handeln erscheint dann als unsinnig. Das Handeln ist für Wittgenstein bereits eine ethische Weise des Welt-Habens. *Daß* im Leben die Frage nach der ethischen Richtigkeit bzw. Falschheit von Entscheidungen, Handlungen bzw. Urteil gestellt wird und ethische Fragen Relevanz für sich beanspruchen können, ist hiervon völlig unabhängig. Wittgensteins Überlegungen laufen ja gerade darauf hinaus, daß angesichts der philosophischen Unmöglichkeit sinnvoller ethischer Theoriebildung die ethisch problematischen Handlungen, welche die Tatsachen »meiner« Welt grundlegend verändern, nicht durch den Rekurs auf ethische Lehren herbeigeführt werden können (denn könnten sie das, wären diese Handlungen unproblematisch[41]), sondern daß die Antwort auf das Problem, das in den Handlungen liegt, nur in den Handlungen liegen kann: »Die Tatsachen gehören alle nur zur Aufgabe, nicht zu Lösung.«[42]

Mit der Beantwortung der Frage nach dem ethischen Lohn und der ethischen Strafe und nach dem glücklichen Leben ist der Kern der traktarianischen Ethik erreicht. Durch die Zurückweisung von Ethik als Lehre wird klar, daß die

Auszeichnung des ethischen Handelns darin besteht, nicht selbst Mittel zu einem übergeordneten ethischen (End)Zweck[43], sondern Zweck in sich selbst zu sein, der keiner Rechtfertigung bedarf. Das »glückliche Leben« besteht in der Gewißheit der Sinnhaftigkeit des »Welt-Habens«. Am 30.7.16 notiert Wittgenstein in sein Tagebuch: »Immer wieder komme ich darauf zurück, daß einfach das glückliche Leben gut, das unglückliche schlecht ist [...]. [E]s scheint, als daß sich das glückliche Leben von selbst rechtfertigt, daß es das einzig richtige Leben *ist.*«

Wie Philosophie und Religion ist die Ethik, sofern sie als ein Selbstzweck betrachtet wird, Teil des »richtige[n] Leben[s]«. Philosophie, Religion und Ethik bilden für Wittgenstein eine miteinander verwobene Trias - alle drei bedeuten das Unaussprechliche, das der Reflexion vorausgeht und als ihre Bedingung zu bezeichnen ist.

Aus der Destruktion der Ethik als Lehre, die Wittgenstein im Traktat vornimmt, ergeben sich zwei Konsequenzen, die auch für die Spätphilosophie von Bedeutung sind. Erstens wird klargestellt, daß ethisches Handeln keiner Begründung, erst recht keiner Letztbegründung fähig und ihrer auch nicht *bedürftig* ist: »Das glückliche Leben« rechtfertigt sich von selbst; es ist index sui und nicht von den Indices einer Lehre abhängig[44]. Zweitens führt die Ablösung des Ethischen von den Tatsachen in der Welt zu dem Paradox, daß aus der Untersuchung des Handelns in der Welt keine Rückschlüsse auf die ethische Qualität dieses Handelns gezogen werden können, obwohl allein von diesem Handeln das ethische Moment soll abgezogen werden können. Es besteht nach dem Ethikkonzept des Traktates durchaus die Möglichkeit, daß dieselbe Handlung, von verschiedenen »Ichen« ausgeführt, einmal als »böse« und ein andermal als »gut« zu bezeichnen wäre[45]. Die Auflösung dieses Paradoxons geschieht erst in der »Philosophie II«, in der die Ethik in die Vielfalt möglicher menschlicher Handlungsweisen aufgelöst und die Grammatik der Ausdrücke »gut« und »böse« untersucht wird.

5.2 Das »Anrennen gegen die Grenze der Sprache«. Zur Ethik in der Spätphilosophie

Die im Traktat gewonnene, dort allerdings paradox formulierte Einsicht in die Ineffabilität des Ethischen und die daraus folgende Zurückweisung der Möglichkeit einer ethischen *Theorie* gehört zu den Elementen des Wittgensteinschen

Denkens, die sich in unveränderter Weise auch in den Spätschriften finden. Abgesehen von den bereits im vorangegangen Kapitel erörterten religiösen Implikationen des Ethischen und einigen verstreuten Hinweisen und impliziten Bemerkungen Wittgensteins zählen zu den Hauptquellen, aus denen die Betrachtung der Wittgensteinschen Ethik während der nachtraktarianischen Zeit schöpfen kann, vor allem Äußerungen in den von Waismann aufgezeichneten Gesprächen, ein 1929/1930 gehaltener *Vortrag über Ethik* und die Mitschriften von Vorlesungen aus den Jahren 1932/33. Thematisch drehen sich diese Zeugnisse um zwei Bereiche: um die mögliche Verankerung ethischer Fragestellungen im Leben (das im Traktat vorgegebene Thema) und um die Analyse des Sprachspiels »gut« (die Frage nach der Grammatik der Wortverwendung von »gut«).

In seinen Gesprächen mit Vertretern des »Wiener Kreises« nimmt Wittgenstein Ende 1929 zum philosophischen Anliegen der Ethik Stellung. Ausgehend von Heideggers Begriff der »Angst« erkennt er in den Versuchen ethischer Theoriebildung einen »Trieb der Menschen«, sich über Grundlagen ihres Handelns Klarheit zu verschaffen:

> Ich kann mir wohl denken, was Heidegger mit Sein und Angst meint. Der Mensch hat den Trieb, gegen die Grenzen der Sprache anzurennen. Denken Sie z.B. an das Erstaunen, daß etwas existiert. Das Erstaunen kann nicht in Form einer Frage ausgedrückt werden, und es gibt auch gar keine Antwort. Alles, was wir sagen mögen, kann a priori nur Unsinn sein. Trotzdem rennen wir gegen die Grenzen der Sprache an. Dieses Anrennen hat auch Kierkegaard gesehen und es sogar ganz ähnlich (als Anrennen gegen das Paradoxon) bezeichnet. Dieses Anrennen gegen die Grenzen der Sprache ist die *Ethik*. Ich halte es für sicher wichtig, daß man all dem Geschwätz über Ethik - ob es eine Erkenntnis gebe, ob es Wert gebe, ob sich das Gute definieren lasse etc. - ein Ende macht. In der Ethik macht man immer den Versuch, etwas zu sagen, was das Wesen der Sache nicht betrifft und nie betreffen kann. Es ist a priori gewiß: was immer man für eine Definition zum Guten geben mag - es ist immer nur ein Mißverständnis, das Eigentliche, was man in Wirklichkeit meint, entspreche sich im Ausdruck (Moore). Aber die Tendenz, das Anrennen, *deutet auf etwas hin*. Das hat schon der heilige Augustinus gewußt, wenn er sagt: Was, du Mistvieh, du willst keinen Unsinn reden? Rede nur einen Unsinn, es macht nichts![46]

Zwei Momente erscheinen Wittgenstein 1929 also wesentlich für das Ethische; Momente, die auch die den Formulierungen im Traktat zugrundeliegenden Gedankengänge bestimmten: Das Erstaunen über die Existenz der Welt, jene sich zeigende Faktizität des »So-Seins«, die im Traktat als Betrachtung sub specie aeterni sowie als das »Mystische« bezeichnet wird, und die Tatsache, daß das »Gute«, das Ethische, bedeutet werden, wenn auch nicht ausgesagt werden könne. Beide Momente sind für die philosophische Betrachtung der Ethik gleich wichtig. Allerdings klärt Wittgenstein an der zitierten Stelle nicht, wie beide Momente miteinander zusammenhängen könnten. Näheren Aufschluß darüber bietet sein *Vortrag über Ethik*, auf den die zitierte Bemerkung und andere Statements in den Gesprächen mit dem »Wiener Kreis«[47] Bezug nehmen.

In seinem Vortrag geht Wittgenstein von der Überlegung aus, daß jedem Versuch, ethische Sätze zu formulieren, eine *Theorie* des Ethischen zugrunde liegen müsse. Eine solche Theorie könnte aber nur unter der Voraussetzung sinnvoll sein, daß ihre Sätze sich anhand eines Kriteriums oder Maßstabes als zutreffend, als möglich oder aber als unzutreffend (falsch) oder unmöglich erweisen. Diese Eigenschaft weisen nur Sätze auf, die in einem System referentieller Aussagen gebildet werden, weil dieses System allein ein logisch gerechtfertigtes Kriterium liefern könnte, um den Status solcher Sätze zu bewerten. Wie bereits die Analyse des Wittgensteinschen Philosophiebegriffs gezeigt hat, sind unter sinnvollen Sätzen nur solche zu verstehen, die Aussagen über Tatsachen *in* der Welt treffen. Jede Theorie der Ethik müßte daher das Ethische wie ein System von Sätzen über Tatsachen präsentieren können, das, wie die Sätze der Naturwissenschaften, Phänomene der Welt beschreibt[48].
Vergleicht man diesen Anspruch ethischer Theoriebildungen mit dem Gehalt der Sätze, die sie hervorbringen, so fällt für Wittgenstein in erster Linie ein grammatisch äquivoker Wortgebrauch ins Auge. Am Beispiel der *Principia Ethica* George Moores, die ihm seit frühester Zeit als Paradigma für die Versuche der ethischen *Theorie*bildung dienten[49], unterscheidet er zwei miteinander nicht kompatible Verwendungsweisen des Ausdrucks »gut« und ähnlicher wertender Ausdrücke. George Moore habe Ethik definiert als »allgemeine Untersuchung dessen, was gut ist«. Wittgenstein führt analog gebildete Definitionen an wie: »Ethik sei die Untersuchung dessen, was Wert hat« oder »in der Ethik gehe es darum, den Sinn des Lebens zu erkunden, zu untersuchen [...], welches die rechte Art zu leben ist«[50], um auf den für ihn grundlegenden Tatbestand aufmerksam zu machen: »[W]as einem [...] bei allen diesen Ausdrücken auffällt, ist, daß jeder von ihnen eigentlich in zwei ganz verschiedenen Bedeutungen verwendet wird. Einerseits [...] verwenden wir sie im hausbackenen oder relativen Sinn, andererseits im ethischen oder absoluten Sinn.«[51]

Wenn es ein »Weltbuch« gäbe, in dem alle Vorgänge und Tatsachen, und auch alle (sinnvoll möglichen) Werturteile verzeichnet wären[52], so stünden »alle diese beschriebenen Fakten [...] gleichsam auf derselben Ebene, und ebenso stehen sämtliche Sätze auf derselben Ebene«[53], einer Ebene, die »diesseits« ethischer Sätze liegt. - Der das Ethische betreffende Schlüsselsatz des Traktates, Satz 6.4: »Alle Sätze sind gleichwertig«, besitzt also auch für den *Vortrag* Geltung.

Genuin ethische Sätze müßten demgegenüber Aussagen über das *»absolut Gute«*[54] enthalten, das in keiner Beziehung zu Tatsachen der Welt stehen könnte, sondern etwas »Höheres« ausdrücken müßte. Wittgenstein wählt zur Verdeutlichung seines Gedankengangs eine auf den ersten Blick recht befremdliche »Metapher«[55]: »Wäre jemand imstande, ein Buch über Ethik zu schreiben, das wirklich ein Buch über Ethik wäre, so würde dieses Buch mit einem Knall sämtliche anderen Bücher auf der Welt vernichten.«[56] Wittgenstein bringt mit diesem ungewöhnlichen Bild dasselbe zum Ausdruck, was er bereits im Traktat mit der Transzendentalität des Ethischen bezeichnet hatte, die darin bestehe, daß sich das Ethische nur zeigen könne, weil es keinen beschreibbaren Sachverhalt abbilde[57]. Im *Vortrag* heißt es erläuternd:

> Wäre [das absolut Gute, M.K.] ein beschreibbarer Sachverhalt, müßte ihn jeder - unabhängig von seinen jeweiligen Vorlieben und Neigungen - *notwendig* herbeiführen oder sich schuldig fühlen, weil er ihn nicht herbeiführt. Ein solcher Sachverhalt, möchte ich behaupten, ist ein Hirngespinst. Es gibt keinen Sachverhalt, der [...] die Zwangsgewalt eines absoluten Richters besitzt.[58]

Die »Notwendigkeit«, die Wittgenstein hier bestreitet, bezieht sich auf die logische Selbstreflexion des Willens, dessen vermeintliche Autonomie Gesetz eines ethischen Handelns sein soll[59]. Doch ist in der Welt der Tatsachen und der Sachverhalte keine »Notwendigkeit« zu erkennen, mit der Tatsachen zu schaffen und Handlungen zu bewerten sind. Es kann folglich keine »Zwangsgewalt eines absoluten Richters« geben, die ein Handeln, die spezifische Art und Weise des Handelns oder gar das Unterlassen einer Handlung zu erzwingen vermöchte - weder das »moralische Gesetz in uns« oder der »bestirnte Himmel über uns« (Kant), weder eine transzendentalpragmatische Letztbegründung (Apel) noch eine Zielsetzung der Geschichte (Hegel/Marx).

Die Destruktion der philosophischen Idee eines ethischen Weltbuches führt den Wittgenstein der Spätphilosophie zu einer anthropologisch gerichteten Analyse im Sinne der Ethos-Forschung[60]. Nicht die Untersuchung der möglichen Wahrheit ethischer Theorien, sondern die Rolle des Ethischen für das Handeln der Menschen ist nunmehr das sprachphilosophisch relevante Verfahren. Der Gebrauch von Wörtern wie »gut« gibt keinen Aufschluß über die ethische Qualität einer Handlung, sondern über die Rolle, die eine solche sprachliche Qualifizierung einer Handlung im Leben der Menschen spielt. Und diese Rolle kann je nach den Umständen schwanken. Eine solche Anerkennung der Wichtigkeit von »Umständen« (im weitesten Sinne des Wortes) für das ethische Handeln unterstreicht den kulturhistorisch-relativistischen Zug der Wittgensteinschen Spätphilosophie, der aus der Anerkennung der Pluralität und der Heterogenität der Lebensformen entspringt[61]. Wittgensteins Ablehnung der »Zwangsgewalt eines obersten Richters« zielt auf nichts anderes als auf die Zerstörung des platonischen Nimbus innerhalb der Philosophiegeschichte, der insbesondere den Universalitätsanspruch der Ethik des Abendlandes umgibt und der diese richterliche Zwangsgewalt dem Philosophen zuspricht[62]. In einer Eintragung aus dem Jahre 1950 in den *Vermischten Bemerkungen* heißt es:

> Es ist nichts Unerhörtes darin, daß der Charakter des Menschen von der Außenwelt beeinflußt werden kann [...]. Denn das heißt ja nur, daß erfahrungsgemäß die Menschen sich mit den Umständen ändern. Fragt man: Wie *könnte* die Umgebung den Menschen, das Ethische in ihm, *zwingen*? - so ist die Antwort, daß er zwar sagen mag »Kein Mensch muß müssen«, aber doch unter solchen Umständen so und so handeln *wird*.
> «Du MUSST nicht, ich kann Dir einen (andern) Ausweg sagen, - aber Du wirst ihn nicht ergreifen.«[63]

Der anthropologisch gerichteten Analyse der Multiplizität von Verhaltensweisen und damit des Ethischen, durch welche die Frage nach der Geltung von absoluten Bewertungsmaßstäben für das »Gute« ausgeschlossen wird[64], steht der Rigorismus des *Vortrags* freilich keineswegs entgegen. Man gewinnt den Eindruck, als ob Wittgensteins Wendung von der logischen Untersuchung des Ethischen hin zur kulturanthropologisch gerichteten Analyse eine konsequente Anwendung seiner früheren Einsichten darstellt. Denn für Wittgenstein ist es wichtig zu betonen, *daß* sich die Menschen stets auch als ethische Wesen begreifen, indem sie über die Tatsachen hinausgehend nach dem Sinn ihres Handelns fragen. Dieses ethische Bedürfnis muß vom Philosophen als Voraussetzung seiner Tätigkeit ebenso anerkannt werden, wie es wichtig ist, dieses Bedürfnis von der Frage abzutrennen, ob die Menschen gemäß oder entgegen einer bestimmten ethischen Lehre handeln. *Welche* ethischen Qualitäten dem Handeln jeweils zugesprochen werden, hängt von den Lebenssituationen ab, in die sich die Menschen gestellt sehen und die sie zur Sprache bringen. Diese bedürfen weitläufiger Untersuchungen der Lebensformen, die der wissenschaftlichen Erforschung und nicht der philosophischen Betrachtung zuzuweisen ist, denn die philosophische Frage nach dem Ethischen ist keinesfalls eine Frage, auf die eine *theoretische* Antwort möglich erscheint - es ist eine Frage nach der Gewißheit des Handelns, die den Maßstab für die Richtigkeit des Handelns abgibt. Für diese Gewißheit hingegen wird es selber wiederum keine Rechtfertigung geben können. Der Gedanke der ethischen Autonomie des Subjekts erweist sich in diesem Lichte als ein verfehlter Versuch, diese Handlungsgewißheit, die den Maßstab für das Begründen von Handlungen abgibt, nochmals zu begründen.

Daß Wittgenstein trotz seines Verdikts gegen die Sätze ethischer Theorien zugleich einen »Trieb« erkennt, der in der ethischen Theoriebildung zum Ausdruck kommt, verweist dabei nicht auf eine anthropologische Voraussetzung für Ethik. Der Ausdruck dient Wittgenstein vielmehr als Chiffre dafür, daß der philosophisch-ethischen Deutung menschlichen Handelns nicht dieses Handeln selbst, sondern die Ausdeutung dieses Handelns durch die handelnden Menschen vorausgesetzt ist. Die Betrachtung der Ethik vor dem Hintergrund der Sprache impliziert, die Tatsache anzuerkennen, daß solche Deutungen des Handelns geschehen und daß es eine unüberschaubare Vielzahl solcher Deutungen gibt. Der Ausdruck »Trieb« bezeichnet damit die vom Sprachphilosophen hinzunehmende Tatsache, *daß* die Menschen solche Deutungen vornehmen. Das im Traktat isolierte »wollende Ich« läßt sich aus der Sicht der »Philosophie II« als der grammatische Ort begreifen, an dem solche Deutungen in der Sprache erfolgen. Wenn der frühe Wittgenstein »die« Welt stets im Zusammenhang mit »meiner« Welt betrachtet, wenn er »die Grenzen *meiner Sprache*« mit den »Grenzen meiner Welt«[65] identifiziert, so trägt er der Unhintergehbarkeit der Tatsache Rechnung, daß das Haben von Welt und das Handeln in ihr logisch uneinholbare Voraussetzungen für die philosophische Deutung von Welt ist. Es ist daher nur konsequent, wenn Wittgenstein einerseits wohl die Vorstellung von einem »absoluten Richter« über »die« Welt destruiert (und träte dieser Richter in der Schwundstufe des »transzendentalen Subjekts« auf), andererseits aber das »Ich«, das diese Welt hat und dem diese Welt gewiß ist, als jenen »absoluten Richter« benennen kann: »Es gibt nur zwei Gottheiten: die Welt und mein unabhängiges Ich«[66], und: »Das Ich ist kein Gegenstand«[67]. Dem späten Wittgenstein ist das »Ich-Sagen« sprachphilosophisch ein Bestandteil der psychologischen Verben, deren Gebrauchsweise eine eigene Grammatik signalisiert. Die Untersuchung der Grammatik solcher Verben zeigt an, daß sich die Menschen mit ihr auf eine eigentümliche Weise auf Realität beziehen, aber nicht, ob sie sich richtig auf diese Realität beziehen[68]. Das »Ich-Sagen« ist bereits ein Handlungsvollzug, in dem sich Gewißheit zeigt. Aus diesem Grunde kommt für Wittgenstein der ersten Person Singular in bezug auf die Ethik eine besondere Bedeutung zu. In den Gesprächen mit Vertretern des »Wiener Kreises« und in seinem Vortrag über Ethik kennzeichnet er dieses »Ich-Sagen« mit Wendungen wie »[e]s drängte mich, gegen die Grenzen der Sprache anzurennen«[69]. Dieser Drang, Gewißheit durch den Vergleich zwischen Sprache und dem Handeln auf der einen und der jenseits von Sprache und Handeln verorteten Wirklichkeit auf der anderen Seite zu erlangen, zeigt ein metaphysisches Bedürfnis an, dem Philosophie, aber auch Religion und Ethik als Lehren ihr Entstehen verdanken und das als Bestandteil der Lebensform, in der dieses Bedürfnis artikuliert wird, zu akzeptieren ist. Wittgenstein bekennt seine Zugehörigkeit zu dieser Lebensform, wenn er diesem Bedürfnis Hochachtung zollt[70]. Schließlich ist es dieser Drang nach Gewißheit und Klarheit, der als Grundlage für Religion, Wissenschaft und Kunst bezeichnet werden muß[71].

Wenn Wittgenstein in seinem *Vortrag über Ethik* feststellt, daß man über Ethik immer nur in der ersten Person sprechen könne[72], so meint er damit nicht das empirische »Ich« der Subjekt-Philosophie, das im Sinne der Hegelschen Phänomenologie »bloß meinendes« Subjekt ist. Er zielt auf das »metaphysische Subjekt« der frühen Philosophie, das nunmehr die Gestalt des grammatisch besonderen, Gewißheit ausdrückenden »Ich-Sagens« angenommen hat. So nennt er als Kennzeichen der Ethik dieses »Ich« außer dem bereits öfter erwähnten »Staunen über die Existenz der Welt« das »Erlebnis der *absoluten* Sicherheit«[73] und das »Schuldgefühl«[74]. Damit ist für den »Ich«-sagenden Wittgenstein der Punkt erreicht, an dem Ethik und Religion in eins fallen. Nicht von ungefähr kleidet er seine Gedanken über seine »Erlebnisse« in christliche Bilder:

> [D]as erste dieser Erlebnisse ist, glaube ich, genau das, worauf sich die Menschen früher bezogen, wenn sie sagten, Gott habe die Welt erschaffen. Und das Erlebnis der absoluten Sicherheit ist mit den Worten beschrieben worden, daß wir uns in Gottes Hand geborgen fühlen. Ein drittes Erlebnis der gleichen Art ist das des Schuldgefühls, und dies wiederum hat man mit der Formulierung gekennzeichnet, Gott mißbillige unser Benehmen.[75]

Freilich stellt er seine Ausführungen sogleich klar: solche religiösen Bilder seien »Unsinn«, weil sie den Bereich »sinnvollen Sprechens« überstiegen[76]. Und es sind solche Verstöße, an denen sich das Programm der *Klarheit als Selbstzweck* und das metaphysische Programm der *Wahrheit als Selbstzweck* zugleich kreuzen und in diametral entgegengesetzte Richtungen auseinanderstreben.

6 Gewißheit

Angesichts der sowohl auf dem Gebiet der Philosophie, der Religion und der Ethik zu konstatierenden Multiperspektivität und der Pluralisierungen, in die Wittgensteins Untersuchungen einmünden, stellt sich die Frage nach dem Zentrum, nach dem Selbstausweis des Ortes, von dem aus diese Untersuchungen angestellt werden. Gibt es für Wittgenstein einen »Maßstab«, der seine vielfältigen Überlegungen kommensurabel werden läßt und einen Rahmen abgibt für die so vielfarbigen und schillernden »Landschaftsskizzen«, aus denen seine Reflexionen bestehen? Oder treibt sein Denken in einen autodestruktiven Relativismus, der als Folge der Destruktion aller metaphysischen, religiösen und ethischen Stützen für den philosophischen Diskurs auch diesen Diskurs erfaßt und mit sich fortreißt, wie z.B. von den Strategen der Letztbegründung gegen Wittgenstein eingewandt wird[1]?

Daß Wittgensteins philosophische Untersuchungen ohne »Mitte« und abschließender Begründung, ohne Systematizität und ohne ethische Zielvorgaben für das Handeln bleiben, daß sie anstelle des Strebens nach Einheit und letztendlicher Wahrheit die nur in Beispielen zugängliche Pluralität von Lebensformen setzen, in denen unterschiedliche »Wahrheiten« möglich sind, ist unbestreitbar. Für das Programm *Klarheit als Selbstzweck*, das von Anbeginn Wittgensteins Denken bestimmt, macht die Suche nach letzten Bestimmungsgründen, aber auch vor der Formulierung letzter Ziele für das Leben der Menschen keinen Sinn. Statt eine übergreifende Einheit in allen Lebensformen - sozusagen ein Bewegungsgesetz der Geschichte - zu suchen, akzentuiert dieses Programm die Unterschiede zwischen ihnen. Philosophische Klärung statt Aufklärung, philosophisches Streben nach Klarheit statt Wahrheit, Betonung der Differenz statt Übereinstimmung, Reflexion der praxeologischen Endlichkeit statt Unendlichkeit der Selbstreflexion des Begriffs sind die Pole, um die die sprachphilosophischen Untersuchungen kreisen. Polemisch hat Wittgenstein dieses Programm in einem Gespräch mit seinem Schüler Drury im Jahre 1948 folgendermaßen charakterisiert:

> Mir scheint, Hegel will immer sagen, daß Dinge, die verschieden aussehen, in Wirklichkeit gleich sind, während es mir um den Nachweis geht, daß Dinge, die gleich aussehen, in Wirklichkeit verschieden sind. Ich habe daran gedacht, ein Zitat aus *King Lear* als Motto meines Buches zu verwenden: »Ich werd' dich Unterschiede lehren« [...]. Die Bemerkung »Sie wären überrascht« würde auch kein schlechtes Motto abgeben.[2]

Andererseits weiß auch Wittgenstein, daß ein Denken der Differenzierungen und der Pluralität, der allseitigen Offenheit, sich nach der eigenen Gründung in festen Bezugsgrößen wird befragen lassen müssen. Wittgenstein hat im Traktat und in der Spätphilosophie zwei miteinander letztlich auf dieselbe Grundüberlegung zurückgehende Strategien entwickelt, um dem Rechnung zu tragen. Sie basieren beide auf der Idee von der *Ineffabilität von Semantik*, auf der Überzeugung, daß die Sprache das universale »Medium« sei, in dem allein über den Sinn des Sprechens, über Geltung, Wahrheit und Wirklichkeit und die Grenzen des in und durch Sprache Erfaßbaren und Beschreibbaren entschieden werden kann. Die Grenzen der Sprache sind nur von »innen« anzugeben - mit dieser knappen Formel läßt sich für Wittgenstein auch das Problem des Relativismus angehen. Denn durch sie wird zum Ausdruck gebracht, daß der Frage nach der Reichweite von Sprache die Gewißheit des Habens von Sprache vorausgeht, die im Moment des Sprechens gegeben ist. Jedes Sprechen ist damit von vornherein als ein Handeln zu begreifen, das der philosophischen Analyse vorgelagert ist.

Allerdings bestehen zwischen der Frühphilosophie und der Spätphilosophie Akzentunterschiede: In der Phase der Traktat-Philosophie soll ein methodisch verstandener logischer Absolutismus den Geltungsanspruch von Aussagen über sinnvolle Aussagen insoweit garantieren, daß die »Selbstreflexion« des Traktates bzw. die autodestruktive Unsinnigkeit seiner Sätze am Schluß des Textes in die Unhintergehbarkeit der Sagen/Zeigen-Differenz überführt werden. In der »Philosophie II« wird diese Sagen/Zeigen-Differenz auf einen quasi-anthropologisch[3] gefaßten, auf die »Naturgeschichte«[4] der zeichenhaften Daseins- bzw. Lebensformen verweisenden Handlungscharakter des Sprechens bezogen. Ist im Traktat die transzendentale Sprach-Logik Träger der Sagen/Zeigen-Differenz, offenbart sich diese differentielle Doublette in der Spätphilosophie als Moment des konkreten Sprachhandelns der Menschen in der Geschichte. Dem selbstdestruktiven epistemologischen Relativismus entgehen beide Ansätze dadurch, daß in ihnen, wenn auch auf unterschiedliche Weise, das Problem des Relativismus in die Sprache, in der allein er formuliert werden kann, zurückgenommen wird. Gegenstand der Analysen Wittgensteins ist nicht die Frage, *ob* die Sprache ein taugliches *Instrument* ist, Wirklichkeit abzubilden, sondern die Frage, *wie* sie es tut. Aus dieser Verschiebung der Fragestellung ergibt sich ein

Relativismus hinsichtlich der epistemischen Leistungsfähigkeit der Sprache. Insofern erscheint es berechtigt, mit Chris Bezzel von einem »erkenntnistheoretische[n] Relativismus« Wittgensteins zu sprechen. Doch ist Wittgensteins Relativismus, den er als ein Instrument des kritischen Einspruches gegen metaphysische Gehalte der Erkenntnistheorie einsetzt, selbst wiederum nicht epistemisch motiviert; seine Grundlage ist gerade nicht die skeptische Zurückweisung der Möglichkeit von Aussagen, die einen Wahrheitsanspruch erheben, sondern vielmehr die Zurückweisung des Anspruchs, daß mithilfe der Epistemologie diese Wahrheit garantiert werden könnte. Mit einiger Berechtigung könnte man von einem *epistemischen Agnostizismus* Wittgensteins zu sprechen[5]. Diese Bezeichnung erscheint zur Charakterisierung der Vorgehensweise Wittgensteins insofern treffender als der Ausdruck Skeptizismus, als dieser philosophiegeschichtlich vorbelastet ist. Denn dieser bezeichnet eine epistemologische Einstellung, die dem Dogamtismus als dessen Spiegelbild Dogmatismus[6] verhaftet bleibt und damit in jener epistemisch-essentialistischen Philosophietradition steht, gegen die Wittgenstein sich gerade abzusetzen sucht[7].

Wittgenstein selbst spricht in einem Manuskript von der »Relativitätstheorie der Sprache«[8], und Stephen Hilmy und Merill und Jaako Hintikka haben Wittgensteins Spätphilosophie deshalb als »lingustic relativism« bezeichnet[9]. Dieser Ausdruck, cum grano salis verwendet, bezeichnet vielleicht am genauesten die Ausgangsposition Wittgensteins, von der aus er sich mit dem Problem des Relativismus und d.h. zugleich mit der Problem der Gewißheit auseinandersetzt.

6.1 Die Phase der Traktat-Philosophie

«Wir machen uns Bilder der Tatsachen. Das Bild ist ein Modell der Wirklichkeit, so wie wir sie uns denken«[10]. Mit diesen beiden kargen Sätzen umschreibt Wittgenstein das, was man als den praxeologischen Gehalt des Traktates bezeichnen könnte. Wittgenstein formuliert in ihnen zwar nur die logisch unabweisbare Voraussetzung für die logisch-formale Analyse der Tatsachen, die allerdings von der Logik selbst nicht eingeholt werden kann. Deshalb wird innerhalb des Traktates die Frage, wie die Welt »objektiv« beschaffen und auf welche Weise und in welchem Maße sie von einem Bilder produzierenden Subjekt apperzipiert werden kann, aus dem Bereich der logischen Strukturanalyse ausgeschlossen: »Erkenntnistheorie ist die Philosophie der Psychologie«, heißt es, und Wittgenstein bezeichnet die Verwechslung der Logik mit Erkenntnistheorie ausdrücklich als eine Gefahr für seine Untersuchung[11]. Da sich die Logik mit den Möglichkeitsbedingungen für das Bestehen oder Nichtbestehen von Tatsachen beschäftigt, wird sie keine Auskunft geben über die Wirklichkeitsbedingungen solcher Tatsachen. Die Geltung dieser Logik ist *gewiß*, nicht weil sie wahr ist, sondern weil sie die Bedingung für das Wahrsein von Sätzen über Tatsachen in der Welt ist. Die Wahrheit der Gewißheit dieser Logik erweisen zu wollen, führt nach den Voraussetzungen des Traktates zu einem infiniten Regreß, in den sich die traditionelle Philosophie verstrickt hat.

Freilich wird durch die Restriktion des Traktates auf die logisch-formale Strukturanalyse das Problem der phänomenologischen oder praxeologischen Verankerung dieser Logik nicht gelöst. Aus der traktarianischen Untersuchung folgt nur die Gewißheit dieser Logik, die auch angesichts der logischen Möglichkeit gegeben sein muß, daß in der Welt keine Menschen existieren. Diese absurde Konsequenz sucht Wittgenstein dadurch auszuschließen, daß er die Logik an die Sprachhandlungen der die Welt gestaltenden und reflektierenden Menschen anbindet[12], und ferner dadurch, daß er die Gewißheit mit dem Welt-Haben des »Ich« verknüpft, dem die Welt als »meine« Welt gegeben ist. Allerdings wird das empirische Sprachhandeln im Traktat nur implizit thematisiert. In Wendungen wie »*Wir*[13] machen *uns* Bilder der Tatsachen«, »Der Mensch besitzt die *Fähigkeit* Sprachen zu bauen«[14], soll offenbar werden, daß »wir« nicht nur in einer logisch-strukturierten, sondern durch unser Handeln konkret konturierten Welt leben, über die »wir« pragmatisch sprechen und die »wir« pragmatisch ordnen, indem »wir« uns *konkrete Bilder* der Tatsachen machen, die wahr oder falsch sind. Diese konkreten Bilder sind in Hinsicht auf ihren Inhalt dubitabel und bestreitbar[15].

Die Gewißheit kommt also innerhalb der traktarianischen Logik dadurch ins Spiel, daß die Welt immer schon »meine« *ist*. Die Tatsache, daß »Ich« meine Welt »habe«, ist indubitabel gewiß, gerade weil ich dieses Haben nicht erschließen oder beweisen kann, sondern dieses Haben Grundlage meines Schließens und Beweisen ist. Die Gewißheit des »Ich« geht deshalb dem Spiel des radikalskeptischen Zweifels an diesem »Ich« oder an der Existenz der Welt ebenso voraus wie der Dialektik von wahrem Wissen und Gewißheit. Sie kommt dem »metaphysischen Ich« zu, das gerade nicht ein sich selbst reflektierendes und auf seine Welt hin auslegendes Subjekt ist. Sie ist auch nicht durch logische Erwägungen zu erlangen oder reflexiv zu begründen[16]. Sätze, die sie beschreiben sollen, müssen immer schon Sätze der Logik und - wie alle logischen Sätze - sinnlos sein, weil sie lediglich einen logischen »Raum« erfüllen. Deshalb kann Wittgenstein schreiben: »Wir können uns, in gewissem Sinne, in der Logik nicht irren«[17], und das »in gewissem Sinne« bezieht sich darauf, daß die Logik der Evidenz (dem »Einleuchten«) vorgelagert ist, eben weil diese Bedingung jener ist[18]. Die Tradition des europäisch-modernen Skeptizismus und die seit dem cartesianischen Cogito-Denken gegen sie aufgebotene philosophische Bemühung ist durch die Annahme der Ineffabilität der Gewißheit der Logik und des »metaphysischen Ich« bzw. der logischen Gewißheit für Wittgenstein gegenstandslos geworden. In einer - freilich etwas unglücklichen - Formulierung des Traktates heißt es:

> 6.51 Skeptizismus ist *nicht* unwiderleglich, sondern offenbar unsinnig, wenn er bezweifeln will, wo nicht gefragt werden kann.
> Denn Zweifel kann nur bestehen, wo eine Frage besteht; eine Frage nur, wo eine Antwort besteht, und diese nur, wo etwas *gesagt* werden *kann*.

Unglücklich formuliert erscheint dieser Passus insofern, als in seinem ersten Teilsatz per negationem unterstellt wird, daß Skeptizismus »widerleglich« sei, während die folgenden Satzteile eine solche »Widerlegung« gar nicht leisten; vielmehr unterlaufen sie das Problem der Skepsis durch die Klarstellung der Unsinnigkeit seiner Exposition: Jeder Versuch einer Widerlegung geriete unter denselben Unsinnigkeitsverdacht wie der skeptische Standpunkt selbst[19]. Die »Lösung« des skeptischen Problems besteht demnach für den Autor des Traktates - wie die Lösung philosophischer Probleme überhaupt - im Verschwinden des Problems, darin, daß die Unsinnigkeit des Problems aufgewiesen wird. Denn gegenüber der Gewißheit kann der Zweifel gar nicht als ein methodisches Prinzip des Weltbezuges der Menschen ins Spiel gebracht werden: »Nur in Ermangelung der Gewißheit gebrauchen wir die Wahrscheinlichkeit«, die eine Reaktion auf den Zweifel ist. Wohl kann »[e]in Satz [...] ein unvollständiges Bild einer gewissen Sachlage sein, aber immer ist es *ein* vollständiges Bild«[20]. Gewißheit besteht darin, daß »[ich] das *Bild*«, d.h. die Tatsache, daß es ein Bild ist, »nicht verneinen [kann]«[21].

6.2 »So handle ich eben«. Gewißheit in der Spätphilosophie

Das im Traktat entworfene Modell der Gewißheit, ineffables Moment des Welt-Habens durch ein »Ich« zu sein, beruht auf einer transzendentalen Grundlage. Diese transzendentale Verankerung umgeht wohl den infiniten logischen Regreß, in den die epistemische Gewißheitskonzeption traditioneller Philosophie gerät. Andererseits aber lassen sich das Haben von Gewißheit und das, was dieses »Ich« mit Gewißheit »hat«, nicht aufeinander beziehen. Dies führt jedoch zu der Paradoxie, daß logisch nicht auszuschließen ist, daß alle »Iche« mit Gewißheit ausschließlich falsche Bilder der Tatsachen besäßen. Damit aber würde die Unterscheidung zwischen Wahrheit und Gewißheit ihren Sinn verlieren.

Auch nach der »Drehung« der Betrachtungsperspektive in der »Philosophie II« hält Wittgenstein an der traktarianischen Überzeugung fest, daß das Haben von Gewißheit nicht Resultante von Erfahrungen und wahrheitsbehauptenden Wissensgehalten sein kann, sondern dem Für-wahr-Halten zugrundeliegt. Allerdings erweist sich dem späten Wittgenstein die im Traktat vorgenommene transzendentale Verankerung der Gewißheit in der Logik im Lichte der Sprachspielanalyse als zu abstrakt gefaßt, denn das unübersehbar vielfältige Geflecht von Sprachspielen und deren ausfransende Logik lassen eine universalisierte Bestimmung dessen, was unter Gewißheit zu verstehen ist, unter Absehung von dem, worauf sich diese Sprachspiele beziehen, nicht zu. Der Ausdruck »Gewißheit« muß für den späten Wittgenstein so gefaßt werden, daß er in die Vielfalt tatsächlicher Sprachspiele eingepaßt und damit in die nicht minder vielfältigen Formen menschlicher Praxis und Lebensformen eingebettet erscheint.

Im Verlaufe seiner Ausarbeitungen zum Regel-Begriff der Sprachspiele tritt daher für Wittgenstein der Handlungscharakter des konkreten Sprechens und dessen quasi-anthropologischer Hintergrund immer stärker in den Mittelpunkt. Die Bedeutung von Wörtern, Sätzen und der Sprache insgesamt aus ihrem Gebrauch herzuleiten, bedeutet vor allem zu untersuchen, wie sie »in das Leben eingreif[en]«[22], und nicht, welcher vermeintlichen Logik sie gehorchen. Wenn »Worte [...] Taten [sind]«, wie es in den *Vermischten Bemerkungen* heißt[23], dann konstituiert auch das »Regel-Folgen« innerhalb der Sprachspiele eine »Praxis«[24], die in einen gesellschaftlichen Handlungsrahmen eingebettet gesehen werden muß[25]; und ebenso gilt umgekehrt, daß diese Praxis, das Handeln und die Lebensform[26] regelsetzend für die Sprachspiele sind[27].
Wichtig ist hierbei, daß die philosophische Betrachtung laut Wittgenstein diesen wechselseitigen Zusammenhang als ihre Voraussetzung hinnehmen muß[28]; sie kann ihn weder begründen noch durch Rekurs auf außersprachliche, z.B. metaphysische, Instanzen abstützen, denn die Sprache ist für Wittgenstein ebenso unhintergehbar wie das »Leben«: »Du mußt bedenken, daß das Sprachspiel sozusagen etwas Unvorhersehbares ist. Ich meine: Es ist nicht begründet. Nicht vernünftig (oder unvernünftig). Es steht da - wie unser Leben.«[29] Die Verwobenheit von Lebensformen[30] und Sprachhandlungen ergibt ein kompliziertes Netz aus heterogenen, pluralen Bestandteilen: »[...] was »Sprache« heißt ist ein Wesen bestehend aus heterogenen Teilen und die Art und Weise wie sie eingreift unendlich mannigfaltig«[31].

Angesichts der relationalen Beziehung zwischen dem »Leben« und der »Sprache« und dem für Wittgenstein anzunehmenden epistemologischen Agnostizismus hinsichtlich der Möglichkeit, diese Beziehung zu begründen, stellt sich die Frage nach der Gewißheit besonders eindringlich. Wird sie vor dem Hintergrund der Analyse von Sprachspielen gestellt, bleibt vor allem problematisch, auf welche Weise sie in der und durch die Sprache allein verbürgt werden kann. Denn aus der Vielfalt unterschiedlicher, gleichzeitiger oder historisch sich verändernder Sprachspiele und deren Geltungsansprüchen resultiert zunächst nur die *Relativität* von offenkundig differierenden Gewißheit*en* - wenn Gewißheit heterogenen, unterschiedliche Lebensformen darstellenden Sprachspielensembles zuzuordnen ist, dann kann jede dieser Sprachspielgemeinschaften oder Sprachspielsysteme) Gewißheit für sich reklamieren. Es erhebt sich die Hegelsche Frage nach der »Wahrheit der Gewißheit«.

In der Tat stellt sich auch für Wittgenstein der »Philosophie II« die Frage nach der Gewißheit vor allem in Verbindung mit dem Problem der Erkenntnistheorie[32]. Er erkennt an, daß Gewißheit und die Berechtigung des Habens von Gewißheit die Frage nach den Möglichkeiten der Menschen einschließt, Wissen über sich und die Welt zu erwerben, und daß damit der Frage, ob und wie die Wahrheit dieses Wissens erwiesen werden kann, eine Schlüsselrolle für sein eigenes philosophisches Programm zukommt. Wittgenstein hat seine Untersuchungen *Über Gewißheit*, die den Arbeitsschwerpunkt seiner letzten beiden Lebensjahre ausmachten, in diesen Problemhorizont gestellt. Sein Ausgangspunkt ist der Versuch George Moores, das bereits von Kant als »skandalös« empfundene Problem, die Existenz einer (objektiven) Außenwelt zweifelsfrei beweisen zu müssen[33], mit der Frage nach der Gewißheit von Sätzen des Typs »Ich weiß, daß...« in Verbindung zu bringen und mittels eines »Commonsense-Arguments« zu lösen.

Wittgenstein versucht nicht, eine Gegen*theorie* zu Moores Ansatz aufzustellen[34]. Gemäß seiner Voraussetzung, daß der Versuch reflexionsphilosophischer Verallgemeinerung nur im Kontext konkreter Sprachspiele sinnvoll sein kann, greift er Beispiele heraus, um an ihnen das Spezifische des Sprachspiels »Wahrheit und Gewißheit« zu erläutern[35]. In einer ersten Annäherung umreißt er seine Einwände gegen Moore folgendermaßen:

> Moores Ansicht läuft eigentlich darauf hinaus, der Begriff »wissen« sei den Begriffen, »glauben«, »vermuten«, »zweifeln«, »überzeugt sein« darin analog, daß die Aussage »Ich weiß...« kein Irrtum sein könne. Und *ist* es so, dann kann aus einer Äußerung auf die Wahrheit einer Behauptung geschlossen werden. Und hier wird die Form »Ich glaubte zu wissen« übersehen. - Soll aber diese nicht zugelassen werden, dann muß ein Irrtum auch in der *Behauptung* logisch unmöglich sein. Und dies muß einsehen, wer das Sprachspiel kennt; die Versicherung des Glaubwürdigen, er *wisse* es, kann ihm dabei nicht helfen.[36]

Die »logische Unmöglichkeit eines Irrtums« wahrheitsbehauptender Sätze bezieht Wittgenstein auf die logische Struktur dieser Sätze selbst und nicht auf ihre Übereinstimmung mit einer außersprachlichen Wirklichkeit. Diese kann sich ja gerade nicht dadurch erweisen, daß ein Sprecher sie behauptet (und sei es der Philosoph), sondern die Unmöglichkeit des Irrtums über die Wahrheit einer Behauptung ist als relativ zu dem Sprachspiel zu betrachten, in dem eine solche Behauptung aufgestellt wird. Denn nicht die Erfahrung der vermeintlich objektiven Struktur der Außenwelt versetzt die Menschen in die Lage, sich bewährende oder auch irrige Aussagen und Urteile über die Außenwelt zu formulieren (eine solche These verfiele dem Einwand des Skeptizismus), sondern vielmehr ein in der Praxis sich ausdifferenzierender Regelkanon gesellschaftlicher Handlungsmuster, der den »Hintergrund« oder Rahmen für die einzelnen Sprachspiele des Wissens und der Wahrheit des Gewußten abgibt. Zur Charakterisierung dieses »Hintergrundes« verwendet Wittgenstein vorzugsweise die Ausdrücke »System« oder »Weltbild«. Sie sollen den holistischen[37] bzw. paradigmatischen Charakter von Hintergrund-Aussagen verdeutlichen, auf denen wahrheitsbehauptende Sätze gleichsam aufruhen können:

> Alle Prüfung, alles Bekräften und Entkräften einer Annahme geschieht schon innerhalb eines Systems. Und zwar ist dies System nicht ein mehr oder weniger willkürlicher und zweifelhafter Anfangspunkt aller unserer Argumente, sondern es gehört zum Wesen dessen, was wir ein Argument nennen. Das System ist [...] das Lebenselement der Argumente.[38]
> Was in Lehrbüchern [...] steht, halte ich im allgemeinen für wahr. Warum? Ich sage: Alle diese Fakten sind hundertmal bestätigt worden. Aber wie weiß ich das? Was ist meine Evidenz dafür? *Ich habe ein Weltbild.* Ist es wahr oder falsch? Es ist vor allem das Substrat alles meines Forschens und Behauptens.[39]

Die tragenden Bestandteile des Systems - jene Elemente, die die Systematizität des Systems ausmachen - *können* aus dem Grunde keinem Zweifel und damit der Logik des Wahr/falsch-Sprachspiels unterliegen, weil sie die unverzichtbaren Voraussetzungen für solche Sprachspiele abgeben. Gerade deshalb sind sie »fundamental«, eine »unwankende Grundlage« der jeweiligen Sprachspiele[40], auf der die referentiellen Wahr/falsch-Sätze allererst zirkulieren können[41]. In ihrer indubitablen Geltung drückt sich nicht ihre Wahrheit, sondern vor allem ein eben »fundamentales« Vertrauen aus, ein Vertrauen, das bereits der Wittgenstein des Traktates zur Charakterisierung des »Substrats« der logischen Strukturanalyse der Tatsachen herangezogen und das die Grundlage für Ethik, Philosophie und Religion dargestellt hatte. Sie bilden das Sinnkriterium[42] - das *Paradigma*[43] - für solche Sätze, das ihnen logisch vorausgesetzt ist: »Unsinn«, schreibt Wittgenstein, »aber wäre es zu sagen, wir betrachteten etwas als sichere Evidenz, weil es gewiß wahr ist«[44], denn weder die Tatsache, daß »wir« *bloß subjektiv* von der Wahrheit des Gewußten überzeugt sind, verbürgt Gewißheit[45], noch die Auffassung, daß die Evidenz stiftende Leistung in der Struktur des *objektiv* Gewußten verankert ist:

> Der Gebrauch von »wahr oder falsch« hat darum etwas Irreführendes, weil es ist, als sagte man »es stimmt mit den Tatsachen überein oder nicht«, und es sich doch gerade frägt, was »Übereinstimmung« hier ist.[46]

Der Haupteinwand Wittgensteins gegen die erkenntnistheoretische Lehre von der Entsprechung oder Adäquation (subjektiver) Erkenntnisvermögen und (objektiver) »Dinge« oder »Gegenstände«, auch wenn sie auf der Basis des Commonsense vorgetragen wird, besteht also im Kern darin, daß sie auf einem Zirkelschluß beruht: »[S]timmt [eine Hypothese] gewiß mit der Wirklichkeit, den Tatsachen, überein? - Mit dieser Frage bewegst du dich schon im Kreise.«[47] Wie aber kann dieser erkenntnistheoretische circulus vitiosus durchbrochen werden, der in der traditionellen Auffassung von Wahrheit als adaequatio intellectus ad rem beschlossen liegt, aber auch in anderen universalisierenden Wahrheitstheorien anzutreffen ist, ohne dabei in Abrede stellen zu müssen, daß es überhaupt als »wahr« zu bezeichnende Sätze gibt? - Denn offensichtlich kann der Ausdruck »wahr« in der Sprache sinnvoll gebraucht werden. Gibt es andere erkenntnissichernde Größen, die stattdessen namhaft gemacht werden können?

Wenn Wittgenstein auf die Abhängigkeit erkenntnistheoretischer Fragestellungen von einem vorausgesetzten »System« oder »Weltbild« verweist, so könnte man den Eindruck gewinnen, daß diese eine sprachphilosophische Ersatzfunktion im Sinne der transzendentalistischen Erkenntnistheorie übernehmen sollen[48]. Doch ist Wittgenstein weit davon entfernt, Begriffe wie »System« oder »Weltbild« zu *konstitutiven* Größen einer universalisierbaren Erkenntnistheorie zu erheben. Wie bereits im Traktat ist auch für den späten Wittgenstein bei der Frage nach der Wahrheit und der Wahrheit der Gewißheit zwischen der Handlungsebene und der logischen Ebene, zwischen der (wie es in der Spätphilosophie heißt) »alltagssprachlichen« Ebene und der »philosophischen« Ebene zu unterscheiden. Beide sind ineinander verwoben:

> Ich will sagen: Sätze von der Form der Erfahrungssätze und nicht nur Sätze der Logik gehören zum Fundament alles Operierens mit Gedanken (mit der Sprache - Diese Feststellung ist nicht von der Form »Ich weiß,...«. »Ich weiß,...« sagt aus, was *ich*[49] weiß, und das ist nicht von logischem Interesse.[50]

Aber, so fügt Wittgenstein gleich hinzu, nicht in der dargestellten Weise: Die Formulierung »Sätze von der Form der Erfahrungssätze« sei »ganz schlecht«, denn:

> [Es] handelt sich um Aussagen über Gegenstände. Und sie dienen nicht als Fundamente wie Hypothesen, die, wenn sie sich als falsch erweisen, durch andere ersetzt werden.
> [...] und schreib getrost:
> »Im Anfang war die Tat.«[51]

Die Formulierung »Sätze von der Form von Erfahrungssätzen« ist deshalb verfehlt, weil sie bereits eine logische Umformulierung von Sätzen über Gegenstände ist, die eben keine Hypothesen sind, sondern im Umgang der Menschen mit ihrer Wirklichkeit gewonnen werden. Ob diese wahr sind, läßt sich unmöglich entscheiden (gerade deshalb sind sie keine »Hypothesen«), sondern sie sind eine »unwankende Grundlage [der, M.K.] Sprachspiele«[52]. Deshalb kann sich die »Gewißheit der Wahrheit« nicht auf die »Einstellungen« der Menschen, sozusagen auf die »Form« ihres Für-wahr-Haltens, beziehen, denn dieses Für-wahr-Halten bezieht sich bereits auf das, wovon die Wahrheit behauptet wird[53]. So ist denn das »System« bzw. das »Weltbild«, in dem das Wissen und die Wahrheit als »Variablen« auftauchen, für Wittgenstein keinesfalls als eine leere, aber im Menschen bereitliegende »Form« zu begreifen, die mit (historisch) variablen Inhalten jeweils aufgefüllt würde. Vielmehr sollen die Ausdrücke »Weltbild« oder »System« jenen »logischen« Punkt markieren, an dem Methode und Inhalt des »Systems« zusammenfallen[54], Regel und Beispiel kongruent, Erklärung und Beschreibung zur Deckung gebracht werden und die »Logik« mit der »Praxis der Sprache«[55] koinzidiert. Hier ist der »Boden« der Überzeugungen erreicht, »[u]nd von dieser Grundmauer könnte man beinahe sagen, sie werde vom ganzen Haus getragen«[56].

Eine solche systemrelative Fassung der Wahrheit und der Gewißheit erscheint aus epistemologischer Sicht allerdings nicht weniger zirkulär als der von Wittgenstein zurückgewiesene Ansatz der Adäquationstheorie. Denn die Gewißheit der Wahrheit scheint hier zum Kriterium der Wahrheit erhoben. Doch haben sich die Akzente entscheidend verschoben. Statt epistemologische Funktion zu übernehmen, dient die logische Unterscheidung von Sprachspielen des (dubitablen) Wissens von denen, in denen weltbildgeleitete (indubitable) Gewißheit zum Ausdruck kommt, Wittgenstein vor allem zur Beschreibung des tatsächlichen Gebrauchs der Sprache und von Sprachhandlungen, in denen menschliche Praxis kristalliert und welche die Grundlage darstellen für die philosophische-theoretische Reflexion eben dieses Sprachgebrauchs. Wird das Sprechen über Dinge mit dem ihm logisch vorausliegenden Umgang mit den Dingen und nicht mit der Wahrheit dieses Sprechens in Bezug gesetzt, weil klar ist, daß »[d]ie Kriterien des Wahrseins [...] in der *Sprache* festgelegt [werden]«[57], erweist sich Gewißheit als dasjenige Moment des Sprechens, das diesseits des Zweifels und des Wahrheitsanspruchs steht. Und zugleich läßt sich in Umkehrung dieses Gedankens - kritisch-therapeutisch - die philosophische-theoretische Fragehaltung in bezug auf die Möglichkeitsbedingungen wahren Wissens und der Tatsächlichkeit von Gewißheit in die Vielfalt der Sprachspiele und die Multiplizität der menschlichen Handlungsweisen auflösen:

> Das, worauf ich abziele, liegt auch in dem Unterschied zwischen der beiläufigen Feststellung »Ich weiß, daß das...«, wie sie im gewöhnlichen Leben gebraucht wird, und dieser Äußerung, wenn der Philosoph sie macht.
> Denn wenn Moore sagt »Ich weiß, daß das... ist«, möchte ich antworten: »Du *weißt* gar nichts!« Und doch würde ich das dem nicht antworten, der ohne philosophische Absicht so spricht [...].
> Denn sagt Einer: er *wisse* das und das, und das gehört zu seiner Philosophie - so ist sie falsch, wenn er in jener Aussage fehlgegangen ist.[58]

Der Unterschied zwischen dem traditionell-philosophischen und dem Gebrauch von »Wahrheit« im »gewöhnlichen Leben« besteht darin, daß der traditionell-philosophische Gebrauch die Geltung seines Wahrheitsbegriffes zu begründen versucht (so daß der Irrtum die Philosophie als falsch erweist), während der »gewöhnliche« Sprachgebrauch mit dem Ausdruck »wahr« das praxeologisch gewonnene Wissen bezeichnet, das dem Handelnden »gewiß« ist[59]. Während der epistemologische Gewißheitsbegriff sich stets dem skeptischen Zweifel ausgesetzt sieht, erweist sich der praxeologische Gewißheitsbegriff Wittgensteins als die per se ineffable und damit indubitable Grundlage des Sprachhandelns:

> Die Begründung [...], die Rechtfertigung der Evidenz kommt zu einem Ende; - das Ende aber ist nicht, daß uns gewisse Sätze unmittelbar als wahr einleuchten, also eine Art *Sehen* unsererseits, sondern unser *Handeln*, welches am Grunde des Sprachspiels liegt.[60]

Jedes Erklären hat ein Ende[61]. Die Tatsächlichkeit des Handelns selbst ist nicht begründungsfähig[62]. Es geschieht. Es ist der »harte Felsen«, an sich der philosophische »Spaten« zurückbiegt: »Ich bin dann geneigt zu sagen: *So handle ich eben.*«[63] Die Unhintergehbarkeit des »So handle ich eben« als Vorausetzung für wahrheitsgeleitete Sätze bildet für Wittgenstein den Maßstab, auf den bezogen Sprachspiele ihren Sinn erhalten und das Spiel von Wahrheit und Irrtum, von Zweifel und Vergewisserung allererst sinnvoll einsetzen kann: »[...] ein Sprachspiel [ist] nur möglich [...], wenn man sich auf etwas verläßt«[64]. Diese verläßliche Grundlage für das Funktionieren der Sprachspiele ist das Moment der Gewißheit, die, aus Handlungszusammenhängen entstehend, zugleich zur Grundlage für weiteres Handeln werden kann. Sie bildet die »Angeln« der Sprachspiele, um die sich das gesamte System der Sätze und die Gestalt der Lebensform, die sie ausmachen, drehen können[65]. Demnach ist Gewißheit keine Größe, die zu Sprachspielen und Handlungsweisen gleichsam wie von außen hinzutritt, sondern ein dem Ganzen[66] eines Systems einwohnendes Moment[67].

Wird die Gewißheit relational auf ein gesamtes »System« oder »Weltbild« bezogen und als grundlos bzw. nicht begründungsfähig von der erkenntnistheoretischen Fundierung durch Wahrheitsdiskurse abgekoppelt, so wird der Anspruch auf epistemische Universalisierung der Gewißheit insgesamt hinfällig. Mit der Relativierung der Erkenntnistheorie auf *ein* System von Sprachspielen wird Gewißheit insofern zu einer pluralen Größe, daß sie an die Inhalte dieses Systems gekoppelt ist und nicht von ihnen gelöst werden darf. Gerade indem durchschaut wird, daß Gewißheit nicht letzt*begründbar* ist, sondern die Basis darstellt, auf der ein System von Begründungen aufruhen kann, wird klar, daß sie gerade theoretischer Reflexion unzugänglich bleiben muß:

> Es käme mir lächerlich vor, die Existenz Napoleons bezweifeln zu wollen; aber wenn Einer die Existenz der Erde vor 150 Jahren bezweifelte, wäre ich vielleicht eher bereit aufzuhorchen, denn nun bezweifelt er unser ganzes System der Evidenz. Es kommt mir nicht vor, als sei dies System sicherer als seine Sicherheit in ihm.[68]

Wenn das »Wissenskorpus« von einem Weltbild abhängig ist, das Gewißheit verbürgt, folgt daraus fast zwangsläufig ein epistemischer Agnostizismus - allerdings nur in der Hinsicht, daß jede Begründung für Erkenntnis letztlich auf einem grundlosen »Glauben«[69] fußt, dessen Erwerb nicht durch die Evidenz bzw. Wahrheit seiner Elemente erklärt werden kann[70]; die Strukturelemente des »Weltbildes« und die paradigmatischen Momente der Sprachspiele müssen vielmehr »blind« übernommen werden, ehe sinnvoll überhaupt über Wahrheit und Wissen gesprochen werden kann[71]. Daraus ergibt sich, daß für die Partizipation an den Sprachspielgemeinschaften der Erwerb von Sprachkompetenz durch »Glauben« und »Abrichtung« erforderlich ist: »Das Kind lernt, indem es dem Erwachsenen glaubt. Der Zweifel kommt *nach* dem Glauben«[72].

Diese »Abrichtung« greift beim Ersterwerb von Regeln und Praktiken in Primärsituationen, ist aber für Wittgenstein ein Beispiel für das Lernen überhaupt, bei dem »Regel und Erfahrungssatz ineinander übergehen«[73]. So schreibt er z.B. über das Rechnen:

> Das *Wesen* des Rechnens haben wir beim Rechnenlernen kennengelernt.[74]
> *So* rechnet man. Und Rechnen ist *dies*. Das, was wir z.B. in der Schule lernen. Vergiß diese transzendente Sicherheit, die mit deinem Begriff des Geistes zusammenhängt.[75]
> [Und über das Urteilen, M.K.:]:
> Ich habe von Kind auf so urteilen gelernt. *Das ist* Urteilen.

> So habe ich urteilen gelernt; *das* als Urteil kennengelernt.
> Aber ist es nicht die Erfahrung, die uns lehrt, *so* zu urteilen, d.h., daß es richtig ist, so zu urteilen? Aber wie *lehrt's* uns die Erfahrung? *Wir* mögen es aus ihr entnehmen, aber die Erfahrung rät uns nicht, etwas aus ihr zu entnehmen. Ist sie der *Grund*, daß wir so urteilen [...], so haben wir nicht wieder einen Grund dafür, dies als Grund anzusehen.[76]

Mit dem Gedanken, daß am Grunde des Sprachspiels eine grundlose, paradigmatisch konstituierte und daher nicht weiter begründbare Praxis liege, liefert der späte Wittgenstein gewiß keine empirisch zulängliche oder gar wissenschaftliche Theorie des Lernens, sondern nimmt den Gedanken der Konventionalität der Sprachspiele in philosophiekritischer Absicht erneut auf[77]. Es geht ihm um die Konstruktion einer nicht empirisch zu nehmenden, sondern nur logisch-analytisch und in philosophisch-klärender Absicht entworfenen Modellsituation[78]. Lernen heißt Einübung, Beherrschung von Techniken, richtiger Gebrauch sprachlicher Instrumente und Werkzeuge, die zum Handeln in der »Welt« befähigen[79]. Es ist »blinde Übernahme« einer von anderen gelehrten »Grundlage«[80] insofern, als ohne diese Übernahme Sprachkompetenz, d.h. der Gebrauch von Zeichen, gar nicht möglich wäre. Die Gewißheit wird für Wittgenstein durch die in Beispielen vollzogene Verschmelzung von Gehalt und Methodik des Wissens hergestellt[81], wobei die Methodik stets implizit bleibt.

Wichtig ist für Wittgenstein an der Vorstellung der »Abrichtung« und vor allem der Notwendigkeit des »Glaubens«, daß es nicht um das bloß *subjektive* und insofern dubitable Vermeinen oder Für-wahr-Halten[82] von Sachverhalten geht; gemeint ist die Tatsache, daß jedes Wissen systemgebunden und deshalb der Wissenserwerb an die Übernahme des Systems gebunden ist[83]. Daher macht die Frage, ob die Kenntnisse der Menschen über die Natur der Einsicht in das wahre Wesen der Natur entspringen, keinen Sinn:

> Wir wissen, daß die Erde rund ist. Wir haben uns endgültig davon überzeugt, daß sie rund ist.
> Bei dieser Ansicht werden wir verharren, es sei denn, daß sich unsere gesamte Naturanschauung ändert. »Wie weißt du das?« - Ich glaube es.
> Weitere Versuche können die früheren nicht *Lügen strafen*, höchstens unsere ganze Betrachtung ändern.[84]

Wittgenstein erkennt also gerade aufgrund des Umstandes, daß dem Wissen/Zweifeln die Tatsache des Glaubens vorgeordnet ist, ausdrücklich an, daß sich die Paradigmata des Glaubens als Grundlage des Für-Wahr-Haltens historisch ändern können und damit auch die »ganze Betrachtung« des Wissen und der Anschauung der »Natur«.

Die Pointe dieser Untersuchungen über Wahrheit und Gewißheit des Wissen besteht vor allem darin, daß sie von einer historischen Vielzahl unbegründbarer Gewißheiten als Grundlage für dubitables Wissen ausgehen könne, statt den historischen Wandel der Wissensgehalte auf der Folie eines universalistischen Wahrheitsbegriffes hinwegerklären zu müssen, der eingestandermaßen selbst wiederum nur aufgrund der historisch-kontingenten Entwicklung des Wissens gewonnen werden könnte oder aber metaphysisch fundiert werden müßte. Das Projekt, Gewißheit und Wahrheit von ihrer Verankerung in der Objektivität der Wirklichkeit abzulösen und damit ihrer kategorialen Unwandelbarkeit zu berauben und sie stattdessen an die holistisch-paradigmatische Struktur eines »Weltbildes« zu binden, stellt sich gleichsam quer zum epistemischen Wahrheitsbegriff der naturwissenschaftlichen Forschung. Dieser ist sinnvoll nur relativ zu dem Weltbild und den Lebensformen zu gewinnen und zu verteidigen, in denen er handlungsrelevant wird. Und diese Lebensformen sind ebenso historischen Veränderungen unterworfen wie die konkreten Sprachspiele der Individuen: Jede Veränderung von Begriffen signalisiert eine Veränderung im System der konkreten menschlichen Handlungsweisen[85]. Allerdings wäre es falsch, die spezifischen Begriffsverwendungen angesichts der Variabilität der historischen Denk- und Handlungsmuster zu verwerfen oder wiederum als »falsch« hinzustellen. Zwar sind für Wittgenstein selbst die grundlegenden naturwissenschaftlichen[86] Evidenzen, z.B. die Anerkennung der Tatsache, »daß Wasser bei ca. 100° kocht«, nicht ausgenommen, doch erscheint es ihm unmöglich, innerhalb der Lebensform die Richtigkeit dieses Satzes bestreiten zu wollen:

> Man kann nun allem dem [den Beweisen für diesen Satz, M.K.] Beispiele entgegenhalten, die zeigen, daß Menschen dies und jenes für gewiß gehalten haben, was sich später, unserer Meinung nach, für falsch erwiesen hat. Aber dieses Argument ist natürlich wertlos. Zu sagen: wir können am Ende nur solche Gründe anführen, die *wir* für Gründe halten, sagt gar nichts.
> Ich glaube, es liegt hier ein Mißverständnis des Wesens unserer Sprachspiele zugrunde.[87]

Das »Mißverständnis des Wesens unserer Sprachspiele« läge darin, daß der Zweifel an der Geltung eines solchen Satzes in »unseren Sprachspielen« ein Paradigma der Betrachtungsweise von Naturphänomenen darstellt und deshalb keine epistemologisch-skeptische Argumentation zuläßt, ohne das gesamte System unserer Naturwissenschaften außer Kurs zu setzen. Doch liegt der eigentlich *Witz* der Wittgensteinschen Argumentation darin, daß sich umgekehrt solche physikalischen Basisannahmen auch nicht letztbegründen, sondern nur sprachspielpraxeologisch rechtfertigen lassen. Das gleiche gilt für Wittgenstein z.B. für die Vorstellung, die Erde sei eine Kugel: »Das Bild der Erde als Kugel ist ein *gutes* Bild, es bewährt sich überall, es ist auch ein einfaches Bild - kurz, wir arbeiten damit, ohne es anzuzweifeln[88]«.

Aus solchen Überlegungen folgt, daß Veränderungen eines Weltbildes oder die radikale Veränderung eines »Systems« oder »Weltbildes« keineswegs den Standards der modernen Rationalität zugänglich sind. Da »Rationalität« nur innerhalb eines Weltbildes sinnvoll als Kriterium für das Haben von Überzeugungen und das Für-wahr-Halten gelten kann, müssen aus der Warte des Sprachphilosophen auch andere Formen des Für-wahr-Haltens, etwa mystische oder religiöse, sowie ihre vielfältigen »Durchmischungen« mit rationalen, als »gleichberechtigt« anerkannt werden. Wenn die »Rationalität« vor einem praxeologischen Hintergrund gesehen wird, dann wird auch sie als »Mythologie« zu bezeichnen sein, als eine intellektuelle Reaktion auf ein ihr vorausgesetztes Handeln, das im »Fluß« dieses Handelns sich ständig verändert. In einer Eintragung in *Über Gewißheit* hat Wittgenstein diesen mythologischen Aspekt der Gewißheit und Weltbildbezogenheit des menschlichen Weltverhaltens betont:

> Man könnte sich vorstellen, daß gewisse Sätze von der Form der Erfahrungssätze[89] erstarrt wären und als Leitung für die nichterstarrten, flüssigen Erfahrungssätze funktionierten; und daß sich dies Verhältnis mit der Zeit änderte, indem flüssige Sätze erstarrten und feste flüssig würden.
> Die Mythologie kann wieder in Fluß geraten, das Flußbett der Gedanken sich verschieben. Aber ich unterscheide zwischen der Bewegung des Wassers im Flußbett und der Verschiebung dieses; obwohl es eine scharfe Trennung der beiden nicht gibt.
> Ja, das Ufer jenes Flusses besteht zum Teil aus hartem Gestein, das keiner oder einer unmerkbaren Änderung unterliegt, und teils aus Sand, der bald hier bald dort weg- und angeschwemmt wird.[90]

Damit ist freilich keinesfalls gesagt, daß die Veränderungen innerhalb bzw. die Übergänge von einem zu einem anderen Weltbild stets kontinuierlich oder bruchlos verlaufen oder daß konfligierende Weltbilder friedlich koexistieren können; vielmehr:

> Angenommen, wir träfen Leute, die das [Handeln nach dem Satze der Physik[91]] nicht als triftigen Grund betrachteten [...]. Sie befragen statt des Physikers etwa ein Orakel. (Und wir halten sie für primitiv[92].) Ist es falsch, daß sie ein Orakel befragen und sich nach ihm richten? - Wenn wir dies »falsch« nennen, gehen wir nicht schon von unserem Sprachspiel aus und *bekämpfen* das ihre?[93]

Wittgenstein gibt keine direkte Antwort auf diese Frage, sondern nur einen Hinweis auf den Rahmen, in dem eine Antwort gesucht werden sollte: »Wo sich wirklich zwei Prinzipien treffen, die sich nicht miteinander aussöhnen können, da erklärt jeder den Andern für einen Narren und Ketzer.«[94] Die »Lösung« eines Weltbildkonfliktes kann also in einem solchen Falle nicht mehr in der Stärke von Argumenten oder »Gründen« liegen - die Begründungskraft von Gründen ist ja Gegenstand des Konfliktes[95] -, sondern allein in dem mit den systemspezifischen Mitteln[96] unternommenen Versuch, den »Andern« zu überreden, zu »bekämpfen«:

> Ich sagte, ich würde den Andern »bekämpfen«, - aber würde ich ihm denn nicht *Gründe* geben? Doch; aber wie weit reichen die? Am Ende der Gründe steht die *Überredung*. (Denke daran, was geschieht, wenn Missionäre die Eingeborenen bekehren.).[97]

Auf welche Weise diese »Überredungen« im einzelnen verlaufen sollten, entzieht sich, folgt man Wittgenstein, der philosophischen Ein- und Voraussicht. Für ihn ist wichtig, herauszustellen, daß für diese Fälle der *Philosoph* keine Theorie geben kann, die nicht selbst wieder weltbildrelativ wäre. Er sollte lediglich Beispiele sammeln, die den Vorgang dokumentieren[98]. Der *Witz* solcher Beispiele besteht für Wittgenstein vor allem darin, die Begrenztheit und zugleich die Unhintergehbarkeit der weltbildspezifischen sprachlichen »Rationalität« aufzuweisen. Relevant sind vor allem solche »Fälle«, in denen es um Veränderungen der Wesensbestandteile eines »Weltbildes« bzw. der indubitablen Grundlagen einer Weltsicht, also um Paradigmata, geht oder in dem inkompatible, »ausformulierte« Weltbilder aufeinandertreffen. Hier ist es die Aufgabe des Sprachphilosophen, auf die Relativität der Geltungsansprüche divergierender »Systeme« hinzuweisen, ihre Unterschiedlichkeit herauszuarbeiten, den Gedanken der Überlegenheit eines »Systems« gegenüber einem anderen zurückzuweisen und auf die der Reflexion vorausgehende, nicht vorherzusehende und philosophisch-theoretisch zu regulierende Praxis zu verweisen. Die Unvorhersehbarkeit, das beständig »Überraschende« an dieser Praxis bedeutet auch, daß der Philosoph keine sinnvollen Aussagen über die Logik des Entstehens und Vergehens von Weltbildern machen kann[99]. Vielmehr hat er sich laut Wittgenstein mit der Feststellung zu bescheiden, daß das Erzeugen von Weltbildern und Paradigmata selbst wiederum zur »Naturgeschichte«[100] oder zu einem »Naturfaktum«[101], sozusagen zur sprachanthropologischen Grundausstattung des Menschen[102] zählt, über deren Konstatierung die Analyse nicht hinauszugelangen vermag[103]. Der Wechsel von Weltbildern ist als Bestandteil der menschlichen Geschichte und als Wechsel von »Lebensmustern«[104] zu begreifen:

> Stellen wir uns die Tatsachen anders vor als sie sind[105], so verlieren gewisse Sprachspiele an Wichtigkeit, andere werden wichtig. Und so ändert sich, und zwar allmählich, der Gebrauch des Vokabulars der Sprache.[106]
> Wenn sich die Sprachspiele ändern, ändern sich die Begriffe, und mit den Begriffen die Bedeutungen der Wörter.[107]

Die wichtige Aufgabe des Philosophen im Sinne Wittgensteins bei der Beschreibung von Paradigmenwechseln besteht darin, darauf zu beharren, daß diese Wechsel nicht mit einem philosophischen Kriterium, etwa mit dem Kriterium des »Fortschritts« zu messen oder als eine sukzessive Annäherung an eine oder »die« Wahrheit zu verstehen sind[108]. Dies verbietet sich für Wittgenstein allein schon deshalb, weil er Weltbilder und Mythologien nicht als reflexiv begründbar oder sinnvoll deutbar, sondern als Resultat praxeologisch fundierter sprachlicher Kommunikation begreift. Sie sind für ihn Ausdruck der menschlichen Praxis. Diese Praxis ist für den Philosophen der vorauszusetzende Maßstab, der an die Stelle des Maßstabs der Wahrheit tritt:

> Bedenke, daß man von der *Richtigkeit* einer Anschauung manchmal durch ihre *Einfachheit* oder *Symmetrie* überzeugt wird, d.h.: dazu gebracht wird, zu dieser Anschauung überzugehen. Man sagt dann etwa einfach: »*So* muß es sein.«[109]

Wittgenstein verwendet für die Beschreibung solcher Vorzüge einer Anschauung den Ausdruck »Reiz«[110]. Dieser Begriff soll unterstreichen, daß nicht ihre letztgesicherte »Wahrheit« zur Akzeptanz einer neuen Anschauung führt, sondern das Moment der lebenspraktischen Evidenz, die von dem Einnehmen einer solchen »Haltung« ausgeht[111] und in der die Berufung auf die »Wirklichkeit« nichts weiter ist als eine schlagend wirkende Formel, die Einwände zum Verstummen bringt. Über die Freudsche Theorie als Erklärungsmodell seelischer Vorgänge schreibt er:

> Viele dieser Erklärungen [...] werden durch die Erfahrung nicht so bestätigt wie physikalische Erklärungen. Wichtig ist die *Haltung*, die sie zum Ausdruck bringen.
> Vor allem jene Sätze haben die Form der Überredung, in denen es heißt: »Dies ist *in Wirklichkeit* jenes.« [Das bedeutet]: Man ist überredet worden, gewisse Unterschiede zu vernachlässigen, die es gibt.[112]

Der Umstand, daß Wittgenstein den Rekurs auf die »Wirklichkeit« als ein Strategem der Überredung kennzeichnet, verdeutlicht erneut den seinem Denken zugrunde liegenden Agnostizismus hinsichtlich der letztliche Wahrheit der Weltbilder. Nicht relativ hingegen sind für ihn die »Bilderwelten«[113], in denen sich menschliche Praxis sedimentiert. Diesen kommt Gewißheit zu, ohne Begründung oder »Wahrheit«. Solche Bilderwelten sind nicht durch Kritik zu verändern, sondern allein durch »Überredung«. *Philosophie als Tätigkeit* formuliert ein Programm, das von der Auffindung letzter Wahrheiten und Begründungen absieht und darauf angewiesen ist, daß Menschen sich von ihm zu ihm überreden lassen:

> Ich überrede auch. Wenn jemand sagt »Da gibt es keinen Unterschied«, und ich sage »Es gibt einen Unterschied«, dann überrede ich, ich sage: »Ich möchte nicht, daß Sie die Sache so ansehen!« [Ich sage, daß ich die Sache auf eine andere Weise betrachtet haben möchte.][114]

Doch wie geschickt die »Propaganda für einen Denkstil«, die Wittgenstein für den seinen betreibt[115], auch ausfallen mag - die Entscheidung darüber, ob dieser Denkstil - die Aufforderung: »Sieh« die Dinge *so* an!«[116] - von den Menschen akzeptiert wird, hängt von dem praktischen Verhalten der Menschen ab und nicht von der Überzeugung des Philosophen, einen privilegierten Zugang zum Sein der Dinge oder der Wahrheit zu besitzen. Denn jede Aufforderung, die Dinge *so* anzusehen, setzt voraus, daß sie auch *anders* betrachtet werden können.

7 Philosophie im »Fluß des Lebens«[1]

Das Handeln bedarf einer Pluralität, in der zwar alle dasselbe sind, nämlich Menschen, aber dies auf die merkwürdige Art und Weise, daß keiner dieser Menschen je einem anderen gleicht, der einmal gelebt hat oder leben wird.[2]
Wie könnte man die menschliche Handlungsweise beschreiben? Doch nur, insofern man die Handlungen der verschiedenen Menschen, wie sie durcheinanderwimmeln, schilderte. Nicht, was Einer jetzt tut, sondern das ganze Gewimmel der menschlichen Handlungen, der Hintergrund, worauf wir jede Handlung sehen, bestimmt unser Urteil, unsere Begriffe und Reaktionen.[3]

7.1 Das Leben

Reflexionen über die Grenzen von Sinn, Perspektivierungen, Pluralisierungen, Relativierungen - alle diese Ausdrücke, die bisher zur Kennzeichnung der Wittgensteinschen Überlegungen zu Philosophie, Religion, Ethik und Gewißheit gedient haben, lassen sich unter die von Wittgenstein selbst geprägte Leitformel bringen: »Wittgenstein versucht, die Vernunft zu unterminieren«[4] In der Tat vermitteln die »Landschaftsskizzen«, die Wittgenstein als Ausbeute seiner reflektierenden Streifzüge durch das unübersichtliche thematische Terrain des abendländischen Denkens in seinen Kladden gesammelt hat, das Bild einer gesprengten und zersprengten Landschaft, deren Gebäude sich bis auf die Grundmauern in Ruinen und deren Orientierungszeichen sich in weitgehend blinde Wegweiser verwandelt haben. Auch die Wittgensteinschen »Warntafeln«, die auf die Gefährlichkeit des unterminierten Gebiets und auf die noch immer nicht entschärften Sprengsätze intellektueller Gefechte hinweisen, übermitteln eine negative Botschaft, nämlich daß man sich bei Nachforschungen auf diesem Feld nicht auf den abendländischen Vernunftbegriff[5] als Kompaß verlassen kann. Worauf aber dann?

Eines der wichtigsten Anliegen Wittgensteins besteht darin, sich von der abendländischen Philosophietradition zu distanzieren und ihren Dogmatismus zu destruieren. Zurückweisung von Ontologie und Kritik an jeder wie immer rationalistisch gewandeten Metaphysik sind ihm dabei die wichtigsten Mittel. Die Metaphysikkritik führt ihn darüber hinaus dazu, insbesondere erkenntnistheoretische Fragen kritisch zu durchmustern und statt der Wahrheit die Gewißheit als selbst unbegründbare Grundlage für die epistemologische Reflexion herauszustellen. In dieser kritischen Bewegung stößt Wittgenstein neben dem Moment der Unhintergehbarkeit von Sprache auf eine weitere Voraussetzung für die philosophisch-klärende Untersuchung, die er mit dem Ausdruck »das Leben« bzw. »unser Leben« belegt. Dieser Ausdruck begegnet als Bestandteil des Begriffs »Lebensform«, der einen wesentlichen Einsatzpunkt der Wittgensteinschen Überlegungen markiert. Der Begriff des Lebens gibt dem die abendländische Philosophietradition destruierenden Denken Wittgensteins insofern einen Halt, als er den epistemischen Relativismus, der sich am Horizont der Sprachspielanalysen abzeichnet, zugleich verstehen wie auch dem Einwand der dialektischen Widersprüchlichkeit entgehen läßt. Sowohl *Philosophie als Lehre* als auch *Philosophie als Tätigkeit* gewinnen ihren Sinn aus der Verankerung im »Leben«.

Allerdings: Während die Kritik an den metaphysischen Traditionen des abendländischen Denkens in Wittgensteins begrifflichen Untersuchungen über Philosophie, Religion, Ethik und Gewißheit überdeutlich wird, hat Wittgenstein den Begriff des Lebens als einen der wenigen Begriffe seiner philosophischen Untersuchungen nicht zum Gegenstand weiterer Analysen[6] erhoben und sich auch nicht zur »Lebensphilosophie« geäußert, wie sie zu seinen Lebzeiten recht differenziert im Anschluß an die einflußreichen Schriften z.B. Bergsons, Diltheys, Husserls, Heideggers und Rickerts vorlag[7]. Dies kann nicht verwundern. Es wäre geradezu irreführend, über die Parallelität der Fragerichtungen hinaus Wittgensteins Ansatz mit der »Lebensphilosophie« in Beziehung setzen zu wollen. Der lebensphilosophische Versuch, die vorrationalen Tatsachen des »Lebens« entweder *gegen* die Rationalität ihrer wissenschaftlichen Erfassung auszuspielen oder aber diese durch die Angabe eines ontologischen oder transzendent(al)en Tertiums mit jener zu *versöhnen*[8], erscheint aus dem Blickwinkel Wittgensteins als maskierte Fortsetzung des metaphysischen Denkens. Ebenso wenig scheint es möglich, Wittgensteins Rekurs auf das Leben mit der Hermeneutik (etwa Gadamerscher Prägung) in nähere Verbindung zu bringen, auch wenn beide die antimetaphysische Stoßrichtung teilen, ihnen das Konzept der Pluralität gemeinsam ist und sie gegen universalistische Geltungsansprüche von Deutungsmodellen die Endlichkeit und Relativität solcher Ansprüche herausstellen. Im Unterschied zur hermeneutischen Annahme, daß aus der Endlichkeit des Daseins die *Vorläufigkeit* jeder Weltdeutung und jeden historisch aufscheinenden Sinns folgt, wobei wiederum die ontologische Fundierung dieser Endlichkeit notwendig erscheint, um dem Vorwurf des Relativismus zu entgehen, soll Wittgensteins Annahme von der Unhintergehbarkeit der Sprache deutlich machen, daß diese gerade nicht *Medium* des Verstehens bzw. des Sich-Verstehens, sondern keiner Fundierung fähig ist, weil sie *Selbstzweck* ist[9].

Auch mit der Phänomenologie ist Wittgensteins Lebensbegriff zusammengebracht worden[10]. Vergleicht man Wittgensteins Denkweise z.B. mit dem phänomenologischen Ansatz Bernhard Waldenfels', so lassen sich beide Denkrichtungen in bezug auf ihre Offenheit gegenüber den »Tatsachen des Lebens«[11] und der Lebenswelt engführen. Außerdem impliziert ja Wittgensteins Programm der »Klarheit als Selbstzweck« die Begrenzung der philosophischen Tätigkeit auf die phänomenologische Beschreibung von Sprachspielen im Zusammenhang mit der Lebensform. Zumindest konvergieren Wittgensteins Denken und ein wesentlicher Grundgedanke der Waldenfelsschen Phänomenologie darin, daß für beide die Sinnhaftigkeit des Handelns, Wissens und Philosophierens auf dem praktischen Weltbezug aufruht und die Krisis der Philosophie auf die Sonderung der lebensweltlichen Sphären bzw. auf die Universalisierung der wissenschaftlichen Verfahren der Welt- und Lebensbewältigung zurückzuführen sind. Doch machen die philosophischen Untersuchungen Wittgensteins deutlich, daß die phänomenologische Berufung auf die Unerschöpflichkeit der Lebenswelten noch nicht die Abkehr vom epistemischen Modell der Sinnkonstitution bedeutet. So denkt Waldenfels den lebensweltlich realisierten und historisch variablen »Sinn« gemäß dem philosophisch-epistemischen Modell der *Teilhabe*, wenn er im endlichen und deshalb für ihn *beschränkten* Handeln der Menschen ein »Überschußpotential«[12] dieses Sinns verortet. Die Pluralität von Lebenswelten wird für ihn allererst durch die quasi-transzendentale Einheit eines letztlich unausschöpflichen Sinns ermöglicht, die jede konstituierte Ordnung als vorläufig, beschränkt und variabel erscheinen läßt[13] und die die Menschen dazu bringt (und dazu befähigt), sich über die Endlichkeit und Beschränktheit ihres Handelns philosophisch Rechenschaft zu geben. Hierin besteht der Sinn phänomenologischer *Epoche*, die den Zirkel impliziert, daß sie diesen transzendentalen Sinnüberschuß freilegt, wie sie durch ihn allererst ermöglicht wird. Im Unterschied zu dieser Konzeption relativiert Wittgenstein die Geltung von Handlungs- und Ordnungsmustern vor dem Hintergrund des *Agnostizismus* hinsichtlich der Gegebenheit eines solchen überschüssigen Sinnpotentials[14]. Der phänomenologische Sinn-Zirkel wird auf diese Weise vermieden. Zugleich wird klar, daß die phänomenologische Betrachtungsweise dem traditionellen philosophischen Modell der »Lehre« verpflichtet bleibt, indem sie die Unabschließbarkeit menschlichen Welt-Habens nur vor dem Hintergrund eines dieses Handeln und Welt-Habens transzendierenden Moments (des überschießenden Sinnpotentials) zu denken vermag, das dem letzten Zugriff der Menschen entzogen bleibt, das aber die Dialektik des »Selben« und des »Anderen«, des »Bekannten« und des »Fremden« allererst ermöglichen soll[15].

Gleiches gilt mutatis mutandis für die transzendentalpragmatisch transformierte Hermeneutik Karl-Otto Apels und seiner Schule. Der transzendentalpragmatisch gestützte geschichtsphilosophische Rückgriff auf das Vernunftregulativ soll in den historisch-kontingenten Lebensweisen einen normativen Vorgriff auf das in ihnen angelegte »richtige« Leben erkennbar werden lassen, das epistemisch vom Philosophen vorzudenken und letztzubegründen ist[16]. Doch bleibt in einem solchen Konzept offen, wie aus der im transzendentalpragmatischen Modell konzedierten historischen Kontingenz des »Lebens« die vernunftmäßige, normative Differenzierung zwischen dem »richtigen« oder »falschen« Leben ohne eine unausgewiesene Vorentscheidung für die Geltung von Vernunftregulativen soll abgeleitet werden können[17].

Welche Rolle der Begriff des Lebens innerhalb des Konzepts der *Klarheit als Selbstzweck* Wittgensteins spielt, vorausgesetzt, daß er nicht als quasi-transzendentaler Referenzpunkt für das Sprachspielkonzept begriffen wird und auch nicht dessen Schlüssigkeit letztinstanzlich verbürgen soll, läßt sich aufgrund dieser Abgrenzungen deutlicher formulieren. Wittgenstein verwendet den Begriff »Leben« als einen sprachphilosophischen *Grenzbegriff*, der in einem von der empirischen Anthropologie wie auch philosophischer Letztbegründung abweichenden Sinne den Handlungscharakter des Sprechens unterstreichen soll, der philosophischer Reflexion vorausgesetzt ist. Damit fügt sich Wittgensteins Verwendung des »Lebens«-Begriffs in das destruktiv-kritische Unternehmen ein, das gegen die philosophisch-systematischen Versuche zur *Erklärung* dieses Sprachhandelns darauf verweist, daß solche Erklärungen wiederum auf dieses Sprachhandeln zurückzuführen sind, und nicht umgekehrt dieses Sprachhandeln dem Erklärungsmodell folgt. Der Begriff des »Lebens« entzieht sich also für Wittgenstein jeder Definierbarkeit oder terminologischen Fixierbarkeit.

Im Traktat manifestiert sich diese Überzeugung Wittgensteins recht abstrakt in der Ineffabilität der Logik, in der Tatsache, daß Menschen diese Logik *haben* und, daraus folgend, in dem »Riß« zwischen Sagen und Zeigen; in der Spätphilosophie kommt sie in den unendlichen Diversifizierungen und Kontextualisierungen von Bedeutungen und in der Multiplifizierung von Sinn zum Ausdruck. Das »Ereignis des Sagens«[18], wie Waldenfels es nennt, ist gemäß Wittgenstein eingebettet in das unüberschaubare Geflecht von Handlungen und Lebensäußerungen. In einer der vielleicht schönsten Passagen der *Zettel* hat Wittgenstein diese Überzeugung in aphoristischer Brillanz folgendermaßen zum Ausdruck gebracht:

> Andere, obgleich den unseren verwandte Begriffe könnten uns *sehr* seltsam erscheinen; Abweichungen vom Gewohnten in *ungewohnter Richtung*.
> Festbegrenzte Begriffe würden eine Gleichförmigkeit des Verhaltens fordern. Aber wo ich *sicher* bin, ist der andere unsicher. Und das ist eine Naturtatsache.
> Dies sind die festen Schienen, auf denen all unser Denken verläuft, und also nach ihnen auch unser Urteilen und Handeln.

> Und Andere haben Begriffe, die unsere Begriffe durchschneiden.
> Ich will sagen: eine ganz andere Erziehung als die unsere könnte auch die Grundlage ganz anderer Begriffe sein.
> Denn es würde hier das Leben anders verlaufen. - Was uns interessiert, würde *sie* nicht interessieren. Andere Begriffe wären da nicht mehr unvorstellbar. Ja, *wesentlich* andere Begriffe sind nur so vorstellbar.[19]

Der als unhinterfragbar empfundene Umgang mit fixierten Begrifflichkeiten, die epistemische Unerschütterlichkeit von Gewißheit und die Tatsächlichkeit des So-Handelns werden von Wittgenstein nicht relativistisch in Frage gestellt. Doch erweist sich dieses gewißheitsgeleitete Handeln aus sprachphilosophischer Sicht als ein bloßer Ausschnitt aus einer Vielfalt von Möglichkeiten, die sich aus der Multiplizität divergenter Lebensformen ergeben. Äußerungen über »das« Leben sind für Wittgenstein daher immer Resultat der Reflexionen über »unser« Leben; über »die« Ordnung stets eine Verallgemeinerung »unserer« Ordnung, über »die« Begriffe »unserer« Begriffe. Die »festen Schienen« »unseres« Denkens stellen deshalb für ihn lediglich eine von vielen möglichen Weichenstellungen im komplexen Netzwerk aus sich kreuzenden, aber auch auseinanderstrebenden Geleisen dar[20]. Die Rede von »unserem« Leben und Sprechen, Denken und Handeln impliziert - und dies ist für Wittgenstein das Entscheidende - per se die Möglichkeit *anderer* Weisen des Denkens und Handelns, des gesamten Lebens. Aus der Anerkennung einer solchen Vielfalt folgt die Relativität der einzelnen (Lebens)Ordnungen, der in ihnen notwendig vorgenommenen Generalisierungen von Ordnungsvorstellungen und der in ihnen beschlossenen Universalisierung von Geltungsansprüchen. Gerade weil diese Relativität in den Lebenspraktiken der Menschen und der nicht philosophisch zu begründenden Verwendungsweise von Begriffen wurzelt, kann sie, wie der zitierte Eintrag in *Zettel* verdeutlicht, auf eine sprachphilosophische Anthropologie oder Ethologie »unseres« Lebens und Handelns ausgreifen, die von der Vielzahl möglicher Lebensordnungen ausgeht: Die »ganz anderen Begriffe«, von denen Wittgenstein spricht, sind nicht angemessenere oder »richtigere« Begriffe. Sie signalisieren lediglich einen »anderen Verlauf des Lebens«[21]. *Welchen* Verlauf das »Leben« nehmen wird, ist freilich kontingent, ebenso wie »unsere« *so* beschaffenen Begriffe als Ausdruck unseres *so* verlaufenden Lebens - wie der Verlauf dieses Lebens selbst - philosophisch kontingent sind[22]. Wittgenstein verdeutlicht diese Kontingenz an dem von ihm häufig diskutierten Beispiel des »Schmerzes«:

> Der Schmerzbegriff ist charakterisiert durch seine bestimmte Funktion in unserm Leben.
> Schmerz liegt *so* in unserm Leben drin, hat *solche* Zusammenhänge. (D.h.: nur was *so* im Leben drinliegt, *solche* Zusammenhänge hat, nennen wir »Schmerz«.)

> Nur inmitten gewisser normaler Lebensäußerungen gibt es eine Schmerzäußerung.[23]

«Normal« sind unsere Lebensäußerungen insoweit, als sie unserem gewohnten Umfeld, unseren Lebensformen, entsprechen. »Normal« bedeutet für Wittgenstein also nicht die präskriptive Festlegung von Daseins- und Lebensformen, sondern die sprachphilosophisch (d.h. über Zeichen gesteuerte) Einsicht in das Funktionieren normativer Strukturen innerhalb einer Gemeinschaft, vielleicht sogar einer Gesellschaft. Kontingent ist für Wittgenstein nicht das physiologische Schmerzphänomen, sondern der spezifische Umgang mit ihm innerhalb einer Gesellschaft, die über einen »so« gearteten Schmerzbegriff verfügt wie z.B. die »unsere«[24].
Deshalb bedeutet die Übernahme der anthropologisch-ethnologischen Betrachtungsweise für das Projekt der *Klarheit als Selbstzweck* vor allem die Möglichkeit, die sprachphilosophische Einsicht in die Pluralität und Unabschließbarkeit des Sprachgebrauchs auf die Kontingenz der Lebensformen zu beziehen, innerhalb deren gesprochen und gehandelt wird. Die Philosophie wird freilich dadurch keineswegs in Sozial*wissenschaft* überführt: »Wenn wir die ethnologische Betrachtungsweise verwenden, heißt das, daß wir die Philosophie für Ethnologie erklären? Nein, es heißt nur, daß wir unsern Standpunkt weit draußen einnehmen, um die Dinge *objektiver* sehen zu können.«[25] Die Verwendung des Ausdrucks »objektiv« in diesem Zusammenhang verweist nicht auf die Objektivitätskriterien empirisch-wissenschaftlicher Forschung, sondern zielt darauf, daß die philosophische Tätigkeit des Klärens keine Standards für die »richtige« Gegenstandserkenntnis setzt. Sie soll vielmehr von »weit draußen« die Unbegründbarkeit und Unhintergehbarkeit und damit die Kontingenz des »Lebens« erkennbar werden lassen[26]. Deshalb kann Wittgenstein schreiben: »Beim Philosophieren muß man ins alte Chaos hinabsteigen, und sich dort wohlfühlen.«[27] Erst durch die Annahme der Kontingenz dessen, *was* ist und *wie* das, was ist, ist, d.h. im Erstaunen darüber, daß etwas so ist, vermag die philosophische Tätigkeit jene Voraussetzungslosigkeit zuerreichen, die das Projekt der *Klarheit als Selbstzweck* verlangt. Erst durch diese Haltung gelangen die Beziehungen zwischen den multiplen Verwendungsweisen von Sprache und dem wechselnden menschlichem Handeln in das für dieses Programm rechte Licht. Wenn Wittgenstein schreibt: »Nur in dem Fluß der Gedanken und des Lebens haben die Worte Bedeutung«[28], so ergibt sich daraus das eigentliche Motiv für die klärende Tätigkeit des Philosophen: Er soll die Kontingenz des Sprachhandelns herausstellen und zugleich die Konstruktion geschlossener und kohärenter Systeme im Sinne des metaphysischen Essentialismus oder Realismus als Strategi-

en der Kontingenzkompensation verstehen lehren[29]. Bezeichnenderweise zitiert Wittgenstein den Ausspruch des Augustin, »quia plus loquitur inquisitio quam inventio«[30], um darauf hinzuweisen, daß nur das »Problematische« am »Leben«, die »tiefen Probleme«[31] - nämlich die Erfahrung der Kontingenz des Daseins - Gegenstand des Philosophierens sein soll, das diesen Namen verdiene, und daß der »Philosoph [...] nicht Bürger einer Denkgemeinde [ist]. Das ist, was ihn zum Philosophen macht.«[32]

Die Weigerung, die Vorgaben eines etablierten »Denkerkollektivs« zu übernehmen, stattdessen den Standpunkt »weit draußen« zu wählen, um von dort das Sprechen und Handeln der Menschen als Inbegriff ihres »Lebens« zu untersuchen, läßt Kontinuität und Bruch des Wittgensteinschen Denkens mit der europäischen Philosophietradition deutlich werden: Aus seiner Sicht gewinnt diese Philosophietradition wohl ihre Wichtigkeit und Berechtigung durch ihren Bezug auf das »Leben«, dessen »Fließen« nach Klarstellung und Sinngebung verlangt. Doch mit dem epistemischen Modell von Philosophie geht dieser Bezug zum »Fließen« des Lebens zugleich durch den philosophischen Versuch der Begründung und Erklärung für die Phänomene des »Lebens« verloren. Indem Wittgensteins Denken sich auf die Untersuchung und Klärung der Sprachhandlungen beschränkt, nimmt es die in der philosophischen Tradition erkennbare Funktion nach Klarstellung und Beantwortung von Sinnfragen auf, um zugleich das Bestreben nach Erklärung und Begründung zu verwerfen. Es interessiert sich programmatisch für philosophische Probleme nur insoweit, als sie in das »Leben« der Menschen eingreifen[33], für die *Philosophie als Lehre* und die Wissenschaften nur insoweit, als sie die *Anschauungsweise* der Dinge im *Zweifelsfall* - also immer dann, wenn Kontingenz hervortritt - bestätigen oder auch ändern vermögen:

> Denken wir uns aber Leute, die [...] nie ganz sicher wären, aber wohl sagten, es sei *sehr* wahrscheinlich so und es lohne sich nicht, daran zu zweifeln [...]. *Wie* würde sich das Leben dieser Leute von unserem unterscheiden? Es gibt ja Leute, die sagen, es sei nur höchst wahrscheinlich, daß das Wasser im Kessel, der überm Feuer steht, kochen und nicht gefrieren wird, es sei also streng genommen, was wir als unmöglich ansehen, nur unwahrscheinlich. Welchen Unterschied macht dies in ihrem Leben? Ist es nicht nur, daß sie über gewisse Dinge etwas mehr reden als die Andern?[34]
>
> [Der »Realist« und der »Idealist« bei der Kindererziehung, M.K.:] Wenn einer an Feen nicht glaubt, so braucht er seine Kinder nicht lehren: »Es gibt keine Feen, sondern kann es unterlassen, sie das Wort »Fee« zu lehren. Bei welcher Gelegenheit sollen sie sagen: »Es gibt [...]«, oder »Es gibt nicht [...]«? Nur wenn sie Leute treffen, die entgegengesetzten Glaubens sind.

> Aber der Idealist wird den Kindern doch das Wort »Sessel« beibringen, denn er will sie ja lehren, dies und jenes zu tun. Wo wird sich also, was die idealistisch erzogenen Kinder sagen, von dem, was die realistischen sagen, unterscheiden? Wird der Unterschied nicht nur der der Schlachtrufe sein?[35]

Sicherlich ist dieser polemische Einwand gegen *Philosophie als Lehre* keine Verdammung von Philosophie in toto. Er soll, ausgehend von der Überlegung: »Das Wesentliche des Sprachspiels ist eine praktische Methode (eine Art des Handelns) - keine Spekulation, kein Geschwätz«, verdeutlichen, daß »man mit der philosophischen Spekulation [...] nicht anfangen [kann]«[36]. Umgekehrt ausgedrückt: jeder *Philosophie als Lehre* geht die (Sprach)Praxis der Menschen philosophisch uneinholbar *voraus*, und *Philosophie als Tätigkeit* ist die Klarstellung dieses Tatbestandes.

Greift aber das Projekt *Klarheit als Selbstzweck* seinerseits in das »Leben« ein? Wittgenstein hat sich diese Frage immer wieder gestellt. Die Angabe von solchen Eingriffsmöglichkeiten erscheint aus dem Gesagten unerläßlich. Doch werden Eingriffe ins »Leben«, die dieses Projekt vornehmen könnte, von anderer Art sein müssen als die traditionellen Strategien philosophischer Einflußnahme, die vor dem Hintergrund der *Wahrheit als Selbstzweck* geschehen und das Bild vom Philosophen als König evozieren. Eine wichtige Funktion des Wittgensteinschen Programms besteht in der Destruktion solcher Vorstellungen, die aus dem epistemischen Philosophiemodell erwachsen. Es gilt, diesen platonischen Nimbus zu entzaubern:

> Die philosophische Unklarheit ist quälend. Sie wird als beschämend empfunden. Man fühlt: man kennt sich nicht aus, wo man sich auskennen *sollte*. Und dabei *ist* es doch nicht so. Wir können sehr wohl leben ohne diese Unterscheidungen, auch ohne sich hier auszukennen.[37]

Der Verzicht auf die (Er)Kenntnis letzter Wahrheiten und letzter Begründungen vor dem Hintergrund der menschlichen Lebenspraxis, die auch ohne solche Sicherungen geschieht, kann aber gemäß den Voraussetzungen der Wittgensteinschen Programmatik nicht selbst wieder letztbegründet und philosophisch-argumentativ geschehen. Er geschieht durch die Änderung der Anschauungsweise der philosophhischen Probleme:

> Ich möchte doch, daß du sagst: »Ja, es ist wahr, das könnte man sich denken, das konnte auch geschehen!« Aber wollte ich dich darauf aufmerksam mache, daß du imstande bist, dir dies vorzustellen? - Ich wolle dies Bild vor deine Augen stellen, und deine *Anerkennung* dieses Bildes besteht darin, daß du nun geneigt bist, einen gegebenen Fall anders zu betrachten: nämlich ihn mit *dieser* Bilderreihe zu vergleichen. Ich habe deine *Anschauungsweise* geändert.[38]

Ob eine solche radikale Veränderung der Anschauungsweise - eine Änderung des »Lebens« - gelingt, bleibt freilich offen - und kann auch unentschieden bleiben. Wie alle intellektualisierenden Konstruktionen tritt auch die Philosophie hinter das »Leben« zurück - auch und insbesondere die Wittgensteins Sprachphilosophie. Denn dem Sprachphilosophen Wittgensteinscher Provenienz steht nicht die Kompetenz zu, abschließend festzulegen, was unter dem Begriff »Leben« *in Wahrheit* zu verstehen ist. Bei genauerem Hinsehen erweist sich dieser Begriff, wie bereits die Begriffe »Philosophie«, »Religion«, »Ethik« und »Gewißheit«, als ein philosophisch negativer Begriff, der, wie bereits Dilthey geahnt hat, zur konturierenden Beschreibung und zur Kritik der abendländischen Philosophietradition dienen kann[39]. Doch im Unterschied zu Dilthey kann es für das Konzept Wittgensteins keine historisch invarianten, philosophisch letztzusichernden Strukturmerkmale des »Lebens« geben. Wohl spricht Wittgenstein hin und wieder von »Naturtatsachen«[40] der menschlicher Existenz; hin und wieder verwendet er den Ausdruck »Instinkt« zur Beschreibung »primitiver« Formen des Sprachverhaltens[41]; an manchen Stellen findet sich auch der Ausdruck »animalisch« zur Charakterisierung menschlichen Benehmens[42]. Doch erscheinen solche Formulierungen alles andere als in wissenschaftlicher Absicht geäußert. Sie dienen dazu, in polemischer Weise die Unhaltbarkeit philosophischer Versuche herauszustellen, das »primitive Verhalten« auf der Grundlage philosophischer Theoriebildung zu erklären. Der Verweis auf die »Animalität« menschlichen Sprachverhaltens soll darüber hinaus verdeutlichen, daß dieses Sprachverhalten dem philosophischen Diskurs vorausgeht. Es ist daher für Wittgenstein unstatthaft, die Berechtigung eines solchen Sprachverhaltens von seiner philosophischen Rechtfertigung abhängig zu machen. Bei der Untersuchung des Phänomens des »primitiven« Altruismus (Pflege schmerzender Körperstellen eines anderen, Nichtbeachtung eigener Schmerzen) erläutert Wittgenstein: »Was aber will hier das Wort *primitiv* sagen? Doch wohl, daß die Verhaltungsweise *vorsprachlich* ist: daß ein Sprachspiel *auf ihr* beruht, daß sie das Prototyp einer Denkweise ist und nicht Ergebnis des Denkens«.[43]

Wenn »Worte Taten« sind, die ein Benehmen signalisieren, dann ist logisch die Annahme unabweislich, daß die Sprachspiele der Menschen in einen *vorsprachlichen* Handlungszusammenhang eingebettet sind, auch wenn dieses Handeln der Menschen dadurch ausgezeichnet ist, daß es allein sprachlich zugänglich ist:

> Die primitive Form des Sprachspiels ist die Sicherheit, nicht die Unsicherheit - Denn die Unsicherheit könnte nicht zur Tat führen.

> Ich will sagen: es ist charakteristisch für unsere Sprache, daß sie auf dem Grund fester Lebensformen, regelmäßigen Tuns, emporwächst. Ihre Funktion ist *vor allem* durch die Handlung, deren Begleitung sie ist, bestimmt.[44]

Nicht weil die Vernunft es gebietet oder weil die feste »Form des Lebens« besonders erfolgreich oder pragmatisch ist, handeln Menschen »so« und nicht anders, sondern weil sie »so« handeln und ihnen dieses Handeln gewiß ist, erscheint ihnen ihr Handeln als vernünftig und pragmatisch[45]. Das Erscheinen der Vernunft ist daher von der Warte der Sprachphilosophie aus betrachtet ebenso kontingent wie die Tatsache, daß die Menschen »so« handeln.

7.2 Die Unterminierung der Vernunft

Die größte Schwierigkeit ist,
die Grundlosigkeit unseres Glaubens einzusehen.[46]

Wittgensteins Destruktion systematisch-theoretischer Satzsysteme, die in seinen Untersuchungen über Philosophie, Religion und Ethik vollzogen wird, lassen in unterschiedlichen Perspektiven dasselbe Resultat erkennen: Das Vertrauen darauf, daß die Vernunftstrategien oder die Diskursrationalität westlich-abendländischen Räsonnements eine angemessene und universalisierbare Deutung von menschlichen Lebensformen bereitstellt, scheint selbst nicht rechtfertigungsfähig oder begründbar. Werden statt der Regulativfunktion der Vernunft die komplexen Geflechte der Handlungs- und Sprechsituationen zum Ausgangspunkt der Betrachtung genommen, wird diese universalisierende Vernunft und wird die wissenschaftliche Rationalität als ein »Vektor« der Lebensformen selbst durchschaubar und verstehbar. Wenn Sprechen Handeln *ist*, wie Wittgenstein nicht müde wird zu betonen, dann ist der von der epistemisch orientierten Philosophie eingeschlagene Weg verstellt, beide, Sprechen und Handeln, auf eine gemeinsame Größe zu beziehen, aus der sie herzuleiten wären. Vielmehr muß anerkannt werden, daß Sprechen und Handeln Grundtatbestände des »Lebens« sind, die der Reflexion über es uneinholbar vorausgehen. Der Rekurs Wittgensteins auf den Begriff des »Lebens« erweist sich damit als das wichtigste Instrument zur Kritik am Universalitätsanspruch jener epistemischen Vernunft, die in der Subjekt-Philosophie zum Ausdruck kommt. Wittgensteins Kritik richtet sich vor allem dagegen, mithilfe letztbegründender Sätze die Sicherheit und Gewißheit - und sei es auch nur in (transzendental)pragmatischer Absicht[47] - eines *wahren* Denkens zu garantieren und (auch wenn nur im utopischen Vorgriff) die Übereinstimmung von Erkenntnis und Welt geschichtsphilosophisch zu begründen. Wittgensteins Einwände gegen die Letztbegründungsstrategeme basieren freilich nicht auf einem skeptischen Einwand gegenüber dem ihnen zugrunde liegenden Subjekt-Objekt-Denken. Denn die These Wittgensteins von der philosophischen Unvorhersehbarkeit des »Lebens« in der Vielfalt seiner Erscheinungen, seine Überzeugung, daß keine am epistemologischen Denken längsgeführte Semantik das Sprechen der Menschen über ihr Weltbild oder über die Dinge der Welt zu rechtfertigen vermag[48], berühren den De-facto-*Glauben* der Menschen an die Geltung und den Gebrauch der Vernunft gar nicht. Allerdings destruieren sie den Versuch, die Vernünftigkeit dieser Vernunft zu begründen:

> Komme ich nicht immer mehr und mehr dahin zu sagen, daß die Logik sich am Schluß nicht beschreiben lasse? Du mußt die Praxis der Sprache ansehen, dann siehst du sie.[49] Du mußt bedenken, daß das Sprachspiel sozusagen etwas Unvorhersehbares ist. Ich meine: Es ist nicht begründet. Nicht vernünftig (oder unvernünftig).
> Es steht da - wie unser Leben.[50]

Es ist diese Abkehr vom philosophischen Vernunftbegriff und die damit verbundene Hinwendung zur Untersuchung menschlicher Praxis, die Wittgensteins Aufmerksamkeit auf die Vielfalt der Lebenserscheinungen und Lebensformen lenkt, ohne sich auf die Suche nach einem Kriterium zu begeben, das sie einander philosophisch kommensurabel machte. Wittgensteins Denken ist im wesentlichen charakterisiert von dieser »Offenheit« gegenüber einer *Vielzahl* divergenter Lebensformen. Für ein solches Denken ist vor allem das von Interesse, was in das »Leben« der Menschen eingreift, weil es Antwort gibt auf *für sie wichtige* Fragen, ohne daß nach der Wahrheit und Berechtigung, mit einem Wort: nach der Vernünftigkeit solcher Antworten philosophisch sinnvoll gefragt werden könnte[51]. Ist auf diese Weise das Joch der philosophischen Theorie erst einmal abgeworfen, weitet sich der philosophische Horizont. Es werden nicht nur Schwierigkeiten im Umgang mit philosophischen Problemen (vor allem im Bereich der Epistemologie) beseitigt. Es werden auch die »Knoten«, »Krämpfe« und »Verhexungen« des Denkens, wie Wittgenstein sich ausdrückt, gelöst, die das epistemische »Starren« auf die »Tatsachen« und die »Dinge« erzeugt[52]. Es wird dann deutlich, daß eine am Leitbild der Vernunft orientierte Lebensform nur eine unter mehreren möglichen ist; daß dieses Leitbild der Vernunft selbst nicht vernünftig begründbar ist, denn am Grunde der Vernunft liegt nicht die Vernunft, sondern ein selbst grundloser Glaube an sie. Deshalb folgt aus der Inanspruchnahme von Vernunft noch keine Auszeichnung der Lebensform, die sich auf sie beruft, gegenüber anderen. Andere Daseinsformen und die

Muster ihrer Begründung (ästhetische, religiöse, magische etc.) können, ja müssen, philosophisch als gleichberechtigt anerkannt werden.

Sicherlich steht Wittgensteins Plädoyer für Vielfalt, Unvorhersehbarkeit, für die philosophische Beschreibung anstelle von Erklärungsversuchen unter dem Vorzeichen der Destruktion philosophisch normierender Betrachtungsweisen von Lebensformen. Am Horizont dieser Tätigkeit allerdings zeichnen sich die Umrisse eines anderen Denkens, einer neuen Sichtweise auf das »Leben« ab: Eine Philosophie der Bildung, die, wie Richard Rorty schreibt, auf Letztbegründung zu verzichten lernt und sich in der Bescheidenheit übt, die philosophischen Welt-Entwürfe und Vernunftkonzeptionen unter dem Vorzeichen der Endlichkeit solcher Entwürfe im Rahmen konkreter Lebensformen zu betrachten, aus denen sie hervorgehen, anstatt Lebensformen und ihre Abfolge als Realisationsformen einer einheitlichen Vernunft zu begreifen[53]. Hieraus erwächst der *Philosophie als Tätigkeit* und dem Programm *Klarheit als Selbstzweck* die eigentliche Berechtigung:

> Die Arbeit an der Philosophie ist [...] eigentlich mehr die Arbeit an einem selbst. An der eignen Auffassung. Daran, wie man die Dinge sieht (und was man von ihnen verlangt).[54]
> Ich soll nur der Spiegel sein, in welchem mein Leser sein eigenes Denken mit allen seinen Unförmigkeiten sieht, und mit dieser Hilfe zurechtrücken kann.[55]

»Arbeit an einem selbst« zusammen mit der Bemühung um die Korrektur von »Unförmigkeiten« des Denkens sind die Pole des Wittgensteinschen Denkens, die den *therapeutischen* Impuls seiner Philosophie ausmachen, die den Eingriffspunkt seines Denkens in das »Leben« markieren. Diese Therapie zielt nicht auf die Wiederherstellung einer letztgeltenden Ordnung des Diskurses, nicht auf die Setzung kriterieller Unterscheidungen von richtig/falsch, normal/anomal, legitim/illegitim, sondern auf die Einsicht in den Umstand, daß es für die philosophische Betrachtung keine Möglichkeit gibt, zwischen Methode und Gegenstand, zwischen Tatsache und Interpretation, zwischen dem »Wie« und dem »Daß« zu unterscheiden: »Ich will *so* denken, und *so*. Und *so* und *daß* sind [...] nicht scharf voneinander geschieden«[56]. Die »Unterminierung der Vernunft«, wie Wittgenstein sein sprachphilosophisches Projekt selbst einmal bezeichnet hat, bedeutet daher letztlich, die universalisierende Logik, mit deren Hilfe solche Unterscheidungen getroffen werden, als einen historisch-gesellschaftlichen Usus zu entzaubern und als kontingent zu begreifen[57]. Als wichtigstes Instrument zur Selbstaufklärung der Vernunft ist diese Logik, welche die Geschichte der abendländischen Reflexion beherrscht hat, eine Figur der Sprachpraxis, also letztlich des »Lebens«. Weit entfernt davon, mit der »Zwangsgewalt eines absoluten Richters« ausgestattet zu sein, gewinnt sie ihre

Geltung allein durch die Tatsache, daß die Menschen ihr Leben nach ihr ausrichten. Einer weiteren Begründung ist sie laut Wittgenstein nicht fähig.

Diese Überzeugung Wittgensteins findet sich bereits im Traktat in der These von der Ineffabilität und der Transzendentalität der Logik angedeutet. Es ist auch für den späten Wittgenstein, ganz im Sinne des Traktates, *unsinnig*, die Geltung der Logik mithilfe dieser Logik erweisen zu wollen[58]. Für den Wittgenstein der »Philosophie II« ist mit der Ineffabilität der Logik allerdings nicht - wie noch im Traktat - die Grenze der Sagbarkeit *überhaupt* erreicht, sondern nur die Grenze des epistemischen Philosophierens. Wittgensteins Konzept der *Philosophie als Selbstzweck* nimmt »die« Logik in die Pluralität und Unüberschaubarkeit des Sprechens in einer unvorhersehbaren Fülle von Lebensformen zurück, in denen die logische Konsistenz des Sprechens nur einen, diskursstrategisch freilich relevanten, Typ des Sprachspiels ausmacht. Die Verwendung der Logik ist nur »*ein* Pol der Beschreibung« neben anderen[59]. Ihre vermeintliche Allgemeinheit und ihre »Gesetze« erweisen sich für Wittgenstein als nicht letztbegründbare, jedoch nichtsdestoweniger durchaus fungible Strategien, eine indeterminierte Vielfalt von »Lebens«-Situationen auf das Schema von bloßen Anwendungsfällen zu reduzieren. Ihre Aufgabe besteht in erster Linie darin, Verhaltens- und Handlungsanweisungen zum Zwecke der Lebensbewältigung in jeweils konkreten Lebenslagen bereitzustellen, um die Kontingenz des »Lebens« zu bannen. Eine Philosophie, die auf die Grundlosigkeit der Logik hinweist[60] und daher davon ausgeht, daß von der Logik kein Gewinn für die Beschreibung des Sprachhandelns und der Praxis zu erwarten ist[61], wird aufhören, hinter den Phänomenen, den Erscheinungen des »Lebens«, eine »wahre« Welt der Tatsachen zu vermuten, von der diese Praxis und die Logik gleichermaßen abhängen und auf die sie sich deshalb stützen können: »Kein Aspekt, der nicht (auch) Auffassung ist.«[62] Dies gilt auch und gerade für den »Aspekt« der philosophischen und begrifflichen Allgemeinheit. Die von Wittgenstein herausgestellte Abhängigkeit dieses Allgemeinen von der Spezifik des Sprachspiels, innerhalb dessen dieses Allgemeine als Allgemeines aufgefaßt wird, lenkt den philosophischen Blick auf die unüberschaubare Fülle von Differenzierungen. Die Phänomenalität des »Lebens« in seiner Vielfalt läßt philosophische Normierungsstrategien für das »richtige Leben« und die Suche nach Letztbegründungen für Normen und (universalisierbare) Werte nicht mehr zu: »Man suche nichts hinter den Phänomenen; sie selbst sind die Lehre.«[63]

Damit schließt Wittgenstein keineswegs aus, daß diesseits der philosophischen Erwägungen universalisierte Wahrheiten und Normen de facto gelten. Sie erscheinen als reflexive Explikationen der im Sprachhandeln sich anzeigenden

Gewißheit, und im alltagssprachlichen Gebrauch sind sie »harmlos« und offenkundig unverzichtbar. Sie sind Kennzeichen einer Weise des »Lebens«.

Diese Lebensweise ist die Grundlage für die Geltung von Wertvorstellungen und Normen als Voraussetzung jeden Diskurses, aber auch jeden Dissenses über die Rechtfertigung praktischen Verhaltens. Wird die Vorstellung von einem objektivierbaren Begriff philosophischer Allgemeinheit als Geltungsgrundlage universalisierter Werte aufgegeben, dann fallen die Grundlagen für die philosophische Legitimierbarkeit unversalisierbarer Wertsetzungen. Aufgrund dieser Differenzierung ist Wittgensteins Destruktion der *philosophischen* Allgemeinheit gerade nicht dialektisch-selbstwidersprüchlich[64].

Wittgensteins sprachphilosophische Überlegungen münden darin, Philosophie, Religion und Ethik letztlich als »primitive« Verhaltensweisen zu deuten; für seine Überlegungen spielt die Instanz der Vernunft daher auf dieser Stufe keine Rolle. Die Leerstelle, die der Verzicht auf die Vernunft hinterläßt, wird allerdings nicht wiederum von einem alternativen, letztbegründenden Referenzpunkt für das Philosophieren ausgefüllt[65]. Denn jeder mögliche Referenzpunkt könnte nur relativ zu dem Sprachhandeln bestimmt werden, dem es Halt geben soll. So bleibt aus sprachphilosophischer Sicht nur die Konstatierung dieser Tatsache, z.B. bei der »Beurteilung einer Handlung«:

> Wir beurteilen eine Handlung nach ihrem Hintergrund im menschlichen Leben, und dieser Hintergrund ist nicht einfarbig, sondern wir können ihn uns als ein sehr kompliziertes filigranes Muster vorstellen, das wir zwar nicht nachzeichnen können, aber nach seinem allgemeinen Eindruck wiedererkennen.
> Der Hintergrund ist das Getriebe des Lebens. Und unser Begriff bezeichnet etwas in *diesem* Getriebe.
> Und schon der Begriff »Getriebe« bedingt die Unbestimmtheit. Denn nur durch ständige Wiederholung ergibt sich ein Getriebe. Und für »ständige Wiederholung« gibt es keinen Anfang.[66]

Die metaphysische Legitimation für einen Gerichtshof der Vernunft, durch den die subjektphilosophische Beurteilung des Handelns der Menschen möglich werden soll, wird von Wittgenstein destruiert. Ausgangspunkt des Philosophierens ist für ihn die Anerkennung der Kontingenz des »Lebens«, gegenüber der die philosophische Vernunft wie eine Figur im Sand erscheint, dazu bestimmt, von der Flut der Ereignisse hinweggespült zu werden.

7.3 Die Praxis

Im Verlaufe der Darstellung wurde immer wieder auf die grundlegende Bedeutung hingewiesen, die Wittgenstein dem Handeln der Menschen, ihrer Praxis, als das für die Philosophie Hinzunehmende beimißt. Insbesondere gegenüber den Geltungsansprüchen der Vernunft kommt dieser Praxis, die stets konkret ist, in der sich das Moment der Gewißheit zeigt, die Funktion einer nicht länger transzendentalistisch zu fassenden Instanz zu, auf die hin der philosophisch-vernünftige Universalisierungsanspruch von Aussagen und jedes Systemdenken relativ sind. Das historisch-kontingente Handeln und Beurteilen der Menschen, die Gewißheit ihres Glaubens sind die wichtigen Merkmale dieser Praxis, nicht die vernünftige Einsicht und das am Maßstab der Wahrheit orientierte Urteil des Philosophen, der das Richteramt über die Bewertung geschichtlichen Handelns ausübt. Für Wittgenstein ist dieses Handeln letztlich kontingent, es läßt sich zumindest nicht von einem »göttlichen Standpunkt« aus bewerten, den sich die Vernunft selber zuspricht. Die letztliche Unhintergehbarkeit des »So handle ich eben«, die ebenso aus der Eingebundenheit des individuellen Handelns in kollektive Sinn- und Handlungszusammenhänge resultiert wie es dazu beiträgt, die Regelhaftigkeit des Handelns zu erweisen, geht der Vernunft voraus. Natürlich darf der Satz Wittgensteins »So handle ich eben« nicht im Sinne der (subjektiven) Willkür eines sprachphilosophischen Privatus oder methodischen Solipsisten verstanden werden. Vielmehr soll er darauf verweisen, daß das Handeln eben nicht letztbegründbar ist, sondern die Versuche zur Letztbegründung selbst Resultante konventionalistisch festgeschriebener, durch »Abrichtung« eingeübter und durch »ursprungslose« Wiederholung plausibel gewordener Sprachhandlungsmuster ist.

Aus diesem Grunde wird man bei Wittgenstein vergebens nach Erwägungen Ausschau halten, die Kriterien zur philosophisch-moralischen Bewertung konkreten Handelns bereitstellen[67]. Wenn Normen und die daraus abzuleitenden Handlungen bzw. Bewertungsmaßstäbe für Handlungen weltbildabhängig sind und die Gewißheit des Welt-Habens weder ableitbar noch mit Hilfe eines absoluten Kriteriums bewertbar sind, dann wird von dem Programm *Klarheit als Selbstzweck* kaum ein normatives Fundament für den philosophischen Eingriff in den Gang der gesellschaftlichen Entwicklung zu erwarten sein[68].

Die Unterminierung der Vernunft und die Depontenzierung der universalistisch verstandenen Rationalität abendländischer Prägung, die Wittgensteins Sprachspielpluralismus und seine Kritik an der Erkenntnistheorie vornehmen, scheint also geradezu zwangsläufig, so wenden manche Kritiker gegen die Wittgensteinsche Philosophie ein, entweder in einen reflektierten Konservativismus[69] oder die programmatisch vollzogene Selbstentmächtigung des Denkens gegenüber Dezisionismus, Irrationalismus und Autoritarismus zu münden, vor allem in Konsequenz eines sich selbst entwaffnenden Weltbild-Relativismus[70].

Während die Frage nach dem Konservativismus Wittgensteins wohl nur von minderer Bedeutung sein dürfte (»konservativ« ist eher eine historisch-konstellative Bezeichnung als eine abgrenzbare Position der philosophischen Reflexion[71]), verdient der zweite Einwand nähere Betrachtung. Ihm kann aufgrund der hier unternommenen Untersuchungen folgendes entgegengehalten werden.

Erstens folgt aus der Einsicht Wittgensteins, daß eine philosophische Letztbegründung für rational rekonstruierbares, intersubjektiv konsensfähiges und auf der Grundlage universalisierter Werte beruhendes Handeln in einen infiniten Begründungsregreß führt, entgegen der Annahme der Theoretiker der Letztbegründung keineswegs die praktische Rechtfertigung jeden Handelns. Wittgensteins Untersuchungen zur Gewißheit bzw. zur Regularität des Sprachhandelns verdeutlichen ja gerade, daß das Handeln nur durch seine Entsprechung mit den innerhalb einer Lebensform bestehenden Werten als sinnvoll betrachtet werden kann und auch die Reflexion über und die Bewertung von Handlungen immer schon im Rahmen der Vorgaben dieser Lebensform erfolgen. Das Projekt *Klarheit als Selbstzweck* zeigt damit an, daß z.B. das Rationalitätspostulat einer Gesellschaft, die auf die wissenschaftlich-technische Strategien der Lebensbewältigung setzt, für das Handeln ihrer Mitglieder verbindlich ist, um vor allem von den gesellschaftlichen Institutionen überhaupt anerkannt zu werden. Doch folgt daraus keineswegs, daß die Geltung dieser Rationalität nicht historisch kontingent ist. Daraus folgt nur, daß diese Rationalität von den Gesellschaftsmitgliedern anerkannt wird[72]. Und dies tun sie, auch ohne durch letztbegründeten Nachweis von der Geltung dieser Rationalität überzeugt werden zu müssen[73]. Die Tatsache, daß Letztbegründungsstrategien für eine solche Lebensweise entwickelt werden, ist aus dem Blickwinkel Wittgensteinscher Philosophie vor allem Ausdruck der Kontingenzkompensationsstrategie und nicht Ausdruck des privilegierten Zugangs der Letztbegründungsargumentation zu einer tieferen oder gar der »letzten« Wahrheit. Wenn es zutrifft, daß durch den wissenschaftlich-rationalistischen Umgang mit der Welt die wichtigen Fragen nach dem Sinn des Daseins nicht zu klären sind, wie Wittgenstein im Traktat schreibt, dann wird sich dieser Umstand auch in den philosophischen Letztbegründungsmodellen wiederfinden lassen. Die Kontingenz des »Lebens«, die Wittgenstein seinem Denkansatz zugrunde legt und die den »blinden Fleck« der Rationalität markiert, läßt die Letztbegründung ebenso erforderlich erscheinen, wie sie sie aber ebenso immer wieder zum Scheitern verurteilt[74].

So zeigen letztbegründungstheoretische Versuche angesichts des historischen Wandels von Lebensformen, daß sie nur unter der Bedingung die geforderte universalistische Geltung behaupten können, wenn sie ihre Argumentationsstrategien gegenüber diesen Wandlungen immunisieren, indem sie spezifischen Argumenten oder Werten als absoluter Geltungsgrundlage für Argumentieren bzw. für die Bewertung ansetzen. Letztbegründung stützt sich daher zumeist auf geschichtsphilosophische Überlegungen, deren *Geltung* jedoch entweder an der Kontingenz historischer Entwicklungen scheitert oder aber Realgeschichte mit ihrer philosophischen Ausdeutung schlicht gleichsetzen muß[75]. Ein solches Verfahren vermag aber ebenso wenig kritischen Entgegnungen standzuhalten wie der Versuch, Geltungsansprüche der Vernunft mittels ebendieser Vernunft zu behaupten. Offensichtlich ist es unmöglich, auf einen philosophischen Akt jener Dezision zu verzichten, die durch die Selbstanwendung von Vernunft gerade als überflüssig erwiesen werden soll[76].

Darüber hinaus gehen die Anwälte der Letztbegründung offensichtlich von der kontrafaktischen Situation aus, daß ohne Letztbegründung kein System von verbindlichen (ethischen) Handlungsanweisungen erfolgreich errichtet werden könnte. Sie übersehen dabei, daß die Infragestellung der Geltung einer Ethik oder des Willens, gemäß bestimmten moralischen Werten zu handeln, bereits das Bestehen eines Wertesystems voraussetzt. Die philosophische Situation ist in diesem Fall der an der Gewißheitsproblematik zu beobachtenden Schwierigkeit der epistemischen Philosophie analogisierbar, den Gewißheitsanspruch mit dem Wahrheitsanspruch zu vermitteln. Auch in bezug auf die Gewißheit unterstellt das epistemische Philosophie-Modell, daß nur die Sistierung des universalen oder radikal-skeptischen Zweifels zur letztlichen, »ursprünglichen« und indubitablen Gewißheit führen könne, während doch ein solcher hyperskeptischer Zweifel sich selbst ad absurdum führt, weil er ebensowenig in einen sinnvollen Kontext einzubringen ist wie die von ihm in Zweifel gezogene und zugleich eingeforderte Hypergewißheit[77]. Daraus folgt, daß die ursprungsphilosophische Verpflichtung auf Normen des richtigen Handelns gegenüber dem tatsächlichen Handeln *nachrangig* ist. Gleichgültig, ob der Gehalt eines Wertesystems durch »Abrichtung« (Wittgenstein) oder aber durch »strategisches Verhalten« diskursethischer Rationalisten gegenüber ethisch Unmündigen (Karl-Otto Apel[78]) eingeschliffen wird - die »Einübung« moralischen Verhaltens im Kontext der Lebensformen (begleitet von gesellschaftlichen Sanktionen) geht in jedem Falle der philosophischen Reflexion über die Grundlagen von Ethik voraus[79]. Die Annahme eines ethischen oder praxeologischen »Nullpunktes«, von dem eine ethische Vernunft meint, ihren Ausgangspunkt nehmen und das konkrete Verhalten historischer Menschen (vernunft)teleologisch überformen zu können, ist, wie Wittgensteins Überlegungen zur Religion und zur Ethik deutlich machen, eine robinsoneske, philosophisch gesprochen: eine solipstistische Fiktion - angesichts der Kontingenz der »Welt« (Traktat) und der Unvorhersehbarkeit des »Lebens« («Philosophie II«) läßt sich das philosophische Streben nach ethischer Letztbegründung (wenn auch nicht der lebenspraktische Anspruch auf Klarheit hinsichtlich ethischer Fragen) als ein Vektor vorgegebener gesellschaftlicher »Lebens«- bzw. Verhaltensformen verstehen[80].

Die Auffassung, allein das Verfahren der Letztbegründung für ethische Normen sei eine taugliche Verteidigungslinie gegen Relativismus und Dezisionismus, verliert vor dem Hintergrund der Betrachtungsweise Wittgensteins viel von ihrer Plausibilität. Das Hauptproblem der Letztbegründung besteht darin, daß in ihr die Kontingenz historischer (empirischer) Handlungszusammenhänge nicht mit ihren unabhängig von diesem historischen Handeln universale Geltung beanspruchenden transzendentalphilosophischen Einlösungsbedingungen zu vermitteln ist. Allein in der historischen Unendlichkeit, in einem vom Transzendentalphilosophen festgelegten Utopos, könnten sich die Parallelen der historischen Handlungskontingenz und der sich selbst begründenden Vernunft schneiden[81].

Deshalb erscheint aus der Sichtweise eines Wittgenstein verpflichteten Denkens der (theoretische) Dezisionismus vor allem als ein sich aus den Voraussetzungen des epistemischen Modells von Philosophie ergebendes Problem, das erst angesichts nicht-dezisionistischer ethischer Theorien seinen Sinn erhält. Damit ist freilich noch nichts über den *praktischen* Dezisionismus als politisches oder verfassungsjuristisches Modell oder als Maxime politischer Handlungsrationalität gesagt. Zur Diskussion dieser Fragen wird der Philosoph, der Wittgenstein folgt, indessen nur wenig beizutragen haben. Er wird sich mit der Einsicht bescheiden müssen, daß der Ausdruck »Dezisionismus« entweder zur Bezeichnung von Modellvorstellungen über den Verlauf historisch-gesellschaftlicher Realentwicklung genommen wird, und dann ist er offenkundig philosophisch-ethisch »neutral«, oder aber daß er, wenn er zum (positiv oder negativ besetzten) Leitbegriff sozialphilosophischer Reflexion genommen wird, ein *bloßer* Reflexionsbegriff ist, der nicht auf das »Leben« zurückweist. Der *Witz* der Sprachphilosophie Wittgensteins besteht also in der Überzeugung, daß die Bemühungen um philosophische Letztbegründungen nicht *falsch*, sondern *sinnlos* sind, weil sie ein Problem lösen sollen, das nach den von den Begründungstheoretikern gemachten Voraussetzungen gar nicht sinnvoll lösbar ist, gerade weil sie versuchen, ein Kriterium aufzufinden, das die Letztbegründung als die letzte Begründung erweist. Der bereits im Traktat formulierte Sinnlosigkeitsverdacht gegen Leztbegründungsstrategien und Ursprungsphilosophie gilt a fortiori auch für den späten Wittgenstein. Das, was Letztbegründung begründen soll, kann sich, traktarianisch formuliert, nur *zeigen*. Es entzieht sich der sinnvollen Rede. In der Spätphilosophie zeigt sich für Wittgenstein die »Sinnlosigkeit« letztbegründender Sätze in der Unhintergehbarkeit sprachlich vermittelter Paradigmata, die bereits das leisten, was Letztbegründung erst noch zu begründen versucht. Der Begründungsdiskurs wird, so das Ergebnis der Wittgensteinschen Sprachphilosophie, immer wieder auf Sätze geführt, aus denen nichts »folgt« und durch die gleichsam philosophisch »gekürzt«[82] werden kann[83].

7.4 Ein Ende von Philosophie

Wittgensteins Zurückweisung der Idee philosophischer Letztbegründung zielt darauf, das Vernunftregulativ als Maßstab für die Bewertung menschlicher Lebensführung zu relativieren und angesichts der Pluralität von Lebensformen die Kontingenz des Entstehens und Vergehens dieser Lebensformen hervortreten zu lassen. Sie ergibt sich für Wittgenstein aus der kriteriellen Unmöglichkeit, den Selbstanspruch der Vernunft überhaupt sinnvoll mit den Mitteln dieser Vernunft einzulösen. Um es in der Sprache Kants auszudrücken: Sowohl auf dem Gebiete der Selbstprüfung dieser Vernunft (Philosophie), der Postulate dieser Vernunft (Vernunftreligion) und der Maximen dieser Vernunft (Ethik) stellt sich für Wittgenstein das Scheitern des Vernunft-Konzeptes heraus. Das, was Vernunft leisten soll, nämlich eine sichere Grundlage für wahre Erkenntnis der Welt, für richtiges Handeln in ihr und für die Erkenntnis der Sinnhaftigkeit des Lebens bereitzustellen, erweist sich im Lichte seiner Untersuchungen als Strategie der Kompensation von Kontingenz. Angesichts der Kontingenz wird für Wittgenstein zugleich der *Sinn* der Tradition des Vernunft-Denkens erkennbar. Er besteht in der Befriedigung eines »Verlangen[s] nach dem Transcendenten«[84], in dem sich das Staunen über die Existenz der Welt sowie Erfahrung ihrer Kontingenz mit dem Handeln in der Welt verbinden.

Sicher: Die Philosophie der Vernunft vor dem Hintergrund der Kontingenz zu interpretieren, setzt immer schon eine andere Betrachtungsperspektive voraus. Auch Wittgenstein bestitzt eine solche Perspektive. Sie besteht in erster Linie in der bereits im Traktat angelegten und in der Spätphilosophie radikalisierten Destruktion aller metaphysischer Voraussetzungen für Philosophie, die deutlich werden läßt, daß traditionelle Philosophie und namentlich die neuzeitliche Philosophie bisher nur als eine vom Standpunkt der (offenen oder versteckten) Metaphysik betriebene Metaphysikkritik möglich gewesen ist. Eine durchschlagende Kritik der Metaphysik gelingt folglich nur dann, wenn das metaphysische Modell von Philosophie durch ein praxeologisches Konzept überwunden wird, das nach dem Sinn dieser Tradition zu fragen beginnt. Sicher: Bereits die philosophische Tradition nach Hegel hat damit begonnen, die Frage nach der Erkennbarkeit der Welt und die Frage nach der richtigen Repräsentation der Wirklichkeit in den »Bildern«, die sich die Menschen von dieser Wirklichkeit machen, durch die Frage nach dem Sinn solcher Repräsentationen zu ersetzen[85]. Doch geht Wittgensteins Denkansatz auch über die Sinn-Philosophie hinaus. In ihm wird die Frage nach dem Sinn der Sinn-Philosophie gestellt, also die Frage nach den Grenzen des Sinns. Eine Antwort auf diese Frage erscheint Wittgenstein nicht sinnvoll möglich, und deshalb besteht sein Anliegen mit dem von ihm entwickelten Konzept der *Philosophie als Tätigkeit* darin, die Unsinnigkeit der philosophischen Antworten auf diese Frage *klar werden zu lassen* und darauf zu verweisen, daß der Sinn der Frage nach dem Sinn und die Antworten auf sie relativ zu dem Sprachhandeln ist, in dessen Kontext solche Sinnfragen erwachsen. Welche Fragen gestellt werden und wie die Antworten auf sie ausfallen, ist aus der Perspektive Wittgenstgeins historisch kontingent. Gerade aufgrund dieser Erwägung kann Wittgenstein die Vorstellung von einer philosophisch zu erfassenden »letzten« Wahrheit verwerfen, die leitend ist für das Modell der *Philosophie als Lehre.* Vielmehr zeigt sich, daß der wichtige Sinn von Philosophie - auch und gerade *Philosophie als Lehre* - darin besteht, historisch unterschiedliche Vokabulare zu erzeugen, mit deren Hilfe sich Fragen nach dem Sinn stellen und beantworten lassen[86].

So ist das Handeln der Menschen für Wittgenstein die philosophisch uneinholbare Voraussetzung für die philosophische Reflexion. Das Handeln geschieht und ist als solches ineffabel. Es erhält seine philosophische Valenz erst dadurch, daß es zum Gegenstand der Reflexion erhoben und auf diese Weise *Sprachhandeln* wird. Aus diesem Grunde kann Wittgenstein die Praxis als die Grundlage für Philosophie, Religion und Ethik bezeichnen, in denen dieses Handeln zur Sprache kommt. Nicht anthropologisch-philosophische Wesensmerkmale des Menschen, sondern die sprachliche Verfaßtheit macht die »gemeinsame menschliche Handlungsweise«[87] aus, die der Reflexion vorausgeht und die die Sinngrenze von Philosophie, Religion und Ethik markiert[88].

Unter dieser Voraussetzung ergibt sich für Wittgenstein die Offenheit des Geschichtlichen, die irreduzible Pluralität menschlicher Lebensweisen. Das Geschichtliche markiert in seinem Denken die Stelle der Kontingenz des »Lebens«, die wohl den Rekurs auf kontingenzkompensierende Letztbegründung herausfordert, ohne jedoch durch diese beseitigt werden zu können. Eine veränderte Praxis mit ihren philosophischen und ethischen, wohl auch religiösen Implikationen kann philosophische Letztbegründungsstrategien ebenso »uninteressant« werden lassen wie die Evolutionslehre den biblischen Schöpfungsbericht. Jede neuartige Praxis, jedes neue Paradigma ist für Wittgenstein index sui. Jede gesellschaftliche Neuerung geschieht *ohne* metaphysische oder transzendentale Sicherungen. Und sie wird vergehen *trotz* solcher Sicherungen. Wittgensteins Diktum: »So handle ich eben« (und nicht *anders*) verweist auf die philosophische »Haltlosigkeit« von Praxis, indem dieses »So« ein nicht-dialektisches

»Anderes« impliziert, das zugleich ein- und ausgeschlossen wird. Die Destruktion der Idee von der Universalisierbarkeit ethischer, philosophischer und religiöser Sätze, ihre Einbindung in die Pluralität von Lebensformen, die Wittgenstein vornimmt, öffnet den Blick für diesen ein- und ausschließenden Aspekt von Handeln[89]. Sie läßt das Handeln als ein *Ereignis* begreifbar werden, in dem das Ineinandergreifen von Handlungsegel und ihrer Anwendung vollzogen wird oder sich eine neue Regel anzeigt.

Bezieht man die von Wittgenstein herausgestellte Kontingenz der Weltbilder auf sein eigenes Projekt der *Klarheit als Selbstzweck*, so ist offensichtlich, daß das Kontingenzmoment auf andere Weise in es eingeht als in die epistemische Weise des Philosophierens. Denn im Unterschied zu dieser stellt Kontingenz einen integralen Bestandteil der Konzeption *Klarheit als Selbstzweck* dar. Wittgenstein begreift sich als einen Philosophen der Endlichkeit - und dieses Selbstverständnis bezieht er auch auf sein eigenes Philosophieren: »Wir kämpfen jetzt gegen eine Richtung. Aber diese Richtung wird sterben, durch andere Richtungen verdrängt, dann wird man unsere Argumentation gegen sie nicht mehr verstehen; nicht begreifen, warum man all das hat sagen müssen.«[90]
Eine andere Art der Erziehung und andere Anstöße für das Reflektieren, kurz: eine andere Art des »Lebens« kann, so Wittgenstein, ein anderes Denken, eine andere Art von Begrifflichkeit hervorbringen[91], die »alle diese Fragen«, die Wittgenstein sich stellt, »überflüssig macht«[92]. Dieser von Wittgenstein gewünschte Wandel der Lebensweise der Menschen ist ebenfalls historisch kontingent und, wie er selber einräumt, nicht vom Philosophen zu bewirken.

Wittgensteins Denken ist ein Denken auf der *Grenze* traditioneller Philosophie. Der Gang an die Grenze des Sinns ist das dominante Thema sowohl der Früh- wie auch der Spätphilosophie; in ihm liegt die Einheit beider beschlossen. Wittgenstein versucht, *eine* Philosophie zu Ende zu bringen, nämlich *Philosophie als Lehre*, von der es häufig heißt, sie sei »die« Philosophie. Sein Denken ermöglicht es, die Geschichte dieser Philosophie von ihrem Rand her zu betrachten als die Geschichte des Staunens über die Existenz der Welt und als die Geschichte des Bedürfnisses, über diese staunenswerte Welt und die Rolle der Menschen in ihr Klarheit zu gewinnen. Angesichts des Bedürfnisses nach Klarheit, das sich philosophisch in dem Programm *Klarheit als Selbstzweck* spiegelt, erscheint das Modell der epistemischen Philosophie als eine vergängliche Konstellation der Reflexion und der Selbstvergewisserungen der Menschen. Verschwindet dieses Denken, wird auch Wittgensteins Frage nach den Grundlagen und Grenzen dieses Denkens verschwinden. Doch so lange die Frage nach dem Sinn gestellt wird, wird die Frage nach seiner Grenze gestellt werden. Auch nach Wittgenstein ist ein Ende dieses Philosophierens nicht abzusehen.

Anhang

Abkürzungsverzeichnis und Zitierweise

1. Wittgenstein

A Aufzeichnungen für Vorlesungen über »privates Erlebnis« und »Sinnesdaten«, in: Wittgenstein. Vortrag über Ethik [Seitenzahlen]

B Briefe. Briefwechsel mit B. Russell, G.E. Moore, J.M. Keynes, F.P. Ramsey, W. Eccles, P. Engelmann und L. von Ficker [Seitenzahlen]

BB Das Blaue Buch und Eine Philosophische Betrachtung [Seitenzahlen]

BGB Bemerkungen über Frazers »The Golden Bough«, in: Wittgenstein. Vortrag über Ethik [Seitenzahlen]

BGM Bemerkungen über die Grundlagen der Mathematik [Seitenzahlen]

BPP Bemerkungen über die Philosophie der Psychologie. 2 Bde. [Bandzahl in römischen Ziffern und Satznummern]

GB Das Gelbe Buch 1933/34. Eine Auswahl aus den Aufzeichnungen von Alice Ambrose, in: Vorlesungen 1930-1935 [Seitenzahlen]

GT Geheime Tagebücher. Der verschlüsselte Teil der »Gmundener Notizbücher« Ludwig Wittgensteins [Seitenzahlen]

PB Philosophische Bemerkungen [Seitenzahlen]

PG Philosophische Grammatik [Seitenzahlen]

PhU Philosophische Untersuchungen, in: Schriften 1 [Zitation Teil 1 nach Satznummern; Teil 2 nach Seitenzahlen]

PT Prototractatus, in: Logisch-philosophische Abhandlung. Tractatus logico-philosophicus. Kritische Edition [Satznummern]

T Tractatus logico-philosophicus, in: Werkausgabe 1 [Satznummern]

TB Tagebücher 1914-1916, in: Schriften 1 [Datum]

ÜF Bemerkungen über die Farben, in: Werkausgabe 8 [Satznummern]

ÜG Über Gewißheit, in: Werkausgabe 8 [Satznummern]

UW Ursache und Wirkung. Intuitives Erfassen, in: Wittgenstein. Vortrag über Ethik [Seitenzahlen]

V1 Vorlesungen 1930-1935 [Seitenzahlen]

V2 Vorlesungen über die Philosophie der Psychologie 1946/47 [Seitenzahlen]
VB Vermischte Bemerkungen, in: Werkausgabe 8 [Seitenzahlen]
VE Vortrag über Ethik, in: Wittgenstein. Vortrag über Ethik und andere kleine Schriften [Seitenzahlen]
VG Vorlesungen und Gespräche über Ästhetik, Psychologie und Religion [Seitenzahlen]
VGM Wittgensteins Vorlesungen über die Grundlagen der Mathematik [Seitenzahlen]
WWK Wittgenstein und der Wiener Kreis von Friedrich Waismann [Seitenzahlen]
Z Zettel, in: Werkausgabe 8 [Satznummern]

2. Andere

KdpV Immanuel Kant, Kritik der praktischen Vernunft
KdrV Immanuel Kant, Kritik der reinen Vernunft [A: 1.Aufl.; B: 2. Aufl.]
KdU Immanuel Kant, Kritik der Urteilskraft
MetS Immanuel Kant, Metaphysik der Sitten
RGV Immanuel Kant, Die Religion innerhalb der Grenzen der bloßen Vernunft

Anmerkungen

Vorwort

1 Die Untersuchungen über Wittgenstein gehen mittlerweile in die Abertausende. Eine englischsprachige Bibliographie der Sekundärliteratur aus dem Jahre 1986 umfaßt 5868 Titel (V.A. Shanker/Stuart Shanker (Eds.), A Wittgenstein Bibliography [= Stuart Shanker (Ed.), Ludwig Wittgenstein. Critical Assessments, Vol. V], London etc. 1986); ein Verzeichnis der Inauguralarbeiten über Wittgenstein registriert (allein für die Zeit zwischen 1960 und 1985) 421 Eintragungen, darunter eine stattliche Minorität deutschsprachiger Publikationen (Gernot U. Gabel, Ludwig Wittgenstein. A Comprehensive Bibliography of International Theses and Dissertations 1933-1985 [= Bibliographien zur Philosophie 12], Köln 1988). Bis 1992 dürfte eine mindestens ebenso große Anzahl von Neuerscheinungen hinzugekommen sein.

2 Albrecht Wellmer, Ludwig Wittgenstein - Über die Schwierigkeiten einer Rezeption seiner Philosophie und ihre Stellung zur Philosophie Adornos, in: [Brian McGuinness u.a.], »Der Löwe spricht... und wir können ihn nicht verstehen«. Ein Symposium an der Universität Frankfurt anläßlich des hundertsten Geburtstags von Ludwig Wittgenstein, Frankfurt 1991, S.138.

3 Georg Henrik von Wright, Wittgenstein, Frankfurt 1986, S.44.

4 Vgl. Norbert Meder, Der Sprachspieler, Köln 1987, bes. S.9-30.

5 Wolfgang Welsch, Unsere postmoderne Moderne, Weinheim 1987, S.3.

6 Jean François Lyotard, Der Widerstreit (= Supplemente 6), München 1986, S.190.

7 Wolfgang Welsch zählt Wittgenstein zu den »Schlüsselfiguren« der Postmoderne; er rubriziert ihn in die Sparte der »anonymen« Postmodernisten (a.a.O., S.80).

8 Die Idee der Sozialwissenschaft und ihr Verhältnis zur Philosophie, Frankfurt 1974.

9 Der Spiegel der Natur: Eine Kritik der Philosophie, Frankfurt 1981.

10 Die Struktur wissenschaftlicher Revolutionen, 2., rev. und um das Postskriptum von 1969 ergänzte Aufl., Frankfurt 1976.

11 Saul Kripke, Wittgenstein über Regeln und Privatsprache, Frankfurt 1987, S.79ff. Richtig gelesen, kann man Kripkes Formulierung zustimmen, daß »Wittgensteins Hauptproblem« darin bestehe, »daß er anscheinend nachgewiesen hat, daß *jegliche* Sprache und *alle* Begriffsbildung unmöglich, ja unbegreiflich ist« (S.82). »Richtig gelesen« meint, das kontraintuitive Moment der Feststellung Kripkes in *Wittgensteinsche* Terminologie zu übersetzen. Nicht die Tatsache, daß die Menschen mit »Sprache« umgehen und ständig Begriffe bilden, steht für Wittgenstein zur Debatte, sondern das se-

mantische Mißverständnis hinsichtlich der Funktionsweise von Sprache. Vgl. V1, S. 103: »Das Fundament der Sprache kann man nicht legen, ehe es da ist.«

12 Auf sie wird besonders in Kap.7 vorliegender Arbeit eingegangen.

13 Vgl. Karl-Otto Apel bereits 1967/1968: Wittgenstein und Heidegger. Die Frage nach dem Sinn von Sein und der Unsinnigkeitsverdacht gegen alle Metaphysik, in: Philosophisches Jahrbuch 75 (1967/68), S.56-94, bes. 90ff.

14 Vgl. im Anschluß an Popper Hans Albert, Traktat über kritische Vernunft (= Die Einheit der Gesellschaftswissenschaften 9), 3., erw. Aufl. Tübingen 1975.

15 Maurice O'C. Drury, Gespräche mit Wittgenstein, in: Rush Rhees (Hrsg.), Ludwig Wittgenstein. Porträts und Gespräche, Frankfurt 1987, S.217.

16 T, 4.112.

17 PhU, 133.

18 Vorwortentwurf zu PG, in: VB, S.459.

19 Damit soll nicht gesagt werden, daß auf anderen Gebieten, vor allem auf den Gebieten Ästhetik, Mathematik und Psychologie, nicht ein ähnlicher Klärungsbedarf bestünde. Diese Gebiete können in vorliegender Arbeit allerdings nur gestreift werden.

20 Vgl Eike von Savigny, Die Philosophie der normalen Sprache. Eine kritische Einführung in die »ordinary language philosophy«, 2., völlig neu bearb. Aufl. Frankfurt 1974, S.14.

21 Vgl. Kurt Besser, Die Problematik der aphoristischen Form bei Lichtenberg, Fr. Schlegel, Novalis und Nietzsche. Ein Beitrag zur Psychologie des geistigen Schaffens (= Neue dt. Forschungen 52), Berlin 1935, S.101: »Die Grenzen der Sprache und des Denkens werden gerade im überspitzten Aphorismus spürbar.«

22 Vgl. Heinz Brunner, Vom Nutzen des Scheiterns. Eine literaturwissenschaftliche Interpretation von L. Wittgensteins Philosophischen Untersuchungen (= Europäische Hochschulschriften 878), Bern etc. 1985, S.224ff.

23 Stellvertretend für viele vgl. Sibylle Kisro-Völker, Die unverantwortete Sprache. Esoterische Literatur und atheoretische Philosophie als Grenzfälle medialer Selbstreflexion. Eine Konfrontation von James Joyces »Finnegans Wake« und Ludwig Wittgensteins »Philosophischen Untersuchungen« (= Theorie und Geschichte der Literatur und der schönen Künste 45), München 1981, bes. S.203ff.

24 Mit Bezug auf den Traktat: Logik als Literatur? Zur Bedeutung des Literarischen bei Wittgenstein, in: Merkur 32 (1978), S.353ff.; Literarische Form und nicht-propositionale Erkenntnis in der Philosophie, in: ders. und Christiane Schildknecht (Hrsgg.), Literarische Formen der Philosophie, Stuttgart 1990, S.3ff.

25 »Der Form des Aphorismus ist es eigentümlich, an den Kern einer Sache zu rühren und doch über sie hinauszuweisen, andeutend, enthüllend oder verhüllend, und, da die Ironie als eigentliches Korrelat des Aphorismus seinen Formen Beistand leistet, die Bedeutungen zu verschieben« - F. Schalk, Stichwort »Aphorismus«, in: Historisches Wörterbuch der Philosophie, Bd.1, Darmstadt 1971, Sp.438.

26 So z.B. John N. Findlay, Wittgenstein: A Critique, London etc. 1984.

27 Brunner, a.a.O., S.24ff.

28 Man könnte auch im Sinne Goodmans von einem »metaphorischen Sprachgebrauch« sprechen; vgl. Nelson Goodman, Weisen der Welterzeugung, Frankfurt 1984, S.126ff.

29 T, 4.112: »Die Philosophie ist keine Lehre, sondern eine Tätigkeit.«

30 Aus diesem Grunde erscheint es berechtigt, weiterhin immer dann von der »Philosophie« Wittgensteins zu sprechen, wenn klar ist, daß damit das Programm *Klarheit als Selbstzweck* gemeint ist.

31 José Ferrater Mora, Wittgenstein oder die Destruktion, in: Ludwig Wittgenstein, Schriften. Beiheft 1, Frankfurt 1972, S.21-29.

32 Vgl. V1, S.271: »Man könnte Philosophie lehren, indem man ausschließlich Fragen stellt«; V2, S.85: »Man könnte Philosophie lehren, indem man (vergleiche Plato) einfach die richtigen Fragen stellt, um den anderen zu erinnern.«

33 Vgl. Harry Redner, The Ends of Philosophy. London & Sidney 1986, p.122ff.

34 Savigny, a.a.O., S.13 u.ö. Ähnlich Wolfgang Stegmüller, Hauptströmungen der Gegenwartsphilosophie I. Eine kritische Einführung, 5., erw. Auflage Stuttgart 1975, S. 524: »[Wittgenstein hat] zwei verschiedene Philosophien entwickelt [...], von denen die zweite nicht als eine Fortsetzung der ersten aufgefaßt werden kann.« Strikt trennt auch Bertrand Russell, My Philosophical Development, London [4]1975, p.160f., zwischen »W I«, der ihn stark beeinflußt habe, und »W II«, der »seems to have grown tired of serious thinking and to have invented a doctrine which would make such an activity unnecessary.«

35 Stegmüller, Hauptströmungen I, a.a.O., S.562. Manche Autoren sprechen vorsichtiger von »Früh-« und »Spätphilosophie«. Beide Ausdrucksweisen können gefahrlos akzeptiert werden, wenn Kontinuität und Diskontinuität des Wittgensteinschen Denkens klar herausgearbeitet werden. In vorliegender Arbeit werden beide Bezeichnungen homonym gebraucht.

36 Friedrich Wallner, Wittgensteins philosophisches Lebenswerk als Einheit (= Philosophica 2), Wien 1983, S.11. - Auf die Kontinuität zwischen dem frühen und späten Wittgenstein hat wohl als erster Paul Feyerabend bereits 1952, Wittgensteins Philosophische Untersuchungen, in: ders., Probleme des Empirismus. Schriften zur Theorie der Erklärung, der Quantentheorie und der Wissenschaftsgeschichte Bd. 2, Braunschweig & Wiesbaden 1981, S.322, aufmerksam gemacht; nach ihm z.B. Helmut Fahrenbach, Die logisch-hermeneutische Problemstellung in Wittgensteins »Tractatus«, in: Rüdiger Bubner/Konrad Cramer/Reiner Wiehl (Hrsgg.), Hermeneutik und Dialektik. FS Hans-Georg Gadamer zum 70. Geburtstag, Bd. 2, Tübingen 1970, S.27: Fahrenbach erscheint es »problematisch, von zwei verschiedenen »Philosophien« des frühen und des späten Wittgenstein zu sprechen, zumal in einem gewissen Maß das Durchhalten des leitenden Begriffs von Philosophie eine Voraussetzung für die spätere Veränderung der Sprachauffassung darstellt«, sowie Kuan T. Fann, Wittgenstein's Conception of Philosophy, Oxford 1969, p.82: »Wittgenstein's great concern in both periods has been the master problem: what are the nature, tasks, and methods of philosophy?«

37 Begünstigt wird diese Beschränkung auch durch den Umstand, daß zwischen Früh- und Spätphilosophie Wittgensteins ein knappes Jahrzehnt des philosophischen Schweigens (1920-1929) lag. Wittgenstein arbeitete als Volksschullehrer in kleinen Dörfern am Wechsel. Über seine philosophische Entwicklung in dieser Zeit ist so gut wie nichts bekannt. Neue philosophische Ideen und damit die Rückkehr zur gleichsam »öffentlichen« philosophischen Auseinandersetzung zeichneten sich ab, als Wittgenstein an Diskussionen einzelner Mitglieder des »Wiener Kreises« teilnahm. Die Übersiedlung nach England und die Aufnahme der Lehrtätigkeit in Cambridge (Wittgenstein wurde

mit dem Traktat von Moore und Russell promoviert) dürfte den Übergang zur Spätphilosophie biographisch markieren.

38 Das von den Testamentvollstreckern Wittgensteins gewählte Editionsverfahren des Nachlasses ist besonders deshalb problematisch, weil sie die Kriterien, die sie bei der Zusammenstellung des Materials leiten, nicht offenlegen (vgl. zur Problematik der Textedition vor allem Reinier F. Beerling, Sprachspiele und Weltbilder: Reflexionen zu Wittgenstein, Freiburg & München 1980, S.29ff.). Das Tübinger Editions-Projekt, diesem Mißstand durch eine historisch kritische Gesamtausgabe der posthumen Schriften Wittgensteins abzuhelfen (vgl. [H.J. Heringer], Abschließender Bericht des Projekts »Sicherung, Dokumentation und Erschließung der nachgelassenen Schriften Ludwig Wittgensteins, Tübingen o.J.), ist im Sande verlaufen. Jede Wittgensteininterpretation sollte sich allein schon aus diesem Grunde ihrer Vorläufigkeit bewußt sein. - Die in ihrem Variantenreichtum noch weitgehend unbeachtet gebliebene »Vielschichtigkeit« Wittgensteins (einen der ersten Versuche, diese zu »heben«, stellt S. Stephen Hilmy, The Later Wittgenstein. The Emergence of a New Philosophical Method, Oxford & New York 1987, dar) verweist auf den »Annäherungscharakter« jeder Wittgensteindeutung. Zur Problematik des »Werk«-Begriffes in bezug auf Wittgensteins Texte vgl. auch Joachim Schulte, Wittgenstein. Eine Einführung, Stuttgart 1989, S.43-56.

39 Das gilt auch für die dort gegebene Schreibweise und Interpunktion. Nur besonders krasse Abweichungen werden gekennzeichnet. Zur Interpunktion vgl. Wittgensteins Notiz aus dem Jahre 1948: »Ich möchte eigentlich durch meine häufigen Interpunktionszeichen das Tempo des Lesens verzögern. Denn ich möchte langsam gelesen werden« (VB, S.546).

Kapitel 1

1 Im folgenden wird jedoch keine literaturtheoretische Untersuchung versucht. Über Wittgensteins Textphorik und literaturtheoretische Verortung vgl. Kisro-Völker, a.a.O., pass., und Brunner, a.a.O., pass.

2 B, S.88.

3 B, S.87.

4 B, S.103: »[D]ie Dezimalzahlen meiner Sätze [müßten] unbedingt mitgedruckt werden, weil sie allein meinem Buch Übersichtlichkeit und Klarheit geben und es ohne diese Numerierung ein unverständlicher Wust wäre.«

5 Vgl. zum thematischen Aufbau der *Philosophischen Untersuchungen* Gordon B. Baker/ Peter M.S. Hacker, An Analytical Commentary on the »Philosophical Investigations«, Vol.1, Oxford 1980.

6 Hilmy, a.a.O., p.21, bringt eine unveröffentlichte MS-Eintragung, derzufolge Wittgenstein in einem frühen Vorwortentwurf zu den PhU aus dem Jahre 1937 ebenfalls an eine numerische Gliederung analog zur Gliederung des Traktates gedacht hatte.

7 Vgl. BPP, I, 936,943.

8 Vgl. Norman Malcolm, Erinnerungen an Wittgenstein, Frankfurt 1987, S.82.

9 Vgl. dazu Kerstin Stüssel, Wittgensteins Vorwort »Im Januar 1945«. Quellenkritik und Interpretation, in: Grazer Philosophische Studien 33/34 (1989), S.207-226.

10 Vgl. z.B. dazu Walter Schulz, Wittgenstein. Die Negation der Philosophie, Pfullingen 1979, S.9ff. Zur Geschichte und Unhaltbarkeit dieser - von den Mißverständnissen der Mitglieder besonders des »Wiener Kreises« geförderten - Interpretation vgl. die Darstellung von Panajotis Kondylis, Die neuzeitliche Metaphysikkritik, Stuttgart 1990, S. 469ff.

11 Vgl. Brian F. McGuinness, Wittgensteins frühe Jahre, Frankfurt 1988, S.464: »Für den Leser ist es nach meiner Überzeugung eine große Hilfe, wenn er sich bei der Lektüre des Buches [= des Traktats, M.K.] [der] literarischen Merkmale erinnert. Der aphoristische Stil und die mitunter rätselhaften Übergänge der Gedankenführung gehören zu einem Kommentar über sich selbst [...]. Es gibt zahlreiche interne Hinweise darauf, daß seine Aussagen nicht ganz buchstäblich aufzufassen sind.« Eric Stenius, Wittgensteins Traktat. Eine kritische Darlegung seiner Hauptgedanken (= Theorie 2), Frankfurt 1969, S.15, bezeichnet Satz 7 als den »letzte[n] Aphorismus« des Traktates. Zum »Fragmentarischen« bei Wittgenstein vgl. Manfred Frank, Wittgensteins Gang in die Dichtung, in: ders. und Gianfranco Soldati, Wittgenstein - Literat und Philosoph (= opuscula 49), Pfullingen 1989, S.33ff.

12 B, S.96f.

13 So widmen etwa Max Black, A Companion to Wittgenstein's »Tractatus«, Cambridge 1971, p.23, aber auch einer der scharfsinnigsten Kritiker des Traktats, John N. Findlay, a.a.O., den Fragen nach den Zusammenhängen zwischen dem Schlußsatz und dem Vorwort so gut wie keine Aufmerksamkeit.

14 R.M. Hare, Die Sprache der Moral, Frankfurt 1983.

15 Vgl. KdpV, S.57ff., und MetS, S.414ff.

16 Vgl. z.B. Peter M.S. Hacker, Insight and Illusion, Oxford 1972, p.28f., und Schulte, Wittgenstein, a.a.O., S.63.

17 T, Vorwort.

18 Auf diesen ethischen Globalaspekt haben Allan Janik/Stephen Toulmin, Wittgensteins Wien, München 1984, S.322ff., aufmerksam gemacht, ohne ihn an der Textstruktur des Traktates näher nachzuweisen.

19 In einem Brief an Ludwig von Ficker spricht Wittgenstein davon, daß der Traktat ein »System« darstelle, und verweist ausdrücklich darauf, daß seine Arbeit »streng philosophisch und *zugleich literarisch*« sei (B, S.94f.; Hervorhebungen M.K.).

20 Der gebräuchliche Titel der Abhandlung »Tractatus logico-philosophicus« stammt von George Moore; Wittgensteins Arbeitstitel lautete »Der Satz« (vgl. McGuinness, Wittgensteins frühe Jahre, a.a.O., S.460). Moores Titelgebung schränkt den Interpretationshorizont für den Traktat meines Erachtens bereits unzulässig ein, obwohl Wittgenstein nach McGuinness' Mitteilung trotz einiger Bedenken diesem Vorschlag schließlich zustimmte (ebd.).

21 B, S.103.

22 T, 1, Anm.

23 Hervorhebung M.K.

24 Vgl. Schulte, Wittgenstein, a.a.O., S.57f.

25 T, 6.127.

26 T, 6.4.

27 Vgl. T, 6.54.

28 T, 3.323; 4.121.

29 Angesichts der komplexen Textkomposition im allgemeinen und der Allokation der Hauptsätze im besonderen scheint so mancher Traktat-Kommentator zu verzweifeln. In vielen Traktat-Kommentaren fehlt eine Analyse gänzlich. Zu den wenigen Arbeiten, die sich eingehend mit der Textualität des Traktates beschäftigen, zählt die Studie von Georg Gimpl, Text als Dementi. Text- und Strukturanalyse des Tractatus logico-philosophicus. Phil.Diss. Salzburg 1980. Hier können nur einige Kommentare Gimpls wiedergegeben werden, die das Ausmaß der Schwierigkeiten im Umgang mit dem Text verdeutlichen und die Bemerkung McGuinness' bestätigen, daß der »Rahmen der Voraussetzungen, in dem [die, M.K.] Argumente [des Traktats, M.K.] etwas leisten können, nicht klar umrissen [ist]«, und daß, »welche Bedeutung den Argumenten im Gesamtplan zukommen soll, [...] in einer bis heute nicht völlig erhellten Weise dem Numerierungssystem überantwortet [wird]« (Wittgensteins frühe Jahre, a.a.O., S.461). Gimpl, der »[i]n die Zahlen absorbierte[n] Textarchitektonik« auf der Spur, stellt fest, daß der Text »eher eine *Konstellation* denn eine Konstruktion [ist]. Die Teile sind in sich autarke Fertigteile« (S.103). Zugleich schreibt er, der Verlockung der Annahme erliegend, der Traktat verfüge über eine heimliche Systematik: »Das immanente Textgerüst des Traktats ist [...] eine Satztreppe« (S.107). Ganz wohl ist dem Autor aber bei dieser Feststellung nicht; er beeilt sich, hinzuzufügen, daß das »Nacheinander [der] Hauptsätze [...] sich als ein *Ineinander* [erweist]« (ebd.) und daß »die Treppe [...] sich zum Kreis [schließt]« (S.109). Mit der Vorstellung von einer kreisförmigen Treppe ist aber für Gimpl ein wichtiger Aspekt des Traktats noch nicht angemessen berücksichtigt, nämlich die »Desintegration der Kapitel und Absätze«, derzufolge der »Text zunächst zerhackt und zerschnitten« erscheint (S.118). Doch auch dieser Eindruck ist nur vordergründig, denn in Wahrheit ist die »Autarkie der Absätze« (S.127) als Moment des »Kubismus der Darstellung« zu begreifen - ein Kubismus, in dem die »Zentralperspektive der Darstellung« (ebd.) zugunsten der »Demokratie der Absätze« (S.126f.) aufgegeben wird. Nach weiteren Bemühungen kommt Gimpl schließlich zu der eher resignierenden Feststellung, daß »Wittgensteins Text aus Prinzip nicht überschaubar« sei (S.196). Das sollte den Leser auch nicht weiter beunruhigen, denn: »Wittgensteins Sätze möchten nicht in möglichst kurzer Form viel sagen. Seine Sätze möchten gerade »nichts« sagen« (S.213).

30 Auf die besondere Eignung des Aphorismus für die Darstellung ethischer Positionen hat Hans Margolius, Aphorismen und Ethik, in: Gerhard Neumann (Hrsg.), Der Aphorismus. Zur Geschichte, zu den Formen und Möglichkeiten einer literarischen Gattung (= Wege der Forschung 356), Darmstadt 1976, S.293-304, wenn auch ohne Bezug zu Wittgenstein, hingewiesen. Vgl. auch Gunter Gabriel, Logik als Literatur, pass. Vorsichtiger (»nicht wirklich aphoristisch«) Schulte, Wittgenstein, a.a.O., S.59f.

31 Vgl. B, S.88.

32 Dies scheint mir die Antwort zu sein auf Luigi Tarcas, Il linguaggio *sub specie aeterni* (= Materiali e ricerche 19), Abbano Terme 1986, p.28s., naheliegenden Fragen: »[`E] credibile che un pensatore cosi acuto e insieme cosi onesto non abbia avvertito questa difficoltà, non abbia sospettato che la differente impostazione logico-linguistica comportasse una messa in discussione della soluzione del silenzio espressa nel *Tractatus*? Ma se questo non è credibile come si spiega il fatto che egli non ha mai affrontato la

questione e rimesso in discussione le conclusioni cui era giunto in precedenza (il silenzio etico, appunto)?«

33 Völlig zurecht hat Besser, a.a.O., S.135, den Aphoristiker als einen »Gegenspieler des Systems« bezeichnet. Die Argumente, die Harald Fricke, Kann man aphoristisch philosophieren? Literaturtheoretische Thesen zum Verhältnis von Dichtung und Reflexion am Beispiel philosophischer Aphoristiker, in: Gabriel/Schildknecht (Hrsgg.), a.a.O., S. 34ff., gegen die These ins Feld führt, der Traktat sei aphoristisch verfaßt, bauen darauf auf, daß »die logische Zählung [...] jeweils das Sub- und Koordinations-Verhältnis zum Vorgängersatz wie zum Folgesatz präzise fest[legt]« (hier: S.34). Fricke wird mit dieser Formulierung m.E. Opfer seiner eigenen These, daß Philosophie immer *Theorie* sein müsse und damit zum System »propositionaler Erkenntnis« (S.26 und analog S. 39) gehöre. Eine solche Beschränkung von Philosophie auf Sätze über *Tatsachen* ist allerdings advokatorisch für nur *eine* philosophische Richtung.

34 T, Vorwort.

35 Und folglich auch nicht traditionell damit in Zusammenhang stehende Ausdrücke wie »Leben«, »Anschauung der Welt«, »Gott« als das »Höhere« («Religion«, das »Ethische«, »transzendent(al)«, »Metaphysik« etc.). Wittgenstein verwendet diese Begriffe nicht als fachphilosophische Termini, sondern bereits im Sinne der »Alltagssprache«.

36 Vgl. auch Schulte, Wittgenstein, a.a.O., S.58-60.

37 Dieser Umstand veranlaßt immer wieder mehr oder weniger plausible Spekulationen über mögliche »Geistesverwandtschaften« Wittgensteins mit anderen Philosoph(i)en, die für diese Arbeit bis auf wenige Ausnahmen nicht von Belang sind. Einen verläßlichen Überblick über Wittgensteins Lektüre anderer Philosophen bzw. deren Einfluß auf ihn ist nur schwer zu gewinnen. Hinweise lassen sich spärlichen Selbstzeugnissen (z.B. VB, S.476 u.ö.), den Wittgenstein-Biographien sowie Erinnerungen und Gesprächsaufzeichnungen von Schülern und Zeitgenossen entnehmen. Für den frühen Wittgenstein z.B. McGuinness, Wittgensteins frühe Jahre, a.a.O., S.66-84, und Wilhelm Baum, Wittgenstein (= Köpfe des 20. Jahrhunderts 103), Berlin 1985, S.17-49; für die Zeit ab 1929 z.B. Maurice O'C. Drury, Bemerkungen zu einigen Gesprächen mit Wittgenstein und ders., Gespräche mit Wittgenstein, in: Rhees (Hrsg.), a.a.O., S.117-235, sowie Malcolm, Erinnerungen, a.a.O., pass. Dieser Literatur zufolge wählte Wittgenstein seine Lektüre nach persönlichem Interesse und nicht nach systematischen Gesichtspunkten und zeigte zudem für »die meisten Philosophien der Vergangenheit wenig Respekt« (George Pitcher, Die Philosophie Wittgensteins. Eine Einführung in den Tractatus und in die Spätschriften, Freiburg & München 1967, S.378). Ob die fehlende Fachausbildung Wittgenstein als Philosophen disqualifiziert, wie manchenorts (z.B. Schulz, a.a. O., S.11f.) unterstellt wird, mag dahingestellt bleiben.

38 T, 3.331.

39 Vgl. Bertrand Russell, Vorwort zum Tractatus logico-philosophicus, in: Beiheft 1, a.a. O., bes. S.79-81.

40 B, S.109-112. Vgl. zu dem Vorgang auch McGuinness, Wittgensteins frühe Jahre, a.a. O., S.448ff.

41 Vgl. Wittgensteins Brief an Russell 19.8.19: »Nun habe ich die Befürchtung, daß Du meine wesentliche Behauptung, *zu der die ganze Sache mit den logischen Sätzen nur ein Zusatz ist*, nicht erfaßt hast« (B, S.88; Hervorhebungen M.K.).

42 Dies gilt a fortiori für Russells Einstellung zu Wittgensteins Spätphilosophie. Russell notiert in Development, a.a.O., p.160f.: »Its positive doctrines seem to me trivial and its negative doctrines, unfounded [...]. The later Wittgenstein [...] seems to have grown tired of serious thinking and to have invented a doctrine which would make such an activity unnecessary.« Russell hat insofern recht, als Wittgenstein in der Tat aufgehört hatte, im Stile der von ihm verachteten Autoren und Lesern der Zeitschrift *Mind* zu philosophieren (vgl. Paul Engelmann, Ludwig Wittgenstein. Briefe und Begegnungen, Wien & München 1970, S.70). Russells Bemerkung mag zwar, wie Merkel anmerkt, »böse« gemeint und grob formuliert sein, ist aber aus der Perspektive einer »ordinary philosophy« verständlich und keineswegs »sachlich ganz absurd«, wie Merkel meint (Reinhard Merkel, »Geistige Landschaft mit vereinzelter Figur im Vordergrund«: Ludwig Wittgenstein, in: Merkur 38 (1984), S.661). Auch Friedrich Waismann, in den Gesprächsrunden des »Wiener Kreises« Anwalt traktarianischer Positionen, äußerte sich befremdet über den späten Wittgenstein («Er ist völlig ins Lager der Dunkelmänner übergegangen«, zitiert nach: Heinrich Neider, Persönliche Erinnerungen an den Wiener Kreis, in: Conceptus 28/30 [1977], S.33).

43 Vgl. Russell, Development, a.a.O., pp.82ff., sowie ders., Vorwort, a.a.O., S.68ff., bes. S.79-81.

44 «Ich finde [Ihre Abhandlung] schwer verständlich. Sie setzen Ihre Sätze nebeneinander meistens ohne sie zu begründen oder wenigstens ohne sie ausführlich genug zu begründen«. G. Frege an Wittgenstein, 28.VI.19, abgedruckt in: Gottlob Frege, Briefe an Ludwig Wittgenstein aus den Jahren 1914-1920. Hrsg. von Allan Janik, mit einem Kommentar versehen von Christian Paul Berger, in: Grazer philosophische Studien 33/34 (1989), S.19. - Russell war der Mangel an Argumentation bereits 1912 aufgefallen, vgl. den Brief an Lady Ottoline Morrell: »Ich habe ihm gesagt, er solle nicht einfach *behaupten*, was er für wahr halte, sondern Argumente dafür angeben, aber er sagte, Argumente verdürben die Schönheit seiner Sätze und er bekäme dabei das Gefühl, als faßte er eine Blume mit schmutzigen Händen an«, zitiert nach McGuinness, Der frühe Wittgenstein, a.a.O., S.175.

45 Klaus von Welser, Die Sprache des Aphorismus (= Berliner Beiträge zur neueren deutschen Literaturgeschichte 8), Frankfurt etc., 1986, S.187, stellt zurecht fest: »Die [aphoristische, M.K.] Bildidee, die im Bekannten die Argument-Spitze entdeckt und zeigt, hat den Zweck, das Thema herzustellen, nämlich durch seinen Zugang zu definieren. Das Thema [...] wird im aphoristischen Bild durch einen begehbaren Zugang zum Thema zur Aufgabe für das Denken, nicht durch seine allgemeine Bedeutung«. - Auch Russell bringt in einem Brief an Lady Ottoline dieses Kennzeichen der Wittgensteinschen Philosophie zum Ausdruck: »Ich bin sicher, daß es [= der Traktat, M. K.] ein wirklich großartiges Buch ist, obgleich ich mir nicht so sicher bin, daß es auch richtig ist. Ich habe ihm [= Wittgenstein, M.K.] gesagt, ich könne es nicht widerlegen, und daß ich sicher bin, es sei entweder alles richtig oder alles falsch, was ich für das Kennzeichen eines guten Buches halte [...]. Aus seinem Buch hatte ich schon einen Anflug von Mystik herausgespürt« (zit. nach B, S.100f.).

46 McGuinness, Wittgensteins frühe Jahre, a.a.O., S.465.

47 Hierin besteht eine auffällige Parallele zu Kierkegaards methodischen Reflexionen. Vgl. dazu Charles Creegan, Wittgenstein and Kiekegaard. Religion, Individuality, and philosophical Method, London & New York 1989, pp.30-51.

48 Vgl. Luitgart Scharfetter, Bemerkungen über das »Unaussprechliche« in der Philosophie Ludwig Wittgensteins, Phil.Diss. Salzburg 1970, S.10f.
49 T, 6.52.
50 T, 6.4321.
51 T, 6.521.
52 PhU, Vorwort.
53 Vgl. Kisro-Völker, a.a.O., S.116ff.
54 Vgl. Malcolm, Erinnerungen, a.a.O., S.87ff.
55 Wie Black, a.a.O., p.23, in bezug auf die im Vorwort dargestellten Grundgedanken des Traktates annimmt: »I believe his [= Wittgensteins, M.K.] position was deliberately frozen for the sake of the publication.«
56 Frege, Brief v. 16. Sept. 1919, a.a.O., S.21.
57 Vgl. VB, S.563: »Auch wenn man in Kreisen denkt, so geht man doch manchmal geradenwegs durch's Walddickicht der Fragen in's Freie hinaus, manchmal auf verschlungenen und Zickzackwegen, die uns nicht in's Freie führen.«
58 B, S.123.
59 PB, Vorwort.
60 Vgl. auch VB, S.543f.
61 VB, S.515.
62 Von Spengler hat Wittgenstein wahrscheinlich u.a. die Wesensunterscheidung zwischen »Zivilisation« und »Kultur« übernommen, die in den Vorworten ab 1930 zu erkennen ist. Vgl. Oswald Spengler, Der Untergang des Abendlandes. Umrisse einer Morphologie der Weltgeschichte, ND München 1969, S.51: »Der kultivierte Mensch hat seine Energie nach innen, der zivilisierte nach außen«. Vgl. auch S.140ff. Spenglers Unterscheidung führt zu einer auch in den Vorworten Wittgensteins anklingenden Sichtweise auf »Philosophie«: »Das wissenschaftliche Kostüm, die gelehrte Maske einer Philosophie entscheidet [...] nichts. Nichts ist einfacher, als an Stelle von Gedanken, die man nicht hat, ein System zu begründen [...]. Allein die Notwendigkeit für das Leben entscheidet über den Rang einer Lehre« (S.58). - Zu Wittgensteins Spenglerkritik vgl. VB, S.469f. Auf die bis zur Veröffentlichung der VB völlig ignorierte Bezugnahme Wittgensteins auf Spengler (insbesondere auf dessen »morphologische« Betrachtungsweise) hat insbesondere Rudolf Haller, War Wittgenstein von Spengler beeinflußt?, in: McGuinness/Gargani (Edd.), a.a.O., pp.97-112, hingewiesen. Haller liegt daran, aufgrund dieser Beeinflussung Wittgenstein einen »praxeologischen Fundamentalismus« zu unterstellen, der Wittgenstein des Relativismus-Vorwurfes entheben soll (S.109).
63 PB, Vorwort.
64 Ebd.
65 Vgl. auch Wittgensteins Renan-Kritik in VB, S.457. gl. außerdem VB, S.537. Im gleichen Zusammenhang schreibt Wittgenstein: »Kann *ich* nur keine Schule gründen, oder kann es ein Philosoph nie? Ich kann keine Schule gründen, weil ich eigentlich nicht nachgeahmt werden will. Jedenfalls nicht von denen, die Artikel in philosophischen Zeitschriften veröffentlichen« (VB, S.536).
66 VB, S.458f.

67 Vgl. VB, S.568: »Kultur ist eine Ordensregel. Oder setzt doch eine Ordensregel voraus.« - Der mönchische *ordo* ist eine Miniatur der göttlichen Weltordnung.

68 Vgl. Paul Hübscher, Der Einfluß von Johann Wolfgang Goethe und Paul Ernst auf Wittgenstein, Bern etc. 1985, und Joachim Schulte, Chor und Gesetz. Zur »morphologischen Methode« bei Goethe und Wittgenstein, in: ders., Chor und Gesetz, Frankfurt 1989, S.11-42.

69 Spengler, a.a.O., bes. S.57ff.

70 Zu Wittgensteins Selbsteinschätzung als »Unzeitgemäßer« vgl. VB, S.453.

71 VB, S.455f.

72 VB, S.543.

73 Vgl. auch VB, S.501: »Die Menschen heute glauben, die Wissenschaftler seien da, sie zu belehren, die Dichter und Musiker etc., sie zu erfreuen. *Daß diese sie etwas zu lehren haben*; kommt ihnen nicht in den Sinn.«

74 VB, S.463.

75 PB, Vorwort.

76 VB, S.472. Vgl. auch S.474: »Ich soll nur der Spiegel sein, in welchem mein Leser sein eigenes Denken mit allen seinen Unförmigkeiten sieht, und mit dieser Hilfe zurechtrükken kann.«

77 Die erhaltenen Aufzeichnungen finden sich in TB, in: Schriften 1, S.85ff.

78 Vgl. GT, S.296.

79 TB, 10.8.14.

80 GT, S.311.

81 GT, S.312, 466.

82 GT, S.306.

83 VB, S.491.

84 T, 6.54: »Meine Sätze erläutern dadurch, daß sie der, der mich versteht, am Ende als unsinnig erkennt.«

85 GT, S.306.

86 Vgl. dazu Wilhelm Baum, Wittgenstein: Das Christentum als einzig sicherer Weg zum Glück. Neue Quellen zur negativen Theologie im »Tractatus«, in: Zeitschrift für katholische Theologie 105 (1982), S.191-195.

87 Hervorhebungen M.K.

88 VB, S.472.

89 VB, S.486.

90 VB, S.531f. - Die Metapher der »Lichts« gehört zu den am häufigsten von Wittgenstein zur Charakterisierung seiner Gedankenbewegungen benutzten Sprachbilder. So charakterisiert er an anderen Stellen der VB sein Philosophieren als Suche nach »Durchsichtigkeit«, als »Licht-Werfen-auf-etwas« und bezeichnet die Werke »großer Meister« als »Sonnen« (VB, 459, 465, 471). Wittgenstein schöpft aus alter historischer Quelle und benutzt ein Sprachbild von prägender Kraft für die abendländische Kulturentwicklung. Die in der Lichtmetapher beschlossenen dualistischen Vorstellungen von Gegensatzbzw. Komplementärpaarungen wie hell/dunkel, Unwissenheit/Aufklärung (Enlightenment), Klarheit/Verworrenheit greifen sicherlich ebenso tief in den Mythos zurück wie bei Wittgenstein die christliche Konnotation (Christus als Licht der Welt) ebenso unübersehbar ist. Aber auch der neuzeitliche Rationalismus bediente sich in seiner Pro-

grammatik der Licht-Metapher (etwa die cartesianische Forderung nach Erkenntnis »clare et distincte«, in: Regeln zur Ausrichtung der Erkenntniskraft, Hamburg 1972, Sätze 3,5) ebenso wie die Romantik (etwa in Schellings Philosophie der Natur). - Der Metapher des »Lichts« korrespondiert bei Wittgenstein die Metaphorik des »Tiefen«, des »Grundes« und des »Verborgenen« (VB, S.542, 538, 536), Orte also, an die das Licht nicht zu dringen vermag. Die immer wieder in der Sekundärliteratur aufgeworfene Frage, inwieweit Wittgenstein in der Tradition der Aufklärung steht und die Frage nach Aufgabe und Grenzen der Philosophie nach dem Modell einer Gerichtsverhandlung (in Analogisierung zur Kantschen Kritik der reinen Vernunft) vornimmt, verengt daher den Problemhorizont Wittgensteins in unzulässiger Weise (so etwa Feyerabend, Wittgenstein, in: Beiheft 1, a.a.O., S.32f.; Barry Smith, Wittgenstein und das ethische Gesetz, in: Roland Posner/Georg Meggele [Hrsgg.], Sprachspiel und Methode. Zum Stand der Wittgenstein-Diskussion, Berlin & New York 1985, S.196ff.).

91 Vgl. VB, S.563.

92 VB, S.459f.

93 So Bertrand Russell über seine Begegnungen mit Wittgenstein in Cambridge 1912/13, zitiert nach McGuinness, Wittgensteins frühe Jahre, a.a.O., S.253.

94 Konrad Wünsche, Der Volksschullehrer Ludwig Wittgenstein, Frankfurt 1985, S. 269.

95 Konrad Wünsche, Wittgensteins Selbstheiligungsstrategien, in: Dietmar Kamper/Christof Wulf (Hrsgg.), Das Heilige. Seine Spur in der Moderne, Frankfurt 1987, S.292-307.

96 Hermine Wittgenstein, Mein Bruder Ludwig, in: Rush Rhees (Hrsg.), a.a.O., S.25.

97 Bertrand Russell an Lady Ottoline, 20.12.1919, zitiert nach B, S.101.

98 Vgl. zur Identifikation Kultur/Stadt und der stadtfeindlichen Kulturkritik: Wilhelm Perpeet, Kulturphilosophie um die Jahrhundertwende, in: Helmut Brackert/Fritz Wefelmeyer (Hrsgg.), Naturplan und Verfallskritik. Zu Begriff und Geschichte der Kultur, Frankfurt 1984, S.369ff. - Zum »Wald« und zur »Einöde« als Orte der Heiligung vgl. Jacques LeGoff, Die Waldwüste im mittelalterlichen Abendland, in: ders., Phantasie und Realität des Mittelalters, Stuttgart 1990, S.81ff. Der Philosophie ist laut Wittgenstein in der »Stadt« (vgl. auch seine Bemerkung über die »Sprache« als »Stadt« in PhU, 18) bloßer Besucher. Er ist *Reisender*. Vgl. auch Wittgensteins späte Bemerkung gegenüber Oets Kolk Bouwsma, Wittgenstein. Conversations 1949-1951. Edited, with an Introduction by J.L. Craft and Ronald E. Hustwit, Indianapolis 1986, p. 35: »[L]ife is not what it seems [...]. It's like this: In the city, streets are nicely laid out. And you drive on the right and you have traffic lights, etc. There are rules. When you leave the city, there are still roads, but no traffic lights. And when you get far off there are no roads, no lights, no rules, nothing to guide you. It's all woods. And when you return to the city you may feel that the rules are wrong, that there should be no rules, etc.«

99 So zog sich Wittgenstein seit frühester Zeit immer wieder in sein nur mit einem Boot erreichbares Haus in Norwegen zurück und liebte den Aufenthalt an der dünn besiedelten Westküste Irlands. Vgl. McGuinness' Schilderungen in: Wittgensteins frühe Jahre, a.a.O., und Norman Malcolms Darstellung in: Erinnerungen, a.a.O., pass.

100 Vgl. z.B. T, Vorwort: »[Der, M.K.] Wert [dieser Arbeit] wird um so größer sein, je besser die Gedanken ausgedrückt sind. - Hier bin ich mir bewußt, weit hinter dem

Möglichen zurückgeblieben zu sein. Einfach darum, weil meine Kraft zur Bewältigung der Aufgabe zu gering ist«; vgl. auch VB, S.475 und 561.

101 Daß das Streben nach Heiligkeit im 20. Jahrhundert eine psychoanalytische Deutung provoziert, liegt auf der Hand und ist von William Bartley III versucht worden (Wittgenstein. Ein Leben, München 1983). Gegen Bartleys Ansatz ist schnell Kritik laut geworden, die sich besonders gegen die Vermutung richtete, Wittgensteins Verhalten - und z.T. auch sein Denken - sei aus mit Schuldgefühlen erlebter oder verdrängter Homosexualität zu erklären (vgl. McGuinness, Wittgensteins frühe Jahre, a.a.O., S.453, Anm.75). Gegen einen psychoanalytischen Deutungsversuch ist m.E. jedoch auch im Falle Wittgensteins prinzipiell nichts einzuwenden. Freilich wäre zu klären, inwieweit er gerade unter freudianischen Vorzeichen (wie bei Bartley) zum Verständnis des Werkes Entscheidendes beitragen kann.

102 Thomas von Kempen gehörte zu Wittgensteins Lektüre (vgl. Drury, Gespräche, a.a. O., S.175).

103 PhU, 109.

104 Pitcher, a.a.O., S.193.

Kapitel 2

1 T, 4.116.

2 Vgl. B, S.85, 88, 96f.

3 Vgl. PhU, 107.

4 PG, S.143.

5 Vgl. Zur Metaphorik der »Gebirgslandschaft« VB, S.557 und 564; BGM, S.302.

6 Vgl. GB, S.199; BPP, I, 303, und BGM, S.302.

7 PG, S.77.

8 Vgl. VB, S.556; PhU, 525, 534.

9 VB, S.561.

10 Hans Sluga, Thinking as Writing, in: Grazer philosophische Studien 33/34 (1989), S. 115ff., ordnet Wittgenstein der seines Erachtens auch bei Platon und Kant vorfindlichen Tradition des »reflective writing« zu, die in der Auseinandersetzung mit dem Gegenstand zugleich auch die Art und Weise der Auseinandersetzung mitreflektiere: »Reflective writing is, by its nature, a non-terminating process. At every stage of the cycle the revision [des geschriebenen Text-Entwurfs, M.K.] can [...] be brought to an end, but at every stage it can also be legitimately continued. Closure must, therefore, always be the effect of an intrusion from outside the process that will stop the cycle of reflection dead in its tracks [...]. Reflective writing has no natural or inevitable end« (S.133). Diese Bemerkung läßt sich natürlich auch auf den Gegenstand des Schreibens beziehen.

11 Michel Foucault, Das Denken des Außen, in: Walter Seitter (Hrsg.), Michel Foucault. Von der Subversion des Wissens, München 1974, S.56 und 60.

12 Hierauf hat insbesondere Schulz, a.a.O., aufmerksam gemacht, wenn auch - im Gegensatz zu meiner Studie - in kritischer Absicht. Für Schulz sind »Subjektivität«, »Welt« und das Problem ihres »dialektischen Bezugs« unabdingbar für die Tätigkeit eines Phil-

osophen, der sich als Reflektor der »Wissenschaften« geriert (S.37, 48). Schulz vermag m.E. damit dem Ausgriff des Wittgensteinschen Unternehmens allerdings nicht gerecht zu werden, weil er es an der Spannweite traditioneller philosophischer Themen (vor allem die Entgegensetzung von Positivismus und »sich verstehende[r] Subjektivität«) bemißt (vgl. dazu bes. S.105f.). Zweifellos stellt das Denken Wittgensteins »die abendländische Philosophie von Sokrates bis Platon« (S.106) in Frage, doch scheint es voreilig, daraus den Schluß zu ziehen, daß Wittgenstein mit dieser Infragestellung »das Seine zur Etablierung eines positivistischen Funktionalismus« (ebd.) beigetragen habe.

13 BPP, I, 257.

14 Schulz, a.a.O., S.24.

15 BGM, S.120.

16 VB, S.476.

17 Platon gehört zu den von Wittgenstein meistzitierten Autoren. Bouwsma, a.a.O., S.60 ff., berichtet aus dem Jahre 1950, also ein Jahr vor Wittgensteins Tod, von einer erneuten intensiven Auseinandersetzung mit Platon.

18 Die meines Wissens einzige, ausführliche Studie über die Funktion des Beispiels in der Philosophie Wittgensteins stammt von Luiz Antônio Marcuschi, Die Methode des Beispiels. Untersuchungen über die methodische Funktion des Beispiels in der Philosophie, insbesondere bei Ludwig Wittgenstein (= Erlanger Studien 13), Erlangen 1976, S. 176ff. Die »Unzugänglichkeit« des Traktats für Interpretation führt Marcuschi wesentlich auf den »große[n] Mangel an Beispielen« zurück (S.178). Marcuschis Feststellung ist sicherlich nicht zutreffend. Er begeht nämlich den Fehler, indirekt zu unterstellen, eine mit Beispielen angereicherte philosophische Darstellung sei eo ipso leichter verständlich - die PhU beweisen das Gegenteil. Marcuschi stellt im weiteren keine Vermutungen hinsichtlich der Gründe für das Fehlen von Beispielen in der Wittgensteinschen Frühphilosophie an. Dies ist um so erstaunlicher, als er dem Wittgenstein der Spätphilosophie die *methodisch* motivierte Verwendung von Beispielen bescheinigt. - Inwieweit Wittgensteins Volksschullehrerzeit nach Abfassung des Traktats zur Ausprägung der Beispielmethode beigetragen hat, läßt sich nur schwer beurteilen. Das Beispiel gehört seit dem 18. Jhd. zum festen Bestandteil der pädagogischen Sokratik, die in der österreichischen Reformpädagogik der zwanziger Jahre unter dem Namen »Fragendentwickelnder Unterricht« eine neue Blüte erlebte. Konrad Wünsche kommt in seiner detaillierten Studie über die Tätigkeit Wittgensteins als Volksschullehrer zu dem Schluß, Wittgenstein habe »sich wenig in entwickelnden Unterrichtsgesprächen nach sokratischer Methode versucht, kaum durch Induktion, durch Beispiele aus dem alltäglichen Leben seiner Schüler sie die Spur zu Erkenntnissen entlang geführt« (Volksschullehrer, a.a.O., S.230). Wünsches Charakteristik bestätigt die Auffassung Norbert Michels, Eine Grundlegung der Pädagogik in der Frühphilosophie Ludwig Wittgensteins (= Paideia 1), Frankfurt & Bern 1981, S.34f., daß Wittgensteins Lehrerdasein die Realisierung »des zweiten, wichtigeren, ungeschriebenen Teils seiner Frühphilosophie« sei (S.9).

19 Auch Anthony Kenny, Wittgenstein, Frankfurt 1974, S.90f., vermerkt den Mangel an Beispielen im Traktat für »Gegenstände« mit Erstaunen, beruhigt sich jedoch mit der Erklärung, daß es sie nach Wittgensteins Auffassung eben geben müsse. Freilich bringt er diese Behauptung nicht kritisch mit seiner eigenen Paraphrase von T, 5.555-5.556, in

Verbindung (S. 117): »Die Logik setzt nicht die Existenz bestimmter Gegenstände voraus [...]. Sie hat es mit dem System zu tun, durch das wir den Symbolen Bedeutung verleihen können; doch was für Symbole es im einzelnen gibt, hängt [...] von der schöpferischen Tätigkeit der Menschen [ab].«

20 Daß Beispiele im Traktat keinerlei methodische Funktion besitzen, zur Illustration für etwas »Allgemeines« verwendet werden, hat Wittgenstein später selbst als »Grundübel« erkannt: »Das Grundübel der Russellschen Logik sowie auch der meinen in der L.Ph.Abh. ist, daß, was ein Satz ist, mit ein paar gemeinplätzigen Beispielen illustriert, und dann als *allgemein* verstanden vorausgesetzt wird« (BPP, I, 38; Hervorhebungen M.K.).

21 Zur Unterscheidung von »Sagen« und »Zeigen« vgl. Kap.3.1 vorliegender Arbeit.

22 Vgl. T, 6.53 und 3.328.

23 So vor allem Paul Engelmann, a.a.O.

24 Im Unterschied zu Kripke, a.a.O., S.92ff., bin ich überzeugt, daß Wittgenstein bereits im Traktat ein, wie Kripke es nennt, »skeptisches Argument« durchscheinen läßt, daß allerdings erst in den Spätschriften offen formuliert wird. Wolfgang Stegmüller, Hauptströmungen der Gegenwartsphilosophie IV, Stuttgart 1989, S.5-9, hat dieses Argument als »Hyperskepsis« bezeichnet, um klarzumachen, daß Wittgensteins »Skepsis« über die »epistemologische« bzw. »ontologische« Skepsis hinausgeht und, wie Stegmüller im Anschluß an die Kantianische Formulierung des Problems durch Kripke schreibt, die Frage nach den »Bedingungen der Möglichkeit von Sprache überhaupt« selbst wiederum skeptisch betrachtet. Bereits das Schweigebebot des Traktates deutet auf eine, wenn auch nur implizit formulierte, hyperskeptische Lösung hin. Stegmüller weist am Beispiel Humes zurecht darauf hin, daß der selbstbezüglichen Anforderung des Skeptikers durch die Implizität seiner Skepsis bereits genüge getan ist.

25 In dem für Wittgenstein wichtigen Werk von Fritz Mauthner, Beiträge zu einer Kritik der Sprache, ND Frankfurt etc. 1982, Bd. III, S. 617, findet sich der Satz, daß »[n]ur die ganz großen Skeptiker zugleich [...] Mystiker« waren.

26 Frank, Wittgensteins Gang, a.a.O., S.40f., wechselt bei seinem Versuch, der »Fragmentenproduktion Ludwig Wittgensteins« nachzuweisen, daß sie der »Überzeugung« des Novalis vergleichbar sei, mittels der Poesie das »Undarstellbare darzustellen«, unvermutet zu der Feststellung: »Die Philosophie löst ihre Aufgabe - das Unaussprechliche auszusprechen - [...] indem sie sich an den semantisch unbezwinglichen Reichtum der Poesie wendet. Nur eine Botschaft, die von keiner denkbaren Interpretation je ausgeschöpft zu werden in Gefahr steht, könnte ja als Allegorie des Absoluten sich darbieten.« Frank identifiziert (und verwechselt) das metaphysisch Absolute mit dem logisch Absoluten. Während aber das metaphysisch Absolute als Urgrund für die immer neue Hervorbringung (Produktion) von Allegorien aufgefaßt werden kann, ist das logisch Absolute mit dem Schweigen gleichzusetzen. Das Wittgensteinsche Leiter-Bild ist *destruktiv* angelegt; es gestattet nicht ein weiteres Sprechen. Wittgenstein möchte, anders als Frank (S.28 seines Buches) unterstellt, auch nicht »das Unsagbare *von innen* her durch das Sagbare« begrenzen - dies wäre nur mittels einer dialektischen Reflexionsfigur möglich -, sondern Wittgenstein möchte das *Sagbare* ausschreiten, um von diesem »Innen« der Sagbarkeit das »Außen« der Unsagbarkeit zu markieren (oder, auf es »hinzudeuten«). Die Interpretation Franks stützt sich im wesentlichen auf den bereits

zitierten Brief Wittgensteins an L. von Ficker, in dem er erklärt, das Ethische werde durch den Traktat »gleichsam von Innen her begrenzt«, indem er »darüber schweige« (B, S.96f.). Diese »Begrenzung« erfolgt also durch das im Traktat Gesagte, nicht von der Ethik aus.

27 VB, S.460. - Vgl. auch VB, S.518, über die *Tiefe* philosophischer Schwierigkeiten.

28 So äußerte Wittgenstein gegenüber Waismann am 9.12.1931, in: WWK, S.183: »Ich habe einmal geschrieben: Die einzig richtige Methode des Philosophierens bestünde darin, nichts zu sagen und es dem andern zu überlassen, etwas zu behaupten. Daran halte ich mich jetzt«.

29 Auf diese Weise ist verständlich zu machen, warum Wittgenstein darauf bestand, die *Philosophischen Untersuchungen* nur zusammen mit dem Traktat zu veröffentlichen - beide Werke beleuchten sich gegenseitig. Vgl. PhU, Vorwort.

30 Vgl. zur Auflösung von logischen Paradoxien William N.O. Quine, The Ways of Paradox, in: ders., The Ways of Paradox and Other Essays, New York 1966, pp.3-20.

31 Vgl. PhU, 108.

32 In diesem Sinne auch Wallner, a.a.O., S.70ff.

33 Vgl. Malcolm, Erinnerungen, a.a.O., S.114.

34 Auf die Wichtigkeit dieser »Übergangsphase« haben insbesondere Hilmy, a.a.O., pp. 40-66, und Schulte, Wittgenstein, a.a.O., S.94ff., aufmerksam gemacht. Die Vertreter der »Einheitsthese« der Wittgensteinschen Philosophie tun ihrer Argumentation keinen Gefallen, wenn sie diese Phase, die zuweilen auch als »mittlere« bezeichnet wird, einfach überspringen, wie etwa Wallner, a.a.O., S.75, der die Phase des *Blauen Buches* und der *Philosophischen Grammatik* ausläßt.

35 WWK, S.182.

36 T, 5.55.

37 Offensichtlich kann sich nur *zeigen*, daß es solche Sätze geben muß. Vgl. T, 5.551-5.5571.

38 WWK, S.183.

39 Ebd.

40 Vgl. dazu auch Hermann Lübbe, Bewußtsein in Geschichten. Studien zur Phänomenologie der Subjektivität. Mach - Husserl - Schapp - Wittgenstein, Freiburg 1972, bes. S. 85ff. - Wittgenstein selbst gibt das Bild des »Teppichs« in Z, 568f.

41 Vgl. PhU, 97: »[D]ie Worte »Sprache«, »Erfahrung«, »Welt«, wenn sie eine Verwendung haben, [müssen] eine so niedrige haben [...], wie die Worte »Tisch«, »Lampe«, »Tür««.

42 WWK, S.185.

43 BB, S.36.

44 BB, S.36f.

45 Vgl. auch WWK, S.168ff. Marcuschi, a.a.O., S.189f., prägt für die Frühfassung des Sprachspielbegriffes den Ausdruck »Sprachkalkül«, der freilich nicht ganz exakt ist, da nicht die »Sprache«, sondern allein das Operieren mit ihr kalkülisierbar ist. Deshalb ziehe ich den Ausdruck »sprach*logischer* Kalkül« vor. - Am Begriff des »Kalküls« hat Wittgenstein auch später festgehalten; vgl. z.B. Z, 703, Anm: »Wenn wir eine Erklärung, etwa des logischen Folgens, lesen, so halten wir uns an das, was er [= der Autor, M.K.] schreibt. Wir halten uns an die Worte; an die *Zeichen ((an (für mich!) den Kal-*

kül))« [Hervorhebungen M.K.]. - Zur Entstehung des Ausdrucks »Sprachspiel« und über sein Verhältnis zu dem Ausdruck »Kalkül« bei Wittgenstein vgl. Hilmy, a.a.O., p. 99ff.

46 T, 4.002.

47 Vgl. PhU, 65.

48 Vgl. dazu die Kritik an der philosophisch konzipierten Allgemeinheit in BB, S.39ff.

49 BB, S.190.

50 Vgl. auch PG, S.51 (Verstehen als »Schritt in einem Kalkül«) und S.63.

51 Hierauf wird in Kap.6 vorliegender Arbeit näher eingegangen.

52 V1, S.75 [Hervorhebungen. M.K.].

53 Zur Relation »Familienähnlichkeit«/Gebrauch genereller Termini die präzise Erörterung bei Rudolf Teuwsen, Familienähnlichkeit und Analogie. Zur Semantik genereller Termini bei Wittgenstein und Thomas von Aquin (= Symposion 84), Freiburg & München 1988, S.28-101.

54 BB, S.37.

55 Vgl. auch PhU, S.491.

56 Vgl. Z, 447.

57 V1, S.170.

58 PhU, 23. Vgl. auch V1, S.275.

59 Ebd.

60 Vgl. PhU, 25.

61 Vgl. BB, S.40f. Vgl. auch die Platon-Kritik des späten Wittgenstein in den Gesprächen mit Bouswma, a.a.O., S.60ff.

62 Vgl. PG, S.270-279, bes. S.272 und 273.

63 Vgl. z.B. V1, S.70, 79 uns S.108.

64 V1, S.88f.

65 V1, S.260.

66 V1, S.261.

67 Ebd.

68 Marcuschi, a.a.O., S.211ff.; vgl. auch Jörg Zimmermann, Wittgensteins sprachphilosophische Hermeneutik (= Philosophische Abhandlungen 46), Frankfurt 1975, S. 166.

69 WWK, S.206f.

70 Vgl. BGM, S.300f.

71 Ich folge damit der Auffassung Marchuscis, a.a.O., und Zimmermanns, Hermeneutik, a.a.O., S.166, die durch die jetzt dt. veröffentlichten V2 bestätigt werden. Das naturwissenschaftliche Beispiel (das experimentum crucis) resümiert für Wittgenstein Erfahrungen, Hypothesen und Kausalerklärungen. Sie erscheinen ihm nur unter der Bedingung sinnvoll, daß sie falsifizierbar sind. Das logische Beispiel illustriert gesetzte Regeln und deren korrekte Anwendung. Die zum Beleg naturwissenschaftlicher bzw. logischer *Gesetzmäßigkeiten* herangezogenen Beispiele gewinnen allerdings für Wittgenstein einen anderen systematischen Stellenwert, wenn sie *kritereologischen* Charakter annehmen, daß heißt nicht Hypothesen über Erfahrungsgegenstände bzw. - im Falle der Logik - analytische Sätze formulieren, sondern methodologische Strategien darstellen, das praktizierte Verfahren zu *begründen* und damit einen philosophischen Anspruch formulieren. - Paul Feyerabends Bemühungen, den Selbstbegründungsanspruch von

(moderner) Wissenschaft nicht nur hinsichtlich seiner methodologischen Strategien, sondern auch in bezug auf die konkreten Inhalte und Gegenstände von Wissenschaft zu problematisieren, verdienen in diesem Zusammenhang Interesse, weil sie auf Wittgenstein rekurrieren können (auch wenn sich Feyerabend nur selten explizit auf Wittgenstein bezieht). Es scheint, als ob Feyerabend Wittgensteins *philosophisch* gewonnenen Einsichten hinsichtlich der Sprache auf die *Gegenstände* von wissenschaftlichen Diskursen bezieht. Vgl. dazu z.B. Wittgensteins, in Kapp.6 und 7 vorliegender Arbeit diskutierte Äußerung über das »Fließen« der Begriffsbedeutung mit Feyerabends Annahme vom »Fließen« der »Sachen« in: Das Allgemeine - Tyrann oder Vermittler?, in: Paul Feyerabend, Irrwege der Vernunft, Frankfurt 1990, S.154f., am Beispiel der Diskussion der Platonschen Dialoge: »[Die Antworten des Menon und des Theaitetos geben] *Beispiele* und laden uns damit ein, mehr als eine Verhaltensweise in Betracht zu ziehen; sie geben *verschiedene* Deutungen des Materials; sie sind *unpräzis*, denn die Sache [sic!, M.K.] ist im Fluß und kann nicht festgenagelt werden. [...] Die Sophisten benutzen Listen, Geschichten, lose Paradigmen, um ihren Zuhörern den Reichtum des Lebens im Stadtstaat vor Augen zu führen. [...] Alles das läßt Sokrates kalt.« Die Nähe Feyerabends zu Wittgenstein läßt sich in V1, S.102, erkennen, wo Wittgenstein ganz analog zu Feyerabend (in: Wider den Methodenzwang, Frankfurt 1976), die »offene« Situation des Galileischen Fernrohr-Blicks beschreibt.

72 PG, S.112.

73 Vgl. BB, S.49: Der Kalkül ist »sehr selten.«

74 Ebd.

75 Vgl. u.a. BB, S.53.

76 Vgl. Z 197. Dort zählt Wittgenstein insgesamt 16 Möglichkeiten der Deutung eines Vexierbildes auf - die Reihung ließe sich beliebig fortsetzen.

77 Vgl. PhU, 133: » [E]s wird [...] an Beispielen eine Methode gezeigt, und die Reihe dieser Beispiele kann man abbrechen.«

78 Auf die entscheidende Rolle solcher Kontextuierungen, die beim Gebrauch der »Alltagssprache« stets vorausgesetzt werden, hat Hans-Rudi Fischer am Beispiel der Psychoanalyse aufmerksam gemacht: Sprache und Lebensform. Wittgenstein über Freud und die Geisteskrankheit, Frankfurt 1987.

79 Daß Beispiele in der abendländischen Philosophietradition kriterielle, aber von ihr lediglich dogmatisch zu beantwortende Fragen aufwerfen, zeigt in Verdeutlichung und Weiterführung der Überlegungen Wittgensteins Stanley Cavell an der Analyse der Beispielverwendung Austins (Austin and Examples, in: The Claim of Reason. Wittgenstein, Skepticism, Morality, and Tragedy, Oxford & New York 1979, pp.33-82). Er unterscheidet zwischen »generischer« (auf Allgemeinheit verweisender) und »spezifischer« (Allgemeinheit illustrierender) Beispielverwendung in der klassischen Epistemologie bzw. Sprachanalyse, gelangt aber zu dem Schluß, daß beide Weisen der Beispielverwendung letztlich über kein sinnvolles Kriterium für die Beziehung zwischen dem Einzelfall und Allgemeinheit bereitzustellen vermögen (pp.57, 63). Für Cavell sind Wittgensteins Beispiele »grammatisch« aufzufassen, d.h. sie sind Erläuterungen der Verwendungsmöglichkeiten von Sprache (pp.77ff.).

80 BGM, S.376.

81 ÜG, S.557.

82 Vgl. PhU, 114.

83 BGM, a.a.O. Vgl. auch PhU, 593: »Eine Hauptursache philosophischer Krankheiten - einseitige Diät: man nährt das Denken mit nur einer Art von Beispielen.«

84 ÜF, II, 11.

85 ÜF, III, 43f.

86 Für die »richtige« Situierung des Beispiels ist nicht so sehr die sachliche Richtigkeit entscheidend, sondern »die *exakte* Beziehung des Beispiels zu einem Danachhandeln« (PG, S.273). - Marcuschi, a.a.O., S.185ff., entdeckt bei Wittgenstein einige »nicht ganz glückliche Beispiele«. Vgl. dazu auch VB, S.492.

87 PhU, 130. William V.O. Quine, Wort und Gegenstand, Stuttgart 1980, S.471 Anm., beschreibt diese »Reibung« als Resultat des Versuchs, den »semantischen Aufstieg« (»Es ist der Übergang von der Rede in bestimmten Begriffen über diese Begriffe«, S.467) zu vermeiden: »Der charakteristische Stil des späten Wittgenstein besteht darin, dem semantischen Aufstieg dadurch aus dem Weg zu gehen, daß er sich an Beispiele hält.« Für Quine spielt diese »Reibung« keine Rolle; er gleicht die Aufgabe des Philosophen (auch des Sprachphilosophen) der des theoretischen Physikers an (a.a.O., S.474f.). Die von Wittgenstein bemerkte »Reibung« gilt jedoch auch für dieses Verfahren: »Kohärenz« und »Einfachheit« sind ebenfalls nicht in einem »kosmischen Exil« anzusiedeln, sondern bedürfen, so sie *philosophisch* begründet werden sollen, ihrerseits einer semantisch aufsteigenden Untersuchung und damit in einen infiniten Regreß. - Marcuschi sieht in Wittgensteins Verweigerung des »semantischen Aufstiegs« als eine »Schwäche«: Die »Verallgemeinerungsfunktion« des Beispiels stelle »einen [bei Wittgenstein] schwachen Punkt dar, denn eine solche Beispielfunktion ist in der Philosophie kaum wirkungsfähig, weil die Beispiele kein Abstraktionsmittel sein können [...]. [D]as hat WITTGENSTEIN richtig erkannt, als er die Beispiele für unfähig erklärte auf etwas »gemeinsames« führen zu können. Mit Beispielen kann man höchstens eine empirische Verallgemeinerung vornehmen, d.h. eine auf »beobachtete« oder eingeführte Fälle reduzierte Verallgemeinerung« (a.a.O., S.225; Rechtschreibung und Orthographie gemäß Original)

88 Vgl. PhU, 107.

89 Vgl. PG, S.113: Das Wort »Satz« bezeichnet noch keinen scharf begrenzten Begriff. Wollen wir unserm Gebrauch dieses Wortes einen Begriff mit scharfen Grenze an die Seite stellen, so steht es uns frei ihn zu definieren, ähnlich wie es uns freisteht, die Bedeutung des primitiven Längenmaßes »ein Schritt« auf das Maß von 75 cm einzuengen«. - Vgl. auch VB, S.511: »Warum soll ich nicht Ausdrücke entgegen ihren ursprünglichen Gebrauch verwenden? [...] In der wissenschaftlichen Betrachtung ist der neue Gebrauch durch eine *Theorie* gerechtfertigt. Und ist diese Theorie falsch, dann ist auch der neue, ausgedehnte Gebrauch aufzugeben. In der Philosophie sind es nicht wahre oder falsche Meinungen über Naturvorgänge, auf die sich der ausgedehnte Gebrauch stützt. Keine Tatsache rechtfertigt ihn, keine kann ihn stützen.«

90 Dieses Verfahren der Normierung findet sich sowohl in den »Aufrichtigkeitsbedingungen« John R. Searles, Sprechakte, Frankfurt 1983, S.95ff., und ders., Der logische Status fiktionalen Diskurses, in: ders., Ausdruck und Bedeutung. Untersuchungen zur Sprechakttheorie, Frankfurt 1982, S.80-97 (hier bes. S.83f. und S.96, wo die »Stimmigkeit«, d.h. die Überzeugungskraft fiktionaler Rede von einem »Vertrag zwischen Autor

und Leser« über Verstehenskonventionen abhängig gemacht wird), wie auch als quasi-soziologisches Verfahren, wittgenstein-kritisch bei Jürgen Habermas (Sprachspiel, Intention und Bedeutung. Zu Motiven bei Sellars und Wittgenstein, in: Rolf Wiggershaus [Hrsg.], Sprachanalyse und Soziologie. Die sozialwissenschaftliche Relevanz von Wittgensteins Sprachphilosophie, Frankfurt 1975, S.319-340). Auf die Gefahr, Wittgensteins Beispielverwendung normativ zu wenden und als ordinary language philosophy zu deuten, machen zurecht - gerade in Verteidigung Wittgensteins - Michael Dummett (Kann und sollte die analytische Philosophie systematisch sein?, in: ders., Wahrheit. Fünf philosophische Aufsätze, Stuttgart 1982, S.197: »Die Ablehnung der Allgemeinheit [...] führte zu Erklärungen des »Gebrauchs« [jedes einzelnen Satzes] von bemerkenswerter Oberflächlichkeit«) und Friedrich Wallner (a.a.O., S.79: »Die Funktion der Philosophie [Wittgensteins, M.K.] kann gar nicht überschätzt werden: Verhindert sie doch, daß die Alltagssprache, nachdem sie von höherer Normierung entkleidet worden ist, selbst zur Norm wird«) aufmerksam.

91 Vgl. aus der überbordenden Fülle des Belegmaterials z.B. BPP, I, 156: »Wie weiß man [...], daß es Sinn hat zu sagen »es kommt diesem Menschen vielleicht alles unwirklich vor, obwohl er nie davon spricht«. *Ich habe hier natürlich mit Absicht ein sehr seltenes Erlebnis gewählt. Denn weil es nicht eins von den alltäglichen Erlebnissen ist, sieht man schärfer auf den Gebrauch der Worte*« [Hervorhebungen M.K.].

92 Vgl. vor allem V2, S.81, die Begründung für die Wahl des Beispiels eines (inexistenten) primitiven Stammes: »Der Witz ist der, daß wir vielleicht dazu gebracht werden, die wirklichen Phänomene mit den fiktiven zu vergleichen und sie dadurch auf andere als die übliche Weise aufzufassen« (V2, S.81).

93 Vgl. dazu Kisro-Völker, a.a.O., S.147ff.

94 BB, S.52 [Hervorhebungen. M.K.]. Vgl. auch PhU, S.542: »[...] da wir ja Naturgeschichtliches für unsere Zwecke auch erdichten können.«

95 Vgl. PhU, 116.

96 VB, S.476.

97 VB, S.486, und Z, 444.

98 ÜF, III, 35f. - Zur Wittgensteinschen Fiktionalität und ihrer Beziehung zu Lichtenberg vgl. Reinhard Merkel, »Denk nicht, sondern schau!« Lichtenberg und Wittgenstein, in: Merkur 42 (1988), S.31ff.

99 Vgl. Z, 373.

100 Vgl. auch VB, S.552.

101 V1, S.260.

102 VB, S.555.

103 Inwieweit diese Einsatzfunktion des Beispiels auf das Gebiet der Mathematik ausgedehnt werden kann, ist umstritten. Michael Dummett, Wittgenstein's Philosophy of Mathematics, in: Shanker (Ed.), Vol.III, a.a.O., p.127, bezeichnet die von Wittgenstein in VGM gegebenen Beispiele als »thin and inconvincing« und leitet daraus seine Kritik an dem vermeintlichen »full-blooded conventionalism« Wittgensteins ab. Zur »Verteidigung« Wittgensteins Barry Stroud, Wittgenstein and Logical Necessity, in: Shanker (Ed.), Vol.III, a.a.O., pp.289-301, der auf dem *philosophischen*, hier: anti-platonistischen Aspekt der BGM verweist: Durch den Aufweis der Kontingenz mathematischer Operationen mittels fiktiver Beispiel-Welten werde auf die letztliche Konventionalität

(des dem Operieren mit Zeichen notwendig vorauszusetzenden Regelfolgens) verwiesen (bes. pp.295ff.).

104 Friedrich Wallner, Die Grenzen der Sprache und der Erkenntnis. Analysen nach und im Anschluß an Wittgensteins Philosophie (= Philosophica 1), Wien 1983, S.216.

105 Vgl. V1, S.271: »Ich habe nichts weiter zu geben als eine neue Methode.«

106 VB, S.502. Vgl. auch VB, S.505 sowie Z, 373-375.

107 Wallner, Einheit, a.a.O., S.79.

108 Vgl. BGM, S.43, 109, 200, 374; PhU, 142, 564. Daß Wittgensteins Beispiele nicht nur »gewitzigt«, sondern ebenso »witzig« sind, belegen insbesondere die Aufzeichnungen in ÜG, in denen z.B. Kühe auf der Weide auf dem Kopf stehen und sich unterhalten können, Bäume sich in Menschen und Menschen sich in Bäume verwandeln. Nicht zu Unrecht ist Wittgenstein auch in die Nähe von L. Carroll gerückt worden - siehe die vergleichende Materialsammlung von George Pitcher, Wittgenstein, Nonsense, and Lewis Carroll, in: Shanker (Ed.), Vol.IV, a.a.O., pp.398-415; Pitcher kann belegen, daß Wittgenstein Carroll gelesen hat.

109 Vgl. PhU, 103.

110 V1, S.271.

111 V1, S.281.

112 Vgl. das bekannte Bauarbeiter-Beispiel in PhU, 2-22.

113 V1, S.276f.

114 V1, S.276.

115 V2, S.231.

116 V2, S.54.

117 Vgl. V2, S.417f.

118 V2, S.417.

119 V2, S.418.

120 Ebd.

121 V2, S.419.

122 So begnügt sich z.B. Gottfried Gabriel, Definitionen und Interessen. Über die praktischen Grundlagen der Definitionslehre (= problemata 13), Stuttgart & Bad Cannstatt 1971, mit der lapidaren Feststellung: »Statt Definitionen aufzustellen, beschränkt sich Wittgenstein auf die Angabe von Beispielen. Diese Beispiele bekommen eine zentrale Rolle für die Philosophie Wittgensteins.« - Auch Stegmüller (Hauptströmungen I, a.a. O., S.592) erkennt nicht den grundsätzlichen, methodischen Stellenwert des Beispiels für Wittgenstein, wenn er das Beispiel als besonders gelungenes »Stilmittel« interpretiert. - Oswald Hanfling, Wittgenstein's Later Philosophy, Houndmills & London 1989, pp.129ff., diskutiert lediglich die Frage, in wie weit Wittgensteins Beispiele »really conceivable« seien (p.131). - Zimmermanns Charakterisierung der Wittgensteinschen Beispielverwendung als »Primat des Beispiels vor dem Allgemeinen«, aus dem folge, »daß jedes Verständnis »allgemeiner« Begriffe auf die Applikation im besonderen Fall angewiesen ist« (Hermeneutik, a.a.O., S.169) geht insofern nicht weit genug, als sie nicht berücksichtigt, daß der »Witz« des Beispiel bei Wittgenstein darin besteht, den Terminus »Allgemeinheit« in seiner vorgeblichen Allgemeinheit zu destruieren.

123 Vgl. KdrV A, S.137.

124 Ebd.

125 A.a.O., S.134.
126 A.a.O., S.133.
127 Ebd.
128 Ebd.
129 Vgl. MetS, II 52: »Was aber die Kraft des *Exempels* (es sei zum Guten oder Bösen) betrifft, was sich dem Hange zur Nachahmung oder Warnung anbietet, so kann das, was andere geben, keine Tugendmaxime sein.«
130 Vgl. KdU, Par.59.
131 Vgl. auch Günther Bucks Kantkritik, in: Lernen und Erfahrung. Zum Begriff der didaktischen Induktion, 2., verb. Aufl. Stuttgart etc. 1969, S.107ff.
132 Logische Propädeutik oder Vorschule des vernünftigen Redens, Mannheim 1973.
133 A.a.O., S.82.
134 A.a.O., S.84.
135 Vgl. ebd.: »Es darf freilich nicht außer acht gelassen werden, daß wir auch in der Wissenschaft und in der Philosophie *Gebrauchsprädikatoren* verwenden und zu Recht verwenden. Z.B. den Prädikator *Mensch* haben wir alle in früher Jugend durch exemplarische Einführung gebrauchen gelernt.«
136 A.a.O., S.83.
137 A.a.O., 84.
138 Ebd.
139 Ebd.
140 Kuno Lorenz, Elemente der Sprachkritik. Eine Alternative zum Dogmatismus und Skeptizismus in der Analytischen Philosophie, Frankfurt 1971, S.167ff.
141 A.a.O., S.173.
142 Gabriel, Definitionen, S.105.
143 Vgl. ebd. über die Beurteilung der Einlösung von »idealen« Kommunikationssituationen: »Ob eine Realisierung und damit ein Beispiel für eine ideale Situation [...] vorliegt, kann nicht im Rahmen einer zweckrationalen Überlegung *entschieden* werden, auch ist der Prozeß des immer besser Realisierens hier nicht operationalisierbar.«
144 Vgl. a.a.O., S.109f.: »[D]ie gelungene Einführung von Reflexionstermini [hängt] von einem gemeinsamen Interesse an kritischer Reflexion auf unsere Praxis des miteinander Redens und Handelns ab. Dieses Interesse kann aber wiederum nur gewonnen werden, indem Reflexionstermini bereits vorausgesetzt werden.« Mit anderen Worten: Nur die bereits »gemeinsam« vollzogene Anerkennung der Beziehung zwischen »Fall« und »Terminus« ermöglicht den sinnvollen Gebrauch dieser »Termini« zur Beschreibung jener »Fälle«, auf die solche Termini bezogen werden sollen.
145 Oswald Schwemmer, Philosophie der Praxis. Versuch zur Grundlegung einer Lehre vom moralischen Argumentieren in Verbindung mit einer Interpretation der praktischen Philosophie Kants. Phil.Diss. Erlangen-Nürnberg 1970, S.28: Die Fähigkeit zum Verstehen eines Beispiels »habe ich schon beansprucht«, wenn »ich das Beispiel verwende«. Siehe auch ders., Theorie der rationalen Erklärung. Zu den methodischen Grundlagen der Kulturwissenschaften, München 1974, S.156ff.
146 So Buck explizit a.a.O., S.113: »Der Zirkel des Beispielverstehens ist hermeneutisch.«
147 A.a.O., S.83f.

148 Vgl. a.a.O., S.116, und Hans-Georg Gadamer, Wahrheit und Methode. Grundzüge einer philosophischen Hermeneutik, 3., erw. Aufl. Tübingen 1972, S.392f., der die Festlegung terminologischen Wortgebrauchs als »eine Gewalttat, die an der Sprache verübt wird«, bezeichnet.

149 Buck, a.a.O., S.116.

150 Gadamer, Wahrheit und Methode, a.a.O., S.255ff.

151 Buck, a.a.O., S.132.

152 Auch die auf Dilthey und Lipps zurückgehende (systematische)Theorie des *impliziten Wissens* Michael Polanyis (Implizites Wissen, Frankfurt 1985, S.24ff.), unterliegt aus Wittgensteinscher Perspektive diesem Einwand. Wenn wir, wie Polanyi behauptet, mehr wissen, als wir sagen können (S.14), dann können wir eben nicht sagen, was wir alles wissen, aber nicht sagen können.

153 So versucht Tore Nordenstam, Ethische Kompetenz in pragmatischer Sicht, in: Dietrich Böhler/Tore Nordenstam/Gunnar Skirbekk (Hrsgg.), Die pragmatische Wende. Sprachspielpragmatik oder Transzendentalpragmatik?, Frankfurt 1986, S.202-217, in Anknüpfung an den aristotelischen *phronésis*-Begriff Kompetenz besonders auf dem Gebiete der Ethik und Ästhetik unter Rekurs auf den »hermeneutischen Zirkel« als Regelanwendung zu interpretieren, die »nur mit Hilfe von Beispielen gelernt werden« könne (S.206). Um seine These zu sichern, stattet Nordenstam diese Beispiele gleich mit der Autorität aus, die deren »Beispielhaftigkeit« gewährleistet: mit der Kompetenz von (in seinem Falle:) ethisch Kompetenten, die diese Beispiele pädagogisch ein setzen. Daraus ergibt sich sodann: »Eine Moralnorm [...] ist [...] *gültig (gerechtfertigt), wenn sie daraus resultiert, daß ethisch kompetente Personen oder Gruppen ihre Kompetenz ausgeübt haben*« (S.209).

154 Daß vom »Exempel« kein Weg zum »Terminus« führt, zeigt die hermeneutisch geprägte Diskussion um das Prinzip des exemplarischen Lernens innerhalb der Didaktik. Außer durch Rekurs auf pragmatische Erfordernisse (z.B. Reduktion von Stoffülle) vermögen Anwälte dieser Lehrmethode das »exemplarische Prinzip« kaum plausibel zu machen, und erst recht vermögen sie kaum zu begründen, wie der »Sprung« vom Einzelbeispiel zur Verallgemeinerung vor sich gehen soll. Bloße Behauptungen, wie z.B. von Hans Scheurl, Zusammenfassende Orts- und Wesensbestimmung des Exemplarischen, in: Berthold Gerner (Hrsg.), Das exemplarische Prinzip [= Wege der Forschung XXX]. Darmstadt 1963) helfen nicht weiter. Vgl. etwa die Einlassung: »Wahrhaft exemplarische Gegenstände [...] ermöglichen *Kategorial-* wie *Methodenbildung,* das heißt, sie erschließen, indem sie Wesensbereiche der geistigen *Welt* in ihrem Grundgefüge öffnen, zugleich fundamentale Formen des geistigen *Lebens*« (S.52f.).

155 Buck, a.a.O., S.134.

156 Vgl. hierzu Gadamer, Wahrheit und Methode, a.a.O., S.279, über »Tradition« als Beispiel für »Vorurteile als Bedingungen des Verstehens«: »Die Stellung von Fremdheit und Vertrautheit, die die Überlieferung für uns hat, ist das Zwischen zwischen der historisch gemeinten, abständigen Gegenständlichkeit und der Zugehörigkeit zu einer Tradition. *In diesem Zwischen ist der wahre Ort der Hermeneutik.*«

157 Vgl. PG, S.115: »[D]ie Aufgabe der Philosophie ist nicht, eine neue [...] Sprache zu schaffen [...]. Ihr Zweck ist es, besondere Mißverständnisse zu beseitigen; nicht, etwa, ein eigentliches Verständnis erst zu schaffen.«

158 Bes. Gadamer, Wahrheit und Methode, a.a.O., S.415ff.

159 Freilich folgt aus der hermeneutischen nicht zwingend eine ontologische Wende. Gegenüber der Gadamerschen Hermeneutik ermöglicht sowohl Karl-Otto Apels transzendentalpragmatische Wittgenstein-Interpretation als auch Helmut Fahrenbachs Traktat-Lektüre die Aufnahme des Gedankens von der »Unhintergehbarkeit der Sprache«. Sie machen deutlich, daß die ontologische Perspektive eine, wie Fahrenbach sich ausdrückt, »Einschränkung der Konfrontationsmöglichkeiten« (Fahrenbach, a.a.O., S.26) zwischen Wittgenstein und Hermeneutik darstellt.

160 Gadamer, Wahrheit und Methode, a.a.O., S.273.

161 Ebd.

162 Dies zeigt sich besonders deutlich in Gadamers Aristoteles-Interpretation, die das Repräsentationsmodell der Erkenntnis (Gadamer spricht von dem »Gedanken« und seiner Entsprechung mit der »Natur der Sache« [Wahrheit und Methode, a.a.O., S.302f.] sowie der *exemplarischen* Bedeutung des juristischen Diskurses [S.307ff.] als Applikation normativer Gehalte der Tradition) festhält. - Der Begriff der »Applikation« als Vollendung des Verständnisses von »Allgemeinheit« (S.323) läßt Wirkungsgeschichte mit der »Natur der Sache« verschmelzen.

163 In ähnlicher Weise bindet Gadamer, a.a.O., S.261ff., auch Tradition und Autorität normativ aneinander.

164 Hans-Georg Gadamer, Die phänomenologische Bewegung, in: ders., Kleine Schriften III, Tübingen 1972, S.188.

165 Buck, a.a.O., S.145, mißversteht meines Erachtens Wittgenstein daher gründlich, wenn er, ohne weitere Begründungen zu geben, postuliert, daß Wittgensteins »Restriktion« der Untersuchung »das Wesen des »Gebrauchs« der Wörter, der »Tätigkeit« der Sprache« unverstanden läßt. Buck fordert daher eine Therapie des »therapeutischen« Ansatzes Wittgensteins: »Jede Verstehenspraxis [...] impliziert eine Selbstauslegung des Verstehendseins« (ebd.). Wittgensteins Bemühungen gehen dagegen ja gerade darauf, die Vorstellung, *die* Sprache besitze ein *Wesen*, zu negieren. - Buck redet hier die Sprache Gadamers, dessen Formulierungen er, ohne sie als Übernahmen kenntlich zu machen, fast wortwörtlich verwendet. Vgl. Gadamer, Bewegung, a.a.O., S.187-189. - Auch Gadamer unterstellt Wittgenstein Untersuchungen über das »Wesen der Sprache« (S.186).

Kapitel 3

1 Frege an Wittgenstein, Brief vom 28.VI.19, in: a.a.O., S.19.

2 VB, S.470.

3 V1, S.180f. - Die wichtigsten Äußerungen Wittgensteins zum Begriff »Philosophie« dokumentieren Joachim Leilich, Die Autonomie der Sprache. Ein Grundgedanke Wittgensteins, München 1983, S.50ff., und Anthony Kenny, Wittgenstein über Philosophie, in: Beiheft 3, S.9-34.

4 Vgl. Redner, a.a.O., p.7.

5 Der Skeptizismus als Unter- und Gegenströmung innerhalb der Philosophiegeschichte ist also nicht hierzu zu zählen.

6 Wie Walter E. Erhardt, Philosophiegeschichte und geschichtlicher Skeptizismus. Untersuchungen zur Frage: Wie ist Philosophiegeschichte möglich?, Bern & München 1967, zeigt, setzt das Projekt des »Zu-Ende-Bringens« einen sowohl historisch wie systematisch einheitlich gefaßten Begriff von Philosophie voraus, der sich dem skeptischen Verweis auf dessen historische Relativität gegenübersieht. Jeder Begriff von Philosophie kat' exochen ist relativ zu dem Aussagesystem, das ihm Sinn verleiht, ist also »Philosophie mit Beinamen«, wie es der von Erhardt zitierte (S.47) Kantianer Reinhold ausdrückt, der das Problem auf den Punkt gebracht hat: »Wir werden erst dann einen Geschichtsschreiber der Philosophie erhalten, wenn wir eine *Philosophie ohne Beinamen*, eine Philosophie kat' exochen, eine Philosophie, die alle *Philosophien* verdrängt hat, und auf allgemeingeltenden Grundsätzen fest stehet, haben werden.«

7 Drury, Gespräche, a.a.O., S.152.

8 Erich Heintel, Die beiden Labyrinthe der Philosophie. Systemtheoretische Betrachtungen zur Fundamentalphilosophie des abendländischen Denkens. Bd.1: Überlieferung und Aufgabe, Wien & München 1968, S.379ff.

9 Scharfetter, a.a.O., S.21, ist weitgehend zuzustimmen, wenn er schreibt: »Die *Theorie* [...], die Sätze als Bilder von Tatsachen versteht, ist von der Ontologie unabhängig, denn sie ist auf Sätze der Alltagssprache [...]. ohne weiteres anwendbar.« - Fraglich erscheint allerdings, ob Wittgenstein eine »Theorie« aufstellt.

10 Mit anderen Worten: daß die Semantik ineffabel ist. Vgl. Merill und Jaakko Hintikka (im folgenden »Hintikka & Hintikka«), Investigating Wittgenstein, London & New York 1986, pp.1-29.

11 Vgl. T, Vorwort.

12 Diese Sichtweise stützt sich vor allem auf die Traktat-Interpretation Joseph-Maria Terricabras', Ludwig Wittgenstein. Kommentar und Interpretation, Freiburg & München 1978, S.130ff., sowie die Studie von Chris Bezzel, Wittgenstein zur Einführung (= SOAK-Einführungstexte 41), Hamburg 1988.

13 Vgl. Klaus Niedermair, Das Problem der sprachlichen Selbstbezüglichkeit im Tractatus logico-philosophicus, Phil.Diss. Innsbruck 1984, bes. S.307ff.

14 Vor allem Eric Stenius' ontologische Deutung der ersten Sätze des Traktates, a.a.O., S. 237ff., deren Echo bei Stegmüller, Hauptströmungen I, a.a.O., S.526ff., die deutschsprachige Traktat-Interpretation weitgehend dominiert hat, vernachlässigt diesen wichtigen Aspekt, den Wittgenstein selber hervorgehoben hat. Stenius' ontologisches Argument stützt sich vor allem auf zwei Überlegungen. Erstens verweist er darauf, daß die textuelle Anordnung der Sätze auf Ontologie verweise. Daß der Traktat ontologische Sätze enthalte, sei »wichtig [...], um eine richtige Vorstellung von der Struktur des gesamten Traktats zu gewinnen. Wenn Wittgenstein seine Darlegungen mit ontologischen Aussagen über die Wirklichkeit beginnt und erst später zu den entsprechenden Aussagen über die Sprache übergeht, spielt er nicht mit dem Leser Versteck« (S.241f.). Zweitens postuliert Stenius, daß die Vorstellung, »daß philosophische Sätze immer unsinnig sind [...], eine Art Absurdität zu enthalten scheint« (S.238). Da Wittgenstein allerdings, wie Stenius einräumt, selbst diese Unsinnigkeit explizit behauptet, muß man Wittgenstein der eigenen Fehlinterpretation seines Textes zeihen (S.244: »Nun muß Wittgenstein selbst zum Teil wegen solcher Irrtümer [hinsichtlich der Ontologie] in der Interpretation des Traktates getadelt werden«). Stenius versucht im Verlaufe seiner Erörte-

rungen, das »ontologische« Argument, das er im Traktat entdeckt, aufzulösen, weil er ebenfalls von der Unsinnigkeit dieses Argumentes überzeugt ist (bes. S.278), und bezeichnet seine Formulierung als »syntaktische Metapher« und dehnt diese Bezeichnung auf »*alle philosophischen Sätze*« aus (S.277). - Demnach ist auch Satz 1 des Traktates eine »syntaktische Metapher« - oder doch ein ontologischer Satz, oder eine syntaktische Metapher für einen ontologischen Satz? - Die ontologische Traktatinterpretation im englischsprachigen Raum ist besonders von Black, a.a.O., pp.4, 7, 8, 27, gefördert worden (vgl. jedoch als frühe, jedoch kaum beachtete Kritik an Black: Rush Rhees, Ontology and Identity in the *Tractatus*: A Propos of Black's *Companion*, in: Peter Winch [Ed.], Studies in the Philosophy of Wittgenstein, London & New York 1969, pp.51-65, bes. p.55ff.). Die Unergiebigkeit des Traktates in bezug auf ontologische Fragen zeigt auch die Studie von Anselm Müller, Ontologie in Wittgensteins »Tractatus« (= Abhandlungen zur Philosophie, Psychologie und Pädagogik 41), Bonn 1967. Zwar räumt auch Müller den »Logizismus« des Traktates ein, doch spricht er trotzdem von Wittgensteins »Seinslehre«. »Wie muß eine logisch korrekte Sprache beschaffen sein; und wie muß eine Welt aussehen, in der eine solche Sprache möglich ist? Durch diese Fragestellung findet die Ontologie in den *Tractatus* Eingang« (S.231). Während bei der ersten Frage noch keineswegs evident ist, was sie mit Ontologie zu tun hat, stellt sich die zweite Frage für Wittgenstein im Traktat nicht. - Einen Einblick in die thematische Abfolge des Traktates gibt Wittgenstein zudem selbst in den traktatkritischen Passagen der PhU. Vgl. z.B. PhU, 96. Dort findet sich in bezug auf den Traktat die gedankliche Reihenfolge »Satz - Sprache - Denken - Welt«! - Ernst Konrad Specht, Die sprachphilosophischen und ontologischen Grundlagen im Spätwerk Ludwig Wittgensteins, in: Kantstudien, Ergänzungsheft 84 (1963), hat für Früh- *und* Spätphilosophie ontologische Aspekte ausfindig zu machen versucht, freilich um den Preis, den Ausdruck »Ontologie« seines philosophischen Gehalts zu entkleiden (dies gibt Specht nur in einer Fußnote (!) auf S.157 preis). Wie Specht einräumt, findet Wittgenstein mit Hilfe der »grammatischen Analyse« einen »neuen methodisch gesicherte[n] Zugang zu den Problemen der Ontologie« (S.158). Aus dem Umstand, daß Wittgenstein Probleme der Ontologie diskutiert, folgt jedoch nicht, daß er Ontologe ist.

15 Der Begriff ist als Kollektivsingular aufzufassen. Vgl. Rolf-Albert Dietrich, Untersuchungen über den Begriff des »Mystischen« in Wittgensteins »Tractatus«. Phil.Diss. Göttingen 1971, S.26.

16 Vgl. Bertrand Russell, Erkenntnis durch Bekanntschaft und Erkenntnis durch Beschreibung, in: ders., Philosophie des logischen Atomismus, München 1979, S.66-102.

17 Worin die Abhängigkeit Wittgensteins von den Arbeiten Russells und Freges im einzelnen besteht, ist in der Kommentarliteratur immer noch weitgehend umstritten. Vgl. zur Diskussion der Bandbreite möglicher Auffassungen die genaue Darstellung bei David Pears, The False Prison. A Study of the Development of Wittgenstein's Philosophy. Vol. I, Oxford etc. 1987, pp.10ff. und 65ff. Für die Darstellungsabsicht vorliegender Arbeit sind die Feinstrukturen dieser Abhängigkeit von sekundärer Bedeutung.

18 T, 2.0121.

19 T, 2.03.

20 T, 2.02, 2.021, 2.024. Die Frage nach der Beschaffenheit der »Dinge« im Traktat gehört zu den vielen umstrittenen Fragen der traktarianischen Pseudo-»Ontologie«. Witt-

genstein war nicht in der Lage, Beispiele für »Dinge« oder Gegenstände (als Korrespondenten der Elemente von Elementarsätzen) anzugeben (und wollte dies auch nicht, denn er verstand sich als *Logiker*. Vgl. Malcolm, Erinnerungen, a.a.O., S.114). Hintikka & Hintikka, a.a.O., p.51ff., schlagen vor, die Wittgensteinschen »Dinge« mit den »objects of acquaintance« Russells gleichzusetzen. Freilich müßten dann die »Dinge« ihre »logische Form« enthalten - ein nur schwer zu erklärender Gedanke (den bereits Stenius, a.a.O., S.265ff., verworfen hat), der zudem unter dem Vorbehalt stehen muß, daß sich diese Form der Gegenstände laut Wittgenstein nur *zeigen*, also nicht »erfahren« werden kann. Die logische Form ist für Wittgenstein »gegeben« und liegt damit an der Grenze des Themenbereichs des Traktats. Pears, False Prison I, a.a.O., p.142, spricht zurecht von Wittgensteins »agnosticism about the nature of the objects in the *Tractatus*«.

21 T, 2.0211f. Diese Annahme - die ebenfalls für die Rede über die »Dinge« gilt - ist notwendig, wenn auch nicht beweisbar, d.h. sie kann sich nur *zeigen*. »Substanz« der Welt stellt einen logischen Grenzbegriff dar, den ontologisch auffüllen zu wollen dem Versuch gleichkäme, sich »außerhalb des logischen Raumes« aufzustellen. Vgl. dazu Tericabras, a.a.O., S.141f.

22 Wenn Peter M.S. Hacker, The Rise and Fall of the Picture Theory, in: Shanker (Ed.), Vol. I, a.a.O., p.125, schreibt: »That the world must have a substance is [...] a condition of the possibility of representation [...], for only thus, Wittgenstein thought, could logic itself be possible«, verkennt er die Dimensionen und die Pointe des traktarianischen Logik-Begriffs: Die Logik ist für Wittgenstein Möglicheitsbedingung der Repräsentation. Eine Welt ohne Logik ist für ihn undenkbar. Die Logik hängt nicht von der Substanz der Welt ab; vielmehr ergibt sich die Annahme der »Substanz« aus ihr. Ein ähnlicher Fehler findet sich noch bei Norman Malcolm, Nothing Is Hidden. Wittgenstein's Criticism of His Early Thought, London & New York 1986, p.34: »The *Tractatus* itself contains evidence that tells in favour of the view that »objects« are ontologically independent of »names««. Malcolm bezieht sich vor allem auf T, 3.22, und 3.221. Dort spricht Wittgenstein davon, daß Namen Dinge vertreten. Aus diesen Äußerungen darauf zu schließen, daß Wittgenstein etwas über den Status der *Dinge* sagt, scheint jedoch gezwungen. Wittgenstein spricht über die Namen und die Tatsache, *daß* sie vertreten, nicht über das, *was* sie vertreten. In dem von Malcolm nicht zitierten Passagen des Satzes 3.221 heißt es: »Ein Satz kann nur sagen, wie ein Ding ist, nicht was es ist.« Der Satz: »Es gibt Gegenstände« ist daher unsinnig (vgl. T, 4.1272).

23 T, 2.032.

24 Ich folge hiermit der These Bezzels, a.a.O., S.55ff.

25 T, 3.

26 Dabei ist zu beachten, daß Wittgenstein den Ausdruck »Bild« in einem weiten Sinne faßt. Jede Art der »Bildproduktion« der Menschen ist vom Logiker zu akzeptieren.

27 T, 2.173.

28 T, 2.201-2.221.

29 Bes. T, 4.021 und 4.022.

30 Vgl. dazu Malcolm, Nothing Is Hidden, a.a.O., p.1-19.

31 Hervorhebung M.K.

32 T, 5.473.

33 Zur Problematik des Verhältnisses von »Sprechen« und »Denken« vgl. Malcolm, Nothing is Hidden, a.a.O., p.63ff.
34 Hervorhebungen M.K.
35 T, 3.11.
36 So können auch Gegenstände zu Zeichen des Satzes werden (T, 3.1431).
37 T, 3.12.
38 Vgl. dazu Lorenz, a.a.O., S.74ff.
39 T, 3.42.
40 T, 4.001.
41 T, 4.002.
42 T, 4.061: »Nur dadurch kann der Satz wahr oder falsch sein, indem er ein Bild der Wirklichkeit ist.«
43 Die Wittgensteinsche Wahrheitstheorie ist vorzugsweise von logischem und nicht von philosophischem Interesse und soll deshalb hier nicht eingehend behandelt werden.
44 T, 5.5562.
45 T, 4.1.
46 Vgl. T, 4.0141. Der Wittgensteinsche Bildbegriff ist demnach nicht auf das Ikonische bzw. Mimetische zu begrenzen. Satz 4.016 beschreibt einen Sonderfall, der wohl durch seine Plastizität überzeugen soll: »Um das Wesen des Satzes zu verstehen, denken wir an die Hieroglyphenschrift, welche die Tatsachen die sie beschreibt abbildet. Und aus ihr wurde die Buchstabenschrift, ohne das Wesentliche der Abbildung zu verlieren.« Vgl. zu den Dimensionen des traktarianischen Bildbegriffs auch Schulte, Wittgenstein, a.a.O., S.77f.
47 T, 4.014.
48 T, 4.015.
49 T, 4.013.
50 Ebd.
51 Gunter Gebauer, Hand und Gewißheit, in: Dietmar Kamper/Christoph Wulf (Hrsgg.), Das Schwinden der Sinne, Frankfurt 1984, S.234-260, zeigt, daß das leibliche Handeln für den Wittgenstein der »Spätphilosophie« von überragender philosophischer Bedeutung ist. Die zitierte Stelle macht deutlich, daß bereits in der Frühphilosophie die Rolle des »Leiblichen« erwähnt wird.
52 Die Differenzierung dieser Doppelstruktur ist von entscheidender Wichtigkeit, weil sie es gestattet, epistemologische Fragen von logischen Fragen zu differenzieren und irreführende Formulierungen wie z.B. bei Dietrich, a.a.O., S.192: »Die Logik der Welt herrscht auch im Satz. Deshalb hat er etwas gemeinsam mit der Welt, und wir können diese Gemeinsamkeit feststellen, im Satz allein, an seiner logischen Form der Abbildung« zu vermeiden. Dietrich übersieht, daß diese Gemeinsamkeit des Satzes mit der Welt, die sich nur zeigen kann, die *logische Möglichkeit* der Übereinstimmung seines Sinnes mit einer Tatsache in der Welt ist. Ob ein Satz wahr oder falsch ist, entscheidet die empirische Prüfung (Verifikation), die »wir feststellen« können. - Für Stenius, a.a. O., S.232ff., ist die Differenzierung zwischen externem und internem Zeigen Scharnier für seine Ontologisierung des Traktates. Doch vermag ich seiner Identifikation des »internen Zeigens« mit einer »ontologische[n] Bildtheorie« nicht zu folgen, auch wenn ich mit ihm darin übereinstimme, daß zwischen beiden Zeige-Formen zu unterscheiden ist.

53 Vgl. Pears, False Prison I, a.a.O., pp.123ff.

54 T, 4.12.

55 Ebd.

56 T, 4.1212.

57 T, 4.112.

58 Vgl. Pears, False Prison I, a.a.O., pp.174f.

59 Vgl. z.B. Russell Nieli, Wittgenstein: From Mysticism to Ordinary Language. A Study of Viennese Positivism and the Thought of Ludwig Wittgenstein, Albany 1987. - Thomas Rentsch, Heidegger und Wittgenstein. Studien zu einer existentialen Grammatik, Stuttgart 1985, S.189, meint in diesen Passagen des Traktates die »ontologische Differenz« Heideggers auffinden zu können. Die logische Analyse des Traktats beschreibe »eine Welt der »Vorhandenheit«, der Tatsachen«, die sich mit der »Ebene der Uneigentlichkeit« decke, »in der dem Dasein seine *Ganzheit* durch sein eigenes *Verfügen* verdeckt ist«. Doch kann im Traktat von diesem »Verdecken«, das bei Heidegger in einen fundamentalontologischen Zusammenhang eingebettet wird, und seiner »Ent-Dekkung« in einer alternativen Möglichkeit des Daseins keine Rede sein. Das »Mystische« des Traktates impliziert m.E. keine Seinsweise.

60 Vgl. Elisabeth Anscombe, An Introduction to Wittgenstein's Tractatus, London 1959, p.163.

61 Vgl. Bezzel, a.a.O., S.89f.

62 Vgl. Dietrich, a.a.O., S.205; Pears, False Prison I, a.a.O., p.147f. Wenn Brian McGuinness, The Mysticism of the Tractatus, in: The Philosophical Review LXXV (1966), p. 314, behauptet, der Wittgensteinsche »mystic finds striking is *not* that there is the particular world there is [...], but there is *a* world - namely that some possibilities or others [...] are realized«, so setzt er das Mystisch-Sich-Zeigende in unzulässiger Weise dem »Sagbaren« entgegen. Das »Daß« der »Welt« kann laut Traktat nämlich nur in ihrem jeweiligen »So« bedeutet werden. Nicht allein, *daß überhaupt* eine Welt ist, ist das Mystische, sondern auch, daß die Welt in jeweilig *so* beschaffenen Welten (als jeweils »meine« Welt) existiert. Das Mystische bezieht sich auf alle Tatsachen *dieser* Welt, sofern sie unter dem Aspekt der Möglichkeit betrachtet werden.

63 TB, S.176.

64 Vgl. auch die Eintragung vom 8.10.1916 in TB: »Als Ding unter Dingen ist jedes Ding gleich unbedeutend, als Welt jedes gleichbedeutend [...]. Man kann eben die bloße gegenwärtige Vorstellung sowohl auffassen als das nichtige momentane Bild in der ganzen zeitlichen Welt als auch als die wahre Welt unter Schatten.«

65 Vgl. T, 5.61.

66 Stenius, a.a.O., S.277. Die Metapher setzt eine eigentliche Bedeutung voraus, von welcher der übertragene Gebrauch abgeleitet ist. Stenius erläutert an keiner Stelle seines Buches, wofür das Mystische eine Metapher ist.

67 Mit der Feststellung, daß die mystische »Erfahrung« nicht der Erfahrung der Dinge in der Welt gleichzusetzen oder analogisierbar ist (diesen Unterschied zwischen »use« und »mention« hinsichtlich des Erfahrungs-Begriffs des Traktats ignoriert z.B. Tarca, a.a.O., pp.68, 74ss., der Wittgenstein einen »misticismo« unterstellt und die »Logik« mit Gott identifiziert; in gleichem Sinne auch Nieli, a.a.O., pp.99ff.), dürfte sich die Frage nach einer möglichen Verwurzelung des Traktats in der *Tradition* der Mystik

oder als *Gegensatz* zum Referenzdenken der Subjekt-Philosophie als gegenstandslos erweisen (vgl. Hacker, Insight, a.a.O., p.29). Das Mystische kommt in der Gesamtheit der Tatsachen zum Ausdruck, die nicht vollständig im Umgang mit den Dingen der Welt aufgeht. Es ist also letztlich das Staunen über die Existenz der Welt. Wittgenstein spricht selbst nur von »dem Mystischen«, ohne weitere Erläuterung. Zur Erläuterung des »Mystischen« bei Wittgenstein wird häufig auf Russells Aufsatz Mysticism and Logic, in: ders., Mysticm and Logic and Other Essays. London 1921, pp.1-32, verwiesen. Freilich trennt Russell dort scharf zwischen mystischer und *philosophischer* Betrachtung (bes. pp.9-11) - eine Trennung, die im Traktat zurückgewiesen wird. Wahrscheinlicher scheint ein Rekurs Wittgensteins auf den von ihm bekanntlich überaus geschätzten Otto Weininger (vgl. z.B. Über die letzten Dinge, Wien & Leipzig [4]1918, bes. S.131-171, vor allem S.170. Zum Verhältnis Wittgenstein/Weininger vgl. vor allem Allan Janik, Essays on Weininger and Wittgenstein (= Studien zur österreichischen Philosophie IX), Amsterdam 1985, bes. S.64-73. - Ohne Frage setzt Wittgenstein das Mystische mit den drei »Sich-Zeigen«-Formen des Traktates gleich (die weiter oben vorgenommene Differenzierung der Zeige-Formen erweist sich ja aus der Gesamtsicht des Traktates als Explikation einer einheitlichen Zeige-Struktur). Es spricht zudem einiges dafür, daß es mit dem »Gefühl« im Sinne des »Gestimmtseins« korrespondiert, jedenfalls erscheint eine emotive oder psychologische Ausdeutung angesichts der Darstellungsebene des Traktats ausgeschlossen (vgl. auch T, 4.1121, als Zurückweisung des Empirischen und psychologischen als nicht zur Darstellungsebene des Traktates gehörig). Die Bedeutung des »Gefühls« für den traktarianischen Wittgenstein, die in vorliegender Arbeit betont wird (vgl. Kap.1, S.26f., vorliegender Arbeit) ist meines Wissens in der Kommentarliteratur noch nicht eingehend erörtert worden. Für die hier vorgeschlagene Gleichsetzung von »Gefühl« mit »Gestimmtsein« finden sich Anknüpfungspunkte bei Rentsch, a.a.O., S.186ff., sowie bei Robert Spaemann, Mystik und Aufklärung, in: Concilium 9 (1973), bes. S.351ff, und Hermann Lübbe, War Wittgenstein ein Existentialist?, in: Philosophisches Jahrbuch 69 (1962), S.313-324, sowie Manfred Geier, Das Sprachspiel der Philosophen. Von Parmenides bis Wittgenstein, Reinbek bei Hamburg 1989, S.176f.; ders., Der Mystiker und der Mystagoge, in: Fischer (Hrsg.), S.105-122.

68 TB, Appendix I, S.186.

69 T, 4.111.

70 Wenn man unter »Naturwissenschaften« eine spezifische Methodik des wissenschaftlichen Verfahrens versteht, die auch in den Geisteswissenschaften anzuwenden ist. Vgl. Rudolf Carnap, Die Physikalische Sprache als Universalsprache der Wissenschaft, in: Erkenntnis 2 (1931), S.433. Vgl. auch ders. u.a., Wissenschaftliche Weltauffassung - der Wiener Kreis, in: Otto Neurath, Wissenschaftliche Weltauffassung, Sozialismus und Logischer Empirismus, hrsg. von Rainer Hegselmann, Frankfurt 1979, S.99: »Es werden nicht eigene »philosophische Sätze« aufgestellt, sondern nur Sätze geklärt [...]. [D]as [...] steht fest: *es gibt keine Philosophie als Grund- und Universalwissenschaft neben oder über den verschiedenen Gebieten der einen Erfahrungswissenschaft.*« Zur Distanz Wittgensteins zum Wiener Kreis: Stuart Shanker, Introduction: The Philosophical Significance of the *Tractatus*, in: Shanker (Ed.), Vol. I, a.a.O., p.16-33; Neider,

a.a.O., pass.; Rudolf Haller, Was Wittgenstein a Neopositivist?, in: Shanker (Ed.), Vol. I, a.a.O., pp.263-274; Terricabras, a.a.O., S.296-307.

71 Redner, a.a.O., p.226, verkennt daher Wittgensteins Vorgehensweise, wenn er das Verfahren der Reductio ad absurdum pauschal als antiphilosophisch diagnostiziert und dagegen das Reductio-Argument selber ad absurdum führen möchte (vgl. pp.286ff.).

72 Die Eintragung in TB vom 6.5.16 zum Thema gibt dem letzte Abschnitt von T, 6.372 eine andere Nuancierung: »Und sie haben ja beide recht und Unrecht. Die Alten sind allerdings insofern klarer, als sie einen klaren Abschluß anerkannten, während es bei dem neuen System scheinen soll, als sei *alles* begründet.« Nicht nur ist im Traktat der zu Fehldeutungen herausfordernde Ausdruck »begründet« (als ob Sätze der Wissenschaft ihren logischen Status »sagen« könnten; im Traktat wird der »Satz vom Grund« als logische Form bestimmt, vgl. T, 635-6.36) zugunsten des allgemeineren »erklärt« ersetzt, sondern auch das Imperfekt »anerkannten« durch das als Logifizierung der Aussage zu wertende Präsenz. In diesen Modifikationen zeigt sich deutlich der philosophisch-*logische* Ausgangs- und Zielpunkt des Traktats und seine nicht-positivistische und wissenschaftsrelativistische Stoßrichtung.

73 Den Ausdruck »Vertrauen« verwendet Wittgenstein vorzugsweise in bezug auf die Religion (vgl. Kap.4 vorliegender Arbeit). In der »Philosophie II« wird dieses »Vertrauen« als wichtiges Kennzeichen der Gewißheit dargestellt (vgl. Kap.6 vorliegender Arbeit).

74 Dies wird durch die Anerkennung der Macht des »Schicksals« oder des unerklärlichen Eingreifens »Gottes« *klar* ausgesprochen, während die »entzauberten« modernen Wissenschaften den ihnen zugrundeliegenden Mythos stets per negationem selbst produzieren müssen. Wittgenstein bringt hier von einem (außer)logischen Standpunkt die Dialektik der Aufklärung in schlichten Worten auf den Punkt. An kaum einer anderen Stelle des Traktats wird Wittgensteins Distanz zum »Wiener Kreis« so deutlich wie hier.

75 T, 2.0121.

76 T, 5.61.

77 T, 6.13.

78 T, 5.4731.

79 T, 4.28ff.

80 T, 4.462. - Vgl. dazu auch T, 6.1 und 6.11: »Die Sätze der Logik sind Tautologien. Die Sätze der Logik sagen also Nichts. (Sie sind analytische Sätze)« sowie T, 5.43: »Alle Sätze der Logik sagen [...] dasselbe. Nämlich nichts.«

81 T, 5.551.

82 Vgl. T, 5.133: »Alles Folgern geschieht a priori.«

83 Stenius, a.a.O., S.279ff.

84 Hubert Schwyzer, Thought and Reality: The Metaphysics of Kant and Wittgenstein, in: Shanker (Ed.), Vol II., a.a.O., pp.150-162.

85 Hacker, Insight, a.a.O., pp.30-32, pp.205ff.

86 Vgl. Pears, False Prison I, a.a.O., pp.132ff.; p.147.

87 Vgl. z.B. KdrV, B 25: »Ich nenne alle Erkenntnis transzendental, die sich nicht sowohl mit Gegenständen, sondern mit unserer Erkenntnisart von Gegenständen, so fern diese a priori möglich sein soll, überhaupt beschäftigt«, und KdrV, B 80, wo es im Abschnitt über transzendentale Logik heißt, »daß nicht eine jede Erkenntnis a priori, sondern nur

die, dadurch wir erkennen, daß und wie gewisse Vorstellungen (Anschauungen und Begriffe) lediglich apriori angewandt werden, oder möglich sein, transzendental (d.i. die Möglichkeit der Erkenntnis oder der Gebrauch derselben a priori) heißen müsse«.

88 Ich sehe von dem offenkundigen Unterschied ab, daß für Kant die Analyse der Sprache ohne Bedeutung bleibt.

89 Vgl. Rudolf Haller, War Wittgenstein ein Neokantianer?, in: ders., Fragen zu Wittgenstein und Aufsätze zur österreichischen Philosophie (= Studien zur österreichischen Philosophie 10), Amsterdam 1986, S.165f.

90 In den Vorlesungen 1931/1932, in: V1, S.94ff., bezeichnet Wittgenstein die Transzendentalphilosophie als den »richtige[n] Ansatz« gegenüber Descartes und Hume (S.94) und teilt die Annahme der Apriorität der Mathematik. Jedoch: »Da man sah, daß die Mathematik a priori, glaubte man, es könnte auch eine Metaphysik a priori geben. Die in der traditionellen Philosophie verwendeten Sätze apriori sehen aus, als nähmen sie Erfahrung vorweg« (S.97). Man könnte also mit einiger Berechtigung sagen, daß Wittgenstein die Kopernikanische Wendung Kants hinsichtlich des Verstandesgebrauchs anerkennt, ihm hingegen vorhält, diese Wendung nicht hinsichtich der transzendentalen Ästhetik vollzogen zu haben. - Susanne Fromm, Wittgensteins Erkenntnisspiele contra Kants Erkenntnislehre (= Symposion 61), Freiburg & München 1979, möchte vor allem die PhU als implizite Kritik an Kant lesen (S.19). Ihre Darstellung macht aber deutlich, daß sich diese Kantkritik auch auf den Traktat beziehen läßt (vgl. bes. S.116).

91 Die Beziehung zwischen (aufklärerischer) Rationalität und dem Mystischen wird von Wittgenstein nicht dialektisch gefaßt. Zurecht zählt Hans Dieter Zimmermann, a.a.O., Dialektik zur »alten Mystik« (S.10ff.), während die mit der »Kritik der Sprache« (S.17 ff.) einsetzende »neue Mystik« dahin gelangt, Rationalität als ein, wie Wittgenstein es ausdrückt, »begrenztes Ganzes« zu fassen.

92 Hacker, Insight, a.a.O., p.30.

93 T, 5.641.

94 Vgl. Pears, False Prison I, a.a.O., p.167, 179.

95 Vgl. Hans Rudi Fischer, Wittgenstein und die Frage nach dem Subjekt, in: ders. (Hrsg.), a.a.O., S.14. Fischer erkennt in der Konstitutionsproblematik zurecht die Wiederholung des »reflexionstheoretischen Zirkels« (S.12), der Wittgenstein bereits zur Ablehnung von Ontologie und Metaphysik geführt hat. Doch setzt auch Fischer dieses »Ich« als »Bedingung der Möglichkeit von Erkenntnis« an, »gleichwohl es als anonymes X sich selbst nicht transparent« (S.14) sei. Für Wittgenstein dürfte aber allein - wenn man so will - die Logik diese »Bedingung« sein (vgl. den Satz: »Die Logik ist transzendental«). Das »Ich« kann nur an dieser »Logik« (in mehr oder weniger vollkommenem Maße) partizipieren. Hingegen ist nach der Logik des Traktates die *Darstellung* dieser Logik (also das, was der Traktat leisten soll) ohne dieses »Ich« nicht denkbar.

96 Das Moment der Praxis ist für den Traktat ebenso konstitutiv wie das der theoretischen Reflexion. Eine Entgegensetzung von »reiner Theorie« (Tatsachenanalyse) und »reiner Praxis« (das Ineffable des menschlichen Handelns), wie sie Robert J. Cavalier, Ludwig Wittgenstein's Tractatus Logico-philosophicus. A Transcendental Critique of Ethics, Washington D.C. 1980, p.138, behauptet, ist nicht im Sinne des Autors als »Umschlagen« zu verstehen, sondern als Grenzbestimmung der Reichweite der »Logik«.

97 T, 4.002.

98 Vgl. Pears, False Prison I, a.a.O., p.174f.

99 Mit der These von der Ineffabilität (dem »Sich-Zeigen«) von Individualität wird im Traktat der Streit um den Status von Subjektivität unterlaufen. In seiner Stellungnahme zur bekannten Derrida/Searle-Kontroverse über die (Un)Verfügbarkeit der Zeichen (und damit von Sinn) durch die Benutzer von Zeichen (Subjekte) gelangt Manfred Frank (Das Sagbare und das Unsagbare. Studien zur neuesten französischen Hermeneutik und Texttheorie, Frankfurt 1980, S.141ff., zu der der hier vorgetragenen Wittgenstein-Interpretation analogen Annahme, daß zur »Herstellung« der Welt die Konstitutionsleistung der Individuen unverzichtbar und daher das Individuum unhintergehbar ist (S.184f.). Frank leitet diese Unhintergehbarkeit des Individuums stringent aus der Unmöglichkeit ab, einerseits aus den Differentiationsleistungen autonomer »Codes« (Derrida) oder andererseits aus dem Modell normativer Sprachbegrenzung (Searle) den Vorgang der Bedeutungs- und Sinnkonstitution von und innerhalb von Zeichensystemen zu erklären. Frank sieht sich dagegen genötigt, eine ursprüngliche Kompetenz der Individuen («das Individuelle«) anzunehmen, durch die Sinn- und Bedeutungspotentiale generiert würden: »[D]as Individuelle [ist] nicht der Widersacher, sondern der (selbst nicht-signifikante, quasi-transzendentale) Grund der Signifikanz des Systems. Als Widersacher des Systems könnte es nur unter der zirkelhaften Voraussetzung angesehen werden, das System sei Grund seiner eigenen Bedeutsamkeit und es bedürfe keiner es überschreitenden Sinngebungsinstanz« (S.193; vgl. auch die Bestimmung von »Individualität« S.197). Freilich läßt sich der Zirkularitätsvorwurf mit gleicher Berechtigung gegen Frank vorbringen: Die Einführung einer »Sinngebungsinstanz« setzt das voraus, was mit ihr erklärt werden soll: das Vermögen der Sinngebung. Die Rede von »überschreitenden Sinngebungsinstanzen« ist entweder ohne Sinn (»leer«), denn das, was Sinn stiftet, kann selbst nicht wieder den geforderten Sinn besitzen, oder widersprüchlich, denn nichts an dem gestifteten Sinn deutet auf den Umstand hin, daß es von einer »individuellen« Sinngebungsinstanz stammt.

100 Dagegen endet die Annahme, Wittgenstein sei Anwalt des Solipsismus, in einem »Rätsel« (David Favrholdt, An Interpretation and Critique of Wittgenstein's Tractatus, Copenhagen 1964, p.161: »Wittgenstein's solipsism ends in a riddle«), weil sie von der mißverständlichen Annahme ausgeht, daß »the subject is a necessary condition for the existence of the world« (ebd.). Mißverständlich deshalb, weil Wittgenstein die Vorstellung, daß das »Subjekt« Bedingung der *Möglichkeit* der Existenz von Welt sei, gerade verwirft. Denn der Solipsist könnte sich selbst nicht beweisen, daß seine Welt überhaupt existiert, oder ob er nur an ihre Existenz *glaubt*. Ganz im Sinne Arthur Schopenhauers, Die Welt als Wille und Vorstellung, erster Satz: »*Die Welt ist meine Vorstellung* - dies ist die Wahrheit, welche in Beziehung auf jedes lebende und erkennende Wesen gilt; wiewohl der Mensch allein sie in das reflektirte abstrakte Bewußtseyn bringen kann: und thut er dies wirklich; so ist die philosophische Besonnenheit bei ihm eingetreten« (Arthur Schopenhauer, Die Welt als Wille und als Vorstellung, Bd. 1 [= Züricher Ausgabe, Bd. 1], Zürich 1977, 1, S.29), erkennt Wittgensteins Diskussion des Solipsismus lediglich den Umstand an, daß die Reflexion über Welt mit der »Welt als Vorstellung« befaßt ist.

101 T, 5.64. Wie Wallner, Einheit, a.a.O., S.79, feststellt, wird mit dieser »Punktierung« des solipsistischen Ich den Traktat-Interpretationen, die ihm einen solipsistischen Standpunkt unterstellen, der Boden entzogen.

102 Wäre das metaphysische Subjekt ein diskretes Moment der traktarianischen Welt, so sähe es sich der logischen Möglichkeit gegenüber, daß es überhaupt keine Welt gibt, weil der logische Raum, in dem sich die Dinge befinden, auch als leer gedacht werden kann; ebenso daß es keine Menschen gibt, die sich Bilder der Tatsachen machen, weil auch eine menschenleere Welt logisch möglich ist (vgl. Malcolm, Nothing Is Hidden, a.a.O., pp.9ff.,23f.).

103 Vgl. T, 5.6331f.; vgl. dazu auch Pears, False Prison I, a.a.O., pp.165ff. - Im Gewand des Solipsismus wird also bereits das Problem der »Privatsprache« angeschnitten und werden die Grundlagen für dessen Lösung gelegt.

104 Die Parallelen zu Schopenhauer sind offensichtlich. Vgl. z.B. Welt, a.a.O., I 2, Par.29 (S.215f.); II 3, Kap.38 (S.521: »[I]n jedem Mikrokosmos liegt der ganze Makrokosmos«); II 4, Kap.47 (S.692).

105 Vgl. Schopenhauer, a.a.O., I, Par.2.

106 Damit wäre die Hegelsche Dialektik der Grenze in Gang gesetzt, die durch die Grenz-Konzeption des Traktates gerade sistiert werden soll. Vgl. Matthias Kroß, Ein Bild der Welt entwerfen. Wittgensteins Therapie des Ursprungsdenkens, in: René Weiland/ Wolfgang Pircher (Hrsgg.), Mythen der Rationalität. Denken mit Klaus Heinrich, Wien & Berlin 1990, S.163ff. - Die Pertinenz der »Vernunft« als Instrument ihrer Selbstkritik und der Inklusion/Exklusion ihres »Außen« zeigt sehr treffend Michael Wimmer, Der Ort des Anderen im philosophischen Diskurs der Weiterlesen der Moderne. Beiträge zur aktuellen Aufklärungsdebatte, Bielefeld 1986, S.164-188. Das Resultat Wimmers ist »negativ«: Die Spur des Anderen (als Komplement bzw. als das absolut Andere der Vernunft) läßt sich, so Wimmer, als nur als »Frage formulieren«, die auf eine »stumme« Utopie verweise (S.188). Allerdings versucht Wimmer trotz dieses Negativ-Ergebnisses, das Denken des »Anderen« in ein »anderes« Denken zu überführen, was jedoch per definitionem nicht gelingen kann (vgl. ders., Der Andere und die Sprache. Vernunftkritik und Verantwortung [= Historische Anthropologie 4], Berlin 1988, S.9 ff., 283ff.). Das »Andere« ist, dies versucht Wittgenstein im Traktat zu verdeutlichen, sinnvoll nur als eine *logische* Figur der Reflexion zu begreifen und gerade nicht das »Andere« der Reflexion. Wohl vermag die Reflexion dieses »Andere« zu bedeuten; sie vermag es aber nicht »auszusprechen«, d.h. zu bezeichnen.

107 Die diagrammatischen Darstellungsweisen der Wittgensteinschen Satztypologien (als konzentrisches Kreisschema bei Dietrich, a.a.O., S.210, oder als durch Klammern verbundene Säulen bei Favrholdt, a.a.O., p.148, die in der Traktat-Literatur häufig wiederkehren) suggerieren, daß Wittgenstein seinen Text in impermeable Sektoren aufgeteilt hätte, die von der »Philosophie« gleichsam umschlossen würden.

108 Vgl. Kurt Wuchterl, Struktur und Sprachspiel bei Wittgenstein, Frankfurt 1969, bes. S. 20-72. Die Fruchtbarkeit des Traktates - aber auch der PhU (wie ich im Gegensatz zu Wuchterl meine) - für den Strukturalismus ist bisher kaum erkannt worden. Einen vorsichtigen Versuch der Aufnahme Wittgensteinscher Denkanstöße in den Strukturalismus unternimmt Pierre Bourdieu, Entwurf einer Theorie der Praxis auf der ethnologischen Grundlage der kabylischen Gesellschaft, Frankfurt 1979, S.139ff.; bes. S.161f.

Bourdieu macht im Unterschied zu Köhler deutlich, daß der strukturale Aspekt der Praxis eine Interpretationsmatrix darstellt und nicht ontologisch gedacht werden darf.

109 Lawrence J. Hatab, Mysticism and Language, in: International Philosophical Review XII (1983), pp.51-64, deutet Wittgensteins Unterscheidung zwischen Sagen/Zeigen (d. h. das Mystische) zur Positivität einer eigenständigen *Grammatik* aus (p.57) und behauptet daher: »[R]ather than say the mystic encounters the end of language, perhaps we should say he is at the *brink* of language, where language *arises* out of its limits.« Mit anderen Worten: »The mystical ist not the absense of language but its *origin*« (p. 64).

110 Vgl. Bezzel, a.a.O., S.56.

111 TB, Appendix II, S.238.

112 TB, 22.6.15; vgl. auch TB, 17.6.15: »Das ist doch klar, daß die Sätze, die die Menschheit ausschließlich benützt, daß diese, so wie sie stehen, einen Sinn haben werden und nicht erst auf eine zukünftige Analyse warten, um einen Sinn zu erhalten.«

113 Vgl. ebd.

114 Diesen Aspekt betont auch Pears, False Prison, I, a.a.O., p.25, wenn er von einem »uncritically realistic« Rest des Traktates spricht und den Ausdruck »kritisch« der »Philosophie II« vorbehalten möchte: »Wittgenstein's critical philosophy [der Spätzeit, M.K.] overran the last remaining territory of realism.«

115 Vgl. Derek Bolton, An Approach to Wittgenstein's Philosophy, London & Basingstroke 1979, p.44f.

116 Vgl. PhU, 96f. Der Eindruck der Geschlossenheit, den Eddy Zemach, Wittgenstein's Philosophy of the Mystical, in: The Review of Metaphysics XVIII (1964), a.a.O., p.38, gewinnt: »The philosophy of the Tractatus is a complete philosophy and must be considered as such. Its unity and complete congruity are perhaps its most remarkable features«, kann sich nur dem Leser ergeben, der den Traktat im Sinne Wittgensteins verstanden hat.

117 T, 6.54.

118 Nur als therapeutische Bemühung läßt sich der Text des Traktates rechtfertigen; nicht von seinem »Gegenstand« aus, sondern von der Perspektive aus, die seine Betrachtung leitet. Vgl. dazu Hacker, Insight, a.a.O., p.30f.

119 B, S.88.

120 Vgl. Allan Janik, Uncle Ludwig's Book on Ethics: Wittgenstein's *Tractatus* Reconsidered, Ph.D. Ann Arbor 1971, p.189f.: »To those who understood Wittgenstein as being in some way or other a follower of Russell, these statements [= T, 6.54 und 7, M. K.] are paradoxical and self-defeating indeed. However, as one aphorism out of a book of aphorisms [...] this is hardly astonishing [...]. [Wittgenstein's propositions] are neither statements of a scientific nature, nor are they metalinguistic; rather, they are *aphorisms* which are to be used to convey a world view.«

121 VB, S.479.

122 Wittgenstein, MS 130, p.217 [im MS durchgestrichen], zitiert nach Hilmy, a.a.O., p. 207.

123 Drury, Bemerkungen, a.a.O., S.131.

124 Die Stadien der Entwicklung zur reifen Form der »Philosophie II«, die in den PhU, in ÜG, in ÜF, in den späten Vorlesungen (VGM) und in den BPP begegnet, sollen in der

vorliegenden Darstellung nicht weiter verfolgt werden. Differenzierte Darstellungen der Entwicklung des nachtraktarianischen Wittgenstein unter Einbeziehung des umfänglichen Nachlasses finden sich bei Hintikka & Hintikka, a.a.O., bes. pp.137-211, und Hilmy, a.a.O., pass.

125 PhU, 96f.

126 Vgl. zum Gebrauch des Ausdrucks »Metalogik« bei Wittgenstein Hilmy, a.a.O., p.40 ff.

127 PhU, 95.

128 PG, S.70.

129 Hintikka & Hintikka, a.a.O., pp.176ff.

130 PG, S.212f.

131 PG, S.213.

132 PG, S.165.

133 PG, S.213.

134 Ebd.; vgl. auch PhU, 486.

135 PG, S.159.

136 Wittgenstein versteht sich also nicht als *Zeichentheoretiker*. Sein Interesse zielt darauf, durch seine Analysen dem Akt der Zuordnung von Zeichen zu Gegenständen jeden »sakramentalen« oder »geheimnisvollen« Anschein zu nehmen (BB, S.264f.) und die Rolle der Zeichen »in der Praxis unserer Sprache« (ebd.) als das Relevante herauszuarbeiten: »Die Beziehung von Namen und Gegenstand, so mögen wir sagen, besteht aus einem Gekritzel, das auf einen Gegenstand geschrieben wird (oder eine andere derartige äußert triviale Beziehung), und das ist alles [...]. [W]ir spüren, daß ein Gekritzel, das auf einen Gegenstand geschrieben wurde, an sich für uns unwichtig ist und uns in keiner Weise interessiert [...]. [D]ie ganze Wichtigkeit besteht in dem bestimmten Gebrauch, den wir von dem und dem auf den Gegenstand geschriebenen Gekritzel machen [...]« (BB, S.265).

137 Vgl. PG, S.170f.

138 PG, S.131.

139 PG, S.40.

140 Gunter Gebauer, Wortgebrauch, Sprachbedeutung. Beiträge zu einer Theorie der Bedeutung im Anschluß an die spätere Philosophie Ludwig Wittgensteins (= Grundfragen der Literaturwissenschaft 3), München 1971, S.41ff., geht m.E. zu unrecht davon aus, daß Wittgensteins Kritik an der »Privatsprache« auf die *Transponierung* des »subjektiven Bereichs [...] in den öffentlichen Bereich« hinauslaufe, um den »subjektiven Bereich« »auf diese Weise kontrollierbar zu machen« (S.41). Während laut Gebauer die individuellen »Vorstellungs-Bedeutungen« in »Bildern« jeweils nur eine »Gebrauchsweise« eines Wortes zeigen könnten, erfaßte die öffentliche »Norm«, die in »Funktional-Bedeutungen« (d.h. der durch Grammatik festgelegter Möglichkeitsraum für in »Bildern« ausgedrückte »Vorstellungsbedeutungen«) festgelegt sei, die »Korrektheit der Gebrauchsweise der »Normen« in den Bildern« (S.42f.). Die »Transformationsgrammatik«, an die Gebauer sich anlehnt, mag als Beschreibungs- und Explikationsmodell für empirisches Sprachhandeln tauglich sein, trifft aber nicht die für Wittgenstein wichtige *philosophische* Ebene. Denn sie setzt damit voraus, daß die Summe aller korrekten »Vorstellungs-Bedeutungen« die Funktional-Bedeutung erschöpfen können

muß. Es läßt sich allerdings logisch nicht ausschließen, daß die Menge aller »korrekten« Vorstellungs-Bedeutungen null ist (es ließe sich eine mögliche Welt konstruieren, in der wir z.B. *alle* Anhänger des von Gebauer verworfenen »Essentialismus« sein könnten). Anders ausgedrückt: Wenn die »Funktional-Bedeutung« von der »Vorstellungs-Bedeutung« in irgendeiner Weise abhängig gemacht wird, dann muß jene bereits zum Bestandteil dieser erklärt werden, um das Problem zu vermeiden, daß die »Funktional-Bedeutung« entweder nur die Summe aller »Vorstellungs-Bedeutungen« darstellt oder aber »leer« bleiben kann. Die Durchschlagskraft der Wittgensteinschen Wendung gegen die »Privatsprache« besteht darin, daß diese kein Kriterium für ihre »Privatheit« ausweisen kann - es sei denn ein bereits wieder »öffentliches«.

141 Das in der Wittgenstein-Kommentarliteratur weithin diskutierte Problem der »Privatsprache« hat durch das Buch Saul Kripkes eine neue Wendung erfahren. Kripke entdeckt in Wittgenstein ein »skeptisches Argument«, das, radikalisiert, sich auf dahingehend zusammengefaßt werden kann, daß Wittgenstein »nachgewiesen hat, daß *jegliche* Sprache und *alle* Begriffsbildung unmöglich, ja unbegreiflich ist« (Kripke, a.a.O, S. 82). Doch wenn ich Wittgenstein richtig deute, ist seine Fragerichtung wohl »skeptisch«, nicht aber sein Ergebnis. »Sprache« und »Begriffsbildung« sind sehr wohl möglich; Wittgensteins »Skepsis« bezieht sich auf das philosophische Problem der »Ableitung« eines allgemeinen Begriffs von »Sprache« oder des Begriffs »Begriff«. Die Frage nach der Möglichkeit von Privatsprache logisch-philosophisch überhaupt zu stellen heißt laut Wittgenstein: sie falsch zu stellen (vgl. vor allem PhU, 293ff.), weil das Problem dadurch einen essentialistischen Zug annimmt und nicht mehr kontextuiert werden kann. Wittgensteins Argumentation richtet sich damit nicht auf eine »Lösung des Problems«, sondern soll deutlich werden lassen, daß das Problem »essentialistisch« nicht lösbar ist. Denn offenkundig können Sprecher über ihre Empfindungen, Erlebnisse, die Existenz der Welt und das Schicksal ihres Körpers, ihrer Seele etc. berichten, ohne Rücksicht auf ihre »Kompetenz«, dies zu tun, *und* zugleich von anderen verstanden werden. Erklärungsbedürftig deshalb ist die Art und Weise, *wie* sie dies tun, nicht, *daß* sie es tun. Vgl. dazu Manfred Geier, Wittgensteins »Schachtel«, in: Dietmar Kamper/Christoph Wulf (Hrsgg.), Die erloschene Seele, Berlin 1988, S.219-234, und ders., Sprachspiel, a.a.O., S.183-219. - Wittgensteins Skepsis gegenüber der Möglichkeit einer privaten Sprache eröffnet dem Individuum philosophisch allererst die Chance zur Sprachinnovation (und in diesem Sinne ist Individualität »unhintergehbar«), die sich im Sprachverhalten *zeigt*, aber nicht philosophisch begründen läßt. Untersucht man die Sprache hinsichtlich der Kommunikation, die sie ermöglicht, so macht der Hinweis auf das »Ich« Sinn, sofern es in Stellungen wie »Ich und der Andere« steht. In der Kommunikation sind die Sprachspiele »Ich« und »Du«, »Ich« und das »Nicht-Ich« bereits in Gang gesetzt. - Es ist sprachphilosophisch eine hinzunehmende Tatsache, daß in bezug auf die Innovationen im sprachlichen und außersprachlichen Bereich, wie Bernhard Waldenfels, Ordnung im Zwielicht, Frankfurt 1987, S.153, schreibt, »[d]as Neuartige [...] *index sui* [ist], als Bild, das Urbild und Abbild in eins ist«.

142 PG, S.59.

143 PG, S.63 [Interpunktion gemäß Original, M.K.].

144 PG, S.190.

145 PG, S.97.

146 PG, S.40.
147 In einem Gespräch (V1, S.138) über T, 1.13 («Die Tatsachen im logischen Raum sind die Welt«) nimmt Wittgenstein diese Gleichsetzung ausdrücklich vor.
148 PG, S.143.
149 PG, S.77.
150 PG, S.76.
151 Es ist hierbei zu beachten, daß für das Spiel nicht die *Existenz von Regeln überhaupt* wichtig ist, sondern die jeweiligen es (im Gegensatz zu anderen Spielen) *auszeichnenden* Regeln. Die Wittgensteinsche Analyse ist differentiell, nicht essentialistisch ausgerichtet.
152 PG, S.115.
153 Ebd.
154 Ebd.
155 PG, S.77. Vgl. auch S.76.
156 PG, S.190.
157 Vgl. PG, S.192.
158 Die Kritik Wittgensteins am »Feiern« der Sprache in der Philosophie (vgl. PhU, 38) bezieht sich also nur auf ihr essentialistische Sprachverständnis. Wittgensteins Sprache »feiert« ja ebenfalls, wenn auch in kritischer Absicht.
159 Vgl. auch Z, 458, und PhU, S.542 über das »Erdichten« von Naturgeschichtlichem zu philosophischen Zwecken.
160 PG, S.115; vgl. auch PhU, 121. Morris Laszarowitz, The Language of Philosophy. Freud and Wittgenstein (= Boston Studies in the Philosophy of Science LV), Dordrecht & Boston 1977, plädiert trotz dieser Stellungnahme Wittgensteins unter Rekurs auf Wittgenstein für die Etablierung einer »Metaphilosophie«, die es mit A priori-Sätzen zu tun habe (pp.6ff.): »The philosophical *view* is a grammatical creation which like a daydream can be enjoyed alongside the world of sober fact whith which we have to live« (p.15). Problematisch erscheint vor allem die unbekümmerte Rede Laszarowitz« von »sober fact« angesichts der Tatsache, daß Philosophie ebenfalls ein »sober fact« unserer Welt ist. Laszarowitz scheint das Lachen der thrakischen Magd so zu fürchten, daß er vor dem philosophischen »daydreaming« alle Brunnen sorgfältig zugeschüttet hat.
161 Vgl. PG, S.121 und PhU, 108.
162 Wittgenstein wählt als Beispiel den Satz »Rot ist teilbar«, der umgangssprachlich für unsinnig gehalten werden wird. Daß hiermit nur eine Sprachspielvariante angegeben wird, macht er in folgenden Überlegungen deutlich: »Wie machen wir es nun, wenn wir der Wortgruppe »ich teile Rot« einen Sinn geben? - Ja wir können doch ganz verschiedenes aus ihr machen: einen Erfahrungssatz, einen Satz der Arithmetik [...], einen unbewiesenen Satz der Mathematik [...], einen Ausruf [...]. Ich habe also eine beliebige Auswahl; und wie ist sie begrenzt? Das ist schwer zu sagen« (PG, S.126).
163 Innerhalb *eines* Sprachspieles müssen jedoch Sinn und Unsinn stets klar definiert sein: »Ich muß mit der Unterscheidung von Sinn und Unsinn *anfangen*. Vor ihr ist nichts möglich. Ich kann sie nicht begründen« (PG, S.127).
164 Vgl. Drury, Gespräche, a.a.O., S.152: »Denken Sie [= Dury, M.K.] nur ja nicht, daß ich die Metaphysik verachte. Manche der großen philosophischen Systeme der Vergangen-

heit gehören nach meiner Ansicht zu den edelsten Hervorbringungen des menschlichen Geistes.«

165 PhU, 109.

166 Vgl. Kapp. 6 und 7 vorliegender Arbeit.

167 V1, S.160f.

168 V1, S.160.

169 Den »Arbeitscharakter«, den Wittgenstein der Umgangssprache zuspricht, hat Gebauer, Wortgebrauch, a.a.O., pass., mit dem Verweis auf die Vielzahl von Werkzeug, Maschinen- und Technik-Metaphern in der Spätphilosophie Wittgensteins hervorgehoben. Es ist aber wichtig zu beachten, daß dieser »funktionale« bzw. zweckrationale Aspekt der Sprachverwendung nur einer unter unzählig vielen anderen darstellt und nicht pragmatistisch mißverstanden werden darf.

170 PhU, 122.

171 Kantianisch-transzendentalphilosophisch: ein formales Vermögen, das okkult bleiben muß, weil es als Konstituierendes nicht wieder konstituiert gedacht werden kann; heideggerisch-fundamentalontologisch: die Selbstauslegungsmodi des Daseins auf sein Sein.

172 Das Dilemma der unendlichen Semiose läßt sich an Jacques Derridas Konzeption der »différance« (Die Schrift und die Differenz, Frankfurt 1976) belegen. Entweder ist die »différance« in der unendlichen Kette der Signifikanten ein Signifikant, der nicht im internen Signifikationszusammenhang aufgeht, weil er auf ein Signifikat verweist, und dann bricht die Signifikanten-Kettung ab (und die Vorstellung der unendlichen Signifikation in sich zusammen), oder aber dieser Signifikant bezieht sich wiederum nur auf Signifikanten. Dann aber ist die Annahme der unendlichen Signifikation logisch »leer« und verliert ihre Plausibilität, weil mit dem Wegfall eines Signifikats überhaupt auch die Rede von Signifikation letztlich keinen Sinn macht.

173 Z, 448.

174 Vgl. Z, 55.

175 PG, S.122; vgl. auch PhU, 120.

176 PhU, 116.

177 PG, S.130.

178 VB, S.474f.

179 Vgl. PhU, 38, über den »okkulten Vorgang« des philosophischen Benennens von Gegenständen. Das Problem der Universalien wird dadurch analog dem Problem der Privatsprache nicht »gelöst«, sondern unterlaufen. Vgl. W.E. Kennick, Philosophy als Grammar and the Reality of Universals, in: Ambrose/Laszarowitz (Eds.), a.a.O., pp. 182ff.

180 PhU, 97.

181 PG, S.115.

182 Vgl. PhU, 107.

183 PhU, 71. Vgl. auch V1, S.170f,

184 V1, S.275.

185 V1, S.130.

186 BB, S.39. In PBB, I, 46, heißt es über seine eigene Methode: »Wir betreiben keine Naturwissenschaft: unser Ziel ist nicht, etwas vorherzusagen«; vgl. auch BB, S.160.

187 Vgl. Hilmy, a.a.O., pp.190-226; Kondylis, a.a.O., S.468ff.
188 PhU, 114-116.
189 V1, S.59.
190 V1, S.68f.
191 V1, S.47.
192 V1, S.56.
193 PhU, 109; vgl. auch 81.
194 Vgl. Hilmy, a.a.O., p.223.
195 V1, S.47.
196 V1, S.48.
197 PhU, 127.
198 Vgl. PhU, 97.
199 PhU, 124.
200 PhU, 109; vgl. auch Z, 690.
201 PhU, 92.
202 PhU, 132-133; Vgl. auch 255: »Der Philosoph behandelt eine Frage; wie eine Krankheit.« Die Möglichkeit, das Philosophieren an beliebiger Stelle abzubrechen, gilt unbeschadet des Bekenntnisses Wittgensteins, daß er selbst dies nicht tun könne (vgl. Drury, Gespräche, a.a.O., S.159, Anm.7).
203 Vgl. dazu den bereits 1959 auf deutsch, gegenüber dem amerikanischen Original leicht gekürzten Aufsatz von Erich Heller, Ludwig Wittgenstein. Unphilosophische Betrachtungen, wieder abgedruckt in: Beiheft 1, a.a.O., S.48-67. Heller arbeitet besonders die Ähnlichkeiten zwischen Nietzsche und Wittgenstein heraus, die in der »Abkehr von der Metaphysik« und der »Preisgabe des Glaubens an einen im Schöpfungsplan beschlossenen Einklang[s] zwischen der Logik unseres Sprachdenkens und der »Logik« der Wirklichkeit« (S.57) bestehe. Nicht zu übersehen ist freilich, daß Nietzsches »genealogisches« Verfahren sich nicht endgültig von metaphysischen Annahmen zu lösen vermag, indem es einen kosmologischen »Willen zur Macht« unterstellt.
204 PhU, 115: »Ein *Bild* hielt uns gefangen. Und heraus konnten wir nicht, denn es lag in unserer Sprache, und sie schien es uns nur unerbittlich zu wiederholen.« Der frühneuzeitliche Ikonoklasmus führte zumeist nur zur Mutilierung der Idole - bewahrte im Akt der Zerstörung das Zerstörte und schuf dadurch Kontinuität im »Bruch«; er führte nicht zu einem »Paradigmawechsel«, wie ihn Wittgenstein zu vollziehen versucht.
205 PhU, 108.
206 PhU, 118.
207 BB, S.52.
208 PG, S.185. Vgl. auch PhU, 353: »Die Frage nach der Art und Möglichkeit der Verifikation eines Satzes ist nur eine besondere Form der Frage >Wie meinst du das?< Die Antwort ist ein Beitrag zur Grammatik des Satzes.«
209 V1, S.238.
210 Ich denke hier an den Historismus, aber auch an Nietzsche.
211 PhU, 241f.
212 PhU, 124.
213 Vgl. dazu Rorty, a.a.O., S.283ff.: »Erkenntnistheorie und Philosophie der Sprache«.
214 PG, S.94.

215 PhU, 133. Vgl. auch VB, S.511: »Friede in Gedanken. Das ist das ersehnte Ziel dessen, der philosophiert.«

216 Rorty, a.a.O., S.421ff., gelangt u.a. im Anschluß an Wittgenstein zu dem Ergebnis, daß die Philosophen den Anspruch auf das »letzte« und das heißt eigentlich: das *erste* Wort in der philosophischen Debatte aufgeben müßten.

217 VB, S.537.

218 Vgl. VB, S.507: »Die Sprache der Philosophen ist schon eine gleichsam durch zu enge Schuhe deformierte.«

219 Vgl. PhU, 309.

220 Vgl. VB, S.474.

221 PG, S.193.

222 VB, S.537. Vgl. BGM, S.132.

Kapitel 4

1 John L. Mackie, The Miracle of Theism. Arguments for and against the Existence of God, Oxford [4]1986, ch.12.

2 A.a.O., p.216; vgl. auch H.H. Price, Belief, London & New York 1969, p.382ff.

3 Daß die Auseinandersetzung mit Glaubensfragen insbesondere für den jungen Wittgenstein ein zentrales Anliegen war, haben Paul Engelmann, a.a.O., pass., und Janik/Toulmin, a.a.O., S.257 u.ö., gegen die positivistische Wittgenstein-Rezeption deutlich gemacht und ist in letzter Zeit von Wilhelm Baum in verschiedenen Aufsätzen betont worden. Vgl. außer den bereits genannten seine Beiträge: Ludwig Wittgenstein's World View in: Ratio XXII (1980), pp.64-74; Ludwig Wittgenstein und die Religion, in: Philosophisches Jahrbuch 86 (1979), S.272-299. - Zwar hat sich Wittgenstein in der Zeit vor dem Ersten Weltkrieg recht distanziert über die christliche Religion geäußert, allerdings vor dem Hintergrund der Unterweisung durch einen Priester, der später Bischof wurde, sowie einer recht genauen Kenntnis der Schriften Schopenhauers, Kierkegaards, Weinigers (vgl. McGuinness, Wittgensteins frühe Jahre, a.a.O., S.186ff.) und denen der bedeutenden Literaten des späten 19. Jahrhunderts sowie der kulturethisch-religiösen Diskussion im Wien der Jahrhundertwende. Während seines Aufenthaltes in Cambridge 1912-1914 studierte Wittgenstein u.a. Moores *Principia Ethica*, James' *The Varieties of Religion* und »entdeckte« Tolstoi, vor allem dessen Erzählung *Hadschi Murat* (vgl. dazu Baum, Wittgenstein und die Religion, a.a.O., S.276; Heinz-Otto Hellerer, Die Sprachwelt und das Lebensrätsel. Der Einfluß von Schopenhauer und Tolstoi auf Ludwig Wittgensteins »Logisch-philosophische Untersuchung«, Phil.Diss. München 1984, S.114ff.). Die Hinwendung zur Religion wurde durch die Kriegserlebnisse in Galizien entscheidend gefördert (selbst in der Vorlesung über Religion wählt Wittgenstein noch Beispiele aus seinen Fronterlebnissen, z.B. VG, S.87). Neben sehr persönlichen Glaubenserfahrungen, die sich in den *Gmundner Tagebüchern* finden und die seine Schwester Hermine dazu veranlaßten, ihn als einen »Heiligen« zu bezeichnen (Hermine Wittgenstein in einem Brief an Georg Hänsel, abgedruckt in Wünsche, Volksschullehrer, a.a. O., S.331), steht die Lektüre Dostojewskis (*Die Brüder Karamasow, Schuld und Sühne*) und erneut Tolstois (bes. dessen *Kurze Erläuterung des Evangeliums* und

Mein Leben, vgl. McGuinness, Wittgensteins frühe Jahre, a.a.O., S.420ff.). Russell, einer der engsten Jugendfreunde, fand in dem aus der Gefangenschaft heimgekehrten Wittgenstein einen »complete mystic«, der die Absicht äußerte, Mönch zu werden (Brief an Lady Ottoline vom 20.12.1919, zitiert nach B, S.101). Wittgenstein wurde zwar nicht Mönch, sondern Volksschullehrer in Niederösterreich, doch meint Bartley, diese Zeit als ein »Passionsspiel« bezeichnen zu dürfen (Bartley, a.a.O., S.75ff.), das Wittgenstein ganz in »Imitatio Christi« versunken auftreten läßt, ausgesetzt der »Bösartigkeit« der dortigen Bevölkerung (S.112). Wesentlich vorsichtiger ist Wünsches Charakteristik, Wittgenstein habe sich als ein »Mann im Sturm« begriffen (Volksschullehrer, a.a.O., S.296ff.). Seine Umgebung habe ihn als einen »religiösen Menschen« (a.a. O., S.201) gesehen, der allerdings nicht an den Gottesdiensten teilnahm. - Nach seiner Übersiedlung nach Cambridge 1929 setzte Wittgenstein seine Auseinandersetzung mit religiösen Fragen fort. Zu seiner Lektüre zählten klassische religiöse Autoren wie Augustinus, Thomas von Aquin oder Luther ebenso wie Mystiker des Mittelalters (Johannes vom Kreuz, Thomas von Kempten), Kierkegaard und Pascal ebenso wie die Arbeiten Karl Barths (vgl. Wilhelm Baum, Ludwig Wittgenstein und die Religion, a.a.O., bes. S.281ff.).

4 Vgl. Kap.3.1, S.76ff., vorliegender Arbeit.

5 T, 6.13.

6 T, 6.4: »Alle Sätze sind gleichwertig.«

7 Vgl. T, 6.4321.

8 Vgl. T, 6.4311.

9 T, 6.4312.

10 Ebd.

11 Vgl. T, 6.431f.

12 Ebd.

13 Vgl. bes. Alfred Jules Ayer, Sprache, Wahrheit und Logik, Stuttgart 1970, S.135ff., und ders., Wittgenstein, London 1985, pp.30ff., 87ff.

14 Vgl. dazu Donald Hudson, Wittgenstein and Religious Belief, London & Basingstoke 1975, pp.113ff.

15 Vgl. dazu Hellerer, a.a.O., S.155ff.

16 Janik/Toulmin, a.a.O., S.200ff., betonen ebenso wie Peter Kampitz, Ludwig Wittgenstein. Wege und Umwege seines Denkens, Graz etc. 1985, S.171, die Nähe Wittgensteins zu Kierkegaard, die darin bestehe, daß beide die *Religion als Lehre* (im Sinne der Rationalisierung) verworfen haben. Wie Creegan, a.a.O., p.73, gegen eine solche Auffassung zurecht einwendet, besteht allerdings zwischen beiden der tiefgreifende Unterschied, daß »Kierkegaard was a religious writer, and Wittgenstein was not.«

17 Vgl. T, 6.54.

18 Vgl. Kurt Studhalter, Ethik, Religion und Lebensform bei Ludwig Wittgenstein (= Studien und Arbeiten der Theologischen Fakultät IX), Innsbruck 1973, S.11.

19 TB, 8.7.16.

20 Alan Keightley, Wittgenstein, Grammar and God, London 1976, p.26, betont zurecht, daß Wittgensteins Sätze zur Religion im Traktat darauf hinauslaufen, daß »[w]e must not assume [...] that Wittgenstein is [...] implying the existence of a supernatural domain for which ordinary language is inadequate, i.e., that there is a class of things

which is »inexpressable« - an ontological realm«, doch schließt er damit eine »religiöse Sprache« nicht aus: »Religious language speaks for itself. [...] Wittgenstein's claim that it *shows itself* may be meant to stress the *sui generis* character of religion [...]« (p.29). Dieser »Sui-generis«-Charakter des Sprechens gilt laut Keightley auch für die Theologie (p.13). Keightley übersieht dabei freilich, daß Sätze der Theologie nach dem Verständnis des Traktates *unsinnig* sein müssen und daher ebenso wie die der *Philosophie als Lehre* dem Schweigegebot unterliegen. Worin das »genus« der religiösen Sprache sui generis im Traktat bestehen soll, kann Keightley denn auch nicht ausführen.

21 Dieses Ziel Wittgensteins hat als einer von wenigen Hans Küng, Existiert Gott? Antwort auf die Gottesfrage der Neuzeit, München & Zürich 1978, S.121, klar gesehen: »Die Erfahrung des *Mystischen* kann [für Wittgenstein, M.K.] nicht mehr zur Sprache gebracht werden. Und dies hat für Theologie und Philosophie verheerende Folgen«.

22 VB, S.586.

23 RGV, S.4ff.

24 Vgl. Dallas M. High, Language, Persons and Belief. Studies in Wittgenstein's Philosophical Investigations and Religious Uses of Language, Oxford & New York 1967, pp.185-200.

25 Kai Nielsen, Wittgenstein, Wittgensteinians and the End of Philosophy, in: Grazer Philosophische Studien 38 (1990), S.29ff., möchte demgegenüber zwischen Wittgensteins persönlichen Äußerungen über Religion und seinen philosophischen Äußerungen strikt unterscheiden. Ich glaube nicht, daß eine solche Trennung möglich ist, ohne die Spezifik des Wittgensteinschen Denkens zu zerstören.

26 VB, S.487.

27 VB, S.524.

28 VB, S.468.

29 VB, S.540.

30 VB, S.551.

31 Vgl. auch VB, S.509.

32 T, 6.4321.

33 VB, S.525.

34 VB, S.530.

35 VB, S.491.

36 VB, S.466.

37 VB, S.538.

38 Ebd. - Zum Wittgensteinschen Lebensbegriff s. Kap.7 vorliegender Arbeit.

39 VB, S.514.

40 VB, S.525.

41 Vgl. VB, S.513.

42 VB, S.495.

43 VB, S.492.

44 BV, S.498.

45 Später hat Wittgenstein diese Ansicht über die Apostelbriefe wieder zurückgenommen. Vgl. Drury, Gespräche, a.a.O., S.226.

46 VB, S.514.

47 Zur grundlegenden Bedeutung von »Gewißheit« für das Denken Wittgensteins vgl. auch Kap.6 vorliegender Arbeit.

48 ÜG, S.185.

49 Vgl. 1 Kor. 1,18ff.

50 Ich gehe davon aus, daß die Schreibweise des Wortes mit »ei« sich auch im Original-MS findet.

51 VB, S.495f.

52 Vgl. dazu auch Fergus Kerr, Theology after Wittgenstein, Oxford & New York 1986, p.170.

53 Vgl. Donald Hudson, The Light Wittgenstein Sheds on Religion, in: Shanker (Ed.), Vol. IV., a.a.O., pp.167-184.

54 Vgl. Karl Vörckel, Chancen der natürlichen Theologie, Fernwald 1985, S.107ff.

55 Vor allem in Richtung der »Negativen Theologie«.

56 Vgl. Terence Penelhum, God and Skepticism. A Study in Skepticism and Fideism (= Philosophical Studies Series in Philosophy 28), Dordrecht etc. 1983, bes. pp.146ff.

57 Dies hat bereits früh Engelmann, a.a.O., S.57, erkannt. Ähnlich auch Arthur Kenny, Faith and Reason, New York 1983, p.84ff., in Anknüpfung an Wittgenstein.

58 VB, S.571. Vgl. auch Malcolm, Erinnerungen, a.a.O., S.96.

59 VB, S.521.

60 Vgl. RGV, S.4ff.

61 RGV, S.139.

62 Vgl. Kurt Wuchterl, Philosophie und Religion, Bern & Stuttgart, S.106f.

63 VB, S.566.

64 ÜF, III, 317.

65 VB, S.493. Vgl. auch Drury, Gespräche, S.147: »[...] das neue Testament braucht nicht von Historikern als zutreffend erwiesen zu werden. Es würde gar nichts ausmachen, wenn es den in den Evangelien geschilderten Jesus als historische Person nie gegeben hätte«.

66 Ich denke z.B. an die historische Bibelkritik (Bauer), an Feuerbach und Marx.

67 Für Wittgenstein kommt daher die Lehre von den »zwei Wahrheiten« nicht in Betracht.

68 VB, S.495.

69 VB, S.494.

70 Aufgrund der Nicht-Referentialität des religiösen Sprachspiels ist die verbreitete Diskussion über Möglichkeit, Wahrscheinlichkeit oder Unmöglichkeit und psychologische Erklärbarkeit des Wunderglaubens für Wittgenstein im wesentlichen gegenstandslos. Vgl. z.B. VB, S.513.

71 VB, S.490, Hervorhebungen M.K.

72 Wittgenstein ist allerdings nicht mehr dazu gelangt, die sich in dieser Wendung andeutende Beziehung zwischen Religion und Gewißheit herauszuarbeiten. Sein Wortgebrauch ist schwankend. 1929/1930 ist er noch von der Unisinnigkeit religiöser Gleichnisse ausgegangen. Vgl. WWK, S.117: »Die Reden der Religion sind auch kein *Gleichnis*; denn sonst müßte man es auch in Prosa sagen können.« Ähnlich VE, S.16ff.

73 VB, S.491.

74 Es wird also klar gestellt, daß die Logizität religiöser Imperative gegenüber dem faktischen »Eingriff« solcher Imperative in das »Leben« sekundär ist. Das Faktum des Reli-

giösen läßt sich nicht logisch rechtfertigen, sondern dieses Faktum ist Grundlage für die Rechtfertigung. Die Untersuchung formalisierter »praktischer Syllogismen« zur Konstruktion einer logisch gesicherten »Sprache der Moral« (Hare) oder die Versuche zur Formulierung einer deontologischen Logik (etwa Anscombe, von Wright) verlieren vor diesem Hintergrund viel von ihrem Reiz.

75 VB, S.540.

76 VB, S.565.

77 Ebd.

78 Vgl. VB, S.559.

79 Ebd.

80 VB, S.572.

81 T, 5.1361.

82 VB, S.551. Vgl. auch Drury, Gespräche, a.a.O., S.146f. Die »Wissenschaftlichkeit« des Aberglaubens besteht darin, daß religiöse Sätze, Gleichnisse, Dogmen etc. als Tatsachenbehauptungen aufgefaßt und aus diesem Grunde befolgt werden sollen. Die Vorstellungen von einem Jüngsten Gericht, die plastischen Ausmalungen des Paradieses oder der Höllenqualen nichts weiter als Analogiebildungen zu den Phantasien der Menschen, Materialisationen einer emotiven bedingten Furcht, die das Nicht-Erklären-Können mit dem Unerklärbaren verwechsele (vgl. VB, S.457). Die »wahre« Religion besteht dagegen in einem »Vertraun«, das wissenschaftlich weder begründet werden kann noch muß. Bereits 1931 drückt Wittgenstein diesen Grundgedanken lapidar folgendermaßen aus: »Im Christentum sagt der liebe Gott gleichsam zu den Menschen: Spielt nicht Tragödie, das heißt Himmel und Hölle auf Erden. Himmel und Hölle habe ich mir vorbehalten« (VB, S.469).

83 VB, S.515.

84 Hierin scheint mir der Hauptmangel der Wittgenstein-Interpretation D.Z. Phillips', The Concept of Prayer, London 1965, zu liegen. Phillips Argumentationsstrategie besteht darin, aus der These von der »Autonomie« religiöser Sprachspiele bei Wittgenstein auf einen *Wahrheits*gehalt dieser Sprachspiele zu schließen, der nicht durch wissenschaftliche Kritik zu erschüttern sei. Diese Argumentation gerät jedoch in diejenigen Probleme, die aus der Diskussion um Anselms ontologischem Argument bekannt sind und ihr Echo in Kants berühmten Taler-Beispiel finden. Vgl. zur Kritik an Phillips Keightley, a.a.O., p.69ff. Phillips hat seine These später modifiziert (vgl. ders., Religious Beliefs and Language-Games, in: Shanker [Ed.], Vol. IV, a.a.O., pp.149-168), jedoch grundsätzlich an ihr fest.

85 VB, S.551.

86 Ebd.

87 T, 6.52.

88 VB, S.508.

89 Dies trennt ihn vom Fideismus, der z.B. in der Pascalschen Wette (Über die Religion [Pensées], Heidelberg 1963, No. 231) und den Probabilitätserwägungen, in denen sich Skeptiker und Dogmatiker treffen, zum Ausdruck kommt. Vgl. dazu Penelhum, a.a.O., pp.62ff., 148ff.

90 VB, S.554. Vgl. auch ÜG, 500. Den Zusammenhang von Wissenschaft und Religion in bezug auf ihre Einbettung in die Glaube-Aberglaube-Struktur bei Wittgenstein themati-

siert auch Schulte, Glaube und Aberglaube, in: Chor und Gesetz, a.a.O., S.57: »Wissenschaft und Religion partizipieren beide an einem umfassenderen Weltbild, das nach Wittgensteins Auffassung die selbstverständliche Grundlage unseres Handelns und Sprechens bildet.«

91 V1, S.123.

92 Vgl. Norman Malcolm, Thought and Knowledge, Ithaca 1977, p.203f.

93 Vgl. Wuchterl, Philosophie und Religion, a.a.O., S.38ff.

94 Darin besteht auch der Haupteinwand Wittgensteins gegen Frazer, der den Eingeborenen eine nur mangelhafte Umsetzung der abendländischen Rationalität, der sie eigentlich folgten, vorhält. Vgl. auch Peter Winch, Was heißt »Eine primitive Gesellschaft verstehen«?, in: Rolf Wiggershaus (Hrsg.), a.a.O., S.59-104, hier bes. S.89ff.

95 VB, S.518f. Vgl. auch S.529 über das Verhängnis des »wissenschaftliche[n] und technische[n] Zeitalter[s]«.

96 VB, S.537.

97 Ebd.

98 VB,563.

99 VB, S.487; vgl. auch BPP, I, 213.

100 Zur Spezifik des »Aberglaube«-Begriffs bei Wittgenstein vgl. Joachim Schulte, Glaube und Aberglaube, a.a.O., S.43-58.

101 VE, S.19.

102 WWK, S.117f.

103 VE, S.19. Vgl. auch Drury, Gespräche, a.a.O., S.152.

104 VB, S.563.

105 VB, S.567f.

106 Übertragen auf die in Kap.6 vorliegender Arbeit näher zu erörternde Gewißheitsproblematik ließen sich im Anschluß an Schulte, Weltbild und Mythologie, in: Chor und Gesetz, a.a.O., S.125, diese »Urbilder« als »einfache, aber höchst überzeugende Modelle« bezeichnen, »die uns die Möglichkeit geben, mit der Welt zurechtzukommen, indem wir ihr eine bestimmte Struktur verleihen.«

107 Hier wird der Ausdruck »Bild« in einem *absoluten* Sinne gebraucht. Es geht um die Bildhaftigkeit dieser Bilder, nicht um ihre konkreten »Inhalte«. Zur Differenzierung des religiösen Bildbegriffs vgl. Kneightley, a.a.O., p.76ff. - Schulte, Glaube und Aberglaube, a.a.O., S.57, charakterisiert diese Bilder zutreffend als solche, »von denen wir nicht zu sagen vermögen, inwieweit sie Abbilder sind oder Gleichnisse«.

108 Vgl. BPP I, 265.

109 PhU, 373f. - Vgl. auch Z, 717.

110 Vgl. PhU, 352f.

Kapitel 5

1 TB, 2.8.16.

2 VB, S.454 [Orthographie gemäß Original, M.K.].

3 T, 6.41.

4 Vgl. Schulte, Wittgenstein, a.a.O., S.97.

5 KdpV, bes. S.42-57.

6 Die transzendentalphilosophische Vermögenslehre vermag aus logischer Sicht damit die bereits von Hume konstatierte Kluft zwischen »Sein« und »Sollen« nicht zu überbrücken; vgl. David Hume, Ein Traktat über die menschliche Natur, Hamburg 1978, S. 211.

7 Vgl. TB, 15.10.16.

8 Z.B. TB, 4.8.16; T, 5.633.

9 T, 5.6.

10 TB, 5.7.16.

11 TB, 2.9.16.

12 Demgegenüber geht Rudolf Haller, Bemerkungen zur Egologie Wittgensteins, in: Grazer philosophische Studien 33/34 (1989), S.359f., von der Annahme aus, daß auch für Wittgenstein »Realismus« (»Als Kernbestimmung gilt: Erfaßbarkeit der Gegenstände«, S.359, Anm.10) »das diametrale Gegenteil von Solipsismus« sei. Sollten beide, wie Wittgenstein vorschlägt, »koinzidieren«, dann geriete die Reflexion in eine Sackgasse: Vom Realismus aus gedacht werde der Solipsismus unhaltbar (denn es gibt dann nur *eine* für alle »Iche« identische Welt) - von solipsistische Position aus werde der Realismus unhaltbar, weil keine Möglichkeit des Selbstbezuges des »Ich« ersichtlich sei (S. 358). Doch worin »koinzidieren« beide? Für Wittgenstein koinzidieren sie in dem Umstand, daß jede Sprache an Sprecher gebunden ist und die philosophischen *Sachprobleme* Probleme der Sprache bzw. sprachinterne Probleme sind.

13 T, 6.423.; vgl. auch TB, 20.10.16: »Wir würden [...] dazu kommen [...], daß es [...] im gewöhnlichen Sinne des Wortes keinen Willensakt gibt«.

14 Schopenhauer, Welt, a.a.O., I, Par.2, S.18.

15 TB, 4.11.16.

16 Ebd.

17 Vgl. z.B. KdpV, S.44f.

18 TB, 4.11.16: »Der Willensakt ist nicht die Ursache der Handlung, sondern die Handlung selbst.«

19 Ebd.

20 Vgl. Cavalier, a.a.O., pp.146ff.

21 TB, 4.8.16.

22 TB, 5.7.16.

23 Die Idee Schopenhauers, durch »Vorstellungen« eine Negationsmöglichkeit des Willens (Quietiv) zu eröffnen, wird also, wie Patrick Gardiner, Schopenhauer, Harmondsworth 1971, p.279f., hervorhebt, von Wittgenstein zurückgewiesen. Vgl. auch PhU, 611ff., V1, S.218f.

24 TB, 4.8.16.

25 T, 6.423.

26 TB, 4.8.16.

27 TB, 11.6.16.

28 TB, 8.7.16.

29 Ebd.

30 Vgl. Janik, Uncle Ludwig's Book, a.a.O., p.175ff.

31 TB, 1.8.16.

32 TB, 2.8.16; vgl. auch TB, 12.10.16.
33 TB, 20.7.16.
34 T, 6.422.
35 Und sei es auch nur die Geschichtsphilosophie. Die Negation der ethischen Theorie hat dazu verschiedene Autoren dazu geführt, den Traktat - und die Wittgensteinsche Philosophie insgesamt - als »ahistorisch« oder sogar antihistorisch zu bezeichnen. Vgl. Nieli, a.a.O., p.152: »The philosophy offered by Wittgenstein both in the *Notebooks* and the *Tractatus* is not only a-historical, but decidedly anti-historical.« Vgl. auch Welsch, a.a.O., S.257 Fn. Nieli führt diesen Tatbestand auf einen mystischen Antihistorismus Wittgensteins zurück, der ihm die Möglichkeit zur Kritik an historischen Phänomenen genommen habe (a.a.O., p.155); Welsch konstatiert ihn als Faktum. Doch bestreitet Wittgenstein gar nicht, daß es die Möglichkeit gibt, historische Aspekte zum Maßstab des Handelns (auch gerade eines veränderten Handelns) zu nehmen. Er bestreitet lediglich, daß es eine philosophisch sinnvolle Möglichkeit gibt, diese Maßstäbe zu begründen.
36 T, 6.4.
37 T, 6.421.
38 TB, 5.7.16.
39 TB, 11.6.16.
40 Barry Smith, Wittgenstein und Weininger, in: McGuinness/Gargani (Edd.), a.a.O., pp. 227-237, weist darauf hin, daß Wittgenstein diese Konzeption von Weininger übernommen hat. Er charakterisiert beider Ethikauffassung als »radikal egoistische Ethik« (p.230) im Sinne einer Radikalisierung der kantschen Zurückweisung der These, daß Handlungsfolgen Gradmesser des Ethischen sein dürfen (Vgl. KdpV, S.68f.). Der Ausdruck »egoistisch« scheint jedoch insofern verfehlt, als er Sinn nur im Zusammenhang mit dem (oder in Opposition zum) Ausdruck »altruistisch« ergibt; er kann daher unter den Voraussetzungen des Traktates nicht zur Charakterisierung des Ethischen herangezogen werden.
41 Sollten sie hingegen nur einen formalen Imperativ geben, wie die praktische Vernunft Kants, so wären sie unbrauchbar.
42 T, 6.4321.
43 Vgl. z.B. KdpV, S.122ff.; KdU, 84ff.
44 Im Gegensatz zu Colin Radford, Wittgenstein on Ethics, in: Grazer philosophische Studien 33/34 (1989), bes. S.92ff. und S.102ff, geht Wittgensteins Beschweigen des Ethischen nicht auf die Einsicht in die Widersprüchlichkeit seines Ansatzes zurück, sondern auf die Einsicht in die Unvermeidlichkeit eines infiniten Regresses der *theoretischen* Ethik-Begründung. Radfords Einwand gegen Wittgenstein: »[I]f the belief in objectivity and truth in morals is an illusion, what should I believe?« (S.113), geht insofern an Wittgenstein vorbei, als Wittgenstein klarstellt, daß nicht der *Glaube* an Wahrheit und Objektivität der Moral eine Illusion ist, sondern die dem Satz zugrunde liegende Annahme, Wahrheit und Objektivität seien Instanzen, mittels derer der Glaube an sie eigens begründet werden könnte.
45 Diese Folgerung erscheint unausweichlich. Dagegen versucht Peter Winch, Wittgenstein's Treatment of the Will, in: ders., Ethics And Action, London 1972, p.120, den Unterschied zwischen dem »glücklichen« und dem »unglücklichen Ich« in unterschied-

lichen Handlungen zu sehen. Ähnlich wie Winch auch McGuinness, Mysticism, a.a.O., p.319.

46 WWK, S.68f. - Hierin besteht meines Erachtens ein tiefgreifender Gegensatz zwischen Wittgenstein und Heidegger. Heidegger denkt das »Ich«/Dasein als Auslegungsganzheit unter Voraussetzung einer Auslegungsalternative hinsichtlich seines Seins. Wenn man die Analyse der »Verfallenheit« des Daseins an das »Man« und die mögliche Rückgewinnung der »Eigentlichkeit« des »In-der-Welt-seins« in Sein und Zeit, Tübingen [12]1972, bes. S.39ff., als Heideggers Ethik bezeichnen darf, so hält Heidegger an dem Autonomie-Gedanken des Daseins/«Ichs« fest. Wittgensteins Ethik hingegen geht von diesem »In-der-Welt-sein« des »Ichs« aus. In bezug auf dieses »In-der-Welt-sein« ist kein Unterschied zwischen dem »verfallenen« und dem »eigentlichen« Sein des »Da« erkennbar.

47 Außer den genannten auch WWK, S.92f.

48 Vgl. WWK, S.115-117; VB, S.454: »Man kann die Menschen nicht zum Guten führen; man kann sie nur irgendwohin führen. Das Gute liegt außerhalb des Tatsachenraums.«

49 Vgl. B, S.17.

50 VE, S.10f.

51 VE, S.11.

52 Vgl. Wittgensteins Idee eines Buches mit dem Titel »Die Welt, wie ich sie vorfand« (T, 5.631). Aus der in dieser Arbeit vorgetragenen Interpretation des Traktates ergibt sich die Schlußfolgerung, daß Wittgenstein den Traktat als eben dieses Buch ansah.

53 VE, S.12.

54 VE, S.13.

55 Ebd.

56 Ebd.

57 Theodor Redpath, Wittgenstein and Ethics, in: Ambrose/Laszarowitz (Edd.), a.a.O., p. 112ff., weist Wittgensteins Trennung von »wissenschaftlich-sinnvollen« und »ethischen« Sätzen in VE mit dem Argument zurück, daß sich ethische Urteile sehr wohl *ausdrücken* ließen (vgl. p.119). Redpaths Einwand greift insofern zu kurz, als er den Wittgensteinschen Wortgebrauch in VE nicht inhaltlich auf den Traktat zurückbezieht. Dort wird dargelegt, daß es um den Sinn von Sätzen, nicht um die sprachlichen Zeichen geht, mit deren Hilfe er ausgedrückt wird.

58 VE, S.13f.

59 Insofern erscheint - trotz gewisser Ähnlichkeiten in der Formulierung - die Rückbeziehung der Wittgensteinschen Transzendentalität auf das »moralische Gesetz«, das der kategorische Imperativ Kants postuliert, nicht möglich. - Daß hier die »logizistische« Verwendung des Ausdrucks »Notwendigkeit«, die im Traktat vorherrscht, gemeint ist, geht auch aus dem in demselben Zusammenhang von Wittgenstein verwendeten Beispiel hervor, der Rede von einer »absolut richtige[n] Straße« in VE, S.13.

60 Vgl. Rush Rhees, Discussions of Wittgenstein, London 1970, p.100f.: »[Wittgenstein] used to say what we might call »the anthropological method« had proved particularly fruitful in philosophy«.

61 Vgl. Karl Brose, Wittgenstein als Religionsphilosoph. Religiöse Themen in Wittgensteins »Vorlesungen über den religiösen Glauben«, in: Philosophisches Jahrbuch 96 (1989), S.93f.

62 Vgl. VE, S.14.

63 VB, S.569.

64 Rhees, Discussions, a.a.O., p.101f., erhielt auf seine Bemerkung, Göring habe gesagt, »Recht ist das, was uns gefällt«, von Wittgenstein die Antwort: »[Even] that is a kind of ethics. It is helpful in silencing objections to a certain attitude. And it should be considered along with other ethical judgments and discussions, in the anthropological study of ethical dicussions which we may have to conduct.«

65 T, 5.6.

66 TB, 8.7.16.

67 TB, 7.8.16.

68 Vgl. V2, S.96.

69 VE, S.18f.; »Anrennen gegen die Wände unseres Käfigs« (VE, S.19), das eine »Tendenz« des Menschen andeutet, »gegen die Grenzen der Sprache anzurennen. Dieses Anrennen deutet auf die Ethik hin« (WWK, S.93).

70 Vgl. WWK, S.118: »Ich mache mich über diese Tendenz im Menschen nicht lustig; ich ziehe den Hut davor.«

71 TB, 1.8.16.

72 Vgl. WWK, S.117.

73 VE, S.14.

74 VE, S.16.

75 Ebd.

76 VE, S.18.

Kapitel 6

1 Vgl. z.B. Karl-Otto Apel, La razionalità della comunicazione umana nella prospettiva trascendentalpragmatica, in: Umberto Curi (Ed.), La comunicazione umana, Milano 1985, p.164f.: Dem Beispiel Wittgensteins zu folgen, bedeute, »accetta[re, M.K.] l'autocontraddizione pragmatica non soltanto nel *Tractatus*, ma [...] anche nella sua più tarda filosofia pragmatico-terapeutica - ad es. nella *tesi filosofico-universale* continuamente avanzata, secondo cui le tesi e le teorie filosofico-universali sono da evitare« [Hervorhebungen M.K.].

2 Drury, Bemerkungen, a.a.O., S.217. - Vgl. auch VB, S.555: »Nimm nicht die Vergleichbarkeit, sondern die Unvergleichbarkeit als selbstverständlich hin.« - Der polemische Gegensatz zu Hegel könnte bei näherer Betrachtung sich als eine Kontrastfolie erweisen, die - bei einer »abenteuerlichen« Lektüre der Hegelschen Dialektik - manche tiefere Gemeinsamkeit zwischen Hegel und Wittgenstein zutage fördern dürfte.

3 «Quasi-anthropologisch« insofern, als Wittgenstein keine *empirisch*-anthropologischen Untersuchungen anstellt, sondern (anti)philosophisch gerichtete Modelle entwirft. Wolfe Mays, Recollections of Wittgenstein, in: Fann, (Ed.), a.a.O., p.83, benutzt den Verlegenheitsausdruck »speculative anthropology«: »Wittgenstein often indulged in what I

can only call speculative anthropology. This was particularly to be seen in the way he illustrated arguments by reference to the behavior of hypothetical tribes.« Der Ausdruck »hypothetic anthropology« wäre also angemessener.

4 Vgl. PhU 25, 415, S.542.

5 Ich greife auf einen Gedanken von Pears, False Prison, I, a.a.O., p.142, zurück.

6 Jeder allein erkenntnistheoretisch fundierte Relativismus erscheint entweder als dialektisch widersprüchlich, weil er die Relativität seiner eigenen Geltung nicht ausschließen kann, oder, umgekehrt ausgedrückt: Der epistemische Relativismus behauptet die Universalität und damit die Nicht-Relativität seines Geltungsanspruches. Oder aber er ist dogmatisch, sofern er seine Selbstreflexion nicht zuläßt. Vgl. zur Rehabilitierung des relativistischen Vorgehens im Rahmen einer nicht-epistemischen Philosophie Waldenfels, Ordnung, a.a.O., S.161ff.

7 Peter F. Strawson, Skeptizismus und Naturalismus, Frankfurt 1987, S.54ff., hat zur Kennzeichnung eines solchen Standpunktes den Ausdruck »relativierender Schritt« gefunden, der das hier Gemeinte ebenso gut trifft. - Nach Kripke, a.a.O., S.79, hat Wittgenstein »eine neue Form des Skeptizismus erfunden«, allerdings auch diesen Skeptizismus durch den Übergang der Untersuchung von der Frage nach den »Wahrheitsbedingungen« zu den »Behauptbarkeitsbedingungen« bzw. »Rechtfertigungsbedindungen« überwunden (a.a.O., S.95ff. u.ö.). Freilich hält Kripke damit Wittgenstein noch im Bann des Skeptizismus. Hierauf macht Wolfgang Stegmüller, Hauptströmungen der Gegenwartsphilosophie IV, Stuttgart 1989, aufmerksam, wenn er Kripkes Wittgenstein-Interpretation als »hyperskeptisch« bezeichnet. - Auch der (gemäßigtere) Ausdruck »partiale Skepsis« hält die Problematik noch im Bereich des überkommenen Bezugsrahmens Skeptizismus/Dogmatismus. Ich nehme den Ausdruck von Raoul Richter, Der Skeptizismus in der Philosophie und seine Überwindung, Bd.2, Leipzig 1908, S. 505ff. Vgl. zur Kritik skeptischer Argumentationsstrategien (bes. bei Kripke und Quine) Axel Bühler, Bedeutung, Gegenstandsbezug, Skepsis. Sprachphilosophische Argumente zum Erkenntnisanspruch der Geistes- und Sozialwissenschaften, Tübingen 1987.

8 MS 109, p.58, zitiert nach Hintikka & Hintikka, a.a.O., p.28, FN 21.

9 A.a.O., p.21; Hilmy, a.a.O., p.138ff.

10 T, 2.1 und 2.12.

11 T, 4.1121.

12 Vgl. Niedermair, a.a.O., S.268ff., 307ff.

13 Hervorhebungen M.K.

14 T, 4.002 [Hervorhebungen M.K.].

15 Die *konfigurierenden Bestandteile* jener Bilder werden von der Logik also nicht determiniert. Von der Warte der Logik aus betrachtet ist die Beschaffenheit der Welt »zufällig«; es gibt in ihr keine »Ordnung der Dinge a priori« (T, 5.643); die Objektivität der Welt schrumpft auf eine reine Denknotwendigkeit im Rahmen der Logik. Synthetische Sätze a priori verfallen laut Wittgenstein dem Verdikt der Unsinnigkeit. - A priori hingegen ist die »Form« der Naturwissenschaften, sofern sie Teil der Logik sind: »Alle jene Sätze, wie der Satz vom Grunde, von der Kontinuität in der Natur, vom kleinsten Aufwande in der Natur etc., etc., alle diese sind Einsichten a priori über die mögliche Formgebung der Sätze der Wissenschaft« (T, 6.34). Ob die Naturwissenschaften ein

wahres Abbild der Welt malen, bleibt dabei außerhalb der Diskussion: Es wäre ein Fehlschluß, »daß die sogenannten Naturgesetze die Erklärungen der Naturerscheinungen seien« (T, 6.371), denn sie sind lediglich ein »Netz«, das über die Welt geworfen wird, um »von den Gegenständen der Welt« (T, 6.3431) sprechen zu können; ihre Gesetzesaussagen basieren auf pragmatischer Induktion; sie sind Resultat des Bestrebens, »daß wir das *einfachste* Gesetz annehmen, das mit unseren Erfahrungen in Einklang zu bringen ist« (T, 6.363). Die Annahme, die Naturgesetze erklärten die Naturerscheinungen - etwa indem sie im Sinne Kants der Natur die Gesetze *vorschreiben* (vgl. KdrV, B, S.10f.) - ist, in diesem Lichte betrachtet, eine »Täuschung der modernen Weltanschauung« und läßt sich auf einen ebensolchen »Anthropomorphismus« zurückführen wie die Zuschreibung des So-Seins der Dinge an eine metaphysische Instanz, sei es Gott oder das Schicksal (vgl. T, 6.372).

16 Während sie seit der Begründung der philosophischen Tradition der Moderne durch Descartes Ergebnis der philosophischen Bemühungen sein soll. Vgl. René Descartes, Meditationen über die Grundlagen der Philosophie, Hamburg 1972, bes. Zweite Med., 8ff.; Descartes Meditationen stellen - im Sinne Richard H. Popkins, The History of Skepticism from Eramus to Descartes, Assen 1960, p.181ff. - die radikalste Auseinandersetzung mit dem Skeptizismus der pyrrhonischen Tradition dar. Descartes begründete damit nicht nur inhaltlich, sondern auch methodisch »Gewißheit« als philosophischen *Ziel*begriff. Das »cogito« und seine absolute Gewißheit *ergebe*n sich für ihn erst nach dem Durchlauf durch die Instanzen des Zweifels (vgl. auch a.a.O., p.163). Malcolm, Nothing Is Hidden, a.a.O., pp. 201-206, verweist zurecht auf die argumentative Zirkularität (»Münchhausen-Effekt«) der cartesianischen Argumentation, die sich daraus ergibt, daß die angestrebte Gewißheit bereits vorausgesetzt werden muß, um sie erreichen zu können. - Diese Voraussetzung findet sich auch in der dialektischen Spiralisierung von Gewißheit, Wissen und Wahrheit in Hegels Phänomenologie des Geistes. Dort wird die Gewißheit in Abhängigkeit von Wahrheitsgradationen auf den dialektisch vermittelten Stufen der Erkenntnis als End- und Zielpunkt der Gedankenbewegung gefaßt. Ausgehend von der »sinnlichen Gewißheit« als »abstrakteste[r] und ärmste[r]« Wahrheit (Phänomenologie des Geistes [= Werke/Suhrkamp Bd.3], Frankfurt 1970, S.82) werden schließlich im »absoluten Geist« Wissen und Gewißheit dialektisch-dynamisch in Einklang gebracht. Die Hegelsche Bewegung bedingt zumindest zwei terminologisch zu differenzierende (aber von Hegel nicht ausreichend differenzierte) »Gewißheiten«: die »naive«, unreflektierte Gewißheit, die sich als Täuschung entlarvt (z.B. S.93ff.), und die gewußte und wahrheitsbeurkundete vernünftige Gewißheit des Geistes (vgl. S.582: »Die *Wahrheit* ist [= im absoluten Wissen, M.K.] nicht nur *an sich* vollkommen der *Gewißheit* gleich, sondern hat auch die Gestalt der *Gewißheit* seiner selbst«).

17 T, 5.473. - Daraus folgt für Wittgenstein, daß er sich auch in bezug auf die Aussagen des Traktates nicht irren kann.

18 Vgl. T, 5.4731; vgl. auch 5.1363.

19 Zu demselben Ergebnis kommt Wolfgang Stegmüller, Metaphysik, Skepsis, Wissenschaft, 2., verb. Aufl. Berlin etc. 1969, S.398f.: »Die Annahme jeder wie immer gearteten Theorie setzt eine nicht-skeptische Einstellung [...] bereits voraus. Das Verfahren, als >Überwindung der Skepsis< ausgegeben, wäre daher zirkulär.«

20 T, 5.156.
21 TB, 26.11.14.
22 PG, S.65.
23 VB, S.515; vgl. ÜG, 402.
24 PhU, 202.
25 Vgl. PhU, 199: »Es kann nicht ein einziges Mal nur ein Mensch einer Regel gefolgt sein [...]. Einer Regel folgen, eine Mitteilung machen, einen Befehl geben, eine Schachpartie spielen sind *Gepflogenheiten* (Gebräuche, Institutionen).«
26 PhU, 241f.
27 ÜG, 204.
28 Vgl. PhU, S.538.
29 ÜG, 559.
30 Der Ausdruck »Lebensform(en)«, den Wittgenstein nur selten verwendet (in den PhU nur fünfmal), bietet sich für soziologische bzw. strukturalistische Mißverständnisse an. Vgl. zur Aufhellung des Wittgensteinschen Sprachgebrauchs Henry Le Roy Finch, Wittgenstein - The Later Philosophy. An Exposition of the »Philosophical Investigations«, Atlantic Highlands 1977, pp.93ff., und Peter A. French, Wittgenstein's Limits of the World, in: Shanker (Ed.), Vol. I, a.a.O., pp.185-201. French betont, daß der Ausdruck »Lebensform« nicht an die Stelle des »philosophischen Ich« aus traktarianischer Zeit tritt (p.198f.) und damit nicht als Grundbegriff für einen sprachphilosophischen Strukturalismus dienstbar gemacht werden kann. - Rudolf Haller, Lebensform oder Lebensformen? Eine Bemerkung zu N. Garvers »Die Lebensform in Wittgensteins Philosophischen Untersuchungen«, in: ders., Fragen zu Wittgenstein, a.a.O., S.208-216, versucht die Pluralität von Lebensformen auf einen von Wittgenstein in PhU, 206, angeblich formulierten, strukturell invarianten, sozialanthropologischen Rahmen einer »gemeinsamen menschlichen Handlungsweise« zu beziehen. Haller interpretiert Wittgenstein so, daß er damit eine Einsicht in die »Natur des menschlichen Daseins« (ebd.) formulierte: »Auf [diesem, M.K.] Hintergrund [der »gemeinsamen menschlichen Handlungsweise«, M.K.] deuten wir uns jeweils fremde und unbekannte Sprachen und grenzen das nicht-menschliche »Sprechen«, sei es von Löwen oder Bienen, vom menschlichen ab« (S.208). Ich glaube nicht, daß Haller Wittgensteins Position richtig versteht, wenn er dessen Ausdruck »gemeinsame menschliche Handlungsweise« universalisierend als essentialistische Bestimmungüber das Menschliche deutet.
31 PG, S.66 [Interpunktion gemäß Original, M.K.].
32 Vgl. auch Gunnar Svenson, On Doubting the Reality of Reality. Moore and Wittgenstein On Skeptical Doubt (= Acta Univ. Stockholm. 8), Stockholm 1981, pp.30ff.
33 KdrV, S.23 Anm.
34 Bereits in BB, S.95, hat Wittgenstein den Versuch, mithilfe einer Theorie des Commonsense insbesondere gegen den Solipsismus zu argumentieren, verworfen.
35 Dieser Umstand mag als Mangel empfunden werden (vgl. z.B. Svenson, a.a.O., p.97: »The most serious shortcomings in Wittgenstein's argument against the sceptic is its dependence on a certain view of thought and language«, die »will hardly convince the sceptic« [p.99]). In der Tat will Wittgenstein den Skeptiker auch nicht überzeugen, sondern zeigen, daß seine Position in demselben Maße *unsinnig* ist wie die Gegenposition. Vgl. dazu Elisabeth Hankins Wolgast, Paradoxes of Logic, Ithaca & London 1977, p.

201; ihre Einschätzung, daß »skepticism is irrefutable, but harmless« (p.203), unterschätzt freilich die Bedeutung des Skeptizismus für die verzweifelten Versuche nicht nur der neuzeitlichen Philosophie, ihn zu »widerlegen«. Vgl. hierzu Heiner Craemer, der skeptische Zweifler und seine Widerlegung, Freiburg & München 1974, der die *Komplementarität* von »dogmatischem« Verfahren der Philosophie und dem Verfahren des Sekptizismus in ihren Verfahrensweisen hervorhebt (bes. S.151ff), die sich auch aus Wittgensteins Untersuchung als Viotuperandum des Philosophierens ergibt.

36 ÜG, 21.

37 Vgl. Jaako Hintikka, Language-games, in: Shanker (Ed.), Vol. II, a.a.O., p.102.

38 ÜG, 105; vgl. auch ÜG, 410.

39 ÜG, 162 [Hervorhebungen M.K.]; vgl. PB, S.178, und PhU, 242.

40 Vgl. ÜG, 512 und 514, Z, 515, 651, 655, 672, und ÜG, 404.

41 ÜG, 403.

42 Wenn Zimmermann, Hermeneutik, a.a.O., S.179, behauptet, »[e]he der Zweifel an der Wahrheit einer Behauptung artikuliert werden kann, muß die *Gewißheit des Sinnes* dessen, was ich bezweifeln will, schon anerkannt sein«, so verschiebt er, kaum merklich, den Akzent der Wittgensteinschen Gewißheits-Konzeption in entscheidender Hinsicht auf Hermeneutik. Denn er unterstellt dem zu Bezweifelnden die Autorität der *Sinn*vorgabe, gleichsam einen »Überschuß« an dem, was in Zweifel gezogen wird, an dem der Zweifel partizipieren kann, während für Wittgenstein die Gewißheitsproblematik nicht auf Sinn des Bezweifelten, sondern die Grenze des Zweifels selbst bezogen wird. Der absolute Zweifel ist nicht *sinnlos*, sondern *unsinnig*. In der Zitatkollage aus ÜG, die Zimmermann, a.a.O., zum 'Beleg präsentiert, ist bei Wittgenstein von »Gewißheit des Sinns« überhaupt nicht die Rede.

43 Im Unterschied zum illustrierenden stiftet das paradigmatische Beispiel für Wittgenstein die Gewißheit, abgeleitete Sprachverwendungen korrekt durchzuführen. Das Beispiel verweist auf das Paradigma. Paradigmata sind Mittel der Darstellung (PhU, 57), bilden die »Normen« und »Standards« der Sprachverwendung (ÜG, 410,432), unterliegen aus diesem Grunde auch nicht dem Wahr/falsch-Spiel von Sätzen über die Wirklichkeit und der Selbstreferentialität des Wissens. Vgl. auch C.G. Luckhardt, Beyond Knowledge: Paradigms in Wittgenstein's Later Philosophy, in: Philosophy and Phenomenological Research 39 (1978/79), p.247. - Damit wird auch deutlich, daß *jedes* Beispiel zu einem Musterbeispiel gebraucht werden und paradigmatische Funktionen übernehmen kann. Die *Entgegensetzung* von Musterbeispielen als Paradigmata für die und gewöhnlichen Beispielen als Bestätigung der wissenschaftlichen Forschung, die Thomas S. Kuhn, Neue Überlegungen zum Begriff des Paradigma, in: ders., Die Entstehung des Neuen. Studien zur Struktur der Wissenschaftsgeschichte, Frankfurt 1978, S. 392ff., vornimmt, erscheint demgegenüber als künstlich, wenn nicht als zirkulär, weil sie eine nicht-epistemische Beispielverwendung mit einer empirisch-wahrheitsorientierten vermengt. Diese Inkonsistenz ist bereits in seinem Buch Die Struktur wissenschaftlicher Revolutionen, a.a.O., spürbar. Einerseits vertraut Kuhn darauf, daß die Wissenschaften *Fortschritte* erzielen, d.h. sich der Naturwirklichkeit fortschreitend annähern, zugleich aber verwirft er diesen Gedanken wieder (S.181f.), weil der Paradigma-Begriff mit dem epistemischen Modell nicht in Einklang zu bringen ist.

44 ÜG, 197.

45 Vgl. ÜG, 22.
46 ÜG, 199. Vgl. dazu auch Luckhardt, a.a.O., p.251.
47 ÜG, 191. Garrett L. Vander Veers, Philosophical Skepticism and Ordinary-Language Analysis, o.O. 1978, p.89, kritischer Einwand gegen Wittgenstein: »Basic claims, not acting, do rest at the bottom of our language game. The problem then becomes one of justifying those claims«, geht insofern fehl, als die Frage nach Geltungsansprüchen von Sprachspielen nicht durch eine Instanz jenseits dieser Sprachspiele beantwortet werden kann und der Geltungsanspruch des Handelns im Handeln selbst liegt. Veers ist darin zuzustimmen, daß das Problem des Skeptizismus nicht durch die Sprachspielkonzeption erledigt werden kann; er verlangt aber zuviel, wenn er fordert, daß dieses Problem *gelöst* werden müsse. Läßt man sich mit den Mitteln der Logik auf das Problem des Skeptizismus ein, so setzt man diese bereits voraus, wo ihre Voraussetzungen doch gerade auf dem Spiele stehen. Vgl. dazu auch Paul Grices, Studies in the Way of Words, Cambridge/Mass. 1989, pp.147-153, Kritik an einem derartigen sprachphilosophischen Versuch Norman Malcolms.
48 Vgl. PhU, 1, 29, 87.
49 Gemeint ist hier offensichtlich das »empirische Ich«.
50 ÜG, 401.
51 ÜG, 402.
52 ÜG, 403.
53 ÜG, 404f., 409.
54 ÜG, 318-321.
55 ÜG, 501.
56 ÜG, 248.
57 A, S.68.
58 ÜG, 406-408.
59 Der Streit über die Frage »Was kann ich wissen?« verliert für Wittgenstein damit seine Brisanz. Er wird durch die Frage, in welchem Kontext es Sinn macht, diese Frage zu stellen, unterlaufen. Vgl. BPP, II, 289, und Z, 405f.
60 ÜG, 204.
61 Vgl. PhU, 1, 29, 87.
62 Vgl. ÜG, 110.
63 PhU, 217.
64 ÜG, 509. Vgl. auch Z, 410.
65 Vgl. ÜG, 341-342.
66 Vgl. ÜG, 141.
67 Vgl. ÜG, 617-618.
68 ÜG, 185.
69 Vgl. ÜG, 166.
70 Vgl. ÜF, III, 293.
71 Vgl. ÜG, 94-99 und 462. Von Wright, Wittgenstein, a.a.O., S.178, zeigt am Beispiel des Problems der Existenz der Außenwelt, daß Wittgenstein den Begriff Weltbild nicht-relativ gebraucht. So sei »das Problem der Außenwelt [für Wittgenstein, M.K.] gelöst, ehe es aufgeworfen werden *kann*«, da »ihre Existenz [...] »das logische Behält-

nis« [ist], in dessen Rahmen alle Nachforschungen über die denkunabhängige Existenz der verschiedenen Gegenstände angestellt werden [...]. Daß *es eine Außenwelt gibt*, ist [...] kein kontingenter Satz.«

72 ÜG, 160. Vgl. auch ÜG, 170.

73 ÜG, 309. Vgl. auch 310-317.

74 ÜG, 45. Vgl. auch Z, 703.

75 ÜG, 47.

76 ÜG, 128-130.; BGM, S.40ff.

77 Zum Ausdruck »Abrichtung« vgl. z.B. BB, S.117: »Dieses Lernen der Sprache ist wesentlich eine Abrichtung, - durch Vormachen, Ermunterung, Nachhilfe, Belohnung, Strafe, u.a.m.«; Z, 318: »Ich kann nicht beschreiben, wie eine Regel (allgemein) zu verwenden ist, als indem ich dich *lehre, abrichte*, eine Regel zuverwenden«, und 419: »Die Grundlage jeder Erklärung ist die Abrichtung.« Zur Differenzierung der Abrichtungs-These Wittgensteins lassen sich außer- oder vorsprachlichen Kontextuierungsmomente namhaft machen (vgl. z.B. Gunter Gebauer, Analytische Sprachphilosophie und das Verstehen. Untersuchungen zu einer Theorie der verstehenden Wissenschaften. Habil. Karlsruhe 1981, S.125ff.

78 Auf welche Weise das philosophiekritische, kontrastiv gemeinte Modell Wittgensteins empirisch umgesetzt werden kann, soll und kann hier nicht erörtert werden. Die Fülle der Literatur und der aus ihr folgenden Diskussionen ist unüberschaubar. Vielversprechend erscheint der Vorschlag z.B. Gunter Gebauers, den Begriff »Gesellschaft« als letztlich unhintergehbare Kontrollinstanz für die kritereologisch richtige Verwendung von Regeln einzusetzen (Der Einzelne und sein gesellschaftliches Wissen. Untersuchungen zum symbolischen Wissen. Berlin & New York 1981, S.73ff.).

79 Dies gilt besonders für das »zeigende Lehren der Wörter« und ihres Gebrauchs zur (einfachen) »Verständigung«. Auch das ostentative Lernen macht nur innerhalb eines Systems Sinn. Vgl. dazu Hilmy, a.a.O., p.166ff.

80 ÜG, 449 und 263. Vgl. auch Malcolm, Thought and Knowledge, a.a.O., pp.203f.

81 Vgl. z.B. Z, 420. Siehe auch ÜG, 98.

82 Vgl. ÜG, 235.

83 Daß die Sicherheit Bedingung des Zweifels ist, verdeutlicht Wittgenstein in PhU, S.537 und 491.

84 ÜG, 291-292.

85 Vgl. BPP, I, 910.

86 In dieser Hinsicht macht Wittgenstein weit weniger vor dem »Physikalismus« halt als skeptische Kritiker der Intentionalität, die sich auf ihn berufen könnten (Davidson, Kripke, Quine). Vgl. dazu Bühler, a.a.O., S.121f.

87 ÜG, 599.

88 ÜG, 147.

89 Vgl. jedoch die Einschränkung des Form-Begriffs in ÜG, 401 -404.

90 ÜG, 96, 97, 99. Wittgenstein vertritt also die Auffassung von der Ursprungslosigkeit von Mythos und Aufklärung, die beide abhängig sind von der Sprache und nicht umgekehrt. Dem Modell der »Dialektik der Aufklärung« wird damit weitgehend der Boden entzogen.

91 ÜG, 608.

92 Joachim Schulte, Kontext, in: ders., Chor und Gesetz, a.a.O., S.152ff. weist zurecht darauf hin, daß Wittgenstein den Audruck »primitiv« nicht wertend, sondern als einen Gradmesser für die Komplexität und innere Reflektiertheit von Sprachspielen verwendet. Ein »primitives« Sprachspiel setzt also geringe Komplexitätsgrade voraus und ist deshalb, auch wenn es empirisch nicht gespielt wird, für Wittgensteins Absicht in besonderem Maße geeignet.

93 ÜG, 609.

94 Wobei für Wittgenstein keineswegs ausgemacht ist, wer jeweils der »Narr« oder der »Ketzer« ist. Seine Kritik am Eurozentrismus Frazers (in den BGB) beruht im wesentlichen auf der Einsicht in die Multiplizität der gewißheitsstiftenden Kräfte und weltbildleitenden Voraussetzungen von Reflexion. Gegen Frazers Versuch, magische Praktiken als »Irrtum« einer nicht hinreichend europäisch-aufgeklärten Gesellschaft zu erklären, setzt Wittgenstein die Auffassung: »[W]ir handeln eben so und fühlen uns dann befriedigt« (S.32): »Wie hätte das Feuer oder die Ähnlichkeit des Feuers mit der Sonne verfehlen können auf den erwachenden Menschengeist einen Eindruck zu machen? Aber nicht vielleicht >weil er sich's nicht erklären kann< (der dumme Aberglaube unserer Zeit) - denn wird es durch eine >Erklärung< weniger eindrucksvoll? Bei der magischen Heilung einer Krankheit [...] *bedeutet* man ihr, sie möge den Patienten verlassen. Man möchte nach der Beschreibung so einer magischen Kur immer sagen: Wenn *das* die Krankheit nicht versteht, so weiß ich nicht, *wie* man es ihr sagen soll. Nichts ist so schwierig, wie Gerechtigkeit gegen die Tatsachen« (S.35). Wittgensteins Fazit: »Welche Enge des seelischen Lebens bei Frazer. Daher: Welche Unmöglichkeit, ein anderes Leben zu begreifen, als das englische seiner Zeit!« (S.33). - Die Grundlage für Wittgensteins »Ideologiekritik« an Frazers Modell ist jedoch nicht ein »praxeologischen Fundamentalismus«, wie Rudolf Haller, War Wittgenstein von Spengler beeinflußt?, a.a.O., S.109ff., unterstellt. Es geht ihm nicht um die Freilegung universalisierbarer Handlungsstrukturen als der »Weltbild-transzendierende Boden, auf dem wir [...] Lebensformen und Weltbilder unterscheiden« (Rudolf Haller, Die gemeinsame menschliche Handlungsweise, in: Zeitschrift für philosophische Forschung 33/34 [1989], S.531), sondern um den Aufweis der *Grenzen* bzw. der Begrenztheit der jeweiligen Deutungsmuster. Frazer hat diese *Grenze* überschritten, gerade indem er den europäischen Rationalitätsstandard als »fundamental« gegen die Eingeborenen auszuspielen versucht.

95 Vgl. ÜG, 132.

96 Mit David R. Hiley, Philosophy in Question. Essays on a Pyrrhonian Theme, Chicago & London 1988, p.124, gehe ich davon aus, daß der Ausdruck »Rationalität« nur systemabhängig sinnvoll gebraucht werden kann, um den Relativismus/Dogmatismus-Nexus zu sprengen. Auf diese Weise läßt sich Wittgensteins »Überredung« und der immanente Wahrheitsanspruch dessen, wozu man überredet wird, plausibel machen. Wittgensteins Terminus soll, kann man im Anschluß an Hiley, p.141, sagen, verdeutlichen, daß Überredung nicht auf einer universalisierbaren Theorie der Rationalität basiert, sondern »result of restored confidence in our system of beliefs« ist: »Our beliefs *are* rational insofar as, and only insofar as they succeed in coping with the world, since removed from the threats of dogmatism and relativism we cannot imagine what it would

mean to think that we are successful but not rational. Saying so, though, does not justify particular beliefs and values of ours nor does it vindicate or ligitimize specific practices and social institutions. That can only come from within, since there is no standpoint outside from which to judge.« Diese Rationalität findet ihre Grenzen an dem, was sie als von ihr zu unterstellende »gemeinsame menschliche Handlungsweise« (PhU, 206) zuläßt. Selbst die Figur des »Anderen«, des »Fremden« ist an diese Systemrationalität gebunden. Die Erarbeitung eines Lexikons zur »sprachlichen« Aneignung des »Fremden« hilft, wie Quine an seinem bekannten Hasen-Beispiel (Wort und Gegenstand, a.a.O., S.59ff.) gezeigt hat, nicht weiter. Ähnlich Wittgenstein bereits in PhU, S. 536. Sich über diese *Grenze* der Eigenrationalität des Bezugssystems - das ja Wittgensteins Generalthema ausmacht - mit dem auf Tarski gestützten metasprachlichen Übersetzungsmöglichkeiten (Davidson) und dem »Principle of Charity« (Wilson; vgl. zur Diskussion von Davidson und Wilson die knappen und zugleich schlagenden Ausführungen von Hiley, a.a.O., p.132f.) oder mit Hösles Strategie der dialektischen Aufhebung des Übersetzungsproblems (Hösle, Die Krise der Gegenwart und die Verantwortung der Philosophie, München 1990, S.87) hinwegzuberuhigen, rückt die Brille des Eurozentrismus erneut in einen festeren Sitz zurecht: »Die Idee sitzt gleichsam als Brille auf unserer Nase, und was wir ansehn, sehen wir durch sie. Wir kommen gar nicht auf den Gedanken, sie abzunehmen« (PhU, 104). Vgl. auch Schulte, Kontext, in: ders., Chor und Gesetz, a.a.O., S.152ff.

97 ÜG, 612; vgl. auch 92 und 262.

98 Wie Friedrich Kambartel, Begründungen und Lebensform. Zur Kritik des ethischen Pluralismus, in: Kuhlmann, Wolfgang (Hrsg.), Moralität und Sittlichkeit. Das Problem Hegels und die Diskursethik, Frankfurt 1986, S.85-100, und ders., Universalität als Lebensform. Zu den (unlösbaren) Schwierigkeiten, das gute und vernünftige Leben über formale Kriterien zu bestimmen, in: Willi Oelmüller (Hrsg.), Materialien zur Normendiskussion, Bd.2, Paderborn 1982, S.11-21, hervorhebt, erscheint die Annahme eines Pluralismus *innerhalb* einer Lebensform nicht haltbar. Die Normen einer Lebensform sind durch Universalität gekennzeichnet; die Aufnahme des »Fremden« geschieht durch Anmessung des »Bekannten« bzw. die des »Anderen« durch das »Eigene«. Die Entstehung des Neuen, des eigentlich »Fremden« kann philosophisch sinnvoll nicht verfolgt werden.

99 Thomas Morawetz, Wittgenstein & Knowledge. The Importance of *On Certainty*, Massachusetts UP 1978, pp.119ff., hebt hervor, daß das »Fremdverstehen« an den Horizont der eigenen Begrifflichkeiten und Denkmodi gebunden ist: »The concepts one uses to describe alien ways of thinking are one's own concepts; one's attitude toward the truth and falsity of the beliefs of others is determinded by one's own criteria of what is true« (p.133). Er verkennt m.E. aber den »Witz« der Wittgensteinschen Überlegung, der darin besteht, daß solche Sätze über die Grenzen des Verstehen-Könnens selbst wiederum keinerlei Gründe zu ihrer Rechtfertigung anbieten können, sondern eine nicht zu begründende »Gewißheit« zum Ausdruck bringen.

100 Vgl. PhU, 415.

101 Z, 355.

102 ÜG, 359: »[...] ich will [die Gewißheit, M.K.] als etwas auffassen, was jenseits von berechtigt und unberechtigt liegt; also gleichsam als etwas Animalisches.« Vgl. auch

BGB, »Mensch als rituelles Tier«; BGM, I, 63: »So *machen* wir es eben. Das ist bei uns Brauch, oder eine Tatsache unserer Naturgeschichte.«

103 Vgl. PhU 371-373.

104 BPP, II, 652.

105 Wittgensteins Formulierung in bezug auf das »So-Sein« von Tatsachen ist schwankend. In *Zettel* und in den *Bemerkungen zur Philosophie der Psychologie* finden sich analoge Formulierungen (Z, 364: »«Irgendwo wirst du doch an Existenz und nicht-Existenz anrennen!« Das heißt aber doch an *Tatsachen*, nicht an Begriffe«, und BPP, I 48: »Wenn du glaubst, unsere Begriffe seien die richtigen, die intelligenten Menschen gemäßen, wer andere hätte, sähe eben etwas nicht ein, was wir einsehen, dann stelle dir gewisse allgemeine Naturtatsachen anders vor, als sie sind, und andere Begriffsbildungen als die unseren werden dir *natürlich* erscheinen.«), die nahelegen, daß Wittgenstein »Tatsachen« als außersprachliche Referenzpunkte des Sprechens und der Begriffsbildung ansieht (hier findet sich meines Erachtens ein »Echo« des Traktates). Der Gebrauch solcher Formulierungen erscheint jedoch im Lichte des »linguistischen Relativismus« fragwürdig. Wittgenstein müßte sich die Frage gefallen lassen, woher man denn wissen könne, *wie die Tatsachen in Wirklichkeit* sind. Vermutlich liegt in diesem Falle jedoch nur eine sprachliche Verkürzung des Gemeinten vor. In V1 betont Wittgenstein immer wieder, daß »der Gedanke [...] autonom [ist]. [...] Welche Gewähr hätten wir [...], daß [Gedanken] überhaupt etwas vertreten? Was in meinem Denken gegeben ist, das ist vorhanden und wesentlich für es. Alles andere, - z.B. was in meinem Denken *vertreten* wird - ist belanglos« (V1, S.67); »können wir sagen: >Wenn wir eine andere Grammatik hätten, würden wir mit den Tatsachen in Konflikt geraten<? Durch eine Veränderung der Grammatik kann man das nicht bewirken, denn insofern man sagen kann, das und das sei der Fall, kann man es auch verneinen. Die Grammatik kann uns nie in Schwierigkeiten bringen, daß wir etwas sagen, was nicht wahr ist« (V1, S.115); »die Regeln der Grammatik werden [...] nicht aus dem Wesen der Realität abgeleitet« (V1, S.124). Aufgrund des von Wittgenstein explizierten Gedankengangs hinsichtlich des sprachlichen Relativismus ist klar, daß »Tatsache« zunächst auch nur ein *Begriff* ist, dessen Sinn sich aus seiner Verwendung in Kontexten ergibt. Es müßte also klarer formuliert werden: »die Tatsachen, so wie wir uns vorstellen, daß sie sind«. In PhU ist die in den BPP, II, 678f., zitierte Passage in der Tat in diesem Sinne abgeändert.

106 ÜG, 63.

107 ÜG, 65. - Vgl. auch Z, 352.

108 Vgl. auch Wittgensteins Äußerung über die Soziologie in WWK, S.116: »[N]ie darf in der Beschreibung des Soziologen der Satz vorkommen: >Das und das bedeutet einen Fortschritt<«. - Nieli, a.a.O., p.242, ist daher zuzustimmen, wenn er behauptet, »[...] while Wittgenstein acknowledges that changes in language do, in fact, occur, his later philosophy offers no means for evaluating such changes, nor any suggestion that such changes are in need of evaluation«, und daraus den »uncritical, purely descriptive mode of analysis« schließt - er verkennt damit aber die philosophische Ebene, die Wittgenstein anvisiert. Wittgensteins »uncritical [...] mode of analysis« bezieht sich in der Tat auf ein »unkritisches« Verhältnis zu anderen oder vergangenen Kulturen, ist aber sehr wohl kritisch gegenüber der Sicherheit, mit der auch Nieli meint herausfinden zu kön-

nen, »what may be of value in primitive societies« und »what is patently absurd« (a.a. O., p.243).

109 ÜG, 92.

110 Vgl. VG, S.55.

111 Wittgenstein führt das Beispiel der Akzeptanz der Darwinschen Evolutionstheorie an, die trotz des Mangels an Erfahrungs-Beweisen ab einem gewissen Zeitpunkt allgemein anerkannt wurde und den biblischen Schöpfungsbericht verdrängte (VG, S.53 [45]). Vgl. auch VB, S.475.

112 VG, S.52 und 54.

113 Vgl. Z, 461.

114 VG, 54 und [48].

115 VG, S.55.

116 VB, S.537.

Kapitel 7

1 Z, 173.

2 Hanna Ahrendt, Vita activa oder Vom tätigen Leben, München 1981, S.15.

3 Z, 567.

4 VG, S.101.

5 Diese vage Formulierung soll dem Umstand Rechnung tragen, daß Wittgenstein seine Verwendung des Ausdrucks »Vernunft« nicht klar eingrenzt.

6 Entsprechend spärlich sind die Auseinandersetzungen mit dem Begriff des »Lebens« in der Sekundärliteratur. Zumeist wird der »Lebensbegriff« nur im Zusammenhang mit dem bekannten Ausdruck »Lebensform« untersucht. So auch in der bisher wohl ausführlichsten Untersuchung, die Hilmy, a.a.O., pp.162ff, 181ff., bietet, der die Entstehung des Begriffs »Lebensform« aus der wittgensteinschen Analyse der »linguistic activity« (p.163) ableitet. Daß die »Lebensform« mit dem »locus of linguistic practice (the language game, calculus or system of communication)« (ebd.) gleichzusetzen ist, steht wohl angesichts der Fülle von Belegmaterial, das Hilmy beizubringen vermag, außer Zweifel. - Im deutschsprachigen Raum finden sich erst in den neueren Studien von Haller, Lebensweise, a.a.O., und Schulte, Wittgenstein, a.a.O., S.226-229, Ansatzpunkte für eine differenzierte Beschäftigung mit Wittgensteins Lebens-Begriff.

7 Wittgensteins Referenzpunkt ist sicherlich in erster Linie Kierkegaard. Die stark »lebensphilosophische« Diskussion in Deutschland in den zwanziger und dreißiger Jahren dürfte er kaum zur Kenntnis genommen haben.

8 Die Nähe und die Distanz Wittgensteins zum historisierenden Lebens-Begriff der Hermeneutik hat in Deutschland wohl als erster Karl-Otto Apel, Wittgenstein und das Problem des hermeneutischen Verstehens, in: ders., Die Transformation der Philosophie I, Frankfurt 1973, S.335-377, herausgearbeitet (vgl. bes. S.375 die rhetorische Frage: »Sollen wir sagen: Dilthey hat die Struktur des hermeneutischen Sprachspiels entdeckt?«). Zur Rezeption Wittgensteins durch die Hermeneutik und deren kritische Evaluierung vgl. Zimmermann, Hermeneutik, a.a.O., bes. das Schlußkapitel. - Hilmy, a.a. O., p.138ff., weist unter Heranziehung des bisher unveröffentlichten Wittgenstein-

Nachlasses schlüssig nach, daß Wittgensteins Lebens-Begriff (als Bestandteil des Ausdrucks »Lebensform«) in der Spätphilosophie als Reaktion auf die starre Designatoren-Lehre des Traktates zu lesen ist und insofern der Lebens(form)-Begriff nicht essentialistisch interpretiert werden darf (vgl. auch Hilmys Kritik an alternativen Lebensform-Interpretationen, pp.179ff.). Freilich bleibt davon die Verwendung des Ausdrucks »Leben« in einem über die Sprachspielanalyse hinausreichenden Sinne unberührt.

9 Aufmerksamkeit verdient aus diesem Blickwinkel das Denken des späten Dilthey, insbesondere seine Schriften zur »Weltanschauungslehre«, in denen er sich von dem epistemischen Modell der Kategorialanalyse des Lebendigen zunehmend entfernte und zu einem »Relativismus des Lebens« gelangte. Dilthey hat die Konsequenzen aus diesem Relativismus jedoch selber nicht mehr gezogen. Eine neue Lektüre des späten Dilthey am Beispiel seiner weitgehend unbeachtet gebliebenen Ethik-Vorlesung versuche ich in meinem Beitrag: Diltheys Ethik von 1890, in: Dilthey Jahrbuch 9 (1993/94) [im Erscheinen].

10 Vgl. Norman Gier, Wittgenstein and Phenomonology, Albany 1981, p.32: »The philosophy of the later Wittgenstein can [...] be characterized als a descriptive phenomenology of forms of life, i.e. the formal structures which make a meaningful life possible.«

11 Vgl. BPP, I, 630.

12 Diese Charakterisierung sowie die folgenden Gedanken orientieren sich an Gedanken Waldenfels', Ordnung, a.a.O., S.173-202.

13 Der Stachel des Fremden, Frankfurt 1990, S.27 u.ö.

14 Diese Differenz wird besonders deutlich in Wittgensteins kritischer Auseinandersetzung mit der Gestalttheorie in V2, bes. S.171ff., 364ff., 524ff., sowie PhU, S.503ff.

15 Vgl. Waldenfels, Stachel, a.a.O., S.15-79. Vgl. auch Atle Måseide, How To Do Things Without Words, in: Dietrich Böhler/Tore Nordenstam/Gunnar Skirbekk (Hrsgg.), a.a. O., bes. S.157ff. Måseide hebt als Hauptunterschied zwischen Phänomenologie und (Wittgensteins) Sprachphilosophie den Tatbestand hervor, daß erstere sich vor allem mit den Bedingungen der praktischen Konstitutionsleistungen menschlicher *Subjekte* hinsichtlich der »wirklichen Welt« beschäftigt, während der Ansatz Wittgensteins das Subjekt im wesentlichen als *sprachlich* verfaßt begreift. Allerdings verläßt Måseide damit noch nicht den subjektphilosophischen Interpretationshorizont. Demgegenüber rückt Waldenfels' die Phänomenologie enger an den Wittgensteinschen Ansatz heran, wenn er vorschlägt, die Konstitutionsproblematik zugunsten der »Schwellen«-Analyse zu hintergehen (Waldenfels, Ordnung, a.a.O., S.28ff.).

16 Vgl. Stuart Shanker, Wittgenstein's Solution of the »Hermeneutic Problem«, in: ders. (Ed.), Vol. IV, pp.104-115, für eine grundlegende Abgrenzung, die sich allerdings nur auf eine Konfrontation Apels mit dem »mittleren« Wittgenstein (1929/1931) bezieht.

17 Das gleiche Problem stellt sich innerhalb des fallibilistisch-kritischen Vernunftkonzepts Hans Alberts, Traktat, a.a.O., S.79 u.ö.. Albert schreibt, daß der Kritizismus eine moralische Entscheidung für den Kritizismus zur Sicherung seiner Geltung voraussetze, möchte aber zugleich diese Entscheidung als zwangsläufig aufgrund der Geltung seines Kritizismus hinstellen (vgl. a.a.O., S.188ff.).

18 Waldenfels, Ordnung, a.a.O., S.179.

19 Z, 373-376, 379, 387f.

20 Vgl. das Bahnhof-Bild in V2, S.104.

21 Die damit verbundene Destruktion eines universalistisch zu fassenden philosophischen Lebens-Begriffes nimmt auch Waldenfels, Ordnung a.a.O., S.173ff., vor.

22 Die Fortentwicklung des Ansatzes Wittgensteins zur »ordinary language philosophy« bedeutet vor allem deshalb eine Verflachung, wenn nicht eine Verkennung des Wittgensteinschen Konzepts (auf das sie sich beruft), insofern sie diese Kontingenz durch das Aufspüren einer »Logik« des Sprachgebrauchs zu kompensieren versucht. Produktiver erscheint es, Wittgenstein mit der Phänomenologie, soweit sie das Moment der Kontingenz herausarbeitet, in Verbindung zu bringen (vgl. z.B. Bernhard Waldenfels, In den Netzen der Lebenswelt, Frankfurt 1987, S.86ff.).

23 Z, 532-534.

24 Als - wenn auch fiktives - Beispiel für einen differenten Umgang mit dem »Schmerz« konstruiert Wittgenstein in Z, 380, einen ethnologischen Fall: »Ein Stamm hat zwei Begriffe, verwandt unserm >Schmerz<. Der eine wird bei sichtbaren Verletzungen angewandt und ist mit Pflege, Mitleid, etc. verknüpft. Den andern wenden sie bei Magenschmerzen, z.B., an, und er verbindet sich mit Belustigung über den Klagenden. >Aber merken sie denn wirklich nicht die Ähnlichkeit?< - Haben wir denn überall einen Begriff, wo eine Ähnlichkeit besteht. Die Frage ist: Ist ihnen die Ähnlichkeit *wichtig*? Und warum sollte nicht ihr Begriff unsern Begriff >Schmerz< schneiden?« - Vgl. auch Z, 383.

25 VB, S.502. - Vgl. auch die zutreffende Bemerkung von Manfred Geier, Kulturhistorische Sprachanalysen (= Studien zur Kritischen Psychologie 17), Köln 1979, S.243: »Jeder Versuch, [Wittgensteins Darstellungen, M.K.] als realwissenschaftliche Konzepte zu lesen, verwirrt und mißversteht Wittgensteins philosophische Anstrengung als etwas, was sie nicht ist.«

26 Vgl. die Eintragung im direkten Anschluß an VB, 502: »Dasjenige, wogegen ich mich wehre, ist der Begriff einer idealen Exaktheit, der uns sozusagen a priori gegeben wäre. Zu verschiedenen Zeiten sind unsere Ideale der Exaktheit verschieden; und keines ist das höchste.«

27 VB, S.542. Vgl. auch ÜF, III, 43-45.

28 Z, 307.

29 Die konzeptionelle Nähe Wittgensteins zu den Ausgangspunkten der historistischen Lebensphilosophie ist gerade in solchen Bemerkungen nicht zu übersehen. Der tiefgreifende Unterschied des Wittgensteinschen Ansatzes zur Lebensphilosophie besteht jedoch darin, daß dieser aufgrund der antisemantischen Wende dem (paradigmatisch beim späten Dilthey zu beobachtenden) Zirkelschluß entgehen kann, das »Leben« sowohl zum methodischen Ausgangspunkt als auch empirischen Zielpunkt einer sich wissenschaftlich verstehenden Forschung zu erheben. Daran scheitert besonders der lebensphilosophische Begründungsversuch von Ethik (vgl. z.B. Diltheys Ethik-Vorlesung aus dem Jahre 1890). Daraus ergibt sich eine nicht zu entwirrende Vermengung zwischen sachlichen und begrifflichen Untersuchungen). Der »Strom des Lebens«, jene heraklitische »Urmetapher« jeder geisteswissenschaftlichen Forschung seit dem 19. Jahrhundert, ist für Wittgenstein ein grammatisch relevantes Bild. Wittgensteins »Anti-Dilthey«: »Philosophische Untersuchungen: begriffliche Untersuchungen. Das Wesentliche der Metaphysik: daß sie den Unterschied zwischen sachlichen und begrifflichen

Untersuchungen verwischt. Das Fundamentale grammatisch ausgedrückt: Wie ist es mit dem Satz >man kann nicht zweimal in den gleichen Fluß steigen<?« (Z, 458f.).

30 Z, 457.

31 Vgl. PhU, 111. Mit Bezug auf das »Leben« hat Wittgenstein die »Tiefe« vor allem in seiner kritischen Rezension von Frazers *The Golden Bough* ins Spiel gebracht. Der Ansatzpunkt seiner Kritik besteht darin, daß er gegenüber dem Rationalitätskriterium, das Frazer für seine Mytheninterpretation heranzieht, auf eine »Erfahrung in unserm Innern« (BGB, S.42f.) rekurriert, deren Evidenz »eine nicht-hypothetische psychologische« (ebd.) ist, weil sie in der Praxis des Ritus (im Falle Frazers: der Magie) geborgen ist. Diese ist für Wittgenstein nicht explanatorisch, sondern nur deskriptiv zu fassen: »Frazer sagt, es sei sehr schwer, den Irrtum in der Magie zu entdecken - und darum halte er sich so lange - weil z.B. eine Beschwörung, die Regen herbeiführen soll, früher oder später gewiß als wirksam erscheint. Aber dann ist es eben merkwürdig, daß die Menschen nicht früher darauf kommen, daß es ohnehin früher oder später regnet [...]. Wenn Frazer anfängt und uns die Geschichte von dem Waldkönig von Nemi erzählt, so tut er dies in einem Ton, der zeigt, daß hier etwas Merkwürdiges und Furchtbares geschieht. Die Frage aber: >Warum geschieht dies?< wird eigentlich dadurch beantwortet: Weil es furchtbar ist. Das heißt, dasselbe, was bei uns diesem Vorgang furchtbar, großartig, schaurig, tragisch etc., nichts weniger als trivial und bedeutungslos vorkommt, *das* hat diesen Vorgang ins Leben gerufen. Nur *beschreiben* kann man hier und sagen: so ist das Leben« (S.31). - Vgl. zu den ethischen Implikationen des Wittgensteinschen Begriffs der »Tiefe« Aldo G. Gargani, Wittgensteins ethische Einstellung, in: Grazer philosophische Studien 33/34 (1989), bes. S.77ff. Gargani erwähnt leider nicht den schönen Aphorismus Wittgensteins aus dem Jahre 1947 in VB, S.538: »Man vergißt immer wieder, auf den Grund zu gehen. Man setzt die Fragezeichen nicht *tief* genug.«

32 Z, 455-456.

33 Daß es dabei nicht um »Objektivität« und »Wahrheit« philosophischer Aussagen gehen kann, verdeutlicht Wittgenstein in Z, 460: »Man kann in gewissem Sinn mit philosophischen Irrtümern nicht vorsichtig genug umgehen, sie enthalten so viel Wahrheit.«

34 ÜG, 338.

35 Z, 413-414.

36 UW, S.116.

37 ÜF, III, 33.

38 Z, 461.

39 Dies scheint mir ein wesentliches Anliegen des Diltheyschen Projekts der »Kritik der historischen Vernunft« zu sein.

40 Vgl. Kap 2, S.65f., vorliegender Arbeit.

41 Vgl. z.B. Z, 545.

42 Vgl. ÜG, 359.

43 Z, 541.

44 UW, S.115.

45 Vgl. ÜG, 475. Siehe auch Norman Malcolm, Wittgenstein: The Relation of Language to Instinctive Behaviour, in: Shanker (Ed.), Vol. IV, bes. pp.303-309.

46 ÜG, 166.

47 Vgl. Karl-Otto Apel, Das Problem der philosophischen Letztbegründung im Lichte einer transzendentalistischen Sprachpragmatik, in: Bernd Kanitschneider (Hrsg.), Sprache und Erkenntnis. FS G. Frey, 1976, S.55-82.; Karl F. Gethmann/Reiner Hegselmann, Das Problem der Begründung zwischen Fundamentalismus und Dezisionismus, in: Zeitschrift für allgemeine Wissenschaftstheorie 8 (1977), S.342-368.

48 ÜG, 560: »[D]er Begriff des Wissens ist mit dem Sprachspiels verkuppelt.«

49 ÜG, 501.

50 ÜG, 559. Wittgensteins Abkehr von der Vernunft läßt sich also nicht in den Theorierahmen einer vermeintlichen »Zerstörung« der Vernunft bringen, da diese den Geltungsanspruch von Vernunft als legitim voraussetzt.

51 Vgl. zur Unterscheidung von »wichtig« und »richtig« Waldenfels, Ordnung, a.a.O., S. 69ff.

52 PhU, 103ff.; VB, S.470.

53 Der Spiegel der Natur, a.a.O., S.398ff. Vgl. auch ders., Kontingenz, Ironie und Solidarität, Frankfurt 1991, S.21-51.

54 VB, S.472.

55 ÜG, 474.

56 BPP, I, 474.

57 Gerade aus diesem Grunde ist es erstaunlich, daß Apel, Wittgenstein und das Problem des hermeneutischen Verstehens, a.a.O., S.373ff., Wittgenstein das Verfehlen des Geschichtlichen vorwirft: »Wittgenstein [kann] das eigentliche Geschichtliche des Verstehens, die Vermittlung zwischen den zerfallenden und entstehenden Sprachspielen (das normale Phänomen der Traditionsvermittlung) und wiederum die Vermittlung über die Zeiten hinweg, die Wiederbelebung und Aneignung der Vergangenheit in die gegenwärtige Lebensform hinein, mit seinem Denkmodell nicht eigentlich fassen, sondern allenfalls von ihm her konzedieren. Dilthey hingegen erreicht gerade da, wo es um die geschichtliche Vermittlung zwischen den Sprachspielen [...] geht, die maximale Rationalität seines Denkens: in der Denkfigur des *hermeneutischen Zirkels*.« Differenzierter, aber aufgrund der eigenen Abhängigkeit von Apels Vorgabe ebenso wenig klar argumentiert Dietrich Böhler, Rekonstruktive Pragmatik. Von der Bewußtseinsphilosophie zur Kommunikationsreflexion: Neubegründung der praktischen Wissenschaften und Philosophie. Frankfurt 1985, S.216ff., der Wittgenstein zumindest konzediert, »vielerorts« »Geschichtlichkeit« konzediert zu haben (S.219). Die Diltheysche Frage: »Wie ist Verstehen möglich?« (für Böhler, a.a.O., S.220: »Wie ist Anwendung, etwa Regelbefolgen, möglich? Wittgensteins ungestellte Frage«) und ihre hermeneutische Beantwortung setzen das Phänomen des Historischen gerade außer Kurs, weil es auf die Modi der Aneignung, der Überführung aus dem Status des der Philosophie »Anderen« in den des »Selben«/«Eigenen« reduziert wird. Die Abständigkeit des »Anderen« kann nur auf der Folie der »Selbigkeit« (etwa auf einer geschichtsphilosophischen Grundlage oder auf der zirkulären Struktur des Lebensbegriffs, der begrifflich äquivok zur empirisch-transzendentalen Doublette erhoben wird) in die Hermeneutik eingeführt werden. Vielversprechend erscheint dagegen der Versuch Michel Foucaults (Die Archäologie des Wissens, Frankfurt 1973, S.183ff.), durch die Formulierung eines »historischen

Apriori« (auch wenn dieser Ausdruck unglücklich erscheint), dem Phänomen der Historizität von Paradigmata des Denkens Rechnung zu tragen.

58 Vgl. BPP, II, 190: »Es ist [...], als wären unsere Begriffe, als wäre die Verwendung unserer Worte, bedingt durch ein Gerüst von Tatsächlichem. Aber wie *kann* das sein?! Wie können wir ein Gerüst beschreiben, wenn wir nicht die Möglichkeit von etwas anderem zuließen? - Du machst ja, möchte man sagen, Unsinn aus jeder Logik!«

59 BPP, I, 633.

60 Waldenfels, Ordnung, a.a.O., S.137f., bemerkt zurecht, daß die Verhinderung des »infiniten Regresses« ein letztes »Maß«, ein letztes Kriterium, erforderte, über das *sinnvoll*, nämlich differenzierend, nicht mehr gesprochen werden kann: »Ein solch letztes Maß bietet sich an in der Berufung auf eine Gesamtordnung: die Wahrheit ist das Ganze - jeder Einspruch fiele hier buchstäblich ins Leere« (S.138). Waldenfels könnte sich in seiner Kritik an der Letztbegründung gut auf Wittgensteins Überlegungen zum Widerspruch stützen. Im Sinne der Letztbegründung könnte man auch mit einem sich selbst widersprechenden Satz anfangen »[u]nd von ihm gleichsam zu den Sätzen niedersteigen. Der sich selbst widersprechende Satz stünde wie ein Denkmal (mit einem Januskopf) über den Sätzen der Logik« (BGM, S.256).

61 Vgl. BGM, S.123.

62 BPP, I, 518.

63 BPP, I, 889. Im Gegensatz zu Husserls »Lebenswelt-Begriff« etwa in der Krisis-Schrift ist Wittgenstein jedoch gegen jede Fundamentalisierung des »intentionalen Bewußtseins« gefeit; für ihn sind »Lebensform« und Regel sprachlichen Verhaltens nicht unterscheidbar.

64 Hösle, a.a.O., S.87, merkt gegen Wittgensteins Polyperspektivismus an, daß dieser doch einen Begriff von Allgemeinheit präsupponiere: »Wittgenstein begreift nicht, daß er für seine Destruktion der Philosophie jenen Allgemeinheitsanspruch immer schon präsupponiert, den er mit seiner Sprachspieltheorie zerstören will - sein Sprachspiel, das die Philosophie zur Bescheidenheit anhalten möchte, kann dies nur, weil es sich genau denselben Metastandpunkt anmaßt, den es der Philosophie vorwirft.« - Dieser Vorwurf wäre gerechtfertigt, wenn man Wittgenstein unterstellen könnte, »Allgemeinheit« kategorial und nicht als einen »Zug« in einem bestimmten Sprachspiel zu begreifen. Das letztere aber ist der Fall. Vgl. Z, 391: »[D]as Sprachspiel hat seinen Ursprung nicht in einer *Überlegung*. Die Überlegung ist ein Teil des Sprachspiels. Und der Begriff ist daher im Sprachspiel zu Hause.« - Also auch der Begriff »Allgemeinheit«. Die Gedankenbewegung Hösles ist an Apels Theorie der transzendentalpragmatischen Letztbegründung orientiert. Apel - und mit ihm Hösle - müssen jedoch des Einwandes gewärtig sein, daß die *logische* Widersprüchlichkeit, die aus dem Rekurs auf - bei gleichzeitiger Negierung von - präsupponierter Allgemeinheit resultieren soll, selbst wieder die universale Geltung einer spezifischen Logik supponiert, daß mit dem Widerspruchs-Argument demnach nicht viel mehr gewonnen ist, als die Frage nach der Geltung der Geltung kurzzuschließen bzw. zu vermeiden. Wittgenstein hat sich ausführlich und nicht ohne Ironie mit dem Problem des (logischen) Widerspruchs auseinandergesetzt. Vgl. z.B. VGM, S.241ff., sowie Z, 685,687-689, PhU, 125, BGM, S.122, 254.

65 Vgl. BPP, II, 685-687.

66 BPP, II, 624-626.

67 Vgl. z.B. die magere, ans Banale grenzende Ausbeute Hanna Fenichel Pitkins, Wittgenstein and Justice. On the Significance of Ludwig Wittgenstein for Social and Political Thought, Berkeley etc. 1972, pp.329ff.

68 Vgl. Kap.6, Anm.94, vorliegender Arbeit.

69 Vgl. Christoph Nyíri, Wittgensteins Spätwerk im Kontext des Konservativismus, in: Beiheft 3, a.a.O., S.83-101.

70 Vgl. z.B. Hösle, a.a.O., S.183f.; siehe auch (erneut) Karl-Otto Apel, Wittgenstein und Heidegger: Kritische Wiederholung und Ergänzung eines Vergleichs, in: [Brian McGuinness u.a.], »Der Löwe spricht...«, bes. S.55-68.

71 So der berechtigte Einwand Joachim Schultes, Wittgenstein and Conservativism, in: Shanker (Ed.), Vol. IV, pp.60-69, gegen Nyíri.

72 Auch die Zerstörung von Rationalität oder ihr Umschlag in Irrationalität ist als ein Moment dieser Rationalität zu begreifen, so wie die Lüge nur in einem System der Wahrheitswerte Sinn machen kann.

73 Insofern ließen sich aus Wittgensteinscher Sicht die pragmatischen Implikationen des kritischen Rationalismus (vgl. z.B. Hans Albert) oder der postanalytisch-relativistischen Philosophie (vgl. z.B. Hilary Putnams Rede von den lebenspraktischen Kriterien »rationaler Akzeptierbarkeit«, die innerhalb der westlich-modernen Gesellschaft nicht unterschreitbar sind, in: ders., Vernunft, Wahrheit und Geschichte, Frankfurt 1990, S. 173ff.) durchaus als Ausdruck dieser Lebensform akzeptieren.

74 Gerade die »postmoderne« Kritik an der Subjekt-Philosophie, soweit sie sich auf Wittgenstein beruft, vermag das philosophische Hervortreten der Kontingenz des »Lebens« bei Wittgenstein nicht zu erkennen. Sie setzt das epistemische Philosophieverständnis fort, indem sie einen letzten Versuch unternimmt, die Geltungsansprüche der Vernunft angesichts der Pluralität des »Lebens« differenzierter zu verteidigen. Soweit sich die Protagonisten der Postmoderne explizit auf Wittgenstein berufen (insbesondere François Lyotard in Frankreich und in Deutschland Wolfgang Welsch), interpretieren sie das Wittgensteinschen Programm der *Klarheit als Selbstzweck* noch im Rahmen eines Programms *Wahrheit als Selbstzweck*, indem sie die *Wahrheit* der Moderne in der Postmoderne verwirklicht sehen. So schreibt Welsch (a.a.O., S.39): »Die Postmoderne beginnt dort, wo das Ganze aufhört. [...]. Vor allem nutzt sie das Ende des Einen und Ganzen positiv, indem sie die zutage tretende Vielfalt in ihrer Legitimität und Eigenart zu sichern und zu entfalten sucht. [...] Ihre Vision ist eine *Vision der Pluralität.*« »Pluralität« und Ansätze zur Postmoderne findet Welsch namentlich bei Wittgenstein, einer »Schlüsselfigur der Postmoderne«, denn dieser habe in der Vorrede zu den *Philosophischen Untersuchungen* »als Resümee seiner Erfahrung eine Elementarbeschreibung der Postmoderne gegeben. Das Vorwort der *Philosophischen Untersuchungen* kann als deren Prolog gelesen werden« (a.a.O., S.178; auch wenn Wittgenstein seine »Position zwar als postmodern weder deklarier[t] noch erkenn[t]«, so »[denkt er] faktisch aus dem Bewußtsein der Unaufhebbarkeit und Positivität der Pluralität [...] heraus« (a.a.O., S.80). Daß Wittgenstein für Vielfalt und Unhintergehbarkeit von Pluralität einsteht, ist unbestreitbar. Allerdings folgt gerade für Wittgenstein daraus noch lange nicht die »Vision der Pluralität« als eines *Ideals* philosophischer Reflexion. Seine Diagnose ist radikaler, philosophisch heikler und wesentlich nüchterner als Welschs' »veritabler Post-

modernismus« (a.a.O., S.3) unterstellt, denn nach Wittgensteins Auffassung läßt sich »Vielfalt« ebenso wenig rechtfertigen wie die Suche nach einer »transversale[n] Vernunft«, um das von Welsch gefürchtete »Redeflimmern« alltäglichen Sprechens (a.a. O., S.305, Anm.) und das »beliebige Gleiten von einem Aspekt zum anderen mit Verschiebung der Grenzen« auszuschalten. Welsch gibt freilich keine Antwort auf die Frage, wer in der postmodernen Pluralität die Instanz einer kontrollierenden Vernunft vertritt und wie angesichts der Pluralität eine solche Instanz Anerkennung erlangen könnte. - Fehlgeleitet erscheint auch Lyotards Berufung auf Wittgenstein. Wohl ist es zutreffend, wenn Lyotard Wittgenstein zu den Zerstörern der großen »Narrationen« der philosophischen Moderne zählt (vgl. Das postmoderne Wissen. Ein Bericht [= Theatrum Machinarum 4], Bremen 1982, S.73-76). Man wird Lyotard auch darin folgen können, daß sich aus Wittgensteins Untersuchungen die These ableiten läßt, daß »[d]as Relative, das Einzelne [...] stärker sein [kann], als das, was Anspruch auf Absolutheit erhebt« (Das Patchwork der Minderheiten, Berlin 1977, S.75f.). Doch läßt sich Lyotards agonale Auffassung des Sprechens nur schwerlich mit Wittgensteins Denken in Bezug setzen. Für Wittgenstein ist sprechen eben gerade nicht »kämpfen im Sinne des Spielens, und die Sprechakte sind auf einen allgemeinen Wettstreit bezogen. Das bedeutet nicht unbedingt, daß man spielt, um zu gewinnen. Ein Spielzug kann aus Freude an seiner Erfindung gesetzt werden [...]. Doch sogar diese Freude ist ohne Zweifel nicht von einem Erfolgsgefühl unabhängig, zumindest aber einem Gegner [...], der etablierten Sprache und der Konnotation abgerungen« (Der Widerstreit a.a.O., S.23 f.). Die Übereinstimmung der Sprecher in der Lebensform und in der blinden Befolgung von Sprachspielregeln ist für ihn jedem Dissens vorausgesetzt. Und für Wittgenstein sind Sprachspielregeln nicht - wie für Lyotard - heterogen und folglich ihre Verknüpfung ein Herrschaftsakt und damit ein »Unrecht«, das durch das Denken des Widerstreits bezeugt werden soll (vgl. a.a.O., S.11), sondern diese Regeln zeigen an, daß solche Verknüpfungen geschehen. Lyotard bleibt mit der agonalen Sprachauffassung eben jener semantischen Sprachkonzeption verhaftet, die von Wittgenstein überwunden wird: Sein Verfahren der Kontextuierung gestattet es, semantisch gleichartige Sätze differenten Sprachspielen zuzuordnen.

75 Dieses Dilemma wird von Max Weber, Vom inneren Beruf zur Wissenschaft, in: ders., Soziologie - Universalgeschichtliche Analysen - Politik, Stuttgart 1973, S.311-339, auf die Spitze getrieben. Webers unbedingtes Festhalten an der Geltung von Rationalität führt ihn dazu, die kritische Frage nach den Geltungsbedingungen dieser Rationalität kategorisch auszuschließen, obwohl Weber selber immer wieder nachweist, daß die Geltung abendländischer Rationalität historisch-kontingent ist. Auf die Frage nach dem Sinn der abendländischen Rationalität, die Weber selbst aufgrund seiner Einsicht in die Kontingenz dieser Rationalität als die wichtigste Frage hervorhebt, bleibt er die Antwort jedoch programmatisch schuldig. - Demgegenüber scheint Michel Foucaults gegenstandskonstitutionelle Kontingenzanalyse (bes. Die Ordnung der Dinge, a.a.O.) und Diskurskontingenzanalyse (bes. Die Ordnung des Diskurses, erw. Aufl. Frankfurt 1991) Wittgenstein recht nahezukommen.

76 Hösles (a.a.O., pass.) »Sprung« in den objektiven Idealismus hingegen versucht die Kontingenz des Historischen und die daraus abzuleitende Singularität ethischer Situationen durch die Ontologisierung des Allgemeinen auszuschließen, die er apagogisch

aus der Kritik am Kant-Apelschen Formalismus gewinnt. Doch was auf der Ebene transzendentalistischer Argumentation gerechtfertigt sein mag, weil sie die geltungstheoretische Begründung von Aussagen über Aussagen betrifft, verwandelt sich auf der Ebene der Ontologie in eine petitio principii und verfällt dem von Albert und Lenk beschriebenen »Münchhausen«-Trilemma (vgl. Albert, a.a.O., S.13ff.; Hans Lenk, Metalogik und Sprachanalyse. Studien zur analytischen Philosophie, Freiburg 1973, S.94 ff.).

77 Vgl. zum Terminus Kap.6, Anm.7, vorliegender Arbeit.

78 Vgl. Karl-Otto Apel, Läßt sich ethische Vernunft von strategischer Zweckrationalität unterscheiden? Zum Problem der Rationalität sozialer Kommunikation und Interaktion, in: Willem van Reijen/Karl-Otto Apel (Hrsg.), Rationales Handeln und Gesellschaftstheorie, Bochum 1984, S.23-79, hier bes. 65ff.

79 Die Konstruktion sozialer »Privati« (etwa bei Hösle, a.a.O., S.181) verdeutlicht diese Tatsache eher als daß sie einen ernst zu nehmenden Einwand darstellt. Das gleiche gilt caeteris paribus für den epistemischen Privatus (Solipsisten).

80 Vgl. hierzu auch die Apel-kritischen Bemerkungen von Werner Becker, Philosophischer Absolutismus und lebenspraktische Gewißheit, in: Kuhlmann, Wolfgang/Böhler, Dietrich (Hrsgg.), Kommunikation und Reflexion. Zur Diskussion der Transzendentalpragmatik. Antworten auf Karl-Otto Apel, Frankfurt 1982, S.288-303; hier bes. S.290-296.

81 Karl-Otto Apel, Kann der postkantische Standpunkt der Moralität noch einmal in substantielle Sittlichkeit »aufgehoben« werden? Das geschichtsbezogene Anwendungsproblem der Diskursethik zwischen Utopie und Regression, in: ders., Diskurs und Verantwortung. Das Problem des Übergangs zur postkonventionellen Moral, Frankfurt 1989, S.103-153, führt zu seinem Universalisierungsprinzip der Ethik (»U«/Teil A der Ethik) das Vermittlungsprinzip (»E«/Teil B der Ethik) ein (bes. S.141ff.), das den utopischen Vorgriff (»U«) mit seiner praktisch-strategischen Vermittlung zum Zwecke der Emanzipation (»E«) vermitteln soll. Allein: Das Prinzip »E« wird von Apel nur von »U« aus gedacht und hilft daher nicht weiter: Es orientiert sich »am Telos der Beseitigung der Hindernisse, die der Anwendung des reinen Diskursprinzipis im Wege stehen« (S.147), das wir bei »Strafe des performativen Selbstwiderspruchs« (S.141) zu akzeptieren haben.

82 Vgl. PhU, 293.

83 Natürlich ist auch der Satz »Letztbegründung ist sinnlos« ebenfalls sinnlos. Sowohl aus der Behauptung wie der Negation eines letztbegründenden Satzes folgt in außerphilosophischem Sinne nichts. Deshalb erscheint Winchs (Die Idee der Sozialwissenschaft, a.a.O., S.132), programmatische, vermeintlich im Anschluß an Wittgenstein formulierte Agnostik-Forderung an die Sozialwissenschaften verfehlt: »[M]it der Einsicht, daß es viele und verschiedenartige Formen des Erkennens gibt, ist die Einsicht verknüpft, daß es für die Realität keinen Schlüssel gibt.« Wittgenstein behauptet dies keineswegs, denn ein solcher epistemischer Relativismus wäre, wie z.B. Putnam zurecht gegen Winch einwendet, dialektisch selbstwidersprüchlich (Putnam, a.a.O., S.154ff.).

84 VB, S.470.

85 Ich denke etwa an Nietzsches genealogische Studien, das Aufkommen des Pragmatismus, der historischen Orientierungs- bzw. Kulturwissenschaften oder an Heideggers Frage nach dem »Sinn von Sein«.

86 Vgl. VB, S.573 [aus dem Jahre 1950]: »Die Philosophie hat keinen Fortschritt gemacht? - Wenn Einer kratzt, wo es ihn juckt, muß ein Fortschritt zu sehen sein? Ist es sonst kein echtes Kratzen, oder kein echtes Jucken? Und kann nicht diese Reaktion auf die Reizung lange Zeit so weitergehen, ehe ein Mittel gegen das Jucken gefunden wird?« Siehe auch VB, S.470.

87 PhU, 206.

88 Vgl. auch Finch, a.a.O., p.218: »For Wittgenstein action in the end is ungrounded. And it must be said that *all action arising out of this ungroundedness has intrinsic value* [...]. Wittgenstein's philosophy has an unmistakable ethical import because it rejects in pinciple the notion of any ultimate control over human action by ideas (or ideologies), nature, causality, reason, will, or, indeed, any authority or external standard understood as a determinant of value.«

89 Ich greife hier z.T. auf nicht wittgensteinbezogene, aber analoge Überlegungen Albrecht Wellmers, Ethik und Dialog. Elemente des moralischen Urteils bei Kant und in der Diskursethik, Frankfurt 1986, bes. S.131ff., zurück.

90 VB, S.510.

91 Z, 387f.

92 VB, S.537.

Literaturverzeichnis

Ahrendt, Hannah: Vita activa oder Vom tätigen Leben, München 1981

Albert, Hans: Traktat über kritische Vernunft (= Die Einheit der Gesellschaftswissenschaften 9), 3., erw. Aufl. Tübingen 1975

Ambrose, Elisabeth/Laszarowitz, Morris (Edd.): Ludwig Wittgenstein. Philosophy and Language, London & New York 1972

Anscombe, Elisabeth: An Introduction of Wittgenstein's Tractatus, London 1959

Apel, Karl-Otto: Kann der postkantische Standpunkt der Moralität noch einmal in substantielle Sittlichkeit »aufgehoben« werden? Das geschichtsbezogene Anwendungsproblem der Diskursethik zwischen Utopie und Regression, in: ders., Diskurs und Verantwortung. Das Problem des Übergangs zur postkonventionellen Moral, Frankfurt 1989, S.103-153

ders.: Läßt sich ethische Vernunft von strategischer Zweckrationalität unterscheiden? Zum Problem der Rationalität sozialer Kommunikation und Interaktion, in: Reijen, Willem van/Apel, Karl-Otto (Hrsgg.): Rationales Handeln und Gesellschaftstheorie, Bochum 1984, S.23-79

ders.: Das Problem der philosophischen Letztbegründung im Lichte einer transzendentalen Sprachpragmatik, in: Kanitscheider, Bernulf (Hrsg.): Sprache und Erkenntnis. FS für G. Frey, Innsbruck 1976, S.55-82

ders.: La razionalità della comunicazione umana nella prospettiva trascendentalpragmatica, in: Curi, Umberto (Ed.): La comunicazione umana, Milano 1985, pp.158-176

ders.: Wittgenstein und Heidegger. Die Frage nach dem Sinn von Sein und der Unsinnigkeitsverdacht gegen alle Metaphysik, in: Philosophisches Jahrbuch 75 (1967/68), S.56-94

ders.: Wittgenstein und das Problem des hermeneutischen Verstehens, in: ders.: Die Transformation der Philosophie I, Frankfurt 1973, S.335-377

ders.: Wittgenstein und Heidegger: Kritische Wiederholung und Ergänzung eines Vergleichs, in: [McGuinness, Brian F. u.a.]: Der Löwe spricht..., S.27-68

Ayer, Alfred Jules: Sprache, Wahrheit und Logik, Stuttgart 1970
ders.: Wittgenstein, London 1985
Baker, Gordon P./Hacker, Peter M.S.: An Analytical Commentary on the »Philosophical Investigations«. Vol. I, Oxford 1980
Bartley III, William: Wittgenstein. Ein Leben, München 1983
Baum, Wilhelm: Ludwig Wittgenstein (= Köpfe des 20. Jahrhunderts 103), Berlin 1985
ders.: Ludwig Wittgenstein's World View, in: Ratio XXII (1980), pp.64-74
ders.: Wittgenstein: Das Christentum als einzig sicherer Weg zum Glück. Neue Quellen zur negativen Theologie im »Tractatus«, in: Zeitschrift für katholische Theologie 105 (1982), S.191-195
ders.: Ludwig Wittgenstein und die Religion, in: Philosophisches Jahrbuch 86 (1979), S.272-299
Becker, Werner: Philosophischer Absolutismus und lebenspraktische Gewißheit, in: Kuhlmann, Wolfgang/Böhler, Dietrich (Hrsgg.): Kommunikation und Reflexion. Zur Diskussion der Transzendentalpragmatik. Antworten auf Karl-Otto Apel, Frankfurt 1982, S.288-303
Beerling, Reinier F.: Sprachspiele und Weltbilder: Reflexionen zu Wittgenstein, Freiburg & München 1980
Beiheft 1. Wittgenstein, Ludwig: Schriften. Beiheft 1, Frankfurt 1972
Beiheft 3. Wittgenstein, Ludwig: Schriften. Beiheft 3: Wittgensteins geistige Erscheinung. Hrsg. von Hans Jürgen Heringer und Michael Nedo, Frankfurt 1979
Besser, Kurt: Die Problematik der aphoristischen Form bei Lichtenberg, Fr. Schlegel, Novalis und Nietzsche. Ein Beitrag zur Psychologie des geistigen Schaffens (= Neue dt. Forschungen 52), Berlin 1935
Bezzel, Chris: Wittgenstein zur Einführung (= SOAK-Einführungstexte 41), Hamburg 1988
Black, Max: A Companion to Wittgenstein's »Tractatus«, Cambridge 1971
Böhler, Dietrich: Rekonstruktive Pragmatik. Von der Bewußtseinsphilosophie zur Kommunikationsreflexion: Neubegründung der praktischen Wissenschaften und Philosophie, Frankfurt 1985
Böhler, Dietrich/Nordenstam, Tore/Skirbekk, Gunnar (Hrsgg.): Die pragmatische Wende. Sprachspielpragmatik oder Transzendentalpragmatik?, Frankfurt 1986
Bolton, Derek: An Approach to Wittgenstein's Philosophy, London & Basingstroke 1979
Bourdieu, Pierre: Entwurf einer Theorie der Praxis auf der ethnologischen Grundlage der kabylischen Gesellschaft, Frankfurt 1979

Bouwsma, Oets Kolk: Wittgenstein. Conversations 1949-1951. Edited, with an Introduction by J.L. Craft and Ronald E. Hustwit, Indianapolis 1986

Brose, Karl: Wittgenstein als Religionsphilosoph. Religiöse Themen in Wittgensteins »Vorlesungen über den religiösen Glauben«, in: Philosophisches Jahrbuch 96 (1989), S.82-94.

Brunner, Heinz: Vom Nutzen des Scheiterns. Eine literaturwissenschaftliche Interpretation von L. Wittgensteins Philosophischen Untersuchungen (= Europäische Hochschulschriften 878), Bern etc. 1985

Buck, Günther: Lernen und Erfahren. Zum Begriff der didaktischen Induktion. 2., verb. Aufl. Stuttgart etc. 1969

Bühler, Axel: Bedeutung, Gegenstandsbezug, Skepsis. Sprachphilosophische Argumente zum Erkenntnisanspruch der Geistes- und Sozialwissenschaften, Tübingen 1987

Carnap, Rudolf: Die Physikalische Sprache als Universalsprache der Wissenschaft, in: Erkenntnis 2 (1931), S.432-465

Carnap, Rudolf, u.a.: Wissenschaftliche Weltauffassung-der Wiener Kreis, in: Hegselmann, Rainer (Hrsg.): Otto Neurath, Wissenschaftliche Weltauffassung, Sozialismus und Logischer Empirismus, Frankfurt 1979

Cavalier, Robert J.: Ludwig Wittgenstein's Tractatus Logico-Philosophicus. A Transcendental Critique of Ethics, Washington D.C. 1980

Cavell, Stanley: Austin and Examples, in: ders.: The Claim of Reason. Wittgenstein, Skepticism, Morality, and Tragedy, Oxford & New York 1979

Craemer, Heiner: Der skeptische Zweifler und seine Widerlegung, Freiburg & München 1974

Creegan, Charles: Wittgenstein and Kierkegaard. Religion, Individuality, and Philosophical Method, London & New York, 1989

Derrida, Jacques: Die Schrift und die Differenz, Frankfurt 1976

Descartes, René: Meditationen über die Grundlagen der Philosophie, Hamburg 1972

ders.: Regeln zur Ausrichtung der Erkenntniskraft (Regulae), Hamburg 1972

Dietrich, Rolf-Albert: Untersuchungen über den Begriff des »Mystischen« in Wittgensteins »Tractatus«, Phil. Diss. Göttingen 1971

Drury, Maurice O'C.: Bemerkungen zu einigen Gesprächen mit Wittgenstein, in: Rhees, Rush, (Hrsg.): S.117-141

ders.: Gespräche mit Wittgenstein, in: Rhees, Rush, (Hrsg.): S.142-235

Dummett, Michael: Kann und sollte die analytische Philosophie systematisch sein?, in: ders.: Wahrheit. Fünf philosophische Aufsätze, Stuttgart 1982, S. 185-220 ders.: Wittgenstein's Philosophy of Mathematics, in: Shanker, (Ed.): Vol. III, pp.121-137

Dux, Günter: Die Logik der Weltbilder. Sinnstrukturen im Wandel der Geschichte, Frankfurt 1982

Engelmann, Paul: Ludwig Wittgenstein. Briefe und Begegnungen, Wien & München 1970

Erhardt, Walter E.: Philosophiegeschichte und geschichtlicher Skeptizismus. Untersuchungen zur Frage: Wie ist Philosophiegeschichte möglich?, Bern & München 1967

Fahrenbach, Helmut: Die logisch-hermeneutische Problemstellung in Wittgensteins »Tractatus«, in: Bubner, Rüdiger/Cramer, Konrad/Wiel, Reiner (Hrsgg.): Hermeneutik und Dialektik. FS Hans-Georg Gadamer zum 70. Geburtstag, Bd. 2, Tübingen 1970, S.25-54

Fann, Kuang T.: Wittgenstein's Conception of Philosophy, Oxford 1969

ders.: Wittgenstein oder die Destruktion, in: Beiheft 3, S.21-29

Fann, Kuang T. (Ed.): Ludwig Wittgenstein. The Man and His Philosophy, New Jersey & Sussex 1978

Favrholdt, David: An Interpretation and Critique of Wittgenstein's Tractatus, Copenhagen 1964

Feyerabend, Paul: Das Allgemeine - Tyrann oder Vermittler?, in: ders.: Irrwege der Vernunft, Frankfurt 1990, S.148-161

ders.: Ludwig Wittgenstein, in: Beiheft 1, a.a.O., S.30-47

ders.: Wider den Methodenzwang. Skizze einer anarchistischen Erkenntnistheorie, Frankfurt 1976

ders.: Wittgensteins Philosophische Untersuchungen, in: ders., Probleme des Empirismus. Schriften zur Theorie der Erklärung, der Quantentheorie und der Wissenschaftsgeschichte, Bd. 2, Braunschweig & Wiesbaden 1981, S. 293-325

Finch, Henry Le Roy: Wittgenstein - The Later Philosophy. An Exposition of the »Philosophical Investigations«, Atlantic Highlands 1977

Findlay, John N.: Wittgenstein: A Critique, London etc. 1984

Fischer, Hans Rudi: Sprache und Lebensform. Wittgenstein über Freud und die Geisteskrankheit, Frankfurt 1987

ders.: Wittgenstein und die Frage nach dem Subjekt, in: ders. (Hrsg.): S.9-28

Fischer, Hans Rudi (Hrsg.): Ludwig Wittgenstein. Supplemente zum hundertsten Geburtstag (= Janus Wissenschaft 11), Köln 1989

Fogelin, Robert J.: Wittgenstein, London & New York 1987

Foucault, Michel: Archäologie des Wissens, Frankfurt 1973

ders.: Das Denken des Außen, in: Seitter, Walter (Hrsg.): Michel Foucault. Von der Subversion des Wissens, München 1974, S.54-82

ders.: Die Ordnung der Dinge. Eine Archäologie der Humanwissenschaften, Frankfurt 1974

ders.: Die Ordnung des Diskurses, erw. Aufl. Frankfurt 1991

Frank, Manfred: Das Sagbare und das Unsagbare. Studien zur neueren französischen Hermeneutik und Texttheorie, Frankfurt 1980

ders.: Wittgensteins Gang in die Dichtung, in: ders. und Soldati, Gianfranco: Wittgenstein - Literat und Philosoph (= opuscula 49), Pfullingen 1989, S.7-72

Frege, Gottlob: Briefe an Ludwig Wittgenstein aus den Jahren 1914-1920. Hrsg. von Allan Janik, mit einem Kommentar versehen von Christian Paul Berger, in: Grazer philosophische Studien 33/34 (1989), S.5-33

French, Peter A.: Wittgenstein's Limits of the World, in: Shanker (Ed.): Vol. I, pp.185-201

Fricke, Harald: Kann man aphoristisch philosophieren? Literaturtheoretische Thesen zum Verhältnis von Dichtung und Reflexion am Beispiel philosophischer Aphoristiker, in: Gabriel, Gottfried/ Schildknecht, Christiane (Hrsgg.): S.26-39

Fromm, Susanne: Wittgensteins Erkenntnisspiele contra Kants Erkenntnislehre (= Symposion 61), Freiburg & München 1979

Gabel, Gernot U.: Ludwig Wittgenstein. A Comprehensive Bibliography of International Theses and Dissertations 1933 - 1985 (= Bibliographien zur Philosophie 12), Köln 1988

Gabriel, Gottfried: Definitionen und Interessen. Über die praktischen Grundlagen der Definitionslehre (= problemata 13), Stuttgart-Bad Cannstatt 1972

ders.: Literarische Form und nicht-propositionale Erkenntnis in der Philosophie, in: ders./Schildknecht, Christiane: S.1-25

ders.: Logik als Literatur? Zur Bedeutung des Literarischen bei Wittgenstein, in: Merkur 32 (1978), S.353-362

Gabriel, Gottfried/Schildknecht, Christiane (Hrsgg.): Literarische Formen der Philosophie, Stuttgart 1990

Gadamer, Hans-Georg: Die phänomenologische Bewegung, in: ders.: Kleine Schriften III, Tübingen 1972, S.150-189

ders.: Wahrheit und Methode. Grundzüge einer philosophischen Hermeneutik, 3., erw. Aufl. Tübingen 1972

Gardiner, Patrick: Schopenhauer, Harmondsworth 1971

Gargani, Aldo G.: Wittgensteins ethische Einstellung, in: Grazer philosophische Studien 33/34 (1989), S.67-84

Gebauer, Gunter: Analytische Sprachphilosophie und das Verstehen. Untersuchungen zu einer verstehenden Wissenschaft, [Habilitationsschrift] Karlsruhe 1975

ders.: Der Einzelne und sein gesellschaftliches Wissen. Untersuchungen zum symbolischen Wissen, Berlin & New York 1981

ders.: Hand und Gewißheit, in: Kamper, Dietmar/Wulf, Christoph (Hrsgg.): Das Schwinden der Sinne, Frankfurt 1984, S.234-260

ders.: Wortgebrauch, Sprachbedeutung. Beiträge zu einer Theorie der Bedeutung im Anschluß an die spätere Philosophie Ludwig Wittgensteins (= Grundfragen der Literaturwissenschaft 3), München 1971

Geier, Manfred: Kulturhistorische Sprachanalysen (= Studien zur Kritischen Psychologie 17), Köln 1979

ders.: Der Mystiker und der Mystagoge, in: Fischer (Hrsg.): S.105-122

ders.: Das Sprachspiel der Philosophen. Von Parmenides bis Wittgenstein, Reinbek bei Hamburg 1989

ders.: Wittgensteins »Schachtel«, in: Kamper, Dietmar/Wulf, Christoph (Hrsgg.): Die erloschene Seele, Berlin 1988, S.219-234

Gethmann, Karl F./Hegselmann, Reiner: Das Problem der Begründung zwischen Fundamentalismus und Dezisionismus, in: Zeitschrift für allgemeine Wissenschaftstheorie 8 (1977), S.342-368

Gier, Norman: Wittgenstein and Phenomonology, Albany 1981

Gimpl, Georg: Form als Dementi. Text- und Strukturanalyse des Tractatus logico-philosophicus. Phil. Diss. Salzburg 1980

Goodman, Nelson: Weisen der Welterzeugung, Frankfurt 1984

Grice, Paul: Studies in the Way of Words, Cambridge/Mass. 1989

Habermas, Jürgen: Sprachspiel, Intention und Bedeutung. Zu Motiven bei Sellars und Wittgenstein, in: Wiggershaus (Hrsg.): S.319-340

Hacker, Peter M.S.: Insight and Illusion, Oxford 1972

ders.: The Rise and Fall of the Picture Theory, in Shanker, (Ed.): Vol. I, pp.116-135

Haller, Rudolf: Bemerkungen zur Egologie Wittgensteins, in: Grazer philosophische Studien 33/34 (1989), S.353-373

ders.: Fragen zu Wittgenstein und Aufsätze zur österreichischen Philosophie (= Studien zur österrreichischen Philosophie 10), Amsterdam 1986

ders.: Die gemeinsame menschliche Handlungsweise, in: Zeitschrift für philosophische Forschung 33 (1979), S.521-533

ders.: Lebensform oder Lebensformen? Eine Bemerkung zu N. Garvers »Die Lebensform in Wittgensteins Philosophischen Untersuchungen«, in: ders.: Fragen zu Wittgenstein, S.208-216

ders.: War Wittgenstein ein Neo-Kantianer?, in: ders.: Fragen zu Wittgenstein, S.155-169
ders.: War Wittgenstein von Spengler beeinflußt?, in: McGuinness, Brian F./ Gargani, Aldo (Edd.): pp.97-112
ders.: Was Wittgenstein a Neopositivist?, in: Shanker, (Ed.): Vol. I, pp.263-274
Hanfling, Oswald: Wittgenstein's Later Philosophy, Houndmills & London 1989
Hare, R.M.: Die Sprache der Moral, Frankfurt 1983
Hatab, Lawrence J.: Mysticism and Language, in: International Philosophical Quarterly XII (1982), pp.51-64
Hegel, Georg F.W.: Phänomenologie des Geistes (= Werkausgabe Suhrkamp Bd. 3), Frankfurt 1970
Heidegger, Martin: Sein und Zeit, Tübingen ^{12}1972
Heintel, Erich: Die beiden Labyrinthe der Philosophie. Systemtheoretische Betrachtungen zur Fundamentalphilosophie des abendländischen Denkens. Bd. 1: Überlieferung und Aufgabe, Wien & München 1968
Heller, Erich: Ludwig Wittgenstein. Unphilosophische Betrachtungen, in: Beiheft 1, S.47-67
Hellerer, Heinz Otto: Die Sprachwelt und das Lebensrätsel. Der Einfluß von Schopenhauer und Tolstoi auf Ludwig Wittgensteins »Logisch-Philosophische Abhandlung«, Phil. Diss. München 1984
[Heringer, H.J.]: Abschließender Bericht des Projekts »Sicherung, Dokumentation und Erschließung der nachgelassenen Schriften Ludwig Wittgensteins«, Tübingen o.J.
High, Dallas M.: Language, Persons and Belief. Studies in Wittgenstein's Philosophical Investigations and Religious Uses of Language, Oxford & New York 1967
Hilmy, S. Stephen: The Later Wittgenstein. The Emergence of a New Philosophical Method, Oxford & New York 1987
Hiley, David R.: Philosophy in Question. Essays on a Pyrrhonian Theme, Chicago & London 1988
Hintikka, Jaako: Language-games, in: Shanker, (Ed.): Vol. II, pp.89-105
Hintikka, Merill und Jaako: Investigating Wittgenstein, London & New York 1986
Hösle, Vittorio: Die Krise der Gegenwart und die Verantwortung der Philosophie, München 1990
Hudson, Donald: The Light Wittgenstein Sheds on Religion, in: Shanker (Ed.): Vol IV, pp.167-184
ders.: Wittgenstein and Religious Belief, London & Basingstoke 1975

Hübscher, Paul: Der Einfluß von Johann Wolfgang Goethe und Paul Ernst auf Ludwig Wittgenstein, Bern etc. 1985
Hume, David: Ein Traktat über die menschliche Natur, Hamburg 1978
Janik, Allan: Essays on Wittgenstein and Weininger (= Studien zur österreichischen Philosophie IX), Amsterdam 1985
ders.: Uncle Ludwig's Book on Ethics: Wittgenstein's *Tractatus* Reconsidered, Ph. D. Ann Arbor 1971
Janik, Allan/Toulmin, Stephen: Wittgensteins Wien, München 1984
Kambartel, Friedrich: Begründungen und Lebensform. Zur Kritik des ethischen Pluralismus, in: Kuhlmann, Wolfgang (Hrsg.): Moralität und Sittlichkeit. Das Problem Hegels und die Diskursethik, Frankfurt 1986, S.85-100
ders.: Universalität als Lebensform. Zu den (unlösbaren) Schwierigkeiten, das gute und vernünftige Leben über formale Kriterien zu bestimmen, in: Oelmüller, Willi (Hrsg.): Materialien zur Normendiskussion Bd. 2, Paderborn 1982, S.11-21
Kamlah, Wilhelm/Lorenzen, Paul: Logische Propädeutik oder Vorschule des vernünftigen Redens, Mannheim 1973
Kampitz, Peter: Ludwig Wittgenstein. Wege und Umwege seines Denkens, Graz etc. 1985
Kant, Immanuel: Kritik der reinen Vernunft. A = 1. Aufl., B = 2. Aufl. (= Werke, Akad.-Ausgabe, Bd. IV)
ders.: Kritik der praktischen Vernunft (= Werke, Akad.-Ausg., Bd. V)
ders.: Kritik der Urteilskraft (= Werke, Akad.-Ausg., Bd. V)
ders.: Metaphysik der Sitten (= Werke, Akad.-Ausg., Bd. VI)
ders.: Die Religion innerhalb der Grenzen der bloßen Vernunft (= Werke, Akad. -Ausg., Bd. VI)
Keightley, Alan: Wittgenstein, Grammar and God, London 1976
Kennick, W.E.: Philosophy as Grammar and the Reality of Universals, in: Ambrose/Laszarowitz (Edd.): pp.140-185
Kenny, Anthony: Faith and Reason, New York 1983
ders.: Wittgenstein, Frankfurt 1974
ders.: Wittgenstein über Philosophie, in: Beiheft 3, S.9-34
Kerr, Fergus: Theology after Wittgenstein, Oxford & New York 1986
Kisro-Völker: Sibylle, Die unverantwortete Sprache. Esoterische Literatur und atheoretische Philosophie als Grenzfälle medialer Selbstreflexion. Eine Konfrontation von James Joyces »Finnegans Wake« und Ludwig Wittgensteins »Philosophischen Untersuchungen« (= Theorie und Geschichte der Literatur und der schönen Künste 45), München 1981
Kondylis, Panajotis: Die neuzeitliche Metaphysikkritik, Stuttgart 1990

Kripke, Saul: Wittgenstein über Regeln und Privatsprache, Frankfurt 1987
Kroß, Matthias: Diltheys Ethik von 1890, in: Dilthey Jahrbuch 9 (im Erscheinen)
ders.: Ein Bild der Welt entwerfen. Wittgensteins Therapie des Ursprungsdenkens, in: Weiland, Rene/Pircher, Wolfgang (Hrsgg.): Mythen der Rationalität. Denken mit Klaus Heinrich, Wien & Berlin 1990, S.163-189
Küng, Hans: Existiert Gott? Antworten auf die Gottesfrage der Neuzeit, München & Zürich 1978
Kuhn, Thomas: Die Struktur wissenschaftlicher Revolutionen, 2., rev. und um das Postskriptum von 1969 ergänzte Aufl., Frankfurt 1976
ders.: Neue Überlegungen zum Begriff des Paradigma, in: ders.: Die Entstehung des Neuen. Studien zur Struktur der Wissenschaftsgeschichte, Frankfurt 1978, S.389-420
Laszarowitz, Morris: The Language of Philosophy. Freud and Wittgenstein (= Boston Studies in the Philosophy of Science LV), Dordrecht & Boston 1977
LeGoff, Jacques: Die Waldwüste im mittelalterlichen Abendland, in: ders.: Phantasie und Realität des Mittelalters, Stuttgart 1990, S.81-97
Leidlmair, Karl: Die hermeneutischen Grundlagen Wittgensteins, Phil. Diss. Innsbruck 1978
Leilich, Joachim: Die Autonomie der Sprache. Ein Grundgedanke Wittgensteins, München 1983
Lenk, Hans: Metalogik und Sprachanalyse. Studien zur analytischen Philosophie, Freiburg 1973
Lorenz, Kuno: Elemente der Sprachkritik. Eine Alternative zum Dogmatismus und Skeptizismus in der Analytischen Philosophie, Frankfurt 1971
Lübbe, Hermann: Bewußtsein in Geschichten. Studien zur Phänomenologie der Subjektivität. Mach - Husserl - Schapp - Wittgenstein, Freiburg 1972
ders.: Mystik und Aufklärung, in: Concilium 9 (1973), S.349-355
ders.: War Wittgenstein ein Existentialist?, in: Philosophisches Jahrbuch 69 (1962), S.313-324
Luckhardt, C. G.: Beyond Knowledge: Paradigms in Wittgenstein's Later Thought, in: Philosophy and Phenomenological Research 39 (1978/79), pp. 240-253
Lyotard, Jean François: Das Patchwork der Minderheiten, Berlin 1977
ders.: Das postmoderne Wissen. Ein Bericht (= Theatro Machinarum, Heft 3/4), Bremen 1982
ders.: Der Widerstreit (= Supplemente 6), München 1987
Mackie, John L.: The Miracle of Theism. Arguments for and against the Existence of God. Oxford ^{4}1986

Malcolm, Norman: Erinnerungen an Wittgenstein, Frankfurt 1987
ders.: Nothing Is Hidden. Wittgenstein's Criticism of His Early Thought, London & New York 1986
ders.: Thought and Knowledge, Ithaca 1977
ders.: Wittgenstein: The Relation of Language to Instinctive Behaviour, in: Shanker, (Ed.): Vol. IV, pp.303-318
Marcuschi, Luiz Antonio: Die Methode des Beispiels. Untersuchungen über die methodische Funktion des Beispiels in der Philosophie, insbesondere bei Ludwig Wittgenstein (= Erlanger Studien 13), Erlangen 1976
Margolius, Hans: Aphorismen und Ethik, in: Gerhard Neumann (Hrsg.): Der Aphorismus. Zur Geschichte, zu den Formen und Möglichkeiten einer literarischen Gattung (= Wege der Forschung 356), Darmstadt 1976, S.293-304
Måseide, Atle: How To Do Things Without Words, in: Böhler, Dietrich/Nordenstam, Tore/Skirbekk, Gunnar (Hrsgg.): S.148-168
Mauthner, Fritz: Beiträge zu einer Kritik der Sprache, Bd. III, ND Frankfurt etc. 1982
Mays, Wolfe: Recollections of Wittgenstein, in Fann (Ed.): pp.79-88
McGuinness, Brian F.: The Mysticism of the Tractatus, in: The Philosophical Review LXXV (1966), pp.305-328
ders.: Wittgensteins frühe Jahre, Frankfurt 1988
McGuinness, Brian F./Gargani, Aldo (Edd.): Wittgenstein and Contemporary Philosophy (= Biblioteca di »Theoria« 4), Pisa 1985
[McGuinness, Brian F., u.a.]: »Der Löwe spricht... und wir können ihn nicht verstehen«. Ein Symposium an der Universität Frankfurt anläßlich des hundertsten Geburtstags von Ludwig Wittgenstein, Frankfurt 1991
Meder, Norbert: Der Sprachspieler, Köln 1987
Merkel, Reinhard: »Denk nicht, sondern schau!« Lichtenberg und Wittgenstein, in: Merkur 42 (1988), S.27-43
ders.: »Geistige Landschaft mit vereinzelter Figur im Vordergrund«: Ludwig Wittgenstein, in: Merkur 38 (1984), S.659-671
Michel, Norbert: Eine Grundlegung der Pädagogik in der Frühphilosophie Ludwig Wittgensteins (= Paideia 1), Frankfurt & Bern 1981
Mora, José Ferrater: Wittgenstein oder die Destruktion, in: Beiheft 1, S.21-29
Morawetz, Thomas: Wittgenstein & Knowledge. The Importance of *On Certainty*, Massachusetts UP 1978
Müller, Anselm: Ontologie in Wittgensteins »Tractatus« (= Abhandlungen zur Philosophie, Psychologie und Pädagogik 41), Bonn 1967
Neider, Heinrich: Erinnerungen an den Wiener Kreis, in: Conceptus 28/30 (1977), S.31-42

Niedermair, Klaus: Das Problem der sprachlichen Selbstbezüglichkeit im Tractatus logico-philosophicus, Phil.Diss. Innsbruck 1984

Nieli, Russell: Wittgenstein: From Mysticism to Ordinary Language. A Study of Viennese Positivism and the Thought of Ludwig Wittgenstein, Albany 1987

Nielsen, Kai: Wittgenstein, Wittgensteinians and the End of Philosophy, in: Grazer Philosophische Studien 38 (1990), S.1-34

Nordenstam, Tore: Ethische Kompetenz in pragmatischer Sicht, in: Böhler, Dietrich/Nordenstam, Tore/Skirbekk, Gunnar (Hrsgg.): S.202-217

Nyíri, Christoph: Wittgensteins Spätwerk im Kontext des Konservativismus, in: Beiheft 3, S.83-101

Pascal, Blaise: Über die Religion (Pensées), Heidelberg 1963

Pears, David: The False Prison. A Study of the Development of Wittgenstein's Philosophy. Vol I., Oxford etc. 1987

Penelhum, Terence: God and Skepticism. A Study in Skepticism and Fideism (= Philosophical Studies Series in Philosophy 28), Dordrecht etc. 1983

Perpeet, Wilhelm: Kulturphilosophie um die Jahrhundertwende, in: Brackert, Helmut/Wefelmeyer, Fritz (Hrsgg.): Naturplan und Verfallskritik. Zu Begriff und Geschichte der Kultur, Frankfurt 1984, S.364-408

Phillips, D. Z.: The Concept of Prayer, London 1965

ders.: Religious Beliefs and Language-Games, in: Shanker (Ed.): Vol.IV, a.a.O., pp.149-168

Pitcher, George: Die Philosophie Wittgensteins. Eine Einführung in den Tractatus und die Spätschriften, Freiburg & München 1967

ders.: Wittgenstein, Nonsense, and Lewis Carroll, in: Shanker, (Ed.): Vol. IV, pp.398-415

Pitkin, Hanna Fenichel: Wittgenstein and Justice. On the Significance of Ludwig Wittgenstein for Social and Political Thought, Berkeley etc. 1972

Polanyi, Michael: Implizites Wissen, Frankfurt 1985

Popkin, Richard H.: The History of Skepticism from Erasmus to Descartes, Assen 1960

Price, H. H.: Belief, London & New York 1969

Putnam, Hilary: Vernunft, Wahrheit und Geschichte, Frankfurt 1990

Quine, William N.O.: The Ways of Paradox, in: ders.: The Ways of Paradox and Other Essays, New York 1966, pp.3-20

ders.: Wort und Gegenstand, Stuttgart 1980

Radford, Colin: Wittgenstein on Ethics, in: Grazer philosophische Studien 33/34 (1989), S.85-114

Redner, Harry: The Ends of Philosophy, London & Sydney 1986

Redpath, Theodor: Wittgenstein and Ethics, in: Winch (Ed.): pp.95-119

Rentsch, Thomas: Heidegger und Wittgenstein. Studien zu einer existentialen Grammatik, Stuttgart 1985

Rhees, Rush: Discussions of Wittgenstein, London 1970

ders.: Ontology and Identity in the *Tractatus*: A Propos of Black's *Companion*, in: Winch (Ed.): pp.51-69

Rhees, Rush (Hrsg.): Ludwig Wittgenstein. Porträts und Gespräche, Frankfurt 1987

Richter, Raoul: Der Skeptizismus in der Philosophie und seine Überwindung, Bd. 2, Leipzig 1908

Rorty, Richard: Kontingenz, Ironie und Solidarität, Frankfurt 1991

ders.: Der Spiegel der Natur: Eine Kritik der Philosophie, Frankfurt 1981

Russell, Bertrand: Erkenntnis durch Bekanntschaft und Erkenntnis durch Beschreibung, in: ders.: Philosophie des logischen Atomismus, München 1979, S.66-102

ders.: My Philosophical Development, London [4]1975

ders.: Mysticism and Logic, in: ders.: Mysticm and Logic and Other Essays. London 1921, pp.1-32

ders.: Vorwort zum Tractatus logico-philosophicus, in: Beiheft 1, S.68-81

Savigny, Eike von: Die Philosophie der normalen Sprache. Eine kritische Einführung in die »ordinary language philosophy«, 2., völlig neu bearb. Aufl. Frankfurt 1974

Schalk, F.: Stichwort »Aphorismus«, in: Historisches Wörterbuch der Philosophie Bd. 1, Darmstadt 1971, Sp. 437-439

Scharfetter, Luitgard: Bemerkungen über das »Unaussprechliche« in der Philosophie Ludwig Wittgensteins, Phil. Diss. Salzburg 1970

Scheurl, Hans: Zusammenfasende Wesens- und Ortsbestimmung des Exemplarischen, in: Berthold Gerner (Hrsg.): Das exemplarische Prinzip. Beiträge zur Didaktik der Gegenwart (= Wege der Forschung XXX), Darmstadt 1963, S.50-57

Schopenhauer, Arthur: Die Welt als Wille und als Vorstellung Bde. 1-2 (= Züricher Ausgabe, Bde. 1-4), Zürich 1977

Schulte, Joachim: Chor und Gesetz. Zur »morphologischen Methode« bei Goethe und Wittgenstein, in: ders.: Chor und Gesetz, S.11-42

ders.: Chor und Gesetz. Wittgenstein im Kontext, Frankfurt 1990

ders.: Glaube und Aberglaube, in: ders.: Chor und Gesetz, S.43-58

ders.: Kontext, in: ders.: Chor und Gesetz, S.146-161

ders.: Weltbild und Mythologie, in: ders.: Chor und Gesetz, S.113-128

ders.: Wittgenstein and Conservativism, in: Shanker, (Ed.): Vol. IV, pp.60-69

ders.: Wittgenstein. Eine Einführung, Stuttgart 1989
Schulz, Walter: Wittgenstein. Die Negation der Philosophie, Pfullingen 1979
Schwemmer, Oswald: Philosophie der Praxis. Versuch zur Grundlegung einer Lehre vom moralischen Argumentieren in Verbindung mit einer Interpretation der praktischen Philosophie Kants, Phil. Diss. Erlangen-Nürnberg 1970
ders.: Theorie der rationalen Erklärung. Zu den methodischen Grundlagen der Kulturwissenschaften, München 1976
Schwyzer, Hubert: Thought and Reality: The Metaphysics of Kant and Wittgenstein, in: Shanker (Ed.): Vol. II, pp.150-162
Searle, John R.: Der logische Status fiktionalen Diskurses, in: ders.: Ausdruck und Bedeutung. Untersuchungen zur Sprechakttheorie, Frankfurt 1982, S.80 -97
ders.: Sprechakte. Ein sprachphilosophischer Essay, Frankfurt 1983
Shanker, Stuart: Introduction: The Philosophical Significance of the *Tractatus*, in: ders. (Ed.): Vol. I, pp.16-33
ders.: Wittgenstein's Solution of the »Hermeneutic Problem«, in: ders. (Ed.): IV, pp.104-115
Shanker, V.A./Shanker, Stuart: A Wittgenstein Bibliography (= Shanker [Ed.]: Vol. V)
Shanker, Stuart (Ed.): Ludwig Wittgenstein. Critical Assessments, V Voll., London 1986
Sluga, Hans: Thinking as Writing, in: Grazer philosophische Studien 33/34 (1989), S.115-141
Smith, Barry: Wittgenstein und das ethische Gesetz, in: Posner, Roland/Meggele, Georg (Hrsgg.): Sprachspiel und Methode. Zum Stand der Wittgesntein-Diskussion, Berlin 1985, S.191-211
ders.: Wittgenstein und Weininger, in: McGuinness, Brian F./Gargani, Aldo, (Edd.): pp.227-237
Spaemann, Robert: Mystik und Aufklärung, in: Concilium 9 (1973), S.349-355
Specht, Ernst Konrad: Die sprachphilosophischen und ontologischen Grundlagen im Spätwerk Ludwig Wittgensteins, in: Kantstudien, Ergänzungsheft 84 (1963)
Spengler, Oswald: Der Untergang des Abendlandes. Umrisse einer Morphologie der Weltgeschichte, ND München 1969
Stegmüller, Wolfgang: Hauptströmungen der Gegenwartsphilosophie I. Eine kritische Einführung, 5., erw. Auflage Stuttgart 1975
ders.: Hauptströmungen der Gegenwartsphilosophie IV, Stuttgart 1989
ders.: Metaphysik, Skepsis, Wissenschaft, 2., verb. Auflage Berlin etc. 1969

Stenius, Eric: Wittgensteins Traktat. Eine kritische Darlegung seiner Hauptgedanken, Frankfurt 1969

Strawson, Peter F.: Skeptizismus und Naturalismus, Frankfurt 1987

Stroud, Barry: Wittgenstein and Logical Necessity, in: Shanker (Ed.): Vol. III, pp.289-301

Studhalter, Kurt: Ethik, Religion und Lebensform bei Ludwig Wittgenstein (= Studien und Arbeiten der Theologischen Fakultät [Innsbruck] IX), Innsbruck 1973

Stüssel, Kerstin: Wittgensteins Vorwort »Im Januar 1945«. Quellenkritik und Interpretation, in: Grazer philosophische Studien 3 /34 (1989), S.207-226

Svenson, Gunnar: On Doubting the Reality of Reality. Moore and Wittgenstein on Sceptical Doubts (= Acta Universitatis Stockholmiensis 8), Stockholm 1981

Tarca, Luigi: Il linguaggio *sub specie arterni.* La filosofia di Ludwig Wittgenstein come attività razionale ed esperienza mistica (= Materiali e ricerche 19), Abbano Terme 1986

Terricabras, Joseph-Maria: Ludwig Wittgenstein. Kommentar und Interpretation, Freiburg & München 1978

Teuwsen, Rudolf: Familienähnlichkeit und Analogie. Zur Semantik genereller Termini bei Wittgenstein und Thomas von Aquin (= Symposion 84), Freiburg & München 1988

Vander Veer, Garrett L.: Philosophical Skepticism and Ordinary-Language Analysis, o.O. 1978

Vörckel, Karl: Chancen der natürlichen Theologie, Fernwald 1985

Waldenfels, Bernhard: Der Stachel des Fremden, Frankfurt 1990

ders.: In den Netzen der Lebenswelt, Frankfurt 1985

ders.: Ordnung im Zwielicht, Frankfurt 1987

Wallner, Friedrich: Die Grenzen der Sprache und der Erkenntnis. Studien an und im Anschluß an Wittgensteins Philosophie (= Philosophica 1), Wien 1983

ders.: Wittgensteins philosophisches Lebenswerk als Einheit (= Philosophica 2), Wien 1983

Weber, Max: Vom inneren Beruf zur Wissenschaft, in: ders.: Soziologie - Universalgeschichtliche Analysen - Politik, Stuttgart 1973, S.311-339

Weininger, Otto: Über die letzten Dinge, Wien & Leipzig ^{4}1918

Wellmer, Albrecht: Ethik und Dialog. Elemente des moralischen Urteils bei Kant und in der Diskursethik, Frankfurt 1986 ders.: Ludwig Wittgenstein - Über die Schwierigkeiten einer Rezeption seiner Philosophie und ihre Stellung zur Philosophie Adornos, in: [McGuinness, Brian F. u.a.]: Der Löwe spricht..., S.138-148.

Welsch, Wolfgang: Unsere postmoderne Moderne, Weinheim 1987

Welser, Klaus von: Die Sprache des Aphorismus. Formen impliziter Argumentation von Lichtenberg bis zur Gegenwart (= Berliner Beiträge zur neueren deutschen Literaturgeschichte 8), Frankfurt etc. 1986

Wiggershaus, Rolf (Hrsg.): Sprachanalyse und Soziologie. Die sozialwissenschaftliche Relevanz von Wittgensteins Sprachphilosophie, Frankfurt 1975

Wimmer, Michael: Der Andere und die Sprache. Vernunftkritik und Verantwortung (= Historische Anthropologie 4), Berlin 1988

ders.: Der Ort des Anderen im philosophischen Diskurs der Moderne, in: Jung, Th./Scheer, K.-D./Schreiber, W., (Hrsgg.): Vom Weiterlesen der Moderne. Beiträge zur aktuellen Aufklärungsdebatte, Bielefeld 1986, S.164-188

Winch, Peter: Die Idee der Sozialwissenschaft und ihr Verhältnis zur Philosophie, Frankfurt 1974

ders.: Was heißt »Eine primitive Gesellschaft verstehen«?, in: Wiggershaus (Hrsg.): S.59-104

ders.: Wittgenstein's Treatment of the Will, in: ders.: Ethics And Action, London 1972, pp.110-129

Winch, Peter (Ed.): Studies in the Philosophy of Wittgenstein, London & New York 1969

Wittgenstein, Hermine: Mein Bruder Ludwig, in: Rhees, Rush (Hrsg.): S.21-34

Wittgenstein, Ludwig: Aufzeichnungen für Vorlesungen über »privates Erlebnis« und »Sinnesdaten«, in: Schulte, Joachim (Hrsg.): Wittgenstein, S.47-100

ders.: Bemerkungen über die Farben. Hrsg. von G.E.M. Anscombe, in: Werkausgabe 8, Frankfurt 1984

ders.: Bemerkungen über Frazers »The Golden Bough«, in: Schulte, Joachim (Hrsg.): Wittgenstein, S.29-48

ders.: Bemerkungen über die Grundlagen der Mathematik, Hrsg. von G.E.M. Anscombe, Rush Rhees und H.G. von Wright (= Schriften 6). Revid. und erw. Aufl. Frankfurt 1974

ders.: Bemerkungen über die Philosophie der Psychologie Bd. 1. Hrsg. von G.E. M. Anscombe und G.H. von Wright; Bd. 2. Hrsg. von G.H. von Wright und H. Nyman (= Schriften 8), Frankfurt 1982

ders.: Das Blaue Buch und Eine Philosophische Betrachtung. Hrsg. von Rush Rhees, in: Schriften 5, Frankfurt 1970 ders.: Briefwechsel mit B. Russell etc. Hrsg. von B.F. McGuinness und G.H. von Wright (= Briefe), Frankfurt 1980

ders.: Geheime Tagebücher. Der verschlüsselte Teil der »Gmundener Notizbücher« Ludwig Wittgensteins. Hrsg. von Wilhem Baum, in: Saber 2 (1985), pp.296-316 und 466-495

ders.: Das Gelbe Buch 1933/34. Eine Auswahl aus den Aufzeichnungen von Alice Ambrose, in: Vorlesungen 1930 - 1935, Frankfurt 1984, S.199-241

ders.: Philosophische Bemerkungen. Aus dem Nachlaß hrsg. von Rush Rhees (= Schriften 2), Frankfurt 1970

ders.: Philosophische Grammatik. Hrsg. von Rush Rhees (= Schriften 4), Frankfurt 1969

ders.: Philosophische Untersuchungen, in: Schriften 1, Frankfurt 1969

ders.: Prototractatus, in: Logisch-philosophische Abhandlung. Tractatus logico-philosophicus. Kritische Edition. Hrsg. von Brian F. McGuinness u.a., Frankfurt 1989

ders.: Tagebücher 1914 - 1916, in: Schriften 1, Frankfurt 1969

ders.: Tractatus logico-philosophicus, in: Werkausgabe, Bd. 1, Frankfurt 1984

ders.: Über Gewißheit. Hrsg. von G.E.M. Anscombe und H.G. von Wright, in: Werkausgabe 8, Frankfurt 1984

ders.: Ursache und Wirkung. Intuitives Erfassen, in: Schulte, Joachim (Hrsg.): Wittgenstein, S.101-139

ders.: Vorlesungen 1930-1935. Hrsg. v. Desmond Lee und Alice Ambrose, Frankfurt 1984

ders.: Vorlesungen über die Philosophie der Psychologie 1946/47. Aufzeichnungen von P.T. Geach, K.J. Shah und A.C. Jackson. Hrsg. von P.T. Geach, Frankfurt 1991

ders.: Vermischte Bemerkungen. Hrsg. von G.H. von Wright. Unter Mitarbeit von H. Nyman, in: Werkausgabe 8, Frankfurt 1984

ders.: Vorlesungen und Gespräche über Ästhetik, Psychologie und Religion. Hrsg. von Cyrill Barrett. Übers. und eingel. von Eberhard Bubser, Göttingen 1968

ders.: Vortrag über Ethik, in: Schulte, Joachim (Hrsg.): Wittgenstein, S.9-19

ders.: Wittgenstein. Vortrag über Ethik und andere kleine Schriften. Hrsg. von Joachim Schulte, Frankfurt 1989

ders.: Wittgenstein und der Wiener Kreis von Friedrich Waismann. Aus dem Nachlaß hrsg. von B.F. McGuinness (= Schriften 3), Frankfurt 1967

ders.: Wittgensteins Vorlesungen über die Grundlagen der Mathematik. Cambridge 1939. Nach Aufzeichnungen von R.G. Bosanquet, Norman Malcolm,

Rush Rhees und Yorick Smythies. Hrsg. von Cora Diamond (= Schriften 7), Frankfurt 1978
ders.: Zettel. Hrsg. von G.E.M. Anscombe und H.G. von Wright, in: Werkausgabe 8, Frankfurt 1970
Wolgast, Elisabeth Hankin: Paradoxes of Knowledge, Ithaca & London 1977
Wright, Georg Henrik von: Biographische Betrachtung, in: Beiheft 1, S.82-99
ders., Wittgenstein, Frankfurt 1986
Wuchterl, Kurt: Philosophie und Religion. Zur Aktualität der Religionsphilosophie, Bern & Stuttgart 1982
ders.: Struktur und Sprachspiel bei Wittgenstein, Frankfurt 1969
Wünsche, Konrad: Der Volksschullehrer Ludwig Wittgenstein, Frankfurt 1985
ders.: Wittgensteins Selbstheiligungsstrategien, in: Kamper, Dietmar/ Wulf, Christof (Hrsgg.): Das Heilige. Seine Spur in der Moderne, Frankfurt 1987, S.292-307
Zemach, Eddy: Wittgenstein's Philosophy of the Mystical, in: The Review of Metaphysics XVIII (1964), pp.38-57
Zimmermann, Hans Dieter: Die Entstehung der Moderne aus dem Geiste der Mystik. Mystische Tendenzen in Philosophie und Kunst eines »atheistischen« Jahrunderts, in: Böhme, Gernot (Hrsg.): Mystik ohne Gott. Tendenzen des 20. Jahrhunderts (= Herrenalber Texte 39), Karlsruhe 1982, S.9-31
Zimmermann, Jörg: Wittgensteins sprachphilosophische Hermeneutik (= Philosophische Abhandlungen 46), Frankfurt 1975

Namenverzeichnis